普通高等教育电气信息类应用型规划教材

Access 数据库系统与设计

李　梓　主编

陈　丰　胡绪英　副主编

科学出版社

北　京

内 容 简 介

本书系统地介绍了 Microsoft Access 数据库管理系统的基础知识和应用系统设计方法，并以丰富的实例演示各种数据库对象的具体操作。本书的特点是，由浅入深，通俗易懂，实例丰富，可操作性强。本书实例和习题均为教学管理类，易于读者理解和接受，特别是每章后都设计了配套的习题和上机实验，覆盖了各章节主要知识点，便于读者掌握所学知识，对培养读者的创新意识和实践操作能力，以及提高计算机应用水平，效果显著。

本书适合作为高等院校的本、专科学生的教材，也可以作为全国计算机等级考试二级 Access 数据库程序设计的考生、数据库应用系统开发人员、电子商务网站设计者、行政管理人员以及自学者的参考书。

为便于读者学习，本书还免费提供书中所有素材、CAI 课件和习题的参考答案。

图书在版编目（CIP）数据

Access 数据库系统与设计/李梓主编. —北京：科学出版社，2017

ISBN 978-7-03-052701-1

Ⅰ. ①A… Ⅱ. ①李… Ⅲ. ①关系数据库系统 Ⅳ. ①TP311.138

中国版本图书馆 CIP 数据核字（2017）第 098671 号

责任编辑：孙露露 常晓敏 / 责任校对：王万红

责任印制：吕春珉 / 封面设计：耕者设计工作室

科学出版社出版

北京东黄城根北街 16 号

邮政编码：100717

http://www.sciencep.com

三河市良远印务有限公司印刷

科学出版社发行 各地新华书店经销

*

2017 年 7 月第 一 版 开本：787×1092 1/16

2017 年 7 月第一次印刷 印张：18 1/2

字数：460 000

定价：43.00 元

（如有印装质量问题，我社负责调换〈良远印务〉）

销售部电话 010-62136230 编辑部电话 010-62135768-2010

前　言

数据库技术在20世纪60年代末作为信息管理的新技术出现。随着计算机的日益普及，数据库技术已被广泛地应用于各个领域，学习和掌握数据库的基本知识及数据库的使用方法是当代大学生必备的信息技术素养。

Microsoft Access是一个中、小型数据库管理系统，最适合用来作为中、小规模数据量的应用软件的底层数据库。它以强大的功能，可靠、高效的管理方式，支持网络和多媒体技术，简单易学，便于开发为主要特点，成为桌面数据库领域的佼佼者，深受广大数据库用户的欢迎。

本书的特点是，实例丰富，由浅入深，最后形成一个完整的应用系统。本书不同于市面上一些有关Access数据库的书籍，有的是手册式的，只能作为入门指南；有的没有基础知识的介绍，直接进入系统开发，虽然具有丰富的案例，但却不适合作为教材。本书从数据库的基本概念、基本理论，到Access各个基本对象的讲述，由表及里，循序渐进。书中实例、习题以及所举案例，都属于读者所熟悉的教学管理类，易于理解和接受。本书每章后面都设计了配套的习题和上机实验，覆盖了各章节主要知识点，既可以巩固所学的基础知识，形式上又紧扣全国计算机等级考试二级Access的考试要求。所设计的习题和实验具有启发性，力求引导读者举一反三，培养开拓精神和创新精神。

全书共10章。第1章介绍有关数据库的基础知识；第2章介绍Access 2016数据库概况；第3～8章介绍Access 2016数据库的各个基本对象；第9章通过一个综合应用实例将第3～8章所建立的各个对象有机地联系起来，构成一个小型的Access数据库应用系统“教务管理系统”，介绍数据库应用系统开发的一般过程，以及如何设计一个Access数据库应用系统；第10章简述数据库的安全问题。

本书所用案例和实验是编者多年教学实践的积案，经过了十几届学生的使用与实践，对培养学生的整合思维、创新意识、实践操作能力以及提高计算机应用能力有着明显的效果。

本书统稿和定稿由汕头大学李梓完成。第1～2章由胡绪英编写，第3～8章由李梓编写，第9～10章由陈丰编写。全书每章后配套的习题与上机实验由李梓、陈丰共同编写。

本书在编写过程中得到了汕头大学领导的关心和支持，得到了汕头大学教务处的支持和帮助，并获得汕头大学教材补贴基金的资助，在此表示衷心的感谢。

本书在编写过程中，吕林涛教授、孙浩军教授、陶培基副教授和李国伟副教授对本书提出了许多指导性意见和建议，在此谨表谢意。

为了便于读者学习，本书免费提供CAI课件、示例数据库、VBA的源程序以及实验所需的素材文件，读者可以到网站www.abook.cn下载。

由于编者水平有限，书中难免存在不足之处，恳请广大读者批评指正。

目　　录

第1章 数据库基础

数据库技术产生于20世纪60年代末到70年代初，主要研究如何存储、使用和管理数据，它需要专门的软件——数据库管理系统所支持。

本书介绍的Microsoft Access 2016是一个中、小型数据库管理系统，是一个完全面向对象的、采用事件驱动机制的关系型桌面数据库系统。

1.1 数据库的基本概念

在学习Microsoft Access 2016之前，我们需要了解数据库的体系结构，学习一些有关数据库的基本概念，如数据处理、数据库、数据模型、数据库管理系统、数据库应用系统、数据库系统等。

1.1.1 数据库的基础知识

在学习数据库之前，有许多概念名词术语必须首先有所了解，下面介绍的是有关数据库的基本知识。

1）数据处理。“数据处理”也称为信息处理，就是利用计算机对数据进行输入、输出、整理、存储、分类、排序、检索、统计等的加工过程，数据处理的对象包括数值、文字、图形、表格等。随着多媒体计算机的出现，声音、图像、影视等也成为计算机能处理的数据。

2）数据库（Database，DB）。通俗地说，数据库就是存储数据的仓库。数据库由两大部分构成：一是应用所需要的数据集合，称为物理数据库，它是数据库的主体；二是关于各级数据结构的描述，由“数据字典”系统管理。

3）数据模型。为了有效地实现对数据的管理，必须使用一定的结构来组织、存储数据，并且需要一种方法来建立各种类型的数据之间的联系，我们把表示实体类型及实体之间联系的模型称为数据模型。数据模型包括关系模型、层次模型和网状模型等，将在下一节详细介绍。

4）数据库管理系统（Database Management System，DBMS）。数据库管理系统是数据库系统中对数据进行管理的专门的软件，它是数据库系统的核心组成部分，对数据库的所有操作和控制都是通过数据库管理系统来进行的。一个数据库管理系统总是基于某种数据模型的，因此可以把数据库管理系统看成是某种数据模型在计算机系统上的具体实现。本书所介绍的Access 2016是属于关系型的数据库管理系统。

5）数据库应用系统。数据库应用系统是在某种数据库管理系统支持下，根据实际应用的需要开发出来的应用程序包，例如财会软件，商品进、销管理系统等。

6）数据库系统。数据库系统是数据库、数据库管理系统、数据库应用系统的统称。

1.1.2 数据模型

数据模型是数据库系统的核心，决定了数据在数据库中的组织形式以及相互之间的联系方法，遵守数据库的制约和规范。数据模型的选择是否恰当，直接影响数据库的性能和工作效率。

支持数据库系统的有以下四种数据模型。

1. 层次模型（Hierarchical Model）

用树型结构表示实体类型及实体之间的联系的数据模型称为“层次模型”。层次模型的结构特点如图 1-1 所示。

可以这样来理解层次模型：把这种结构看成是一棵倒树，根在上，枝在下，根只有一个，枝可以多个，且有多层。也可以把这种结构看成是一个家族，一父可以多子，但一子只有一父。

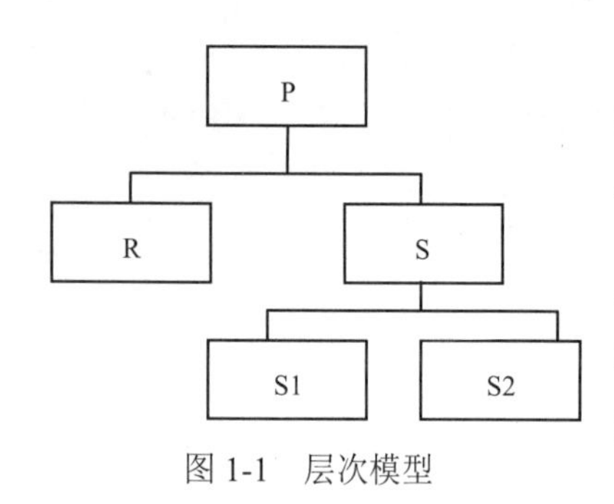

图 1-1 层次模型

2. 网状模型（Network Model）

用网状结构表示实体类型及实体之间的联系的数据模型称为“网状模型”。网状模型的结构特点如图 1-2 所示。

可以这样来理解网状模型：如果把“T”看成是老师，“S”看成是学生，“C”看成是课程，则实体之间存在这样的联系，一个老师可以教多个学生，一个学生也可以被多个老师教，一个学生可以选修多门课程，一门课程也可以被多个学生选修。

图 1-2 网状模型

3. 关系模型（Relational Model）

关系模型是用表格结构来表达实体集，用外键来表示实体之间的联系。

例如，表 1-1～表 1-3 是学生、课程和学生选课的三个表。

表 1-1 学生

学号	姓名	性别
1161001	李伯仁	男
1161002	陈晴	男
1161003	马大大	男
1161004	夏小雪	女
1161005	钟大成	女

表 1-2 学生选课

学号	课程 ID	成绩
1161002	2009	65
1161003	2017	78
1161003	2055	87
1161003	2001	88
1161004	2009	67

表 1-3 课程

课程 ID	课程名	学分
2001	数学建模	2
2008	艺术教育	2
2009	生活英语	2
2017	逻辑学	2
2055	孙子兵法	2

通过“学号”来建立“学生”和“学生选课”表之间的“一对多”的关系，即一个学

生可以选修多门课程。其中，“学号”是“学生”表的主键，它是“学生选课”表的“外键”。

通过“课程 ID”来建立“课程”和“学生选课”表之间的“一对多”的关系，即一门课程可以被多个学生选修。

4. 面向对象模型（Object-Oriented Model）

在一些经典的数据库技术资料中，所提到的数据模型为关系模型、层次模型和网状模型。但是，随着面向对象技术的兴起和多媒体计算机的出现，数据库管理系统的发展也产生了飞跃，使数据库能够处理图像、影视、声音等 OLE 对象。这就是“面向对象型数据库系统”，因此，就有了面向对象的数据模型。

面向对象模型中最基本的概念是对象（Object）和类（Class）。对象是现实世界中实体的模型化，每个对象有唯一的标识符，把“状态”和“行为”封装在一起。其中，对象的“状态”是该对象属性值的集合，对象的“行为”是在对象状态上操作的方法集。

图 1-3 是一个面向对象模型的示意图。模型中有三个类：它们是“学生”、“学生选课”和“课程”，其中类“学生选课”的属性“学号”取值为类“学生”中的对象，属性“课程 ID”取值为类“课程”中的对象。

说明：这里“属性”的概念就是 Access 中的“字段”。

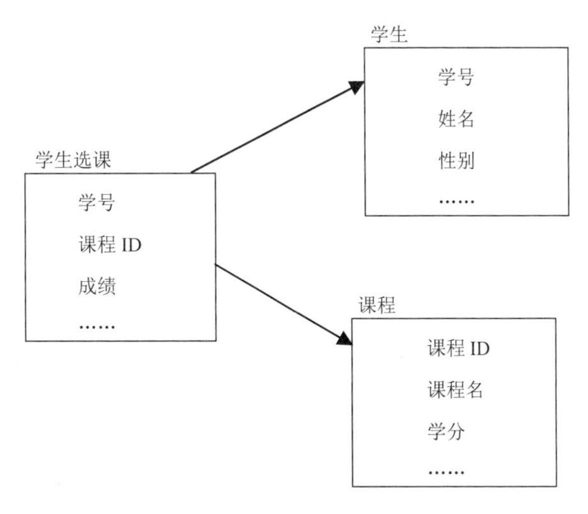

图 1-3 面向对象模型

关系-对象型数据库系统是从关系型向对象型过渡的一种类型，Access 2000 及以上的版本就是属于此类。因此，我们特别介绍一下关系模型。

1.1.3 关系模型

关系模型是用二维表的结构来表示数据及其之间的联系，它有着坚实的数学理论基础。表 1-4 是一个学生成绩表，它满足二维表的结构定义。

表 1-4 可以用来作为数据库的“基表”（Table），也称为“关系”，其中：

1）字段。每一列称为一个“字段”（Field），列首叫字段名，字段名以下的单元格中的数据叫字段值，同一列的字段值具有相同的属性（即相同的数据类型、长度、格式等）。

表 1-4　学生成绩表

学号	姓名	数学	政治	英语	计算机
121001	李晓燕	60	80	87	85
121002	邓必勇	81	65	79	67
121003	黄志强	79	83	85	71
121004	李玉青	91	80	87	85
121005	林艳	73	90	68	95

2）记录。每一行（第一行除外）称为一个记录，或一个元组（Tuple），也就是关系的“值”。同一记录中的各字段值都是相互有关的。

3）框架。第一行是字段名行，它代表了关系的框架结构，也就是关系的“型”。

4）属性。是指数据的特性，如类型、长度、小数位等。

5）主键。其值能唯一地标识表中每条记录的字段（列）。主键可以是一个字段，也可以是多个字段的组合。主键用于在某个表与其他表中的外键之间建立关系，快速地查找并组合存储在各个不同表中的信息，进行分类、排序、统计等操作。在数据库中，主键的值既不能重复，也不允许空值的存在，而且必须始终有唯一索引。

6）外键。一个表中的某个（或多个）字段是另一个表中的主键，这个字段就被称为“外键”。外键用于建立表与表之间的关系。

1.1.4　数据库的体系结构

数据库的体系结构分为三级：外部级（用户视图）、概念级（全局视图）和内部级（存储视图）。

虽然有形形色色的数据库管理系统，而且在不同的操作系统支持下工作，但在总体结构上都具有三级层次结构。

图 1-4 表现了数据库三级层次结构的特征。

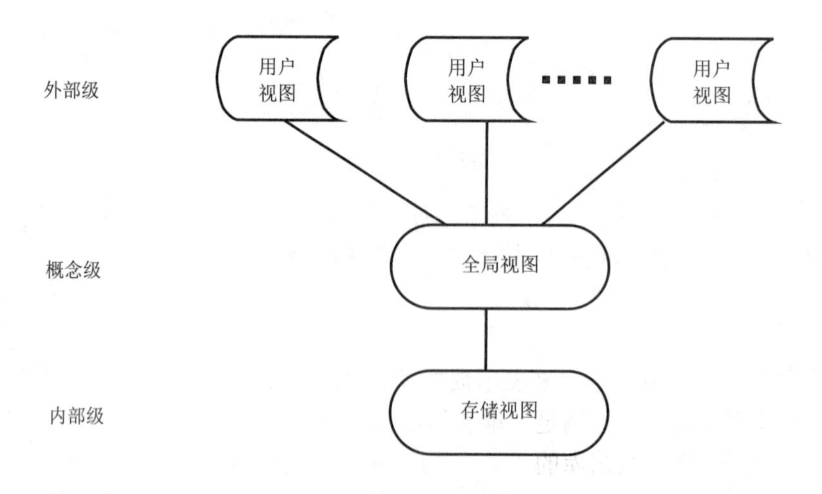

图 1-4　数据库的三级层次结构

从不同角度看到的数据特征称为“数据视图”（Data View）。用户所看到的数据特征，属于“外部级”，单个用户使用的数据视图，称为“外模型”。比如在 Access 数据库中，使用较多的查询和表的“数据表视图”“窗体视图”“报表视图”“打印预览视图”等，都属于“外模型”；涉及用户的数据定义，也就是全局的数据视图，称为“概念模型”，比如表的“设计视图”；而涉及实际数据存储的方式，这种最接近存储的物理设备的数据视图，称为“内模型”。

1.2　数据库设计

数据库设计概括起来包括两个方面的内容：一是数据库的结构设计；二是数据库应用系统的功能设计。

1. 数据库的结构设计

数据库的结构设计就是建立一组结构合理的基表，这是整个数据库的数据源。必须合理地规划、有效地组织数据，以便实现高度的数据集成和有效的数据共享。基表应满足关系规范化的原则，尽可能减少数据冗余，保证数据的完整性和一致性。

2. 数据库应用系统的功能设计

数据库应用系统的功能设计，是在充分进行用户需求分析的基础上来实现的，它包括各种用户界面的设计和功能的实现策略。

除了必要的硬件选择和搭建外，还必须选择一个合适的软件，即数据库管理系统。Access 是一个适用于中、小规模的数据量的数据库管理系统，而且它可以在网络上运行，具有 OLE 技术的支持，对于数据规模不是特别大的电子商务网站，作为底层数据库特别适用。

1.2.1　数据规范化

数据规范化（Date Normalization），是属于数据库设计理论的范畴，不属于本书的研究内容，在此只作简单介绍。

在数据库中，基表必须满足规范化的原则，即必须是一个二维表。二维表最通俗的理解是，每个字段必须是原子的、不可再分的，每一行是一个记录。

表 1-5 就不是一个规范化的二维表，必须将它改造成为表 1-4 的形式，才能作为数据库的基表。这个改造的过程就称为关系规范化。

表 1-5　不规范化的二维表

学号	姓名	成绩			
		数学	政治	英语	计算机
121001	李晓燕	60	80	87	85
121002	邓必勇	81	65	79	67
121003	黄志强	79	83	85	71
121004	李玉青	91	80	87	85

表 1-6 也不是一个规范化的二维表，它不仅在字段中出现组合项，而且在记录中也存在组合。

只有将表 1-6 改造成为表 1-7 的形式，才可以作为数据库的基表。

表 1-6 不规范化的选课表

学号	姓名	选课情况	
		课程名	学分
1161002	陈晴	高等数学	4
1161003	马大大	生活英语	2
		逻辑学	2
		数学建模	3
1161004	夏小雪	艺术教育	2
		孙子兵法	2

表 1-7 规范化的选课表

学号	姓名	课程名	学分
1161002	陈晴	高等数学	4
1161003	马大大	生活英语	2
1161003	马大大	逻辑学	2
1161003	马大大	数学建模	3
1161004	夏小雪	艺术教育	2
1161004	夏小雪	孙子兵法	2

这个由表 1-6 改造成为表 1-7 的形式的过程，称为数据规范化。表 1-4 和表 1-7 都满足数据库的第一规范化形式，也称“第一范式”（简称 1NF）。

根据数据之间不同的特点和相互依赖的关系，在数据操作时，会遇到各种操作异常的特殊情况，为解决这些特殊的问题，数据必须进行进一步的规范，这就形成了关系数据模型的五种规范化形式。

1. 第一范式（1 NF）

每个字段必须是原子的，不可再分的。这是最基本的要求。

2. 第二范式（2 NF）

首先，它必须满足第一范式，并且不存在非主关键字对主关键字的部分函数依赖。也就是说：所有的非主关键字都完全函数依赖于主关键字，不存在只与主关键字中的部分属性的函数依赖。

3. 第三范式（3 NF）

首先，它必须满足第二范式，并且不存在非主关键字对主键的传递函数依赖。也就是说：所有的非主关键字都直接函数依赖于主关键字，不存在间接地函数依赖于主关键字。

4. 第四范式（4 NF）

首先，它必须满足第三范式，并且不存在非主关键字对主键的多值函数依赖。

5. 第五范式（5 NF）

首先，它必须满足第四范式，并且不存在非主关键字对主键的连接函数依赖。

其中第四范式和第五范式是关系规范化的较深层次的研究，但是在实际应用中，一般只要规范化到第三范式就可以了。

由于对关系的属性之间的函数依赖问题的理论研究不是本书的研究内容，读者可能对这些概念术语难于理解，下面举一个通俗的实例说明从 1 NF 到 3NF 的规范的原理和过程。

这里以学校这个实体为例，在处理学生、课程及有关信息时，有着这样的语义规则：

1）一个系（系名）有若干学生（学号）。

2）一个学生可选多门课程。

3）每门课程有一个成绩。

4）假定每个系只有一个住处（宿舍），学号中包含系的代号（第 4 位）。

根据给定的条件，可以定义表 1-8。

表 1-8　不满足第二范式的二维表

学号	课程	成绩	系名	宿舍
1161001	高等数学	77	计算机	天斋
1161006	科技英语	80	计算机	天斋
1161006	数学建模	85	计算机	天斋
1162001	C 语言	90	电子	地斋
1162003	高等数学	83	电子	地斋
1163002	C 语言	95	数学	元斋
1163002	科技英语	93	数学	元斋
1163004	数学建模	87	数学	元斋
1164008	汇编语言	68	物理	黄斋

这个表完全满足第一范式，但是它不满足第二范式，其理由是：第二范式要求非主关键字对主键具有完全函数依赖的特点。现在来分析表 1-8 的特点。

由于一个学生可以选修多门课程，因此，“学号”不能作为主键，必须以“学号”和“课程”组合作为主关键字，在非主关键字“成绩”“系名”“宿舍”中，“成绩”是完全函数依赖于主键的，因为“成绩”不仅与“学号”有关，而且与“课程”有关。但是“系名”和“宿舍”却只要“学号”就可以决定它们的值（根据已知条件，学号中第 4 位是系的代码），而与主键中的“课程”无关。这就是非主关键字对主键部分函数依赖，所以表 1-8 不属于第二范式。

部分函数依赖的结果会导致数据库操作异常，有关理论的分析在此略去。

我们可以通过数据库的“投影”操作，将表 1-8 分解为两个表，从而解决了非主关键字对主键的部分函数依赖的问题。

在分解的过程中，**去掉重复的记录**，就形成表 1-9 和表 1-10。这两个表都已满足 2NF，因为它们皆可以以“学号”为主键成分，其他非主关键字对主键具有完全函数依赖的特点。

第三范式（3NF）要求非主关键字对主键没有“传递函数依赖”的关系。

“传递函数依赖”，用简单的语言描述，即“A”函数依赖“B”，“B”又函数依赖“C”。

分析表 1-9，它不存在这种关系，因此表 1-9 已经满足第三范式。而表 1-10 就存在这种传递函数依赖的关系。因为根据已知条件，“学号”决定“系”，“系”决定“宿舍”，反过来说，“宿舍”函数依赖于“系”，“系”函数又依赖于“学号”，因此形成“传递函数依赖”。

解决的方法依然是分解关系表 1-10，变成表 1-11 和表 1-12。

表 1-9 满足第三范式的二维表

学号	课程	成绩
1161001	高等数学	77
1161006	科技英语	80
1161006	数学建模	85
1162001	C 语言	90
1162003	高等数学	83
1163002	C 语言	95
1163002	科技英语	93
1163004	数学建模	87
1164008	汇编语言	68

表 1-10 满足第二范式的二维表

学号	系名	宿舍
1161001	计算机	天斋
1161006	计算机	天斋
1162001	电子	地斋
1162003	电子	地斋
1163002	数学	元斋
1163004	数学	元斋
1164008	物理	黄斋

表 1-11 满足 3 NF 的二维表

学号	系名
1161001	计算机
1161006	计算机
1162001	电子
1162003	电子
1163002	数学
1163004	数学
1164008	物理

表 1-12 满足 3 NF 的二维表

系名	宿舍
计算机	天斋
电子	地斋
数学	元斋
物理	黄斋

在关系数据表分解的过程中，去掉重复记录，就形成表 1-11 和表 1-12，此时，他们皆已经满足第三范式。经过以上规范化操作，首先将表 1-8（1NF）规范为表 1-9 和表 1-10（2NF），又将表 1-10 规范为表 1-11 和表 1-12（3NF）。实际上，表 1-9 也已满足 3 NF，最后的结果是将表 1-8 分解成表 1-9、表 1-11 和表 1-12 三个表，它们都属于第三范式。

图 1-5 是从 1NF 到 3NF 规范化过程的示意图，一般情况下，规范到 3NF 就可以了。

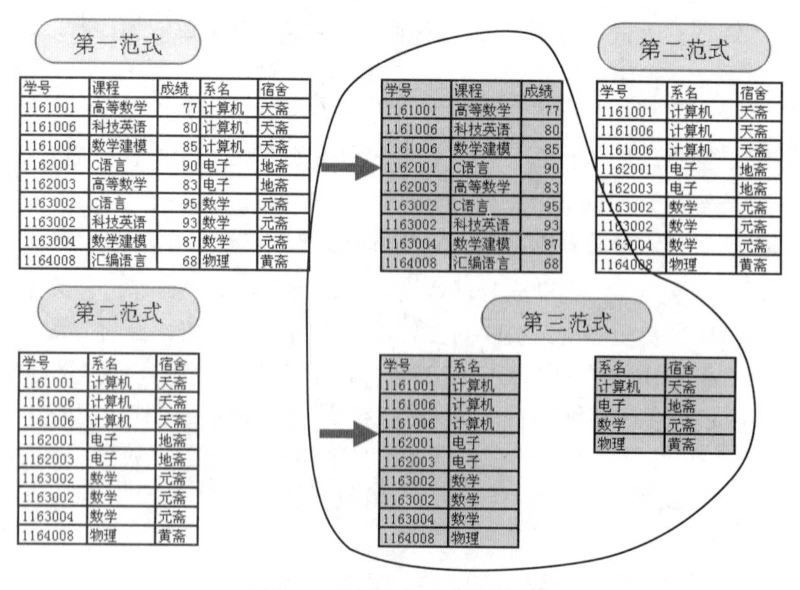

图 1-5 数据表的规范化过程

1.2.2 数据库应用系统设计

数据库应用系统的开发与设计应使用软件工程（Software Engineering）的理论与方法作指导。软件工程把应用系统的开发过程描述为软件生命周期，这个周期分为用户需求分析、应用系统设计、系统的实现（编码）、系统测试、系统运行和系统维护。

1. 用户需求分析

在整个软件生命周期中，这个阶段是至关重要的，必须充分了解用户的需求，包括业务流程、数据流向等，才能设计出符合客观需要的优秀软件。主要应进行如下内容的调查和分析：

1）业务流程分析。要充分了解用户的业务流程，各种业务之间的联系，确定他们之间相互关联的方法，为功能设计建立良好的依据。

2）数据流向分析。要充分了解数据的原始来源，中间经过哪些处理环节，他们之间有哪些联系，包括输入、输出及反馈等流向，为数据库的结构设计奠定基础。

3）系统功能分析。通过分析、归纳用户的业务过程，理出各个环节之间的关系，制定出解决问题的方案。

2. 应用系统设计

在完成了需求分析的基础上，就可以进入应用系统设计阶段。它包括以下几个方面的内容：

1）数据库结构设计。数据库结构设计是非常关键的一步，它将决定整个应用系统的数据源，它们的组织、结构是否合理，关系到系统的工作效率和质量。数据库结构设计的内容包括基表的结构，建立数据模型，以及表与表之间的关联方法，设计时要遵循数据规范化的原则。

2）应用系统的功能设计。在这一步的工作中，应根据需求分析阶段所制定的功能分析的结果，完成各个功能模块的详细设计，建立各个模块之间的联系方法，按照软件工程的规范进行设计。

3）用户界面设计。用户界面包括输入模块和输出模块的设计，人-机交互界面设计等内容。

对于输入模块的用户界面，要力求美观、操作方便，并要保证整体风格的统一性。界面设计还包括提供一些实时的帮助等友善的用户界面程序设计。

对于输出模块的设计，包括显示模块和打印模块两个方面的设计，包括输出格式、输出内容、输出方式等，其中还包括统计、计算、汇总、分类等操作。

人-机交互界面设计包括系统流程的控制面板设计，各种功能的对话框设计等。

3. 系统的实现（编码）

有了周密的系统分析和设计，功能模块的编码就相对容易了。技术上要对用户可能发生的错误具有防范措施，提高程序模块的抗干扰能力。还要使用一些容错技术、故障处理等技术，当错误发生时，有相应的处理程序进行处理。

4. 系统测试

系统测试首先要完成单个模块的测试，然后再进行多个模块之间的整体连调，包括功能的测试（是否达到预期目标）和性能的测试（可操作性、容错和抗干扰能力等）。软件测试方法是属于专门的一门学科，在此不详述。

5. 系统运行和系统维护

系统测试完成后就可以投入试运行，但并不等于没有问题了，任何一个优秀的软件都是在运行的过程中不断发现问题、解决问题、克服不足才逐渐完善的，这是一个必不可少的过程。

1.2.3 面向对象方法的概念

Access 是一个面向对象的多媒体数据库管理系统，因此，在学习 Access 之前，有必要介绍面向对象技术的一些基本概念。

面向对象的程序设计（Object-Oriented Programming，OOP）可以这样理解：

面向对象＝对象＋类＋属性及其继承＋对象之间的通信（即事件＋方法）

如果一个数据库应用系统的设计和实现过程是这样的：根据某个实体的实际需求，定义了若干组对象，每个组属于一类，每个对象根据实际需求设置了各自的属性，当一些相关对象需要某种操作时（即事件发生时），有相应的方法响应去完成这个操作（即程序），这种程序设计的过程称为面向对象的程序设计。

1. 对象

面向对象的方法是把现实世界中的任何事物都看成一个对象，比如一段文字、一张图片、一个表格等。

数据库应用系统中的对象可分为两个大的类型：实体对象和过程对象。

1）实体对象。实体对象一般是指客观存在的、可见的。在数据库应用系统中，数据表、查询、窗体、报表等都是对象。

2）过程对象。过程对象是指处理事件的程序。它是一种行为，如果没有事件发生，则不需要驱动它，人们几乎感受不到它的存在。这种对象只有在事件（如鼠标的单击、双击、拖动等动作）发生时，才会驱动它去执行。

2. 类

在客观世界中，很多对象具有相同的特征，我们把具有同一种特征的对象划分为一类。比如学生，有属性“姓名”“性别”“出生日期”……对某个具体的学生，他就是一个实体对象，他的姓名叫“王一”，性别“男”，出生日期是 1980 年 3 月 3 日；另一个学生，他也有“姓名”“性别”“出生日期”等信息，单个具体的学生叫“对象”，而“学生”称为一类。

我们来给类下一个定义：具有相同属性和相同操作的对象，称为一类。

类与对象的关系：类是对象的抽象，而对象是类的具体实例。

3. 属性

属性是对象的固有特性，不同的对象具有不同的属性集。

比如一个数据表对象，它的属性包括字段名、字段类型、格式、大小、有效性规则等。

在一个窗体对象中，还包括标签对象、文本框对象、命令按钮对象，每个对象都有各自不同的属性集。比如标签对象，就有标签的名称、标题、长度、宽度、背景色、前景色、特殊效果等多种属性。在设计某个对象时，要表现某种效果，只要设定对象的相应的属性值就可以了。

面向对象的程序设计与面向过程的程序设计不同的是，它不需要程序设计者记住许多定义、使用控件的语句的烦琐的语法格式和规定，只要根据需要在系统提供的属性表中设定对象的各个属性值即可。

4. 事件与方法

面向对象的程序设计是采用一种事件驱动机制来处理用户要做的事情。

“事件”也可以说是发生的动作，比如鼠标单击、双击、拖动这些动作的发生，都叫事件。

“方法”是对事件的响应和处理，可能是一个简单的宏命令来完成，也可能需要一个复杂的程序模块来完成。

对于发生事件后的响应称为事件驱动，Access 是通过属性来建立他们的连接的。

比如，要关闭一个窗体，只要单击一个命令按钮就可以关闭该窗体。如何实现呢？我们可以在窗体中添加一个命令按钮对象，然后对它的属性进行设置，属性中有一个“事件”选项卡，在“单击”中设置方法，只要生成一个关闭窗体的宏命令就可以了。如果需要更复杂的处理，就需要编写程序模块来实现。

习 题

一、单选题

1. 数据库设计的根本目标是要解决________。
   A. 数据共享问题　　B. 数据安全问题
   C. 简化数据维护　　D. 大量数据存储问题
2. 关系型数据库管理系统中所谓的关系是指________。
   A. 各条记录中的数据彼此有一定的关系
   B. 数据库中各个字段之间彼此有一定的关系
   C. 数据模型符合满足一定条件的二维表格式
   D. 一个数据库文件与另一个数据库文件之间有一定的关系
3. 数据库 DB、数据库系统 DBS 以及数据库管理系统 DBMS 三者之间的关系是________。
   A. DBMS 包括 DB 和 DBS　　B. DBS 包括 DB 和 DBMS
   C. DB 包括 DBS 和 DBMS　　D. DBS 就是 DB，也就是 DBMS
4. 数据独立性是数据库技术的重要特点之一。所谓数据独立性是指________。
   A. 数据与程序独立存放
   B. 不同的数据被存放在不同的文件中
   C. 不同的数据只能被对应的应用程序所使用
   D. 以上 3 种说法都不对

5. 设有如下关系表______。

R

A	B	C
1	1	2
2	2	3

S

A	B	C
3	1	3

T

A	B	C
1	1	2
2	2	3
3	1	3

则下列操作中，正确的是______。

A. T=R∩S　　B. T=R∪S　　C. T=R×S　　D. T=R/S

二、填空题

1. 用二维表的形式来表示实体之间联系的数据模型称为________。

2. 二维表中的列称为关系的________，二维表中的行称为关系的________。

3. 数据管理技术发展过程经过人工管理、文件系统和数据库系统三个阶段，其中数据独立性最高的阶段是________。

4. 在面向对象方法中，类的实例称为________。

三、简述题

1. 简述什么叫数据处理、数据库？

2. 什么叫数据库管理系统？你所知道的数据库管理系统有哪些？试举两例，说出它们的名称，并说出它们分别属于哪种模型。

3. 数据库体系结构包括哪几个层次？最接近用户的叫什么？

4. 数据库系统有哪几种数据模型？简述它们的特点。

5. 简述什么叫字段、记录、属性？

6. 什么叫主键？它有什么作用？它的主要特点是什么？

7. 什么叫数据规范化？“第一范式”必须满足什么条件？试举一例。

8. 什么叫面向对象的程序设计？

9. 简述什么叫对象、类、属性？

10. 什么叫数据库应用系统？试举出生活中的一例。

实验　初识 Access 2016 数据库

一、实验目的

1. 掌握 Access 2016 的启动与退出。

2. 了解 Access 2016 的界面布局。

二、实验内容

1. 启动与退出 Access 2016。

2. 打开“教职员”数据库，如图 S1-1 所示，查看 Access 2016 数据库的工作界面。

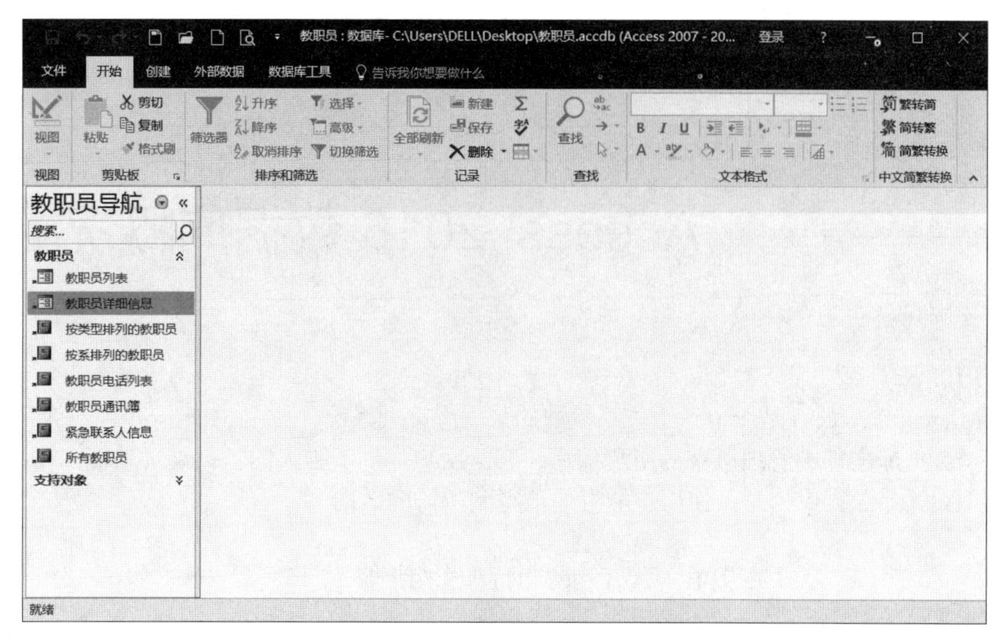

图 S1-1　Access 2016 数据库的工作界面

Access 2016 数据库概况

Microsoft Access 是一个基于关系模型的数据库管理系统。使用 Microsoft Access 可以在一个数据库文件中管理所有的用户信息，它给用户提供了强大的数据处理功能，帮助用户组织和共享数据库信息，使用户能方便地得到所需的数据。

2.1 Access 2016 的功能特点

2.1.1 Access 的主要特点

1. Access 的主要特点

1992 年 11 月，美国微软公司发布了 Windows 数据库关系系统 Access 1.0 版本；1995 年，微软公司把 Access 捆绑在办公软件 Microsoft Office 95 家族中，从此，Access 成为 Microsoft Office 的组件之一；之后历经多次升级改版：Access 2.0、Access 95、Access 97、Access 2000、Access 2003、Access 2007、Access 2010、Access 2013，Access 2016，功能越来越强，使用越来越方便，其操作界面与 Office 其他组件（Word、Excel、PowerPoint 等）类似，操作简单。Access 有许多方便快捷的工具，如表生成器、查询生成器、窗体生成器、表达式生成器等；数据库向导、表向导、查询向导、窗体向导、报表向导等。利用这些工具和向导，可以建立一个功能较为完善的数据库应用系统。

2. Access 数据库的主要功能

Access 可以在一个数据库文件中管理所有的用户信息，它通过各个对象对数据进行管理，实现高效率地信息管理和数据共享。

- 表——存储数据。
- 查询——查找和检索所需的数据。
- 窗体——查看、添加和更新表中的数据。
- 报表——以特定的版式分析或打印数据。
- 宏——执行各种操作，控制程序流程。
- 模块——更复杂、高级应用的处理工具。

只要在一个表中保存一次数据，就可以从多个角度查看数据，比如从表中查看、从查询中查看、从窗体中查看、从报表中查看等。当更新数据时，所有出现该数据的位置均会自动更新。

2.1.2 Access 2016 的新增功能

Access 2016 从 Access 2013 升级而来，包含了 Access 2013 已有的功能，同时经过改进和完善，其操作更简单、使用更方便、功能更完善。

1. 使用“告诉我你想要做什么”快速执行功能

在 Access 2016 功能区上方有一个“告诉我你想要做什么”的文本框， 用户可在该文本框中输入与接下来要执行的操作相关的关键字，快速访问要使用的功能或要执行的操作，还可以获取与要查找的内容相关的帮助，如图 2-1 所示。

例如，想了解“输入掩码”的用法，可在“告诉我你想要做什么”文本框内输入“输入掩码”，用户将看到所有“输入掩码”的相关选项，如图 2-2 所示。

图 2-1 使用“告诉我你想要做什么”快速执行功能

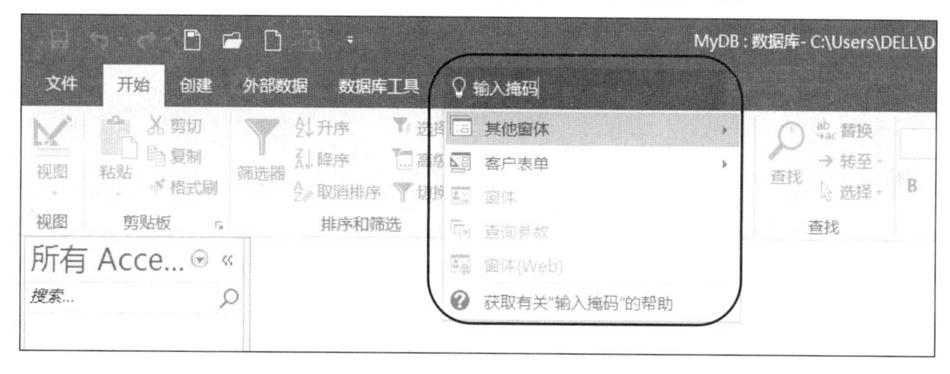

图 2-2 与“输入掩码”相关的功能或帮助

2. 新增“彩色”主题

Access 2016 应用两种 Office 主题：彩色和白色。用户可通过选择“文件→选项→常规”，然后单击“Office 主题”的下拉菜单来选择所需的主题，如图 2-3 所示。

3. 将链接的数据源信息导出到 Excel

在 Access 2016 中，通过“链接表管理器”对话框中内置的新功能，可以将所有外部链接到 Access 中的数据导出到 Excel 中，以便 Access 数据与 Excel 的交互和调用。

选择“外部数据→链接表管理器”，打开“链接表管理器”对话框。选择要导出的链接数据源，然后单击“导出到 Excel”按钮，如图 2-4 所示。

图 2-3 新增“彩色”主题

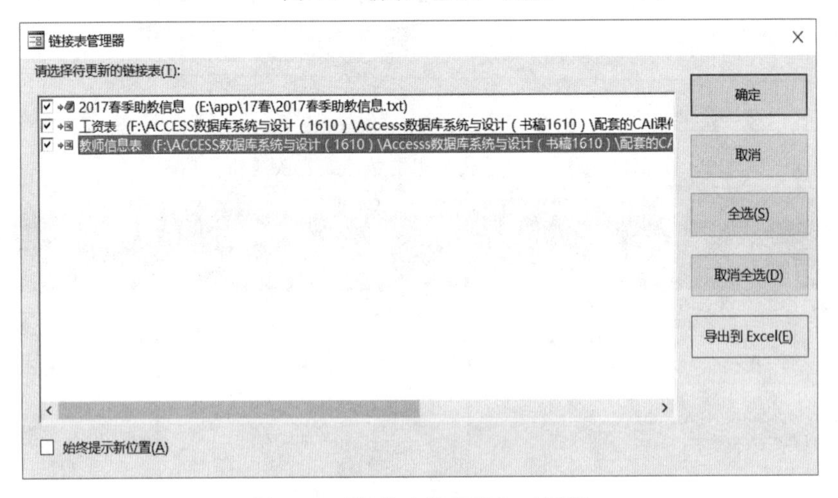

图 2-4 “链接表管理器”对话框

Access 弹出“保存文件”对话框，如图 2-5 所示。

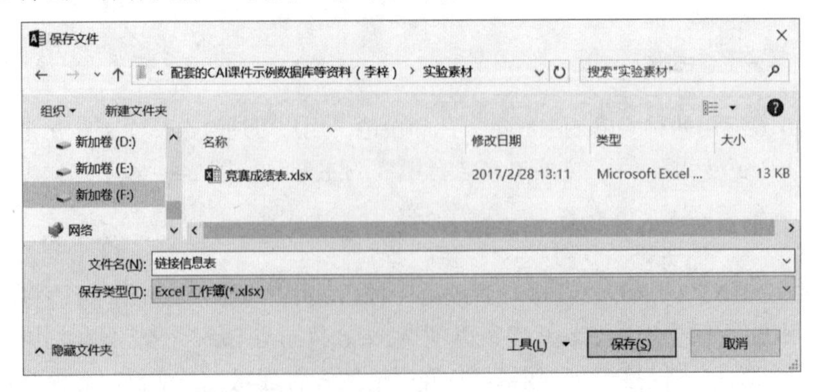

图 2-5 “保存文件”对话框

选择保存位置并输入文件名后，Access 将在指定的工作簿中显示链接数据源的名称、来源和数据源类型等信息，如图 2-6 所示。

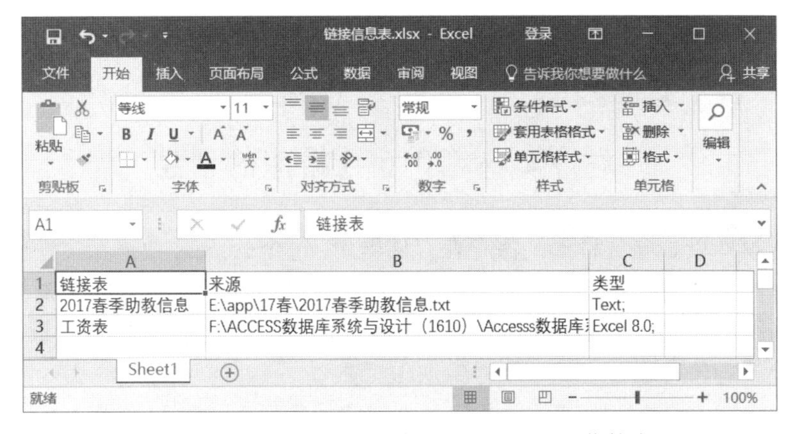

图 2-6　链接的数据源信息导出到 Excel 工作簿中

2.2　Access 2016 的安装和启动

2.2.1　Access 2016 的安装

Access 2016 是捆绑在 Office 2016 家族中的组件之一，只要安装了 Office 2016，就可以将 Access 2016 装入计算机，具体的安装步骤这里不作赘述。要确保 Access 2016 能正常安装和使用，用户计算机安装的操作系统必须是 Window 7.0 及以上版本。

2.2.2　Access 2016 的启动和退出

Access 2016 的启动与其他 Office 工具一样，可以通过选择“开始→所有应用→Access 2016”，进入 Access 2016 的应用程序窗口。也可以双击桌面上的 Access 2016 快捷图标，或者单击快速启动区的 Access 2016 图标，都可以启动 Access 2016 的应用程序，如图 2-7 所示。如果双击任意一个 Access 数据库文件，则不仅可以启动 Access 应用程序，还可以同时打开该数据库文件。

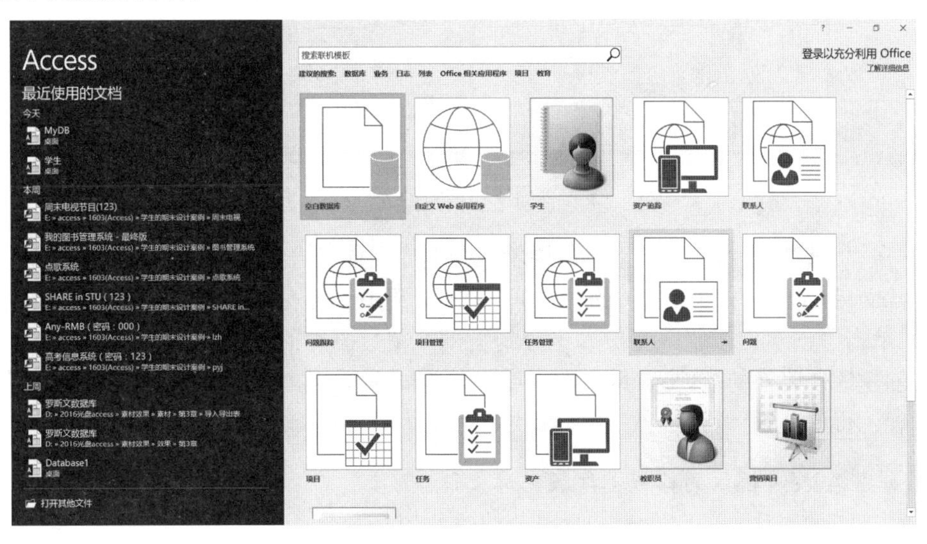

图 2-7　Access 2016 应用程序窗口

关闭 Access 2016 也同关闭其他应用程序一样，可以单击窗口右上角的“关闭”按钮，也可以按快捷键<Alt>+<F4>执行关闭。

2.3 Access 2016 数据库的创建

Access 数据库以独立文件形式保存在存储器中，每个 Access 数据库文件储存有 Access 数据库的所有对象（表、查询、窗体、报表、宏、模块等）。利用 Access 对数据进行管理和操作时，必须先创建 Access 数据库，才能在该数据库中创建所需的表、查询、窗体、报表、宏、模块等对象。

创建 Access 2016 数据库有两种方法：创建空的数据库文件和基于 Access 提供的模板来创建数据库文件。

说明： Access 2003 及以下版本创建的数据库文件扩展名是.mdb，而 Access 2007 及以上版本创建的数据库文件扩展名是.accdb。

1. 创建空的数据库文件

【实例 2-1】 创建一个空的数据库“学分制管理”。

操作步骤如下：

1）启动 Access 2016，打开 Access 2016 应用程序窗口，如图 2-7 所示。

2）在 Access 2016 应用程序窗口单击“空白数据库”对象，打开“创建空白数据库”对话框，如图 2-8 所示。

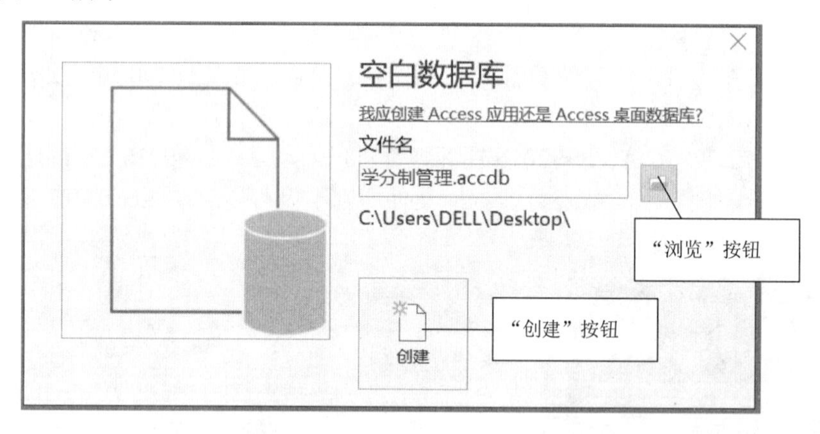

图 2-8 “创建空白数据库”对话框

3）在“创建空白数据库”对话框中输入数据库文件名“学分制管理”，系统自动添加文件扩展名.accdb，单击文件名右侧的“浏览”按钮，选择“学分制管理”数据库保存的位置。

4）单击“创建”按钮，完成“学分制管理”空数据库的创建。

新创建的“学分制管理.accdb”数据库文件是一个空的文档，可以根据需要在该数据库中创建表、查询、窗体、报表、宏、模块等对象。

2. 利用 Access 提供的模板创建数据库文件

【实例 2-2】 利用 Access 数据库模板创建“教职员”数据库文件。

操作步骤如下：

1）启动 Access 2016，打开 Access 2016 应用程序窗口，如图 2-7 所示。

2）在 Access 2016 应用程序窗口单击“教职员”对象，打开创建“教职员”数据库对话框。

3）输入数据库文件名“教职员”，单击文件名右侧的“浏览”按钮，选择“教职员”数据库保存的位置，如图 2-9 所示。

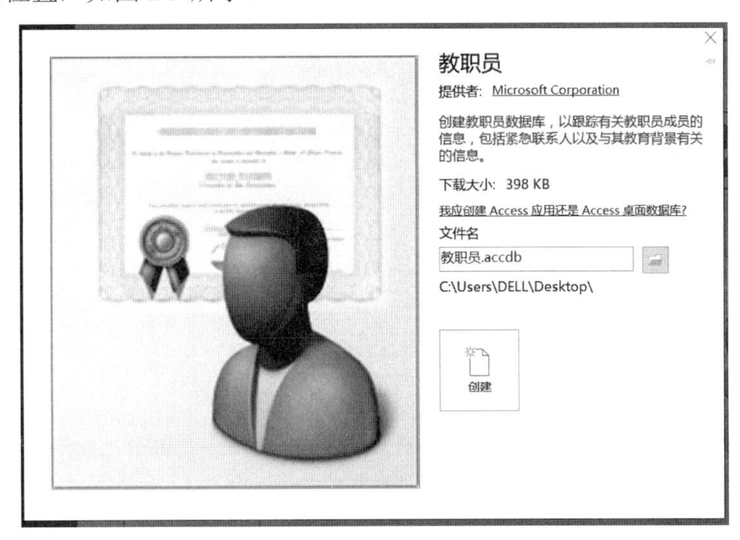

图 2-9　利用模板创建“教职员”数据库

4）单击“创建”按钮，完成“教职员”数据库的创建。

利用模板创建的“教职员.accdb”数据库文件中包含了表、查询、窗体、报表、宏、模块等对象。

2.4　Access 2016 数据库的基本对象

在 Access 2016 数据库中，有六个基本对象的类：表、查询、窗体、报表、宏和模块。这些对象在数据库中有不同的作用。下面分别介绍 Access 2016 数据库六个基本对象各自的功能特点。

2.4.1　表

表也称为基表，它是数据库的核心和基础，存放数据库的全部数据，是数据库中最基本的数据源，是信息的仓库，是信息处理的基础和依据。

一个数据库可以拥有多个表，每个表都是规范化了的数据，按照一定的组织形式建立起来的。在一个数据库中，表与表之间有相对的独立性，同时存在着一定的联系，可以通过某种方法定义他们之间的关系。关于数据的组织和规范化以及关系的定义将在第三章中介绍。

表有两种视图，即设计视图和数据表视图。“设计视图”是用户对表进行定义或对表结构进行修改的窗口，如图 2-10 所示；“数据表视图”如图 2-11 所示，是输入数据、查看、修改、查询数据的窗口，还可以在这个窗口中对数据进行排序、筛选、打印等操作。如果这个表与其他表建立了关系，还可以浏览它的数据子表的信息。

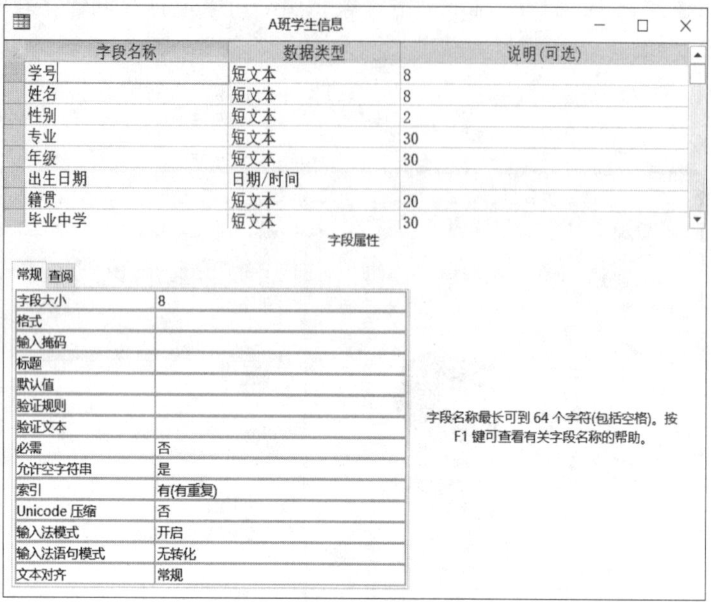

A班学生信息

字段名称	数据类型	说明(可选)
学号	短文本	8
姓名	短文本	8
性别	短文本	2
专业	短文本	30
年级	短文本	30
出生日期	日期/时间	
籍贯	短文本	20
毕业中学	短文本	30

字段属性

常规 查阅

字段大小	8
格式	
输入掩码	
标题	
默认值	
验证规则	
验证文本	
必需	否
允许空字符串	是
索引	有(有重复)
Unicode 压缩	否
输入法模式	开启
输入法语句模式	无转化
文本对齐	常规

字段名称最长可到 64 个字符(包括空格)。按 F1 键可查看有关字段名称的帮助。

图 2-10　表的设计视图

A班学生信息

学号	姓名	性别	专业	年级	出生日期	籍贯	毕业中学
1161001	陶骏	男	计算机	2016	1996/8/9	广东中山	中山一中
1161002	陈晴	男	计算机	2016	1996/3/5	湖北荆洲	沙市六中
1161003	马大大	男	计算机	2016	1997/2/26	广州市	华南师大附中
1161004	夏小雪	女	计算机	2016	1997/12/1	江苏无锡	实验中学
1161005	钟大成	女	计算机	2016	1997/9/2	广东汕头	金山中学
1161006	王晓宁	男	计算机	2016	1998/2/9	广东汕头	汕头一中
1161007	魏文鼎	男	计算机	2016	1997/11/9	广东清远	清远第二中学
1161008	宋成城	男	计算机	2016	1996/7/8	湖南长沙	师大附中
1161009	李文静	女	计算机	2016	1997/3/4	河南洛阳	实验中学
1161010	伍宁如	女	计算机	2016	1996/9/5	河北石家	铁路中学

记录: 第 1 项(共 10 项　无筛选器　搜索

图 2-11　表的数据表视图

2.4.2　查询

查询是对基表数据有选择的提取而产生的另一类型的对象，以便提高数据处理的效率。一个查询产生的结果可以是一个表中的部分字段信息，数据库操作中称为“投影”；也可以是表中的满足某些条件的部分记录，数据库操作中称为“筛选”；还可以是来自多个表的部分或全部信息，数据库操作中称为“连接”。查询不仅可以根据需要选择基表中的信息，还可以根据需要进行排序、统计、计算等操作。因此，查询可以方便用户提高数据处理的效率。

以上查询属于对表进行信息检索的类型，它的特点是不改变基表中的原始数据。还有一种查询叫“操作查询”，它包括“生成表”“删除”“追加”“更新”等查询，此类查询的执行将会导致原始数据发生变化。

Access 2016 的查询有三种视图，即“设计视图”、“数据表视图”和“SQL 视图”。前两种是常用的，“设计视图”是用户对查询进行定义的窗口，在这个窗口中可以从指定表中选择字段（包括从多个表或其他查询中选择），并可以进行排序、计算、设定条件等操作，如图 2-12 所示；“数据表视图”主要提供浏览查询到的数据的功能，如图 2-13 所示，当然也可以进一步进行筛选排序。

Access 所有对象的操作，它们的数据源有两种：表和查询。由于查询来自于基表，且比基表有更丰富的外延，因此，窗体、报表等对象的操作，它们的数据源更多的是使用查询结果。

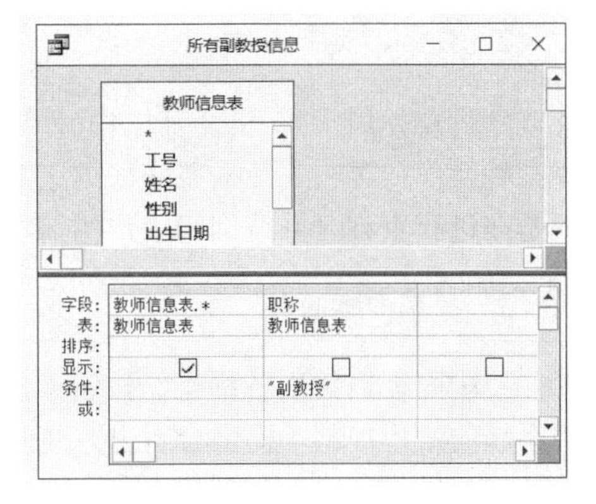

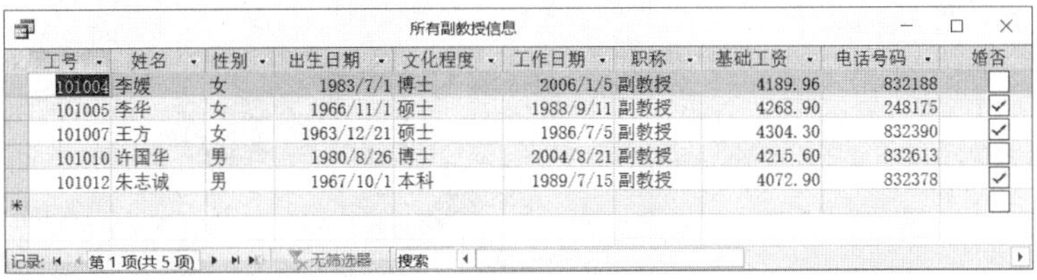

图 2-12　查询的设计视图

所有副教授信息

工号	姓名	性别	出生日期	文化程度	工作日期	职称	基础工资	电话号码	婚否
101004	李媛	女	1983/7/1	博士	2006/1/5	副教授	4189.96	832188	☐
101005	李华	女	1966/11/1	硕士	1988/9/11	副教授	4268.90	248175	☑
101007	王方	女	1963/12/21	硕士	1986/7/5	副教授	4304.30	832390	☑
101010	许国华	男	1980/8/26	博士	2004/8/21	副教授	4215.60	832613	☐
101012	朱志诚	男	1967/10/1	本科	1989/7/15	副教授	4072.90	832378	☑

记录: 第 1 项(共 5 项)　无筛选器　搜索

图 2-13　查询的数据表视图

2.4.3　窗体

窗体是重要的人-机界面，是用户和 Access 之间的接口。设计者可以利用窗体为用户提供友好的界面，使计算机的操作更接近人们习惯的手工过程。由于 Access 的窗体设计非常方便灵活，因此设计者可以充分体现自己的创意，展示自己的个性和才华，使 Access 应用系统具有独特的整体风格，既接近实际应用又高于实际应用，使用户能够轻松愉快、方便快捷地进行数据库的各种操作。

窗体根据其功能可分为三种类型。

1. 数据操作窗体

这种窗体用于浏览表或查询的数据，也可以对其中的数据进行修改或输入新的数据，如图 2-14 所示。

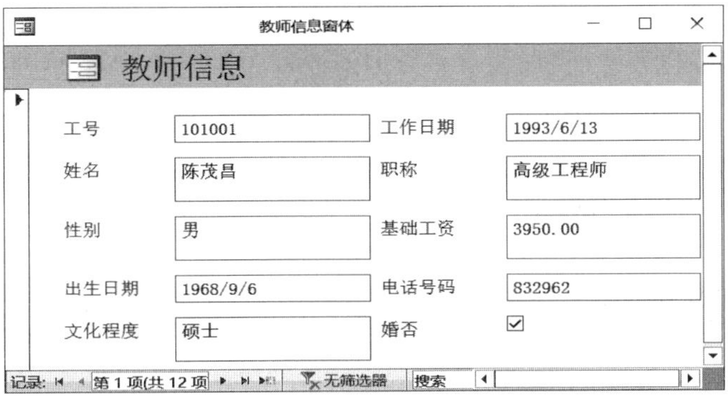

图 2-14　数据操作窗体

2. 会话、交互窗体

这种窗体用于人–机交互操作。计算机弹出该窗体，等待用户回答某种信息，或者是选择某种操作或过程，然后系统根据选定的内容去执行相应的程序。如图 2-15 所示的窗体，就是在进行查询时系统询问用户的需求所给出的对话框。

3. 控制面板窗体

控制面板窗体由各种操作按钮（命令按钮，单选、复选按钮）组成，实现对数据库应用系统的流程控制，提供给用户方便的选择，如图 2-16 所示。它不需要数据源，但需要提供按钮与操作程序之间的接口，一般在它的属性中通过连接宏命令或模块来实现。这将在后面的章节中加以介绍。

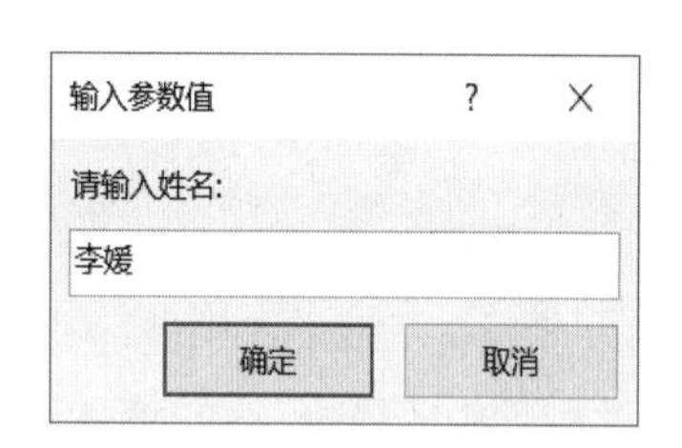

图 2-15 对话、交互窗体

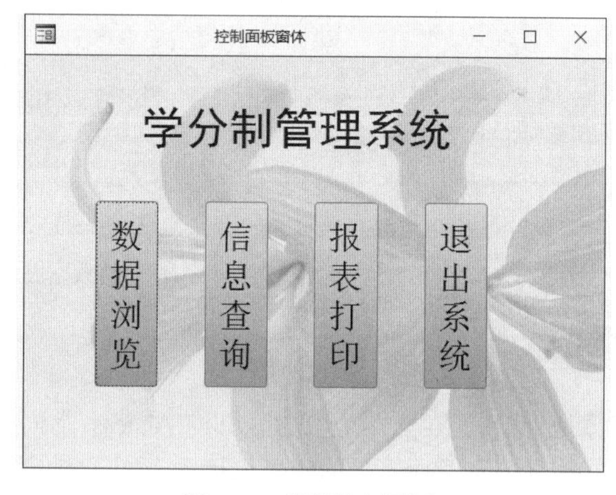

图 2-16 流程控制面板

一个数据库应用系统设计得是否出色，是否受用户喜爱，窗体的设计占很大比重。窗体设计既要美观、色调协调，为用户提供一个赏心悦目的界面，又要方便实用，提供多种功能选择，使用户使用得心应手。

2.4.4 报表

报表是 Access 提供的另一种输出形式，从打印机上打印输出。一般说来，数据库信息的输出，如果只需要查看内容或计算结果，使用窗体就可以了。如果要打印出各种表格，并对数据进行分类、分组、排序、计算等处理，使用报表是最好的选择。

报表的数据源来自表或查询，报表中数据的计算非常方便。Access 提供了丰富的函数，包括各种日期函数、页计数、统计函数、域合计函数等，这些函数的计算值被储存在报表对象中。

如图 2-17 所示是报表的设计视图，通常包括报表的页眉、页脚，页面的页眉、页脚以及主体等部分。

如图 2-18 所示是报表的打印预览视图，一般在报表设计视图设计的版面，要经过多次的调整才能具有较好的效果，这要借助于打印预览视图观看，再切换到设计视图中调整，反复进行，才能达到理想的结果。

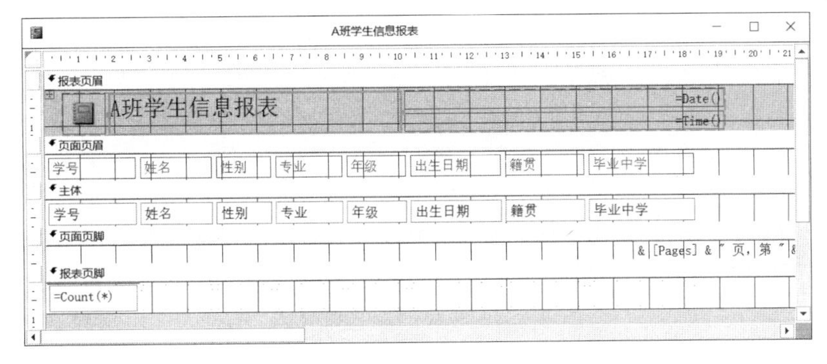

图 2-17　报表的设计视图

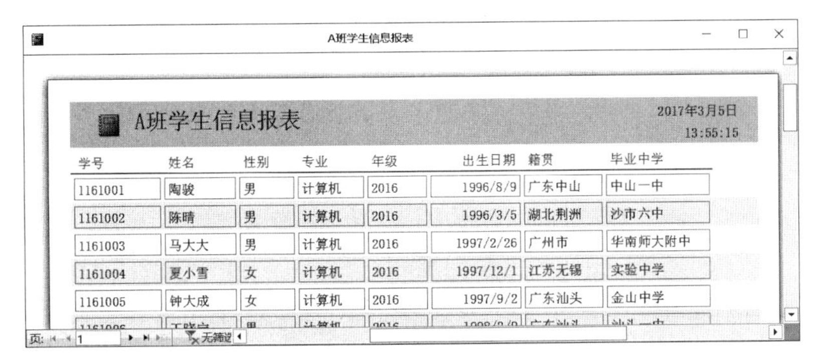

图 2-18　报表的打印预览视图

2.4.5　宏

宏是命令的集合。命令实际上是一段简单的小程序，每个命令实现一个特定的操作。例如，打开表、关闭窗体、退出应用程序等。Access 2016 提供了 40 多种宏命令。Access 宏可以只包括一个宏命令，也可以包含多个宏命令，还可以根据条件执行其中的某些宏命令。但是宏只能用于执行一些简单的操作，不能处理复杂的过程。

宏的设计是在如图 2-19 所示的窗口中进行的。

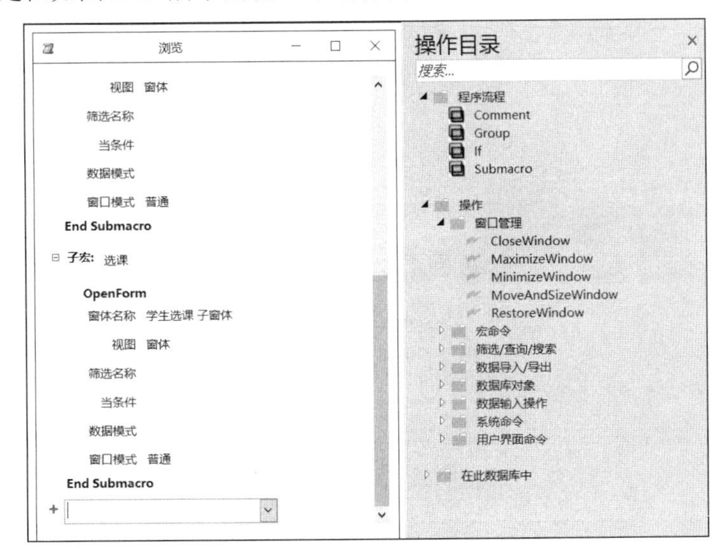

图 2-19　宏的设计视图

2.4.6 模块

模块也称程序，是比宏更大、更复杂的程序。它能够处理更多的事务，处理各种复杂的情况和执行相应的过程。随着数据库中数据量不断地增加，用户对管理信息系统的要求越来越高，仅仅靠宏命令来处理是远远不够的，要编制出高质量的功能强大的应用程序，必须使用模块来实现。

图 2-20 VBA 模块的编辑窗口

Access 中嵌入了数据库编程语言 VBA（Visual Basic for Application），VBA 模块的编辑窗口如图 2-20 所示；也可以外挂动态网页设计编程语言 ASP（Active Server Pages）。模块中的每一个过程都可以是一个函数过程或子程序。

2.5 使用不同版本的数据库

Access 的数据库文件格式具有向下兼容的特点，对于各种 Access 低版本的格式，在高版本的 Access 中都可以使用。但是反过来，在高版本下建立的数据库文件，在低版本中就无法打开。

Access 2016 提供了在高版本下建立的数据库文件另存为低版本的数据库文件兼容的功能。只要打开高版本下建立的数据库文件，选择“文件→另存为”，打开“另存为”对话框，如图 2-21 所示，用户根据实际需求选择相应选项，就可将 Access 数据库文件另存为不同类型或版本的文件。

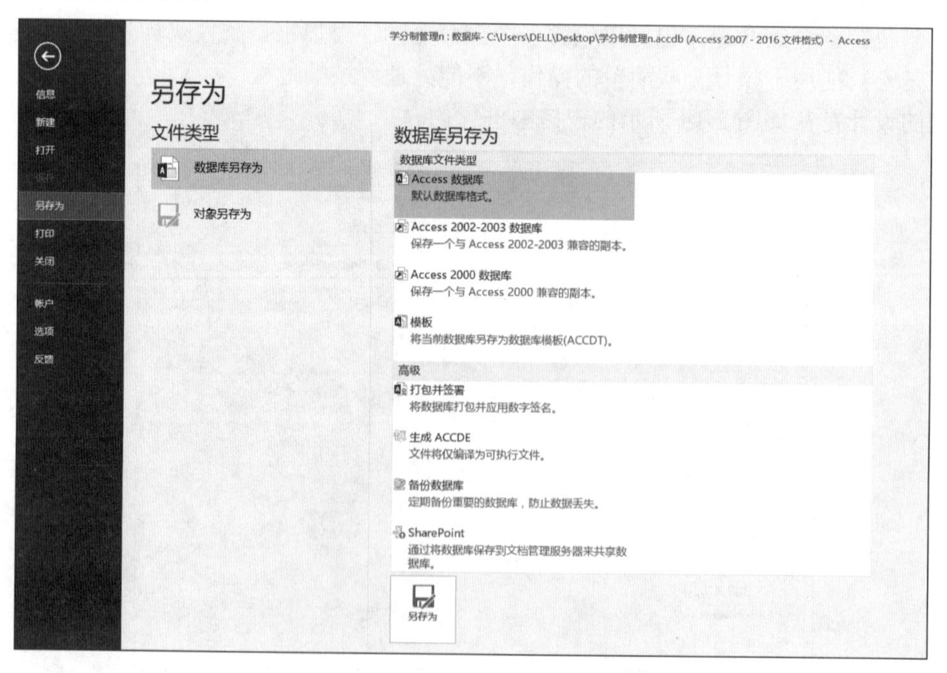

图 2-21 Access 数据库文件另存为不同类型或版本的文件

2.6　数据库的压缩与修复

在 Access 的使用过程中往往会频繁地创建、删除一些对象，这样在数据库中将形成碎片，而且被删除的空间不能被释放，因此影响数据库的工作效率，造成时间和空间的浪费。比如，在一个表中定义了 OLE 对象，并插入了一些图片，会发现数据库文件增加了许多倍，这时删除一部分图片，甚至全部删除所有图片，文件的大小并没有变化。在这种情况下，只要选择“文件→信息→压缩和修复”，如图 2-22 所示，就可以使碎片得到有效地整理，空间被迅速释放。压缩和修复这两项工作是一起完成的。数据库文件之所以要修复，是因为数据库在使用过程中可能因为各种原因导致写入不一致，例如多个客户端访问同一个数据库文件时，就可能因为数据冲突而导致数据库文件出现损坏，此时，使用“压缩和修复”功能可以在一定程度上修复该文件。因此，我们应养成习惯，在每天工作之余都做一下数据库的压缩和修复工作，这对提高数据库运行速度和工作效率是显而易见的。

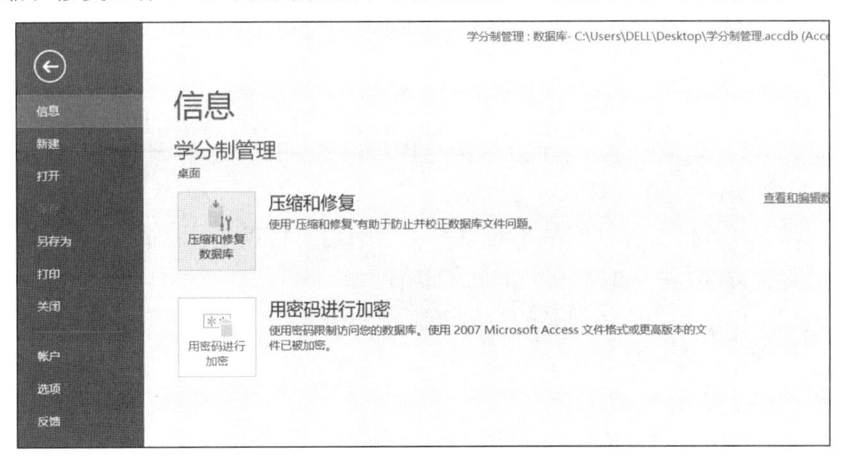

图 2-22　手动压缩和修复数据库文件

习　　题

一、单选题

1. 在以下叙述中，正确的是________。
   A. Access 不具备程序设计能力
   B. Access 只具备了模块化程序设计能力
   C. Access 只能使用系统菜单创建数据库应用系统
   D. Access 具有面向对象的程序设计能力，并能创建复杂的数据库应用系统
2. 退出 Access 数据库管理系统可以使用的快捷键是________。
   A. Alt+F+X　　B. Alt+X　　C. Ctrl+C　　D. Ctrl+O
3. 下列不属于 Access 对象的是________。
   A. 表　　B. 文件夹　　C. 窗体　　D. 报表
4. 在 Access 数据库对象中，体现数据库设计目的的对象是________。

A. 模块　　B. 宏　　C. 查询　　D. 表

5. 在 Access 2016 中，如果插入了许多图片后又将它们删除，则有关数据库所占用空间被释放的正确论述是________。

A. 自动被释放

B. 要执行“视图→刷新”后，才能被释放

C. 关闭数据库，然后重新启动后，才能被释放

D. 要执行“文件→信息→压缩和修复”后，才能被释放

二、填空题

1. Access 2016 数据库由________、________、________、________、________和________共六种数据库对象组成。

2. Access 2016 数据库的文件扩展名是________。

3. 在 Access 2016 数据库的六个对象中，基础和核心是________。

4. Access 的数据库文件格式具有________兼容的特点。

三、简述题

1. 有哪些方法可以启动 Access 2016 的应用程序？试举出三种方法。

2. 如何创建 Access 2016 数据库文件？

3. Access 2016 数据库有哪些基本对象？各自的功能特点是什么？

4. 窗体可分为哪几种类型？它们的功能是什么？

5. Access 2016 是一个什么类型的数据库管理系统？

6. Access 2016 有哪些基本功能？

7. Access 2016 有哪些新增功能？

8. 在 Access 2016 数据库应用程序中，能否直接打开低版本的 Access 2003 数据库文件？

9. 压缩和修复数据库有什么用处？

10. 如何使用不同版本的数据库？高版本的 Access 2016 数据库文件要经过如何处理才能在低版本的 Access 数据库应用程序中打开？

实验　数据库的建立

一、实验目的

1. 利用模板建立数据库文件。

2. 建立空数据库文件。

3. 进一步了解 Access 2016 的操作。

二、实验内容

1. 利用模板“学生”建立新的数据库 DB1。

2. 利用模板“联系人”建立新的数据库 DB2。

3. 建立新的空数据库 MYDB，以备后用，以后的每一个实验都是在 MYDB 中进行操作。

第3章 表与关系

数据库系统的设计包括两个方面：一是应用程序模块设计；二是数据库结构设计。而“表”是数据库最基本的数据源，表与表之间的联系是通过“关系”来表示的。因此，正确地设计表的结构及其之间的关系是至关重要的。

Access 2016 数据库中，表具有两种视图（用户界面），一是设计视图，它用于创建或修改表的结构，也就是表的构架；二是数据表视图，它用于浏览或修改表的内容，也就是表的值。

3.1 表的设计与创建

完成了数据库结构设计，我们就明确了应该建立哪些表（这些表都是已经规范化了的），以及表与表之间如何联系。针对每一个表，还要完成具体的设计。Access 表由表结构和表内容（记录）两部分构成。其中，表结构主要包括字段名称、数据类型和字段属性等。Access 表的设计内容主要就是表结构的设计，包括一个表由哪些字段构成，并定义每个字段的数据类型和字段属性等。

表设计的质量包括多种因素，概括地说，可以从两个方面衡量：一是具有较高的存储效率；二是便于快速存取和更新数据，即时间和空间的高效率的使用。

较高的存储效率表现举例：

1）字段属性设计时，采用最小的长度。

2）如果两个表有部分数据是相同的，应尽量减少重复的数据。例如，当学生成绩表和体格检查表两个表中都包括“姓名”和“性别”时，“性别”只应在一个表中存储，这样可以减少数据冗余和不一致性，而使用表的“关系”，则可以从另一相关表中获得“性别”的信息。

然而，时间和空间有时却不能同时兼顾，会顾此失彼，要决定取舍，就要看哪一个更重要。比如，在学生信息数据库中，会需要许多表来进行管理，比如“学生成绩”“学生选课”“健康情况”等，姓名和学号常常是在很多表中都同时需要的，这样在使用中用户会感到比较方便。但在数据库中，这种现象却是一种存储冗余。为了去掉冗余，在一个表中只存储“姓名”，每一个相关表中只存储“学号”，可以通过多表操作来使用户同时可以看到姓名和学号，这样，既保证了存储冗余的消除，又保证了用户使用的方便。当然，这却是以牺牲时间为代价的，因为实现多表的检索肯定比单个表的操作要慢，特别是数据量很大时更加明显。在机器存储空间越来越大的今天，有时我们会保留一定的数据冗余来换取快速的效率，这就要根据实际应用的需要来决定取舍。

3.1.1 字段名称和说明

1. 字段名的命名规则

字段的命名必须遵循以下规则。

1）长度：不超过 64 个字符。

2）组成字符：字母、数字、空格、除句号以外的特殊字符、感叹号、方括号、重音符号，不能以空格或控制字符（ASCII 码值为 0～31）开头。

尽管空格是字段名中合法的字符，但是它会给今后的数据库操作带来麻烦，建议不要使用它。

2. 说明（可选）

说明列的内容是可选的，他的作用是注释，提示使用数据库的用户应注意什么，该字段若出现在窗体中，其说明的内容将显示在状态栏。

3.1.2 字段的类型及设置

字段的类型也就是字段的数据类型，字段的数据类型决定了数据的存储方式和使用方式。不同类型的字段能够接受的信息是不同的。比如数字型字段只能接受数字，正、负号，小数点等，而不能接受字母、汉字等。文本型字段能够接受任何字符、汉字，虽然它也可以接受数字，正、负号，小数点等符号，但却不能实行计算。同样是数字型数据，还分为多种类型，比如整型、长整型、单精度型……这是因为它们在内存的存储方式不同，占用的空间大小也不同。整型占用 2 个字节，它能表示数的范围是-32768～32767，而长整型要占 4 个字节，它能表示数的范围更大一些，需要使用哪一种，要根据实际应用而定。比如人的年龄，用“整型”就可以了，用“长整型”浪费空间。字段的大小和格式以能满足实际需要的最大值，又不浪费空间为原则。比如数字型数据带小数点的，一般用单精度型，值特别大，且小数点后精确度高的，要用双精度型。

Access 2016 数据库的字段有十二种数据类型，如表 3-1 所示。

表 3-1 Access 2016 数据库字段的十二种数据类型

数据类型	设置	大小
短文本	文本或文本和数字的组合	最多为 255 个字符
长文本	用于字符个数超过 255 的文本字段。注意：长文本型的字段不能设置为主键，也不能对长文本类型的字段进行排序和索引	最多为 65535 个字符
数字	用于数学计算的数值数据	1、2、4 或 8 个字节
日期/时间	用于存储日期和时间	8 个字节
货币	用于数值数据，精确到小数点左边 15 位和小数点右边 4 位，向货币字段输入字段值时，Access 会自动添加货币符号	8 个字节
自动编号	当向表中添加一条新记录时，Access 为每条新记录生成一个唯一值，每新添加一条记录该值自动递增顺序号。该字段不能更新	4 个字节
是/否	只包含两者之一(Yes/No、True/False 或 On/Off)。Access 系统中，用数字 0 表示假，-1 表示真	1 个字节

续表

数据类型	设置	大小
OLE 对象	用于存储链接或嵌入的对象。例如 Excel 电子表格、Word 文档、PPT 演示文稿、图片、声音、视频或其他 ActiveX 对象	最多为 2G 字节（受可用磁盘空间限制）
超链接	用来存放超级链接地址。可以链接到 Web 页、E-mail 地址、文件等，超链接字段以文本形式存储	超链接数据类型的三个部分的每一部分最多只能包含 2048 个字符
附件	用于存储所有类型的文档和二进制文件，类似于电子邮件的附件。	最多为 2G 字节（受可用磁盘空间限制）
计算	用来显示计算结果。计算时必须引用同一表中的其他字段。可以使用表达式生成器创建计算字段	取决于计算结果的数据类型。“短文本”数据类型结果最多可以包含 255 个字符。“长文本”、“数字”、“是/否”和“日期/时间”与它们各自的数据类型一致
查阅向导	该字段可以是列表框或组合框。它用于创建一个“查阅”字段。“查阅向导”实际上并不属于数据类型。选择“查阅向导”时将启动一个向导，帮助用户定义查阅字段。查阅字段使用另一个表或值列表的数据作为该字段的值	取决于查阅字段的数据类型

完成了表的设计后，具体创建表的操作就比较简单了。在 Access 数据库中，创建表有多种方法：

1）使用设计视图创建表。

2）使用数据表视图创建表。

3）导入表或链接表（从其他数据源，如 Excel 工作簿、Word 文档、文本文件或其他数据库等文件）。

3.1.3 使用设计视图创建表

使用设计视图创建表结构，需要定义数据表中每个字段的字段名称、选择数据类型并设置相应的字段属性。

【实例 3-1】 在“学分制管理”数据库中创建一个“学生成绩表”。其结构如表 3-2 所示。

表 3-2 “学生成绩表”表结构

学号	姓名	性别	政治	数学	英语	计算机
短文本(8)	短文本(8)	短文本(1)	整型	整型	整型	整型

使用设计视图创建表，操作步骤如下：

1）打开“学分制管理”数据库。

2）在打开的 Access 窗口中单击“创建”选项卡，选择“表格”组中的“表设计”按钮，弹出表设计视图窗口，如图 3-1 所示。

3）在弹出的表设计视图窗口中输入各字段的名称和数据类型。

4）在下方选项卡“常规”中输入或选择字段大小和格式等。

5）完成后单击“保存”按钮，在弹出的对话框中输入表的名称“学生成绩表”。

6）设计结果如图 3-2 所示。

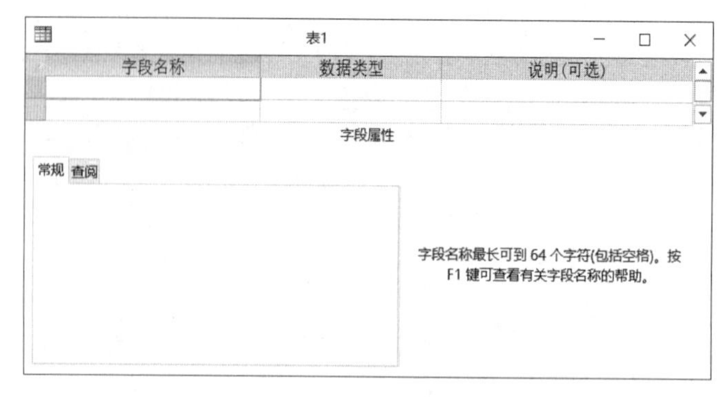

图 3-1 表设计视图

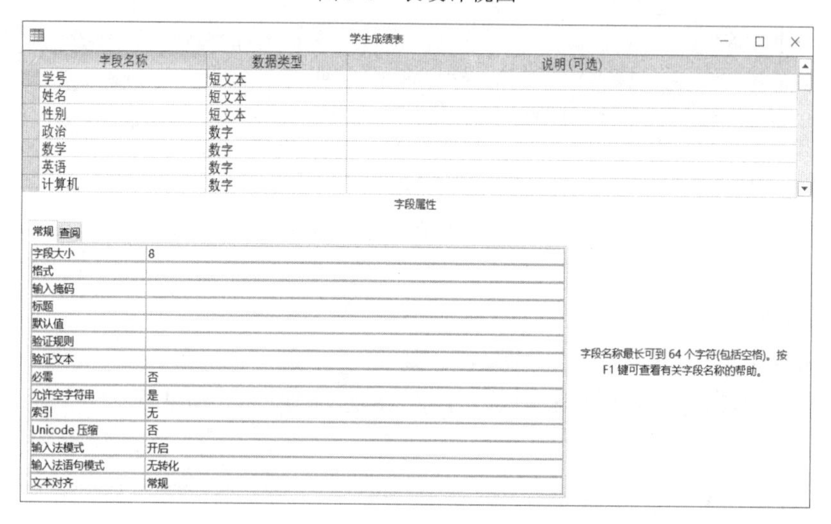

图 3-2 “学生成绩表”结构设计结果

注意：字段的属性设置主要是对字段的大小、格式、标题等进行设置，还有一些属性 Access 会自动赋予默认值，一些特殊的规则设置，将在第 3.2 节中详细介绍。

3.1.4 使用数据表视图创建表

Access 数据库的表结构还可以使用数据表视图直接创建。

【实例 3-2】 在“学分制管理”数据库中创建一个“课程”表，其结构如表 3-3 所示。

表 3-3 “课程”表结构

课程编号	课程名	类型	学分
短文本(8)	短文本(30)	短文本(2)	整型

操作步骤如下：

1）打开“学分制管理”数据库。

2）在打开的 Access 数据库窗口中单击“创建”选项卡，选择“表格”组中的“表”按钮，系统创建名为“表 1”的新表，并以数据表视图方式打开，如图 3-3 所示。

3）选中 ID 字段列，在“表格工具/字段”选项卡的“属性”组中，单击“名称和标题”按钮，如图 3-4 所示。

4）弹出“输入字段属性”对话框，在“名称”文本框中输入字段名“课程编号”，如

图 3-5 所示。

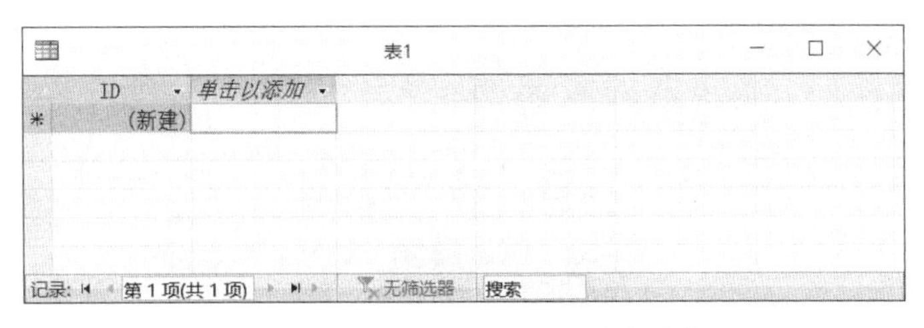

图 3-3 使用数据表视图创建表结构

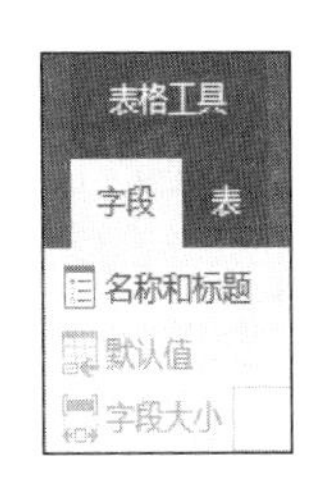

图 3-4 “表格工具/字段”选项卡的“属性”组

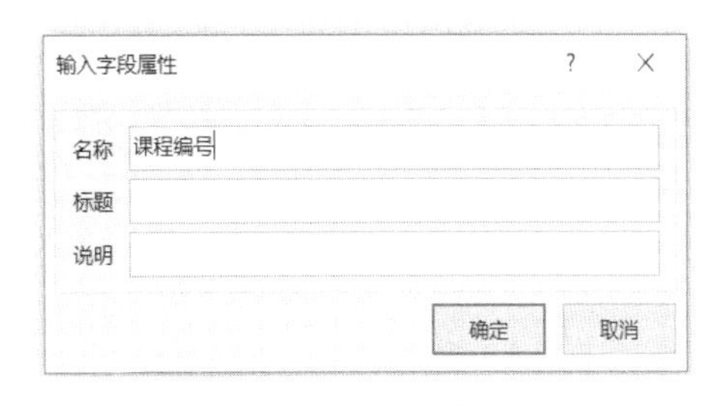

图 3-5 “输入字段属性”对话框

5）选中“课程编号”字段列，在“表格工具/字段”选项卡的“格式”组中，选择“数据类型”下拉列表框中的“短文本”，在“表格工具/字段”选项卡的“属性”组中把“字段大小”设置为“8”，如图 3-6 所示。

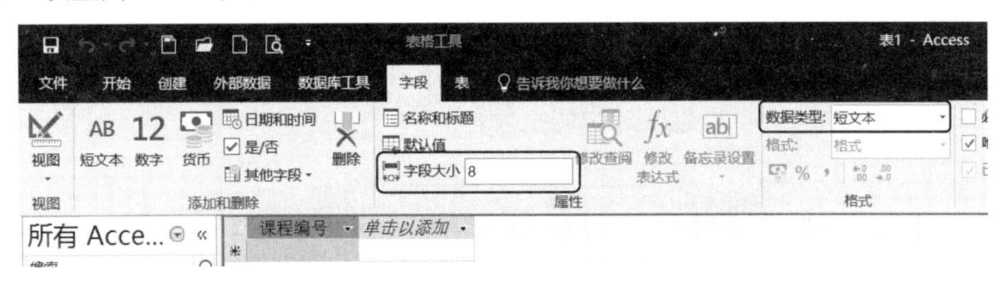

图 3-6 设置“课程编号”的字段属性

6）单击“单击以添加”列，从弹出的下拉列表框中选择“短文本”，系统自动为新字段命名为“字段 1”，双击“字段 1”，输入“课程名”，在“属性”组中把“字段大小”设置为“30”。

7）重复第 6）步，添加并设置其他字段。

8）单击“保存”按钮，在弹出的对话框中输入表名称“课程”。

说明：此方法虽然快捷、直观，但因为不可能对于字段的属性进行详细设计，一次完成全部的操作。一般在设计完后，都应切换到设计视图下修改表结构，对表中每个字段的属性进行设置。

3.1.5 表结构的编辑和修改

1. 删除字段

要删除字段，可以在设计视图下进行，也可以在数据表视图下进行，下面介绍这两种视图下的操作方法。

（1）在设计视图下删除字段

1）打开表的设计视图。

2）选择要删除的一个或多个字段。若要选择一个字段，单击此字段的“字段选定器”，如图 3-7 所示。

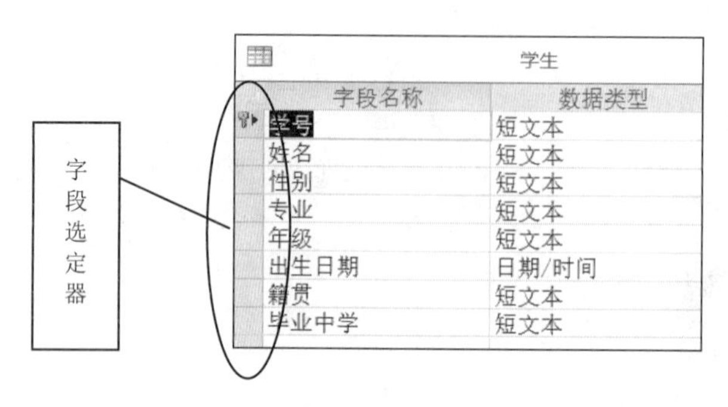

字段名称	数据类型
学号	短文本
姓名	短文本
性别	短文本
专业	短文本
年级	短文本
出生日期	日期/时间
籍贯	短文本
毕业中学	短文本

图 3-7　字段选定器

3）当鼠标移到字段选定器上时，呈黑色粗、短箭头形状，此时若单击鼠标，可以选定一个字段所在行，按右键选择“删除行”；或直接按<Del>键；或单击工具栏上的“删除行”按钮，这几种方法皆可以删除选中的字段。

若要选择一组字段，将鼠标在“字段选定器”上拖过，就可以选中连续多行，再执行删除操作。

（2）在数据表视图下删除字段

1）单击要删除列的“字段选定器”，比如删除“籍贯”，如图 3-8 所示。

2）单击右键选择快捷菜单的“删除字段”；或直接按<Del>键；或单击工具栏上的“删除”按钮，这几种方法皆可以删除选中的字段。

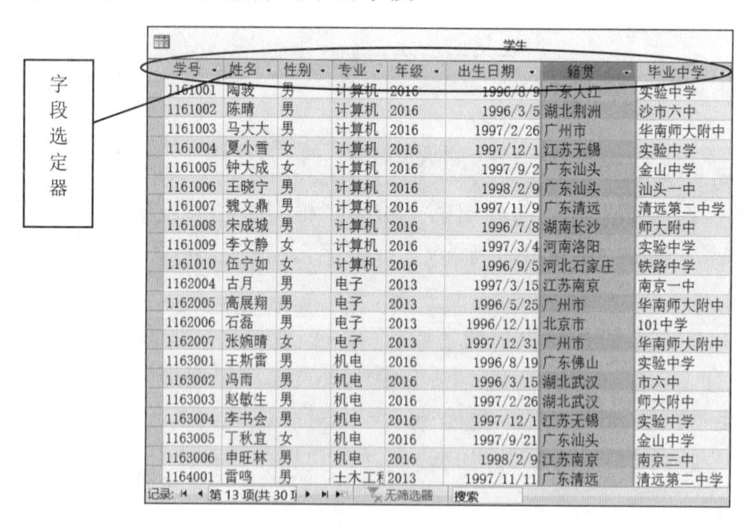

学号	姓名	性别	专业	年级	出生日期	籍贯	毕业中学
1161001	陶骏	男	计算机	2016	1996/8/9	广东大江	实验中学
1161002	陈晴	男	计算机	2016	1996/3/5	湖北荆洲	沙市六中
1161003	马大大	男	计算机	2016	1997/2/26	广州市	华南师大附中
1161004	夏小雪	女	计算机	2016	1997/12/1	江苏无锡	实验中学
1161005	钟大成	女	计算机	2016	1997/9/2	广东汕头	金山中学
1161006	王晓宁	男	计算机	2016	1998/2/9	广东汕头	汕头一中
1161007	魏文鼎	男	计算机	2016	1997/11/9	广东清远	清远第二中学
1161008	宋成城	男	计算机	2016	1996/7/8	湖南长沙	师大附中
1161009	李文静	女	计算机	2016	1997/3/4	河南洛阳	实验中学
1161010	伍宁如	女	计算机	2016	1996/9/5	河北石家庄	铁路中学
1162004	古月	男	电子	2013	1997/3/15	江苏南京	南京一中
1162005	高展翔	男	电子	2013	1996/5/25	广州市	华南师大附中
1162006	石磊	男	电子	2013	1996/12/11	北京市	101中学
1162007	张婉晴	女	电子	2013	1997/12/31	广州市	华南师大附中
1163001	王斯雷	男	机电	2016	1996/8/19	广东佛山	实验中学
1163002	冯雨	男	机电	2016	1996/3/15	湖北武汉	市六中
1163003	赵敏生	男	机电	2016	1997/2/26	湖北武汉	师大附中
1163004	李书会	男	机电	2016	1997/12/1	江苏无锡	实验中学
1163005	丁秋宜	女	机电	2016	1997/9/21	广东汕头	金山中学
1163006	申旺林	男	机电	2016	1998/2/9	江苏南京	南京三中
1164001	雷鸣	男	土木工程	2013	1997/11/11	广东清远	清远第二中学

图 3-8　在数据表视图中删除字段

2. 插入字段

要插入新的字段，可以在设计视图下进行，也可以在数据表视图下进行。

在设计视图下，只要选中待插入行，然后单击工具栏中的“插入行”按钮，再输入新字段的信息即可。

在数据表视图下，单击要插入列的“字段选定器”，然后单击“表格工具/字段”选项卡的“添加和删除”组中一个数据类型按钮，如“短文本”按钮，此时在当前列所在的位置出现一个空白列，列名为“字段 1”，如图 3-9 所示，原来的列右移，然后双击“字段选定器”，将字段更名，再切换到设计视图中，对新字段的属性进行设置。

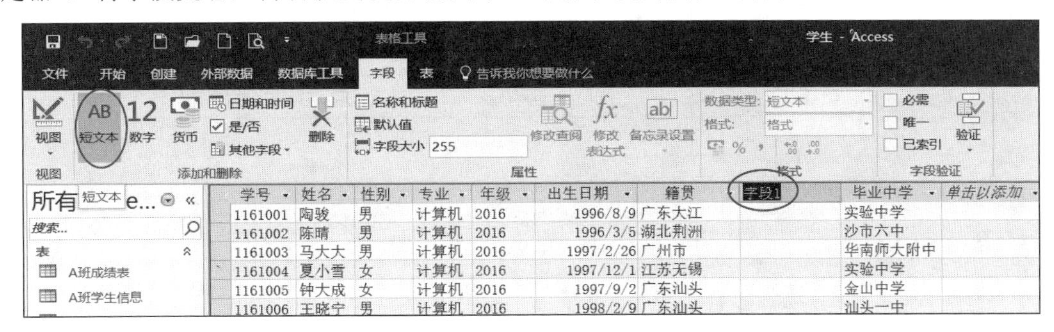

图 3-9 在数据表视图中插入字段

3. 修改字段

在设计视图下，可以对任何需要修改的字段进行编辑操作，包括修改字段名、字段类型、格式、标题等任何属性。

4. 移动字段

若要更改字段的位置，在设计视图和数据表视图下皆可以进行。

（1）在设计视图下移动字段

在设计视图下，首先选中该字段所在行，然后将鼠标指向“字段选定器”，当鼠标呈白色空心箭头形状时，就可以按住左键拖动，此时有一条黑色粗线随着鼠标移动。希望移动到何处，就在何处放开鼠标，所选字段就被移到那里。

（2）在数据表视图下移动字段

在数据表视图下，单击需要移动字段上的“字段选定器”，然后将鼠标指向“字段选定器”，按住左键向左右拖动，就可以停放在任何所需的位置。

3.1.6 导入表和链接表

Access 2016 可以直接从某个外部数据源获取数据创建新表，也可以将外部数据源的数据追加到已有的表中，这种处理方法称为“导入”；直接引用外部数据源的数据，这种处理方法称为“链接”。

外部数据源可以是一个 Microsoft Excel 文件、文本文件、XML 文件、Dbase 文件、ODBC 数据库，也可以是另一个 Access 数据库（包括各种低版本的）文件等。

1. 导入表

【实例 3-3】 将 Excel 工作簿文件“工资表.xls”中的电子表格“工资表”导入到“学分制管理”数据库中，生成一个名为“工资表”新表。

操作过程如下：

1）打开数据库，单击功能区的“外部数据”选项卡，选择“导入和链接”组中的“Excel”按钮；或在数据库导航窗口表对象的空白处右击，选择快捷菜单中的“导入→Excel”，都可以弹出如图 3-10 所示的对话框。

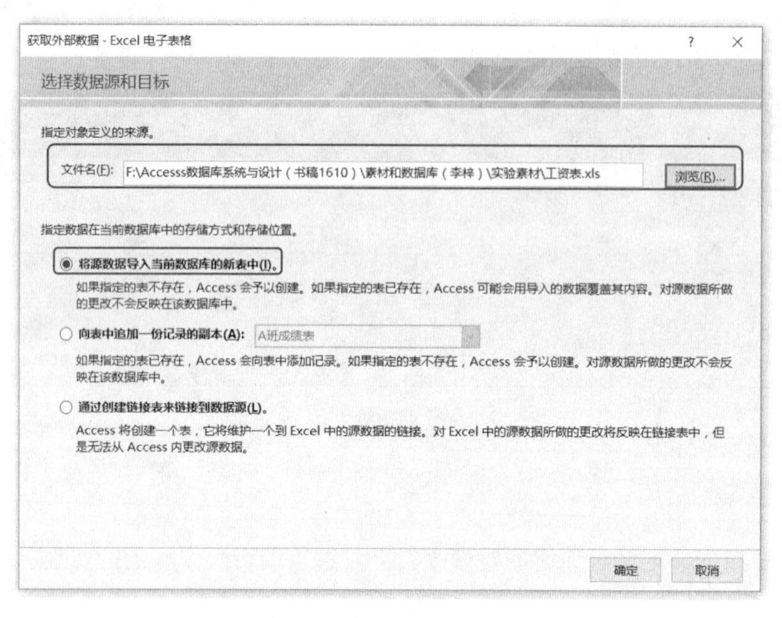

图 3-10　导入 Excel 电子表格

2）单击“浏览”按钮，定位外部文件所在文件夹，选中文件“工资表.xls”，指定数据在当前数据库中的存储方式和存储位置为“将源数据导入当前数据库的新表中”，单击“确定”按钮，出现如图 3-11 所示对话框，该窗口列出了 Excel 文件“工资表.xls”中的所有工作表，选择所需的工作表“工资表”，单击“下一步”按钮。

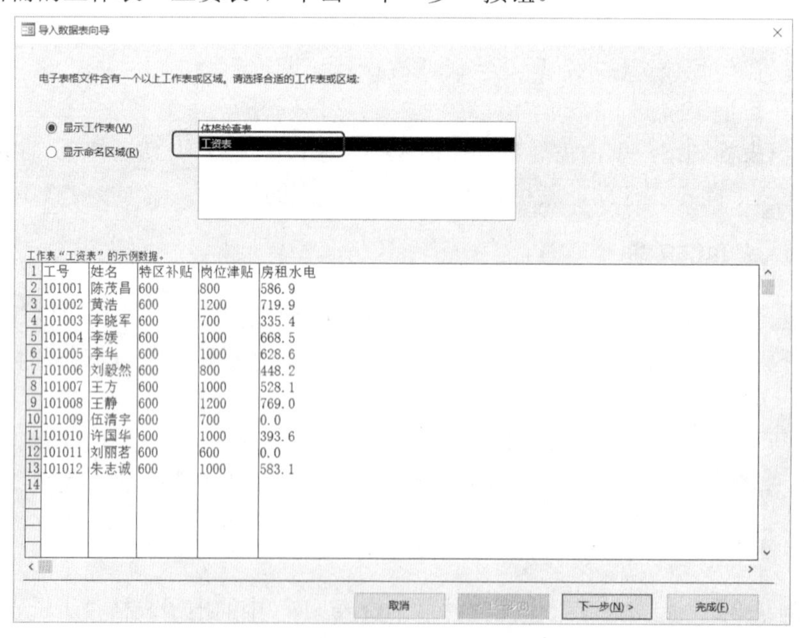

图 3-11　选择要导入的工作表“工资表”

3）在弹出的如图 3-12 所示对话框中，选中复选框“第一行包含列标题”，单击“下一步”按钮。

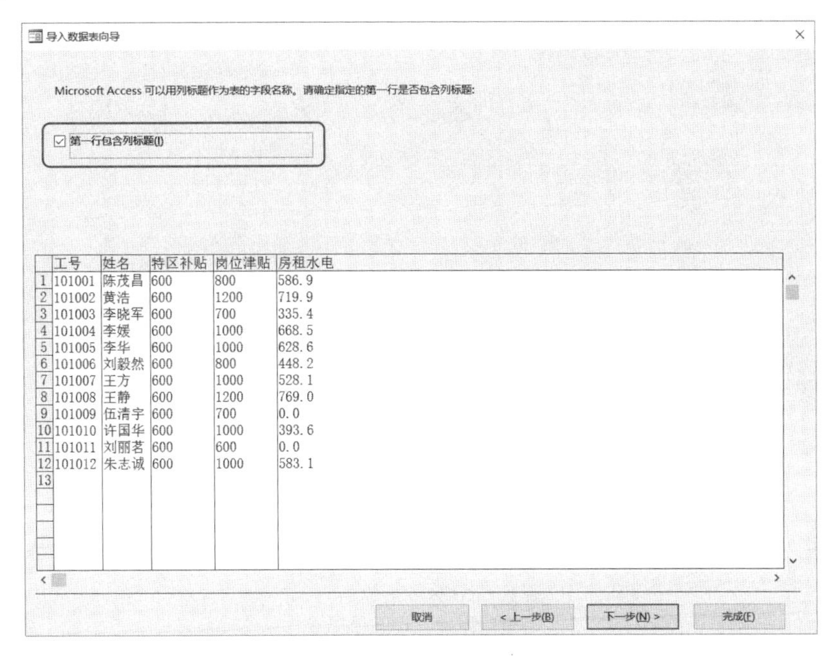

	工号	姓名	特区补贴	岗位津贴	房租水电
1	101001	陈茂昌	600	800	586.9
2	101002	黄浩	600	1200	719.9
3	101003	李晓军	600	700	335.4
4	101004	李媛	600	1000	668.5
5	101005	李华	600	1000	628.6
6	101006	刘毅然	600	800	448.2
7	101007	王方	600	1000	528.1
8	101008	王静	600	1200	769.0
9	101009	伍清宇	600	700	0.0
10	101010	许国华	600	1000	393.6
11	101011	刘丽茗	600	600	0.0
12	101012	朱志诚	600	1000	583.1
13					

图 3-12 选中“第一行包含列标题”复选框

4）在弹出的如图 3-13 所示对话框中，设置每个正在导入字段的信息，单击“下一步”按钮。

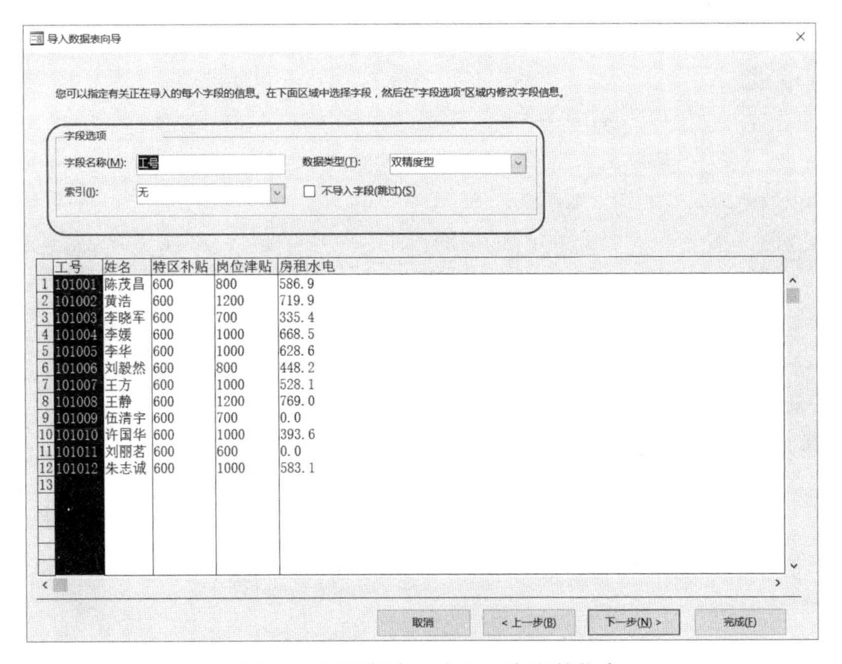

	工号	姓名	特区补贴	岗位津贴	房租水电
1	101001	陈茂昌	600	800	586.9
2	101002	黄浩	600	1200	719.9
3	101003	李晓军	600	700	335.4
4	101004	李媛	600	1000	668.5
5	101005	李华	600	1000	628.6
6	101006	刘毅然	600	800	448.2
7	101007	王方	600	1000	528.1
8	101008	王静	600	1200	769.0
9	101009	伍清宇	600	700	0.0
10	101010	许国华	600	1000	393.6
11	101011	刘丽茗	600	600	0.0
12	101012	朱志诚	600	1000	583.1
13					

图 3-13 设置每个正在导入字段的信息

5）在弹出的如图 3-14 所示对话框中，选择“不要主键”单选按钮，单击“下一步”按钮。

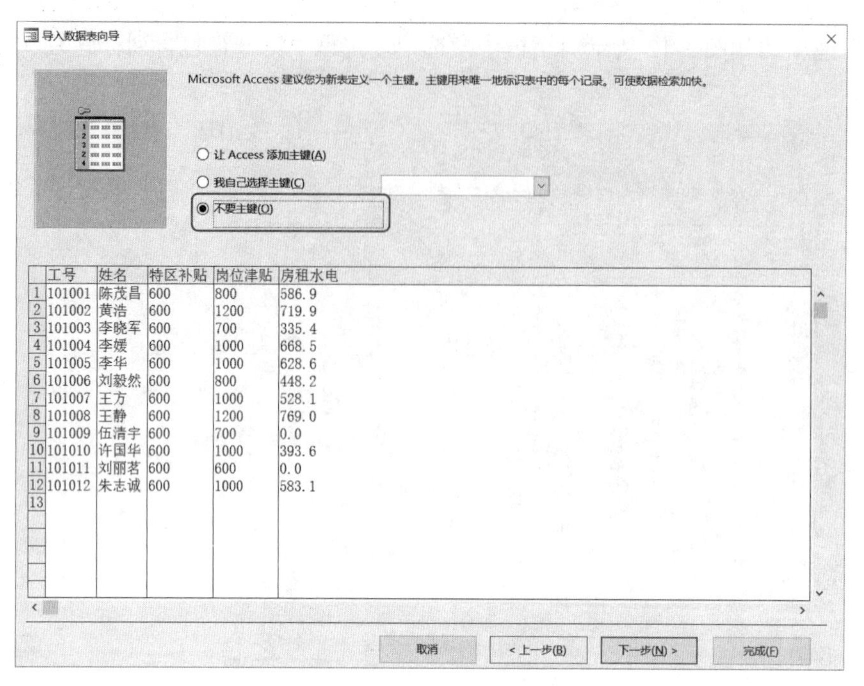

	工号	姓名	特区补贴	岗位津贴	房租水电
1	101001	陈茂昌	600	800	586.9
2	101002	黄浩	600	1200	719.9
3	101003	李晓军	600	700	335.4
4	101004	李媛	600	1000	668.5
5	101005	李华	600	1000	628.6
6	101006	刘毅然	600	800	448.2
7	101007	王方	600	1000	528.1
8	101008	王静	600	1200	769.0
9	101009	伍清宇	600	700	0.0
10	101010	许国华	600	1000	393.6
11	101011	刘丽茗	600	600	0.0
12	101012	朱志诚	600	1000	583.1
13					

图 3-14　设置主键对话框

6）在弹出的如图 3-15 所示对话框中，在“导入到表”文本框中，确定导入表名称为“工资表”，单击“完成”按钮。

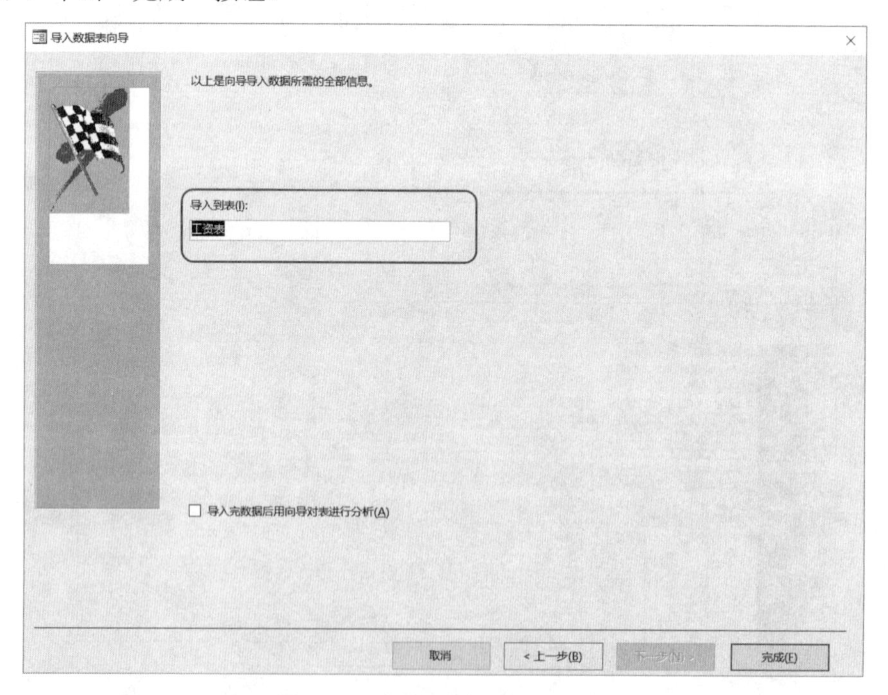

图 3-15　确定导入表名称对话框

7）弹出如图 3-16 所示对话框，单击“关闭”按钮，完成“工资表”导入。

图 3-16 “保存导入步骤”对话框

2. 链接表

前面已经介绍了 Access 2016 可以将某个外部数据源的数据“导入”当前数据库中，其实，还可以直接将外部数据源的数据与当前数据库作链接，也就是直接使用外部数据，这种方法称为“链接”。

链接表的操作步骤与导入表非常类似。

假定这里要链接一个与上例相同的 Excel 表格文件“工资表.xls”。操作步骤如下：

1）打开数据库，单击功能区的“外部数据”选项卡，选择“导入和链接”组中的“Excel”按钮，弹出如图 3-10 所示对话框。

2）单击“浏览”按钮，定位外部文件所在文件夹，选中文件“工资表.xls”，指定数据在当前数据库中的存储方式和存储位置为“通过创建链接表来链接到数据源”，如图 3-17 所示，单击“确定”按钮。

其他步骤的操作过程类似“导入”，在此不赘述。最后就会在“表”对象中生成一个链接表，图标保留 Excel 的特点，只是在左边多了一个粗短的右箭头。

“导入”与“链接”的主要区别在于：

1）“导入”是将外部数据复制副本到当前 Access 数据库中，而当外部数据发生变化时，比如发生删除、移动、修改等操作，不影响已经导入的数据；反过来，若导入的数据在 Access 数据库中的删除、移动、修改等操作，也不会影响外部数据源。

2）“链接”是将当前 Access 数据库用适当的方法与外部数据源建立引擎，使得用户可以直接使用外部数据源的数据，而这些数据本身并没有存储在 Access 数据库中，其格式也不会改变。“链接”使得用户可以在 Access 数据库中更新这些数据（某些特殊情况除外）；反过来，若外部数据源的数据自身发生变化，也会影响 Access 数据库对它们引用的结果，若移动或删除了这些数据文件，将导致“链接”的失败。

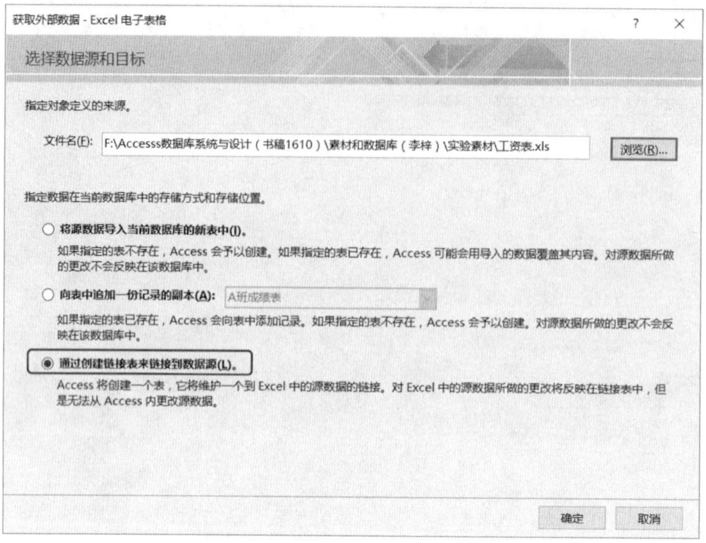

图 3-17　链接 Excel 电子表格

3.1.7　导出表

Access 数据库有多种方法实现与其他应用项目的数据共享，前面学习了从外部数据源导入到 Access 数据库，本节主要介绍 Access 可以为其他应用提供数据。

1. 导出为 Excel 工作表

Excel 是 Microsoft Office 软件包的组件之一，是一个电子表格软件，它包含丰富的函数，有着方便的表格计算和处理功能。Access 数据库和 Excel 电子表格之间相互导入和导出是非常频繁的，因为它们都具有各自的特点和长处。比如，要将一个表格转置 90°，在 Access 数据库中就较难实现，如果将它“导出”到 Excel 电子表格中，只要使用一个“选择性粘贴”就可以完成。

从 Access 数据库“导出”到 Excel 电子表格的操作非常简单。

方法一：打开数据库，选择要导出的表，右击，选择快捷菜单中的“导出→Excel”，弹出如图 3-18 所示的对话框，设置要导出的文件保存位置、文件名和文件类型，单击“确定”按钮，即可完成数据的导出。

方法二：打开数据库，单击功能区的“外部数据”选项卡，选择“导出”组中的“Excel”按钮；弹出如图 3-18 所示的对话框，设置要导出的文件保存位置、文件名和文件类型，单击“确定”按钮，即可完成数据的导出。

2. 导出为文本文件

文本文件常常是数据交换的必备格式，因为它的格式几乎可以被任何软件接受，而且占用空间也是最小的。

从 Access 数据库“导出”到文本文件更容易实现。使用上述两种方法中任何一种皆可，只需将“保存类型”改为“文本文件”，其他操作相同。

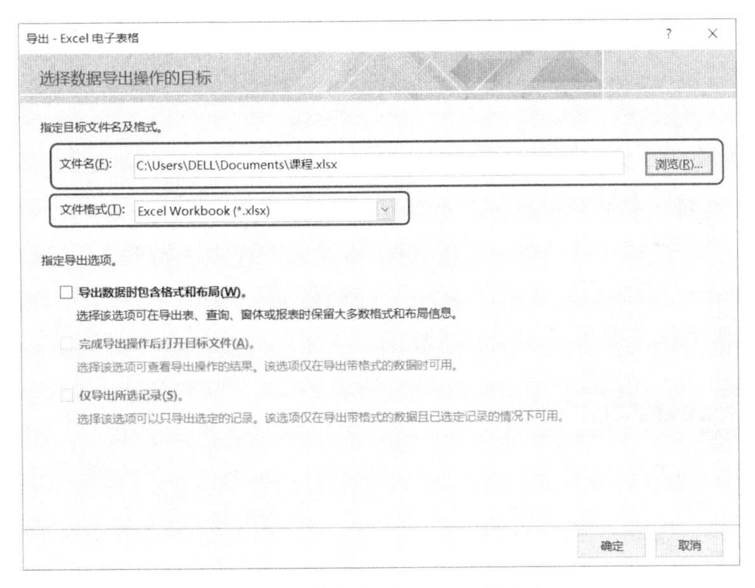

图 3-18 导出为“Excel 工作表”

3. 导出为其他类型

从 Access 数据库还可以“导出”为其他多种类型的格式文件，比如 XML 文件、Dbase 文件、ODBC 数据库，也可以是另一个 Access 数据库（包括各种低版本的）文件等。其操作方法与上述方法类似，只要将“保存类型”改为所需的格式即可。

3.2 字段的其他属性设置

在创建表的过程中，除了对字段的类型、长度进行设置外，还有一些特殊要求的设置，比如字段值的取值范围，字段的显示格式、掩码、标题、验证规则等。这些更详细的设计，使得数据库的性能更加合理和安全。

3.2.1 字段的标题

标题是字段的另一个名称，在“数据表视图”中，它是列头所显示的字样；在窗体和报表中，它是该字段的标签所显示的字样。

标题和字段名可以是不同的字样，比如字段名是“Name”，标题是“姓名”，用户在“数据表视图”中看到的列标题是“姓名”，而内部引用的字段名是“Name”。若未特别指定标题，则标题默认为字段名。

基于这一特点，可以在定义标题的名称时，使它更接近于用户，尽可能使用简单明了的汉字；而字段名，则更接近于程序设计者，便于记忆和引用。

3.2.2 字段的格式与掩码设置

在 Access 中，“字段大小”的定义决定了数据的内部存储的格式，而外部的输入、输出格式，还可以定义成用户所习惯、所熟悉的格式，它是通过“格式”和“掩码”的设置来实现的。比如，一个表示金额的数字 635 355 363.45，人们习惯写成：“￥635,355,363.45”，于是系统就提供了“货币格式”的选择，它可以将以上数字装饰成后者的样式。这种格式只是在输入和输出时表现出人们所需要的形式，内部存储的数字依然不变。

1. 数字格式

系统提供了多种选择的数字格式，如图 3-19 所示。

常规 查阅

字段大小	单精度型	
格式	标准	
小数位数	常规数字	3456.789
输入掩码	货币	¥3,456.79
标题	欧元	€3,456.79
默认值	固定	3456.79
验证规则	标准	3,456.79
验证文本	百分比	123.00%
必需	科学记数	3.46E+03

图 3-19 数字格式

数字格式的设置方法如下：

1）在表的设计视图中，选择要设置的数字型字段。

2）在下方“字段属性”的“常规”选项卡的“格式”中，单击右端的下拉按钮，即可列出如图 3-19 所示的各种选项，用户可根据需要选择合适的格式，还可以对小数位数进行设置。

2. 是否型格式

是否型格式有三种形式可供用户选择：

1）是/否。

2）真/假。

3）开/关。

是否型格式的默认显示方式是复选框的图形，打勾的为真，空白的为假，如图 3-20 所示。

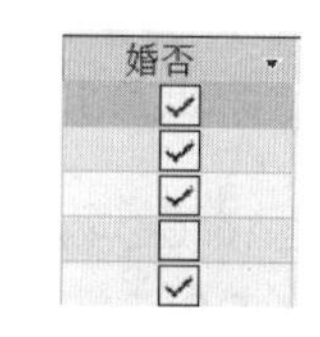

图 3-20 是否型格式显示方式

3. 日期格式

如图 3-21 所示是各种日期格式的样式。日期格式的设置方法如下：

1）在表的设计视图中，选择要设置的日期型字段。

2）在下方“字段属性”的“常规”选项卡的“格式”中，单击右端的下拉按钮，便列出了各种日期和时间的显示样式，选择合适的样式即可。

在进行了上述设置后，当输入日期时，并不需要输入“年、月、日”等字样，只要按照合法的日期格式输入即可，比如在“刘毅然”的工作日期中输入“85/12/19”或“85-12-19”，按回车键后，系统立即显示为如图 3-22 所示的“1985 年 12 月 19 日”的形式。

常规 查阅

格式	长日期	
输入掩码	常规日期	2015/11/12 17:34:23
标题	长日期	2015年11月12日
默认值	中日期	15-11-12
验证规则	短日期	2015/11/12
验证文本	长时间	17:34:23
必需	中时间	5:34 下午
索引	短时间	17:34

图 3-21 日期格式

工号	姓名	性别	出生日期	文化程度	工作日期	职称
101001	陈茂昌	男	1968/9/6	硕士	1993年6月13日	高级工程师
101002	黄浩	男	1971/4/1	博士	1995年4月18日	教授
101003	李晓军	男	1965/7/23	硕士	1988年6月21日	讲师
101004	李媛	女	1983/7/1	博士	2006年1月5日	副教授
101005	李华	女	1966/11/1	硕士	1988年9月11日	副教授
101006	刘毅然	男	1964/7/1	硕士	1985年12月19日	级实验师
101007	王方	女	1963/12/21	硕士	1986年7月5日	副教授
101008	王静	女	1972/3/2	博士	2000年7月14日	教授

图 3-22 “长日期”格式的效果

4. 掩码的设置

对于略懂计算机的人士，可能知道“66/2/3”或“66-2-3”是合法的日期格式。但是，对于完全不懂计算机的人员，在数据输入时，他可能更希望有一个“　　年　月　日”这样的形式，只要在适当的位置填入年月日的数字即可。“掩码”就是系统提供的这种功能的设置。

对于短文本、数字、日期/时间、货币等数据类型的字段，都可以设置其输入掩码属性。其中有两种类型的字段可以使用系统提供的“输入掩码向导”来设置：一种是日期/时间型；另一种是短文本型。

【实例 3-4】 对“登录密码”字段设置掩码的方法如下：

1）在表的设计视图中，选择“登录密码”字段。

2）在字段属性的“常规”选项卡的“输入掩码”中单击，并单击右端的“…”按钮，便启动了“输入掩码向导”，出现如图 3-23 所示对话框。

3）选择“密码”。

4）单击“下一步”按钮，在如图 3-24 所示的对话框中单击“完成”按钮，设置完毕。

图 3-23 掩码向导

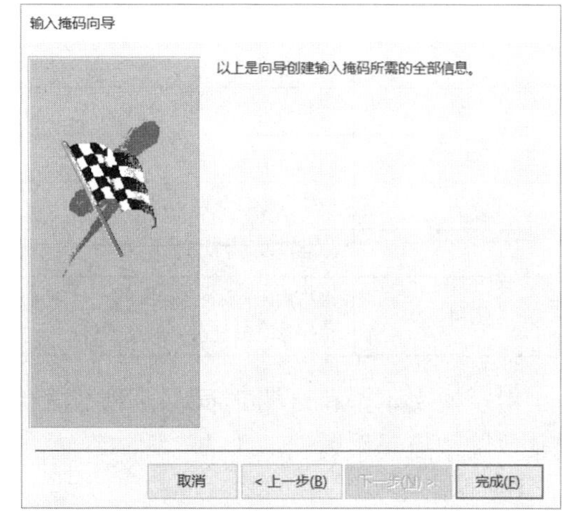

图 3-24 输入占位符“#”号

5）保存后，切换到数据表视图中，输入数据时掩码的格式如图 3-25 所示。

图 3-26 中的“出生日期”字段，它的字段格式是“短日期”，输入掩码格式是“长日期”。关于它的设置方法与密码设置类似，这里不再赘述。

账号	登录密码
chenf	*********
lizi	*********

图 3-25 输入数据时掩码的格式

工号	姓名	性别	出生日期	文化程度
101001	陈茂昌	男	1968/9/6	硕士
101002	黄浩	男	1971/4/1	博士
101003	李晓军	男	__年__月__日	硕士

图 3-26 长日期型掩码格式

注意： 如果为某字段设置了“输入掩码”，同时又设置了“格式”属性，“格式”属性在数据显示时将优先于“输入掩码”。

系统只为短文本型和日期/时间型两种数据类型的字段提供“输入掩码向导”，如果对其他类型的字段使用向导来设置掩码，将出现如图 3-27 所示的警告信息。

图 3-27 掩码向导警告信息

对于数字、货币等类型的数据，设置输入掩码属性只能使用字符直接定义。表 3-4 是 Access 字段输入掩码属性定义的字符及说明。

表 3-4 “输入掩码”属性定义的字符及说明

字符	说明
0	数字（0～9，必选项；不允许使用加号 [+] 和减号 [-]）
9	数字或空格（非必选项；不允许使用加号和减号）
#	数字或空格（非必选项；空白将转换为空格，允许使用加号和减号）
L	字母（A～Z，必选项）
?	字母（A～Z，可选项）
A	字母或数字（必选项）
a	字母或数字（可选项）
&	任一字符或空格（必选项）
C	任一字符或空格（可选项）
. , : ; - /	十进制占位符和千位、日期和时间分隔符。实际使用的字符取决于 Microsoft Windows 控制面板中指定的区域设置
<	使其后所有的字符转换为小写
>	使其后所有的字符转换为大写
!	使输入掩码从左到右填充
\	使其后的字符显示为原义字符。例如，\A 显示为 A
密码	将“输入掩码”属性设置为“密码”，以创建密码项文本框。文本框中键入的任何字符都按字面字符保存，但显示为星号（*）

对于短文本型和日期/时间型两种数据类型的字段，也可以不用向导直接使用字符来设置其“输入掩码”属性。

【实例 3-5】 对“身份证号码”字段设置输入掩码，使其输入格式为：前 17 位是数字，第 18 位可以是数字或字母。

操作步骤如下：

1）在表的设计视图中，选择“身份证号码”字段。

2）在字段属性的“常规”选项卡的“输入掩码”文本框中输入：00000000000000000A，如图 3-28 所示。

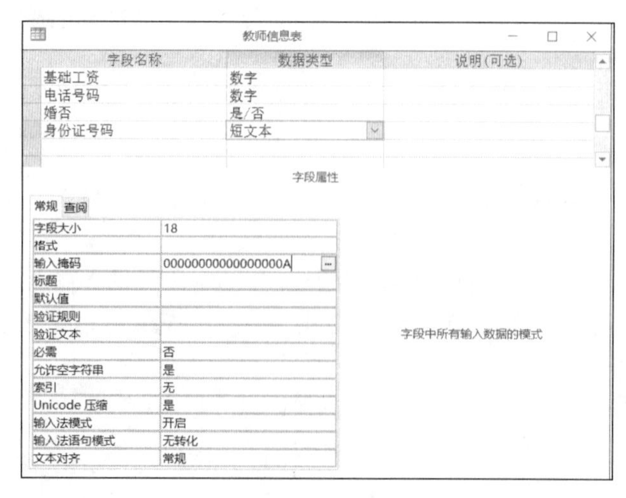

图 3-28 使用字符设置“输入掩码”属性

3.2.3 验证规则和验证文本

“验证规则”限定输入该字段的数据必须满足指定的规则，这种规则要用 Access 表达式来描述，若输入数据不满足指定的规则，则弹出信息窗口，显示验证文本所指定的内容（警告或提示信息）。

例如，若在“性别”字段的“验证规则”中指定文字："男" Or "女"；在“验证文本”中指定文字：只能输入"男"或"女"，则当输入为男女以外的任何文字时，就会弹出如图 3-29 所示对话框。

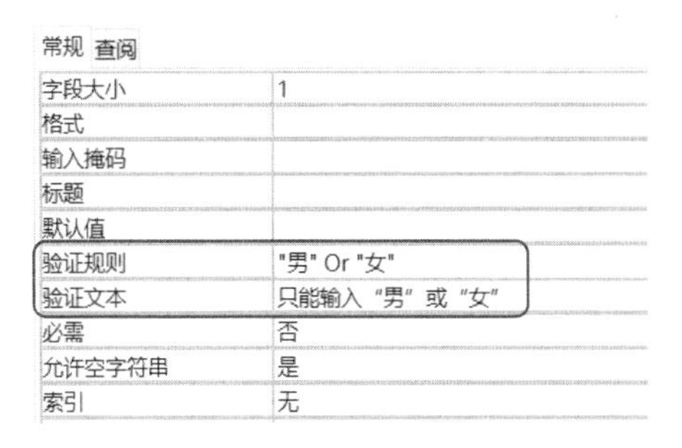

图 3-29 验证规则和验证文本

还有一些验证规则简单表示如下：

1）对“基础工资”的规定。在 700～10000 元，表示为：>=1000 And <=10000；或者表示为：Between 1000 And 10000。

2）对“出生日期”的规定。只能是 1990 年以前出生的，表示为：< #1990-1-1#。

3）对“工作日期”的规定。在 1980～2016 年的；表示为：>=#1980-1-1#and<= #2016-12-31#；或者表示为：Between #1970-1-1#　And　#1989-12-31#。

4）对“职称”的规定。只能是教授和副教授，表示为："教授" Or "副教授"。

5）对“团员否”的规定。只能是团员，表示为：yes；或者表示为：true。

6）对“身高”的规定。高度大于一米七，表示为：>1.7。

3.3 创建查阅字段

在向表中输入数据时，经常发生这样的操作：一些相同的数据，要反复输入。比如，一个单位的职工，要输入他们的职称，可能许多人都具有相同的职称，输入时就显得烦琐。能否有一个职称表提供选择呢？Access 提供了一种便捷的手段，只要从下拉表中选择需要的值即可，这使得数据输入变得容易。使用建立查阅字段的方法可以实现这一功能。

创建查阅字段有两种方法：最简单的是使用查阅向导；另一种方法是直接在设计视图的“查阅”选项卡中选择或输入所需的值。

提供查阅的数据来源有两大类：“值列表”和“表与查询”中的值。其中“值列表”一般用于少量的、固定的一组数据集合，在创建查阅字段时，直接将它们输入到属性中；来自表或查询的数据，是通过在属性中使用 SQL 语句来实现链接而获得，如果不懂 SQL 语句也不要紧，查阅向导会帮助你实现。

下面分别介绍这两种查阅字段的建立。

3.3.1 创建“值列表”查阅字段

创建“值列表”查阅字段有两种方法：一是使用“向导”；二是在属性中直接输入一组值。

1. 用“查阅向导”来建立“值列表”查阅字段

【实例 3-6】 在“学分制管理”数据库中，利用“查阅向导”对“选修课程”表中的“课程类型”建立查阅字段。

操作步骤如下：

1）打开表“选修课程”的设计视图。

2）在字段“课程类型”的“数据类型”下拉表中选择“查阅向导”，出现如图 3-30 所示对话框，选中“自行输入所需的值”单选按钮，单击“下一步”按钮。

3）在弹出的对话框中输入选修课程的类型，如图 3-31 所示。

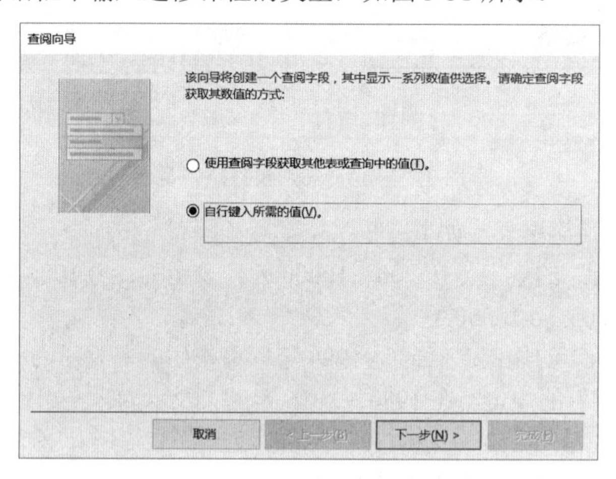

图 3-30 选择“自行输入所需的值”

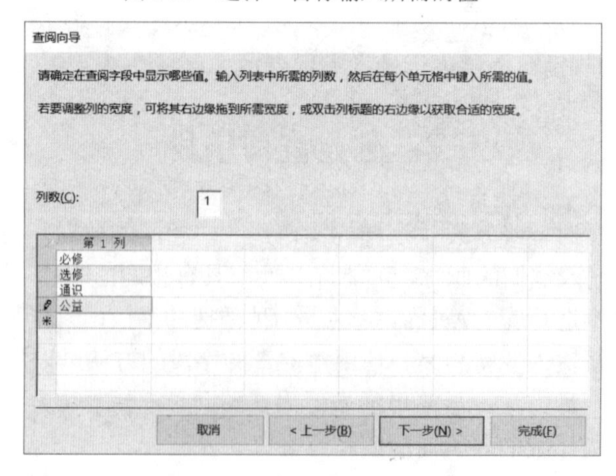

图 3-31 输入值列表的内容

4）单击“下一步”按钮，在出现的对话框中为查阅列指定标签名“课程类型”，单击“完成”按钮，操作完毕。

这时切换到数据表视图下，单击“课程类型”的任何单元格，右端就会出现下拉按钮，有四种课程类型可供用户选择。

2. 在设计视图中直接建立“值列表”查阅字段

【实例 3-7】 在“学分制管理”数据库中，使用直接在设计视图中建立值列表查阅字段的方法对“选修课程”表中的“课程类型”建立查阅字段。

操作步骤如下：

1）打开表“选修课程”的设计视图。

2）单击字段“课程类型”，在下方的字段属性选项卡中选择“查阅”。

3）在“显示控件”的下拉表中将“文本框”换为“组合框”。

4）在“行来源类型”中选择“值列表”。

5）在“行来源”中输入一组列表值的内容："必修";"选修";"通识";"公益"。数据两端加引号，之间用分号隔开，要注意引号和分号必须使用半角（英文标点）。结果如图 3-32 所示，保存后退出设计视图即可。

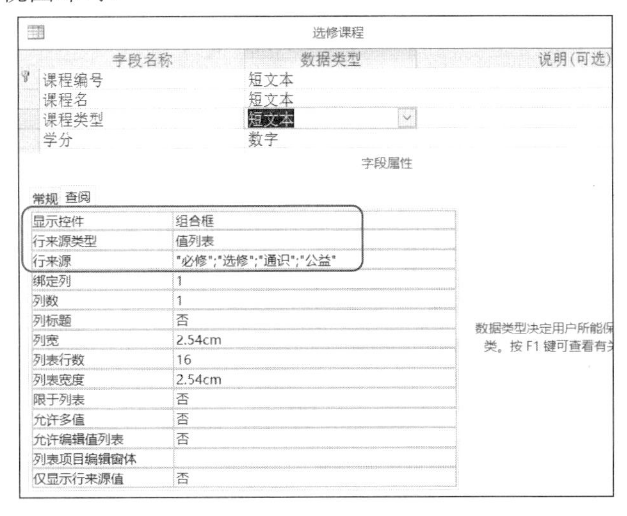

图 3-32 在设计视图中直接输入列表值

3.3.2 创建来自“表/查询”的查阅字段

创建来自“表/查询”的查阅字段同样可以使用“向导”和直接输入两种方法，下面介绍具体操作。

1. 用“查阅向导”建立来自“表/查询”的查阅字段

【实例 3-8】 在“学分制管理”数据库中，利用“查阅向导”对表“学生选课”中的字段“课程 ID”建立查阅字段，数据来源于表“课程”。

操作步骤如下：

1）打开表“学生选课”的设计视图。

2）在字段“课程 ID”的“数据类型”的下拉表中选择“查阅向导”，在弹出的如图 3-30 所示对话框中，选择“使用查阅字段获取其他表或查询中的值”，单击“下一步”按钮。

3）在弹出的对话框中，选择数据源“课程”，如图 3-33 所示。

4）单击“下一步”按钮，在弹出的对话框中，选择字段“课程 ID”、“课程名”和“类型 ID”，如图 3-34 所示。通常，只选择一个字段，比如只选择“课程 ID”，但由于“课程 ID”的值是编号，不直观，如果加上“课程名”和“类型 ID”，就一目了然了。

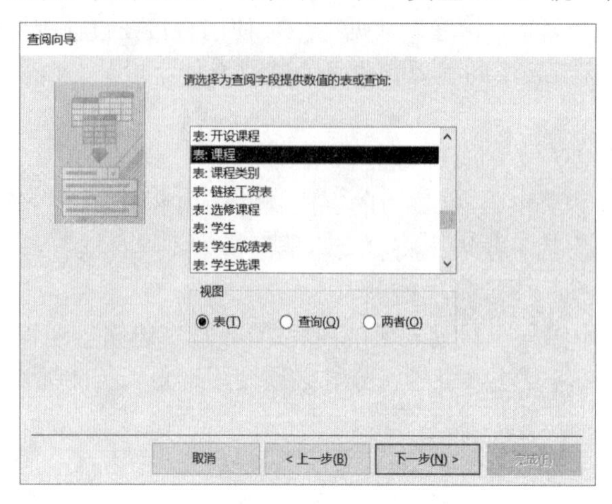

图 3-33　确定提供数据的表名“课程”

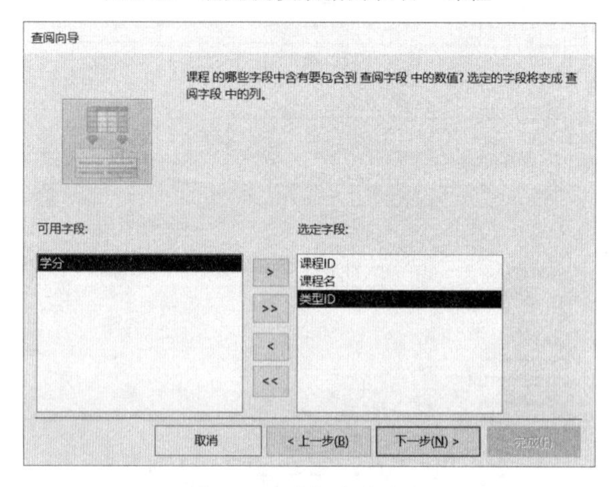

图 3-34　选择多个字段

5）单击“下一步”按钮，弹出如图 3-35 所示的对话框，在该对话框中调整查阅字段下拉表的宽度，可以用鼠标拖动右边界或双击右边界调整为最适合的宽度。

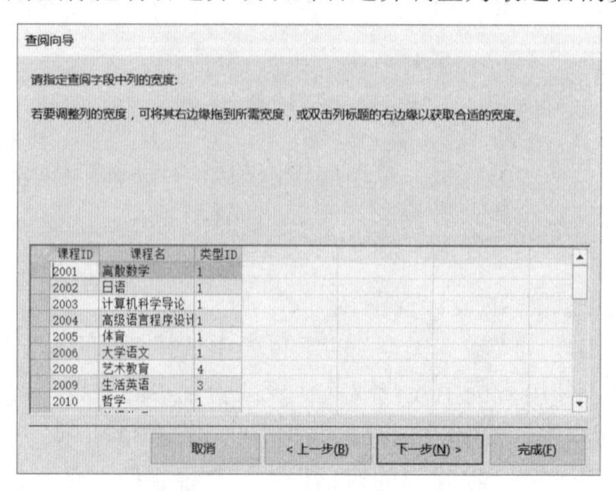

图 3-35　调整查阅字段中列的宽度

6）单击“下一步”按钮，在弹出对话框中为查阅列指定标签“课程 ID”，如图 3-36 所示，单击“完成”按钮，操作完毕。

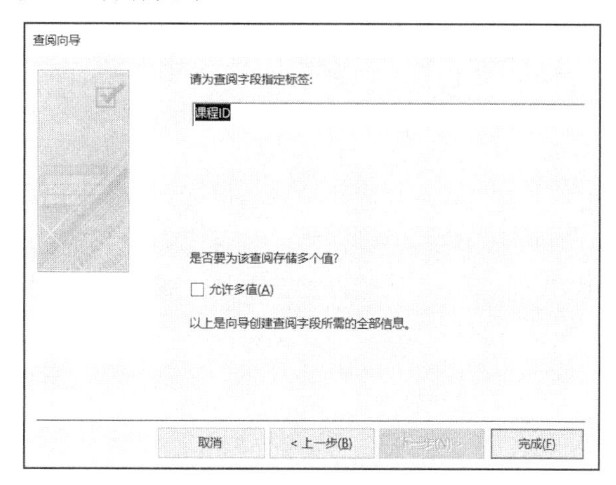

图 3-36 确定查阅列的标签

2. 在设计视图中直接建立来自“表/查询”的查阅字段

【实例 3-9】 对实例 3-8 直接在设计视图中建立查阅字段。

由于与查阅向导的基本步骤类似，操作方法简述如下：

1）打开表“学生选课”的设计视图。

2）单击字段“课程 ID”，在下方的字段属性选项卡中选择“查阅”。

3）在“显示控件”的下拉表中将“文本框”换为“组合框”。

4）在“行来源类型”中选择“表/查询”。

5）在“行来源”中输入如下 SQL 语句：

SELECT [课程].[课程 ID],[课程].[课程名],[课程].[类型 ID]FROM 课程;

6）“查阅”属性设置如图 3-37 所示。

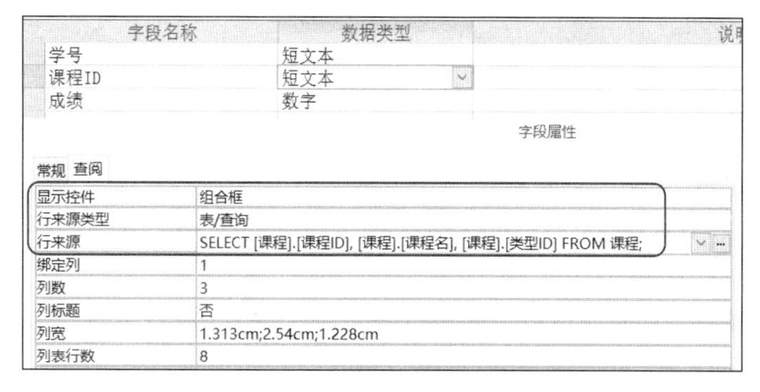

图 3-37 设置查阅列的数据来源

3.4 主关键字和索引

在第 1.1.3 节中，已经介绍了主关键字（简称主键）这一概念，它是能唯一标识记录的字段或字段组合。一个表一旦确定了主键，就可以用它来查询有关信息，准确地定位于相应记录。同时，Access 将拒绝在主键中接受相同的值，也不允许主键值为空。

3.4.1 主键的类型

在数据库中，主关键字有两种类型：单字段主键和多字段主键。

1. 单字段主键

如果一个字段值永不重复，它就能唯一地标识记录，这个字段就能用来做主键。例如学生成绩表中的“学号”就能用来做主键。姓名能否用来做主键呢？如果表中没有相同的姓名，也是可以做主键的，但是由于数据库的值不是一成不变的，将来也可能出现相同的姓名，即出现重复的主键值，这时就无法操作了。因此选择主键，一定要选择不可能有重复值的字段。

2. 多字段主键

在实际应用中，有时一个表中找不到一个字段能保证它的值永不重复，这时，需要两个或两个以上的字段联合起来作为关键字，才能保证其值能唯一地标识记录。使用两个或两个以上的字段做关键字，这种情况叫“组合关键字”，也就是多字段做主键。

比如一个群体，来源很复杂，既没有学号，也没有职工号或其他代表字段，只有用姓名还直观些，可是姓名又可能出现相同的，这时可以使用姓名+父名+母名等三个字段组合做主键，如果万一出现巧合，父母的姓名也相同呢？还可以加上出生日期等。

多字段做主键，字段的顺序是很重要的，如果按照主键进行排序、查询等操作时，系统会把从左到右的各个字段作为第一顺序、第二顺序……因此，要将比较重要的字段放在前面，依其重要程度从左到右排列。

Access 有一种特殊类型的字段叫“自动编号”，是由系统自动产生的编号，永远不会重复，它是可以用来做主键的。有些书中把它单独作为一种类型，即“Access 可以定义三种主键：自动编号、单字段和多字段”。实际上，自动编号也属于单字段的范畴。

3.4.2 主键的定义和取消主键

1. 定义主键

1）在表的设计视图中，选定要定义为主键的字段。

2）单击“表格工具→设计”工具栏中的“主键”按钮，或右击选择快捷菜单中的“主键”，如图 3-38 所示。

注意：要设置多字段的主键时，先在第一个字段的“字段选定器”上单击，按住<Ctrl>键，再单击其他字段的“字段选定器”，可以选择多个字段，然后再进行主键设置。

2. 取消主键定义

1）在表的设计视图中，单击主键字段。

2）单击“表格工具→设计”工具栏中的“主键”按钮，或右击选择快捷菜单中的“主键”。

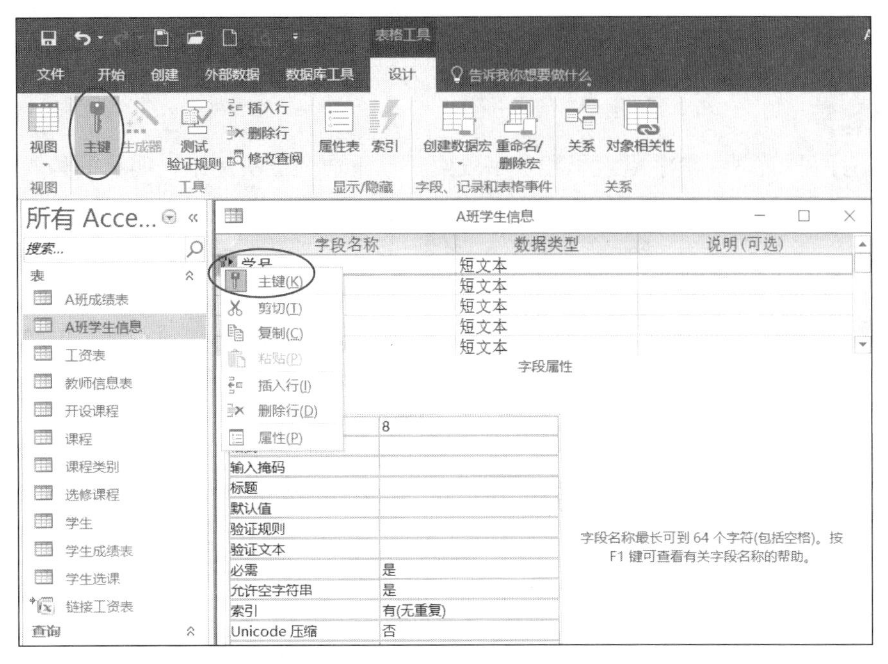

图 3-38 设置主键

注意：当该表已与其他表建立了关系时，是不能轻易撤消主键的，此时必须慎重考虑是否必要撤消主键。如果实际情况需要，也要先删除与其他表的关系，再取消主键。

3. 更改主键

一个表只能有一个主键，当设置另一个字段为主键时，原来的主键自动取消。

3.4.3 索引的创建和使用

1. 索引的概念

索引有助于 Access 快速查找和排序记录。前面介绍了主键，一个表一旦建立了主键，那么对它的记录的操作就依赖于主键。但是，在实际的需求中，有时却希望有另一种（或多种）其他的顺序来对记录进行操作，比如在“学生选课”表中，有时希望按成绩从高到低排列，或者按学号，或者按课程 ID 排序等。如果每实现一次这样的操作，就将表对象的物理顺序改变，则是既费时间又占用空间。

在数据库管理系统中，采用了一种“索引”技术，可以加速在表或查询等对象中进行搜索和排序，快速、有效地实现数据库操作。就好像去图书馆查一种书，可以按“书名”查，在数据库中建立了以书名为索引的属性，系统会把所有书名相同的书“逻辑地”排列在一起，快速检索出我们所需要的书及其有关信息。也可以按“作者姓名”“出版社名”查询等，无论使用哪种方法，都是通过索引技术来实现的，书存储的物理顺序并没有改变。

一般希望对如下字段设置索引：

1）经常搜索的字段。

2）要排序的字段。

3）要在查询中联接到其他表中字段的字段。

在各种数据库管理系统中，索引技术的原理是相同的，但实现的方法是各有差别。比如在 Dbase 或 FoxPro 中，索引是建立在外部文件中，称为索引文件；而 Access 的索引是通过设置表中关键字字段属性来定义的。用户不必关心内部的实现方法，只需按照各自的规定操作即可。

索引有两种类型：单字段索引和多字段索引。下面通过实例来说明这两种类型索引的建立方法。

2. 单字段索引

【实例 3-10】 在“学分制管理”数据库中，对“教师信息表”按“职称”建立索引。

操作步骤如下：

1）打开表“教师信息表”的设计视图。

2）选择“职称”字段。

3）单击“表格工具→设计”工具栏中的“索引”按钮，在弹出的对话框中输入索引名“职称”，选择索引字段名称“职称”和排序次序“升序”，如图 3-39 所示，索引建立完成。

建立索引的另一种方法是直接在设计视图中进行，操作步骤如下：

1）在“教师信息表”的设计视图下，选择“职称”字段。

2）在其下方字段属性的“常规”选项卡中，单击“索引”下拉表，选择“有（有重复)”，如图 3-40 所示。

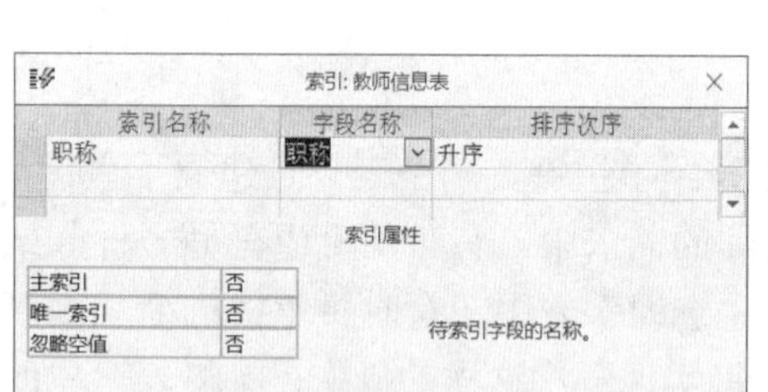

图 3-39 打开索引对话框建立索引

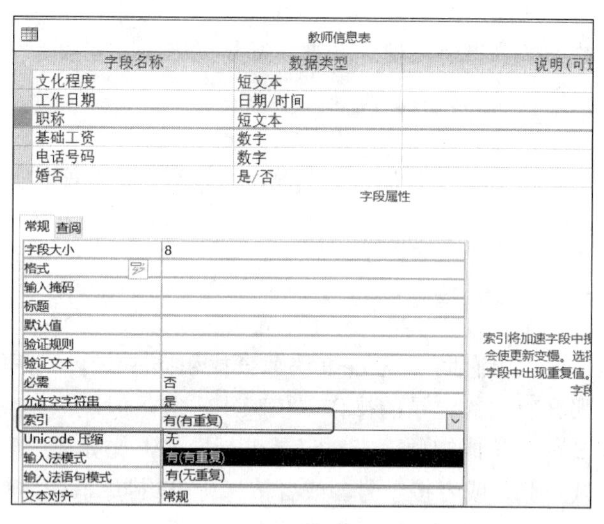

图 3-40 在设计视图中建立索引

注意： 这里在选择“有”索引时，还有“有重复”和“无重复”之分，要根据实际需求而定。“有重复”表示索引字段的值是允许重复的；“无重复”表示索引字段的值是不允许重复的，当出现重复值时，只取第一个。“无”表示该字段无索引，选择它，也可以用来取消索引。

本例中，只能选择“有（有重复)”，因为尽管要按“职称”索引，但可能有相同的职称存在。

实际上，一个字段一旦被定义为主键，它就自动建立了索引，而且是“无重复”的主索引。因此可以说，主键是一个特殊的索引。

3. 多字段索引

使用设计视图建立索引，只能针对单字段，且默认是升序排列的情况。如果要设置更复杂的条件，比如多字段索引，就要打开索引对话框进行详细的设置。

【实例 3-11】 在“学分制管理”数据库中，对“学生成绩表”按“数学”和“政治”成绩建立索引，降序排列，其中“数学”为第一顺序，“数学”成绩相同的，按“政治”成绩高的排在前面。

操作步骤如下：

1）打开表“学生成绩表”的设计视图。

2）单击“表格工具→设计”工具栏中的“索引”按钮，弹出索引对话框。

3）在“索引名称”的第一行填入名称（名称是自定义的，比如 score ），“字段名称”选择“数学”，排序次序选择“降序”。

4）在“索引名称”的第二行保持空白，“字段名称”选择“政治”，排序次序选择“降序”。

5）“索引属性”中的三个选项都选择默认值“否”，如图 3-41 所示，索引建立完成。

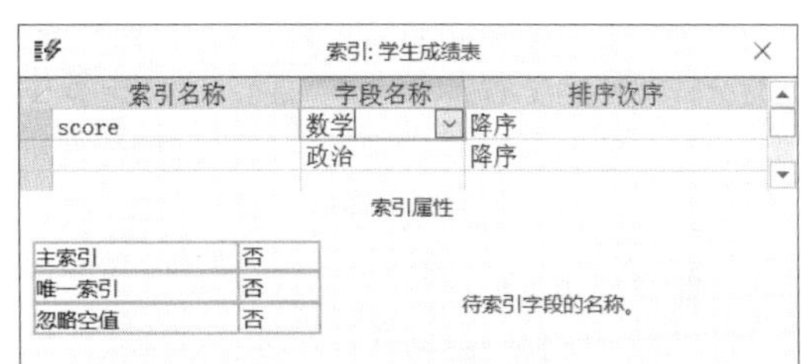

图 3-41 多字段索引

“主索引”：若设置为“是”，则该索引成为主关键字索引。

“唯一索引”：若设置为“是”，则索引出现重复值时，只取第一个。

“忽略空值”：若设置为“是”，则该索引将排除带有空值（Null）的记录。

注意： 每个索引最多可用 10 个字段；长文本型、是否型、OLE 型、计算型、附件型等字段不能用来建立索引；索引字段在两个以上时，“索引名称”从第二行起，保持空白。

3.5 关系的创建及应用

一个实际的数据库应用系统的设计，必然包括多个基表建立，这是数据库最重要的信息源。正确地设计出他们的结构，包括需要哪些表，每个表由哪些字段组成，每个字段的类型、属性等，要根据需求做出规定，使这种结构尽可能合理。

在实际应用中，表与表之间是有联系的，比如学生和课程，一个学生可以选修多门课程，一门课程可以被多个学生选修。到目前为止，我们可能只会建立一个一个基表，而他们之间还没有建立任何联系。如何表达他们之间的联系呢？可以通过“关系”窗口来建立，这就是本节要解决的问题。

3.5.1 关系的种类

数据库的表之间的联系虽然千头万绪，但可以归结为三种类型：一对一、一对多和多对多。

设有两个表简称为“A”和“B”，“A”与“B”的“一对多”的关系，表示“A”表中的一条记录可以与“B”表的多条记录（或零条记录）相匹配，而“B”表的一条记录在“A”表中有且只有一条记录相匹配。这种一对多的关系在实际应用中出现较多。

“一对一”表示两个表中的记录一一对应。这种情况出现不多，有这种情况的，一般都可以将两个表合并成一个，但有时出于特殊需要，并不合并他们。比如，一部分信息使用特别频繁，而另一些信息很少使用，这种情况宁可分成两个表。

多对多关系：两个表之间的另一种关联，其中任意一个表的一条记录与另一个表中多条记录关联。

具体来说，“多对多”表示“A”方的一个记录可以与“B”方的多个记录相匹配；反过来，“B”方的一个记录也可以与“A”方的多个记录相匹配。但是，在 Access 数据库中，“多对多”的关系往往要借助于另一个关系——“第三方”来实现他们之间的联系，即使用两个“一对多”来表示“多对多”的关系，这将在后面详细介绍。

3.5.2 数据结构设计

本书要给读者设计一个“学分制管理系统”，所要处理的事务简述如下：

1）学校有若干学生，他们有一些基本信息。

2）每个学生属于一个班级，相同的班级，每学期都有相同的必修课程。

3）每个学生除必修课程外，还可以选修其他课程，每个学生选课各不相同。

4）每门选修课程有它的课程名、课程编号、类型和学分。

如果学期末要打印本学期的成绩表，那么每个学生的成绩表科目是不同的（只有必修课程相同），有的科目多，有的科目少，在进行数据库的表设计时就有一定的困难。经过分析认为，只要把“共性”和“特性”的两个部分分开，就可以解决。于是将学生成绩的基表分成两个表，比如某个班简称为“A 班”，他们的必修课程就称为“A 班成绩表”，选修课程的成绩就放在“学生选课”表中。而且“学生选课”可以存放多个班或所有班级的学生成绩，要产生上述的包括必修和选修成绩的报表，就变得非常容易，只要把“学生选课”作为“A 班成绩表”的子报表即可解决。

根据以上分析，设计出如表 3-5～表 3-9 所示基表，它们的数据结构如下。

表 3-5　A 班成绩表

学号	数学	英语	政治	计算机应用	电子技术
文本 8	数字	数字	数字	数字	数字

表 3-6　“学生”表

学号	姓名	性别	专业	年级	出生日期	籍贯	毕业中学
文本 8	文本 8	文本 2	文本 30	文本 30	日期	文本 20	文本 30

表 3-7　“课程”表

课程 ID	课程名	类型 ID	学分
文本 8	文本 30	文本 2	数字

表 3-8　“学生选课”表

学号	课程 ID	成绩
文本 8	文本 8	数字

表 3-9　“课程类型”表

类型 ID	类型
文本 2	文本 10

其中“A 班成绩表”是 A 班本学期的必修课，每人都必修的；“A 班学生信息”是从“学生”表中提取的部分班（计算机班）的有关信息，它与“学生”表有相同的结构；“学生选课”是多个班学生的选修课程和成绩。使用学号做主键，就可以使它们之间建立关系。

- “A 班成绩表”与“A 班学生信息”是“一对一”的关系。

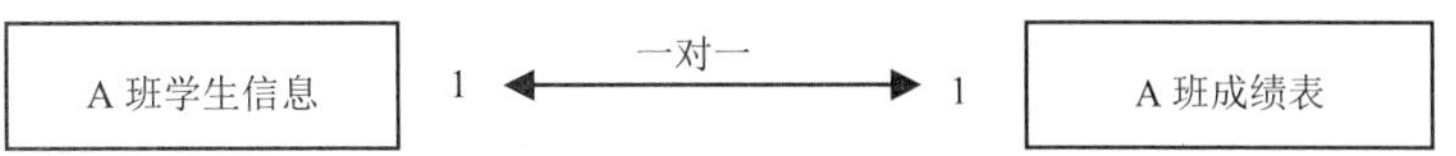

- “学生”和“课程”，是“多对多”的关系。一个学生可以选修多门课程，一门课程可以被多个学生选修。

- “学生”和“学生选课”，是“一对多”的关系。每个学生的选课是各自不同的，一个学生可以选修多门课程。

- “课程”和“学生选课”，是“一对多”的关系。一门课程可以被多个学生选修。

课程　1　一对多　n　学生选课

3.5.3　建立关系

1. “一对一”关系的建立

【实例 3-12】　建立“A 班学生信息”与“A 班成绩表”之间“一对一”的关系。

操作步骤如下：

1）首先分别对表“A 班成绩表”和“A 班学生信息”设置“学号”字段为主键，关闭所有要建立关系的表。

2）单击选项卡“数据库工具→关系”工具栏中的“关系”按钮，打开“关系”窗口。

3）在“关系”窗口右击，选择“显示表”，弹出如图 3-42 所示对话框。

4）双击所需的表“A 班成绩表”与“A 班学生信息”(或选中所需的表，再单击“添加”按钮)。

5）单击“关闭”按钮，返回“关系”窗口。

6）用鼠标按住表“A 班学生信息”的“学号”，拖动到另一个表“A 班成绩表”的“学号”上，弹出如图 3-43 所示的“编辑关系”对话框，这时在两个表的关系中，“A 班学生信息”就成为主表，而“A 班成绩表”就成为相关表。

7）在弹出的“编辑关系”对话框中，选中“实施参照完整性”复选框，单击“创建”按钮，此时，在两个表之间出现一根连线，两端有“1”对“1”的字样，如图 3-44 所示。如果不选中“实施参照完整性”复选框，则只有连线，没有“1”对“1”的字样。

图 3-42　在“关系”窗口选择表

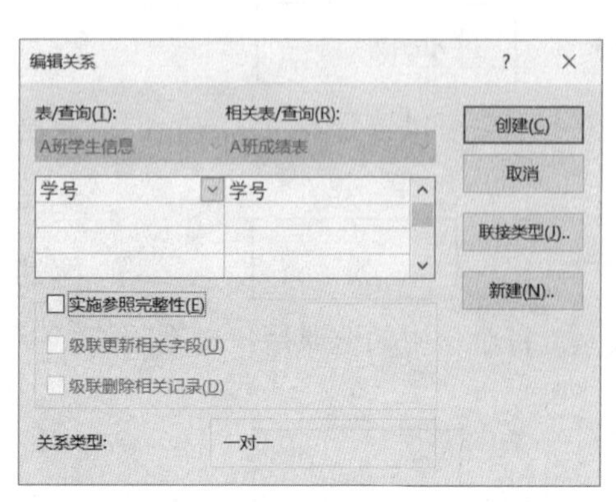

图 3-43 “编辑关系”对话框

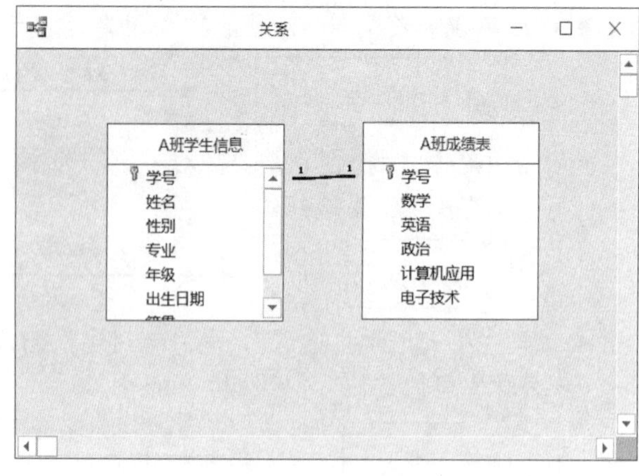

图 3-44 创建“一对一”关系结果

什么叫“参照完整性”？就是当输入或删除记录时，为维持表之间已定义的关系而必须遵循的规则。

注意：在“编辑关系”窗口的关系类型出现“一对一”字样是正确的，若出现“未定”字样，很可能是如下两种错误之一：还没有设置主键；两个表中记录不是一一对应。

两个表在建立关系时，有主、从之分，鼠标拖动的起始表是“主表”，终止表被称为“相关表”。若对主表进行更新或删除操作，“相关表”随之变化。其中，在图 3-43“编辑关系”对话框的下方有三个复选按钮。

- “实施参照完整性”：若选中它，系统将严格验证二表的一一对应关系，并在连线两端标上 1 和 1。
- “级联更新相关字段”：若选中它，当主表的主键更新时，相关表随之改变。
- “级联删除相关记录”：若选中它，当主表的记录被删除时，相关表的主键值与之相同的记录也被删除。

“一对一”的关系建立后，当打开其数据表视图时，可以看到左端增加了“+”号按钮，单击“+”号，就可以看到与之对应的另一方的信息，这称为“数据子表”，将在第 3.5.5 节中作专门介绍。下面是“A 班成绩表”的数据表视图，单击某个学生记录前面的“+”号，子表被展开，可看到该学生的姓名、性别等相关信息，如图 3-45 所示。

同样，“一对一”的另一方“A 班学生信息”，它的数据表视图也有子表，在“+”号展开后，可看到该学生的成绩，如图 3-46 所示。

A班成绩表

学号	数学	英语	政治	计算机应用	电子技术	单击以添加
1161001	60	87	80	87	85	

姓名	性别	专业	年级	出生日期	籍贯	毕业中学
陶骏	男	计算机	2016	1996/8/9	广东中山	中山一中

学号	数学	英语	政治	计算机应用	电子技术
1161002	85	89	65	79	54
1161003	80	98	83	85	71
1161004	60	96	80	95	85
1161005	85	96	80	63	65
1161006	88	94	83	85	71

记录: 第 1 项(共 1 项) 无筛选器 搜索

图 3-45 “A 班成绩表”中可看到该生相关信息

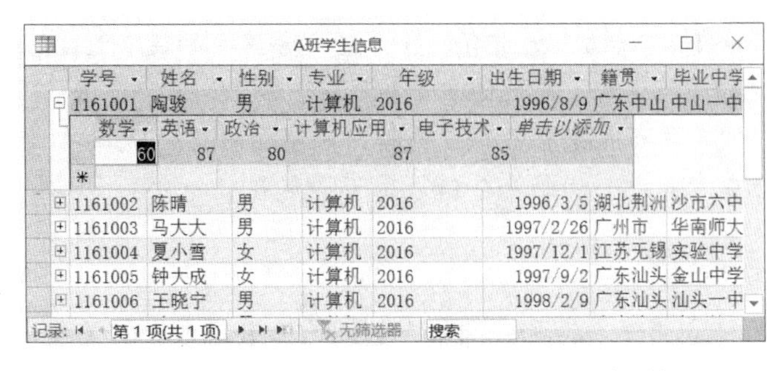

学号	姓名	性别	专业	年级	出生日期	籍贯	毕业中学
1161001	陶骏	男	计算机	2016	1996/8/9	广东中山	中山一中
1161002	陈晴	男	计算机	2016	1996/3/5	湖北荆洲	沙市六中
1161003	马大大	男	计算机	2016	1997/2/26	广州市	华南师大
1161004	夏小雪	女	计算机	2016	1997/12/1	江苏无锡	实验中学
1161005	钟大成	女	计算机	2016	1997/9/2	广东汕头	金山中学
1161006	王晓宁	男	计算机	2016	1998/2/9	广东汕头	汕头一中

数学	英语	政治	计算机应用	电子技术	单击以添加
60	87	80	87	85	

图 3-46 “A 班学生信息” 中可看到各科成绩

2. “一对多”关系的建立

建立“一对多”关系的一般方法是：将“一方”表中的“主键”字段拖到“多方”表中的关联字段（该字段称为“外键”）。

【实例 3-13】 建立“学生”和“学生选课”之间的“一对多”的关系。

操作步骤如下：

1）对“一方”表“学生”设置“学号”字段为主键。

2）单击选项卡“数据库工具→关系”工具栏中的“关系”按钮，打开“关系”窗口。

3）在“关系”窗口右击，选择“显示表”，弹出如图 3-42 所示对话框。

4）双击所需的表“学生”和“学生选课”（或选中所需的表，再单击“添加”按钮）。

5）单击“关闭”按钮，返回“关系”窗口。

6）用鼠标按住“一方”的表“学生”的“学号”（主键），拖动到“多方”的表“学生选课”的“学号”（外键）上，弹出如图 3-47 所示的“编辑关系”对话框，这时在两个表的关系中，“学生”就成为主表，而“学生选课”就成为相关表。

7）在弹出的“编辑关系”对话框中，选中“实施参照完整性”复选框，单击“创建”按钮，此时在两个表之间出现一根连线，两端有“1”和“∞”的字样，如图 3-48 所示。如果不选中“实施参照完整性”复选框，则只有连线，没有“1”和“∞”的字样。

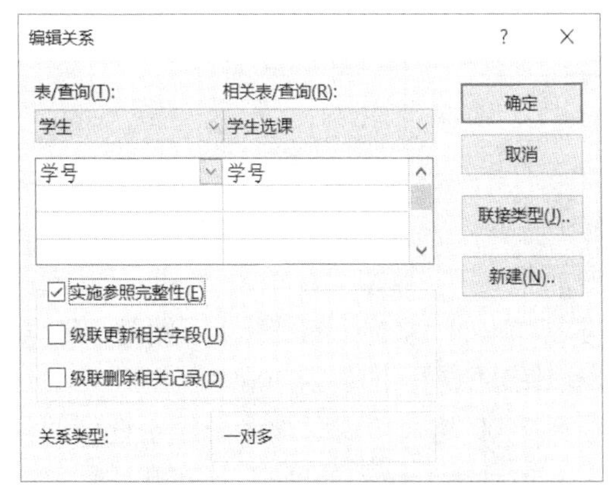

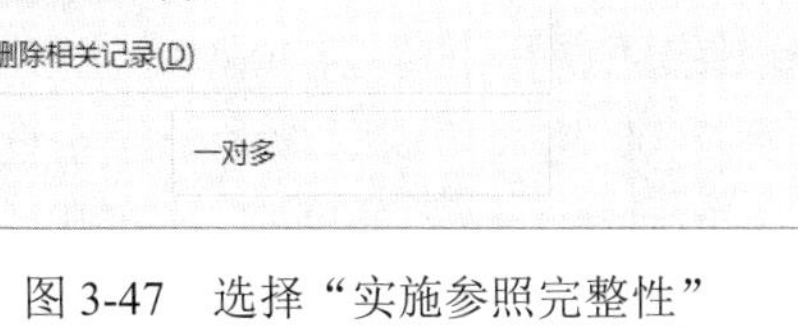

图 3-47 选择“实施参照完整性”

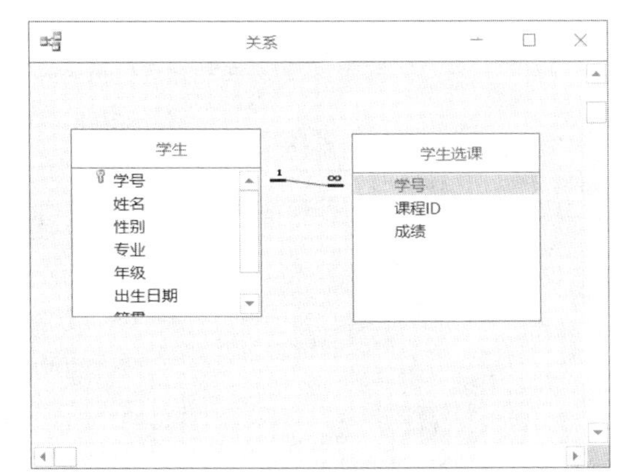

图 3-48 创建“一对多”关系结果

注意：

- 在“编辑关系”窗口的“关系类型”中出现“一对多”字样是正确的，若出现“未定”字样是不正常的。

出错原因可能有两种："一方"还没有设置主键；"多方"的某个值，在"一方"中不存在。也就是说一个学生选修了某课程，而他的学号却不在"学生"表中，这种情况是不正常的。

- 若没有选中"实施参照完整性"复选框，则不会标记"1"和"∞"（多）字样，也不会严格检查"多方"的每一个值，是否一定在"一方"。

3. "多对多"关系的建立

【实例 3-14】 建立"学生"和"课程"之间的"多对多"的关系。

在 Access 中，"多对多"的关系的两个表无法直接建立关系，需要通过第三个表来实现。对于"学生"和"课程"之间"多对多"的关系，是借助于第三个表"学生选课"来实现的。

示意图如下：

上例已经建立了"学生"和"学生选课"之间的"一对多"的关系，用同样的方法建立"课程"和"学生选课"之间的"一对多"的关系，就完成了本例"多对多"关系的创建，这里不再赘述。结果如图 3-49 所示。

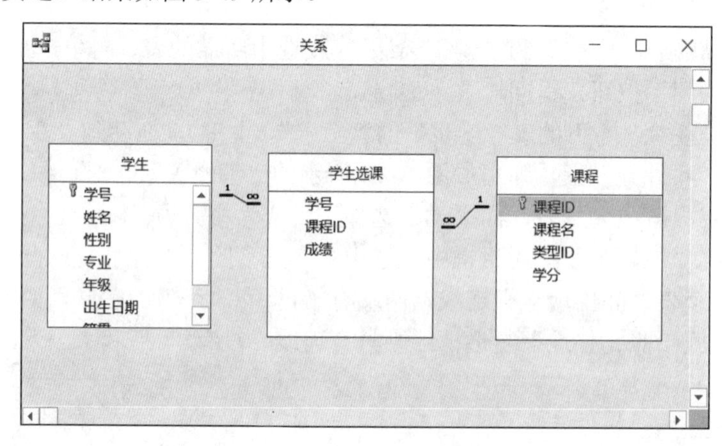

图 3-49 建立"多对多"关系结果

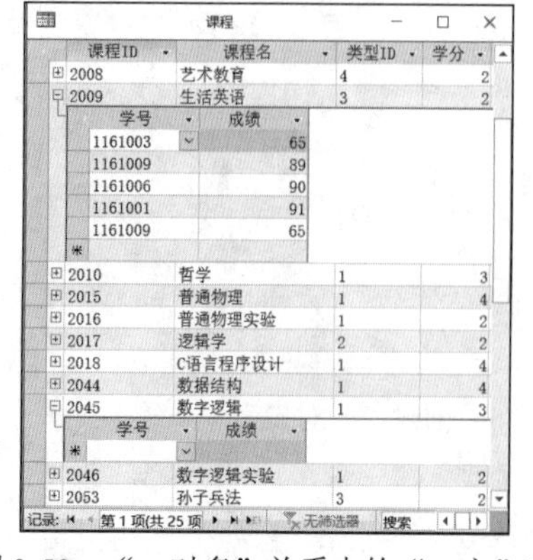

图 3-50 "一对多"关系中的"一方"可看见"多方"的信息

如同"一对一"的关系一样，"一对多"的关系建立后，打开"一方"的数据表视图时，可以看到左端增加了"+"号按钮，单击"+"号，就可以看到与之对应的"多方"的信息。下面是"课程"的数据表视图，"课程 ID"为 2009 的"+"号展开后，可看到 2009 这一门课程被多个学生选修的信息，如图 3-50 所示。也有的"+"号展开后是空的（如"课程 ID"为 2045），这些就是没有任何学生选修的课程。

3.5.4 修改、删除表关系

要修改或删除表关系，只要在“关系”窗口上将鼠标指向二者之间的关系连线，按右键，弹出如图 3-51 所示的快捷菜单，若选择“编辑关系”，则可以进入前面所述的如图 3-47“编辑关系”对话框，修改关系设置；若选择“删除”，则二者之间的连线消失，关系就被删除。

如果要删除一个表，而这个表与其他表建立了关系，必须要先删除关系，才能删除表。

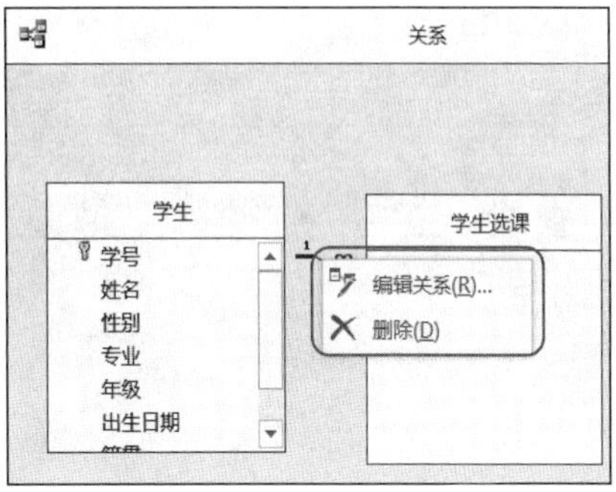

图 3-51 修改或删除关系

3.5.5 子数据表的使用

子数据表，也称为“子表”，或“数据子表”，它是表中之表。通过子表，可以从一个表中看到另一个表的信息。

在子数据表中，可以查看和编辑表中的数据。例如，在本书示例数据库“学分制管理”中，“学生”表与“学生选课”表之间是一对多关系。因此，在数据表视图中对“学生”表的每一行，不仅可以查看子数据表“学生选课”的相关行，还可以修改和编辑其数据。

1. “一对一”关系中的子表

回顾第 3.5.3 节中，研究了两个表之间关系的建立，当用鼠标按住一个表“A 班学生信息”的“学号”，拖动到另一个表“A 班成绩表”的“学号”上，这时在两个表的关系中，“A 班学生信息”就成为主表，而“A 班成绩表”就成为它的相关表。当打开“A 班学生信息”，就会发现在表的每个记录的左端有了一个“+”号，单击“+”号，该记录被展开，出现它的子表“A 班成绩表”中与之对应的信息，如图 3-52 所示。

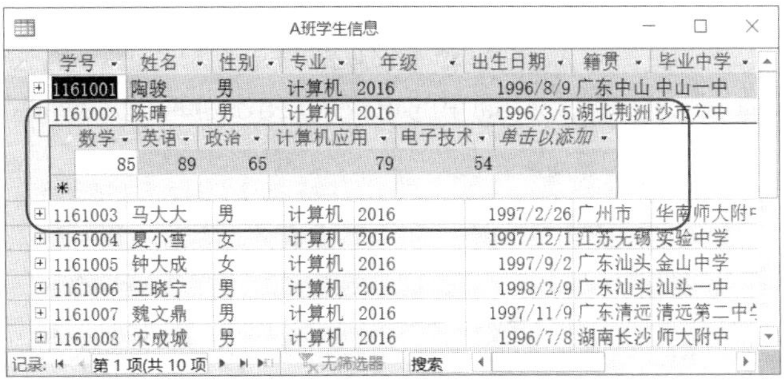

图 3-52 子数据表的信息

与之对应的，打开“A 班成绩表”，也可以看到主表“A 班学生信息”的有关内容，如图 3-53 所示。

在这种“一对一”关系中，从广义上讲，可以称互为子表。

2. “一对多”关系中的子表

由于一个学生可以选修多门课程，因此“学生”和“学生选课”是“一对多”的关系，这在前面已经建立。在图 3-54 中，可以从“一”方看到“多”方的有关信息，是通过字段“学号”联接而建立的。反之，从“多”方是不能看到“一”方信息的。

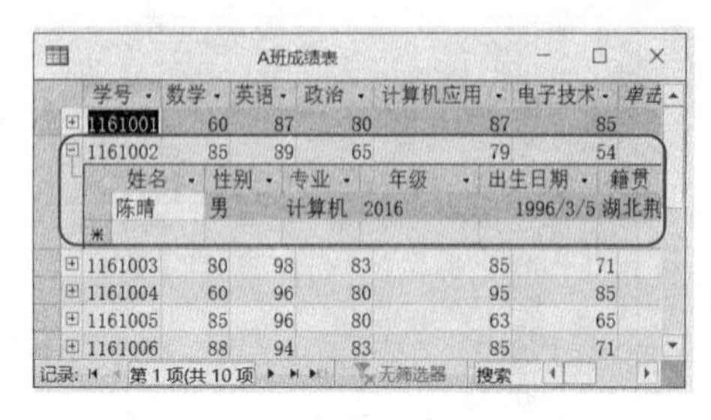

图 3-53 “一对一”关系中的相关信息

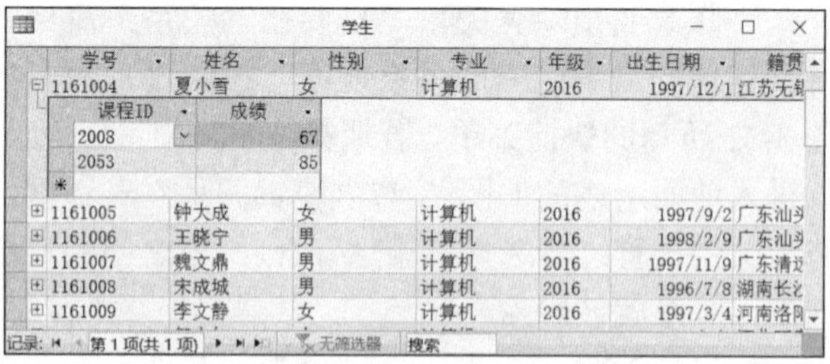

图 3-54 “一对多”关系中的子表信息

用户可以向任何表、查询或窗体中添加子数据表。子数据表可以将表或查询作为自己的源对象。对应于子窗体控件的子数据表也可以将表、查询或窗体作为自己的源对象。

在子数据表中又可以嵌套子数据表（最多八级）。但是，每个数据表或子数据表只能有一个被嵌套的子数据表。例如，“学生”表可以包含一个“学生选课”子数据表，但“学生”表无法既包含“学生选课”子数据表，又包含“A 班成绩表”子数据表。

3.5.6 关系的联接类型

在前面所述如图 3-43 所示的“编辑关系”对话框中，有一个按钮“联接类型”，单击这个按钮，就会弹出如图 3-55 所示对话框。

这里提供三种选择：

1）只包含两个表联接字段相等的行，此种联接方式为默认值。

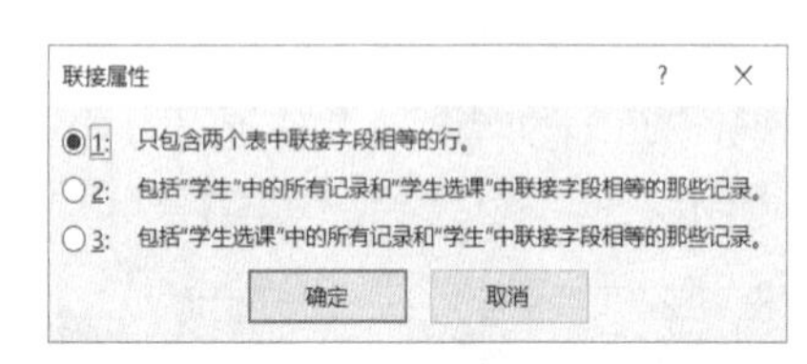

图 3-55 联接属性设置

2）包括“学生”中的所有记录和“学生选课”中联接字段相等的那些记录。

3）包括“学生选课”中的所有记录和“学生”中联接字段相等的那些记录。

为了使读者容易理解，不妨将“学生”和“学生选课”用简单的记录来表示选择以上三种情况时的联接结果。

“学生”表

A	B	C
a	2	I
b	3	j
c	4	k
d	5	m
e	6	n

“学生选课”表

D	E
a	pp
d	qq
f	rr

联接方法：“学生”表中的字段 A 和“学生选课”表中的字段 D。

1）选择“只包含两个表联接字段相等的行”，结果如下：

A	B	C	D	E
a	2	I	a	pp
d	5	m	d	qq

2）选择“包括‘学生’中的所有记录和‘学生选课’中联接字段相等的那些记录”，结果如下：

A	B	C	D	E
a	2	I	a	pp
b	3	j		
c	4	k		
d	5	m	d	qq
e	6	n		

3）选择“包括‘学生’中的所有记录和‘学生选课’中联接字段相等的那些记录”，结果如下：

A	B	C	D	E
a	2	I	a	pp
d	5	m	d	qq
			f	rr

其中，第 1）种联接叫“等值联接”，只有当“学生”表中的字段 A 的值和“学生选课”表中的字段 D 的值相等时，才算满足条件；第 2）、3）种情况是“等值联接”的变种，指定必须包含其中一个表的所有记录，那么不相匹配的部分则取空值。

以上三种情况如何选择，要根据实际需求而定。

习　　题

一、单选题

1. 在 Access 数据库的表设计视图中，不能进行的操作是________。

A. 修改字段类型　　B. 设置索引　　C. 增加字段　　D. 删除记录

2. Access 2016 表中字段的数据类型不包括________。

A. 附件　　B. 长文本　　C. 通用　　D. 日期 / 时间

3. 数据库中有 A、B 两个表，均有相同字段 C，在两个表中，C 字段均设为主键。当通过 C 字段建立两表关系时，则该关系是________。

A. 一对一　　B. 一对多　　C. 多对多　　D. 不能建立关系

4. 若设置字段的输入掩码为“#### -######”，则该字段正确的输入数据是________。

A. 0755-abcdef　　B. 0755-123456

C. abcd-123456　　D. #### -######

5. 在定义表中字段的属性时，对要求输入相对固定格式的数据，如身份证号码、电话号码、邮政编码等，应该定义该字段的________。

A. 大小　　B. 默认值　　C. 输入掩码　　D.验证规则

6. 以下关于货币数据类型的叙述，错误的是________。

A. 字段长度是 8 字节

B. 向货币字段输入数据时，系统自动将其设置为 4 位小数

C. 可以和数值型数据混合计算，结果为货币型

D. 向货币字段输入数据时，不必键入美元符号和千位分隔符

7. 在 Access 数据库中，表的组成是________。

A. 查询和字段　　B. 记录和窗体　　C. 字段和记录　　D. 记录和报表

8. 在 Access 数据库中，参照完整性规则不包括________。

A. 更新规则　　B. 删除规则　　C. 插入规则　　D. 查询规则

9. 在 Access 数据库中，建立索引的主要目的是________。

A. 提高查询速度　　B. 节约存储空间

C. 便于管理　　D. 防止数据丢失

10. 对数据表进行筛选操作，结果是________。

A. 只显示满足条件的记录，不满足条件的记录被隐藏

B. 显示满足条件的记录，并将这些记录保存在一个新表中

C. 只显示满足条件的记录，将不满足条件的记录从表中删除

D. 将满足条件的记录和不满足条件的记录分为两个表进行显示

二、填空题

1. 在 Access 数据库中，如果表 A 中的一条记录与表 B 中的多条记录相匹配，且表 B 中的一条记录与表 A 中的多条记录相匹配，则表 A 与表 B 存在的关系是________。

2. 必须输入 0～9 的数字的输入掩码是________。

3. 在 Access 的数据表中删除一条记录，被删除的记录________恢复。

4. Access 数据库中，表与表之间的关系分为________、________和________共三种。

5. 参照完整性是一个________系统，Access 使用这个系统用来确保相关表中记录之间的验证，并且不会因意外而删除或更改相关数据。

6. 在 Access 2016 中数据类型主要包括自动编号、________、________、________、日期 / 时间、________、________、OLE 对象、________、________、________和查阅向导等。

7. 能够唯一标识表中每条记录的字段称为________。

8. Access 提供了两种字段数据类型保存文本或文本和数字组合的数据，这两种数据类型分别是________和________。

9. 假设一个书店用（书号，书名，作者，出版社，出版日期，库存数量）一组属性来描述图书，则可以作为“关键字”的是________。

10. 在 Access 表中，可以定义三种主关键字，它们是单字段、多字段和________。

三、简述题

1. 表和数据库之间是什么关系？

2. 有哪些基本方法可以创建表？

3. 在 Access 数据库中，字段有哪些基本类型？它们的大小有哪些限制？

4. 字段在命名时，对它的组成字符和长度有哪些限制？

5．在“设计”视图下可以删除字段、移动字段，在“数据表”视图下是否也可以实现这些操作？如果可以，如何进行？

6．有哪些外部数据源可以“导入”到 Access 数据库中？试举出两种类型的数据。

7．Access 数据库可以链接外部数据源作为 Access 的链接表，有人说：“如果移动了链接表的外部数据源文件的位置，这个链接表仍然可以打开，但是如果删除了它的外部数据源文件，就无法访问了”，这句话对吗？为什么？

8．对如下问题，它的验证规则用 Access 条件表达式应如何表示？

- 对“职称”的规定：只能是讲师和实验员。
- 对“婚否”的规定：只能是已婚。
- 对“工资”的规定：低于 800 元。
- 对“职工号”的规定：10000～5000。
- 对“出生日期”的规定：只能是 1960～1990 年。
- 对“性别”的规定：只能是男或女。

9．什么叫主关键字？它的值有什么特殊要求？

10．在建立关系时，什么是实施参照完整性？

实验　表的建立

一、实验目的

1．掌握“表”的创建方法：在设计视图下创建和使用数据表视图创建。

2．掌握从外部数据源“导入”表。

3．掌握表属性的修改。

4．掌握表之间关系的建立（一对一、一对多和多对多）。

二、实验内容

1. 表的建立。

1）打开数据库 MYDB（实验 2 已经创建的空数据库）。

2）利用设计视图按表 S3-1 所示结构建立“健康状况”表。

表 S3-1　“健康状况”表结构

字段名称	学号	姓名	性别	身高	体重	血型	血压	兴趣爱好	独生子女
数据类型	文本	文本	文本	数字	数字	文本	文本	文本	是/否
字段大小	10	8	1	单精度	单精度	2	10	20	

3）按图 S3-1 所示内容输入数据（其中姓名、血型暂不输入）。

4）利用“数据表视图”创建表，完成下列操作：

- 打开数据库 MYDB。
- 使用数据表视图创建表“专业”，包括两个字段，结构要求如下：

  专业 ID（数字　整型）

  专业名（短文本　10）

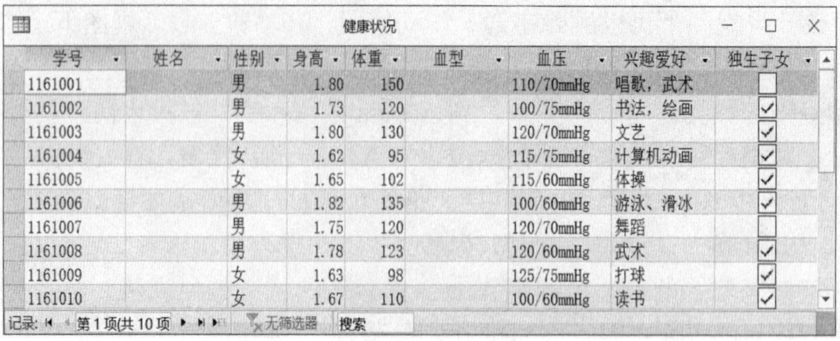

健康状况

学号	姓名	性别	身高	体重	血型	血压	兴趣爱好	独生子女
1161001		男	1.80	150		110/70mmHg	唱歌，武术	☐
1161002		男	1.73	120		100/75mmHg	书法，绘画	☑
1161003		男	1.80	130		120/70mmHg	文艺	☑
1161004		女	1.62	95		115/75mmHg	计算机动画	☑
1161005		女	1.65	102		115/60mmHg	体操	☑
1161006		男	1.82	135		100/60mmHg	游泳、滑冰	☑
1161007		男	1.75	120		120/70mmHg	舞蹈	☐
1161008		男	1.78	123		120/60mmHg	武术	☑
1161009		女	1.63	98		125/75mmHg	打球	☑
1161010		女	1.67	110		100/60mmHg	读书	☑

记录：第 1 项(共 10 项) 无筛选器 搜索

图 S3-1 在“健康状况”表中输入数据

专业

专业ID	专业名
161	计算机
162	电子
163	机电
164	土木工程

记录：第 1 项(共 4 项)

图 S3-2 使用数据表视图创建表

- 按照图 S3-2 输入数据，在设计视图下修改其格式和属性。

2. 导入表和表属性的修改。

1）从另一个 Access 文件“data.mdb”中导入所有表对象到当前数据库，并查看各表的信息。

2）从 Excel 文件“教师信息”表导入，创建同名的基表，按表 S3-2 所示要求修改表结构和字段格式（包括添加、删除、移动表结构，修改表属性）。

表 S3-2 “教师信息”表结构

姓名	性别	出生日期	职称	电话	文化程度	工作日期	工资	婚否
文本(8)	文本(1)	日期	文本(12)	文本(12)	文本(12)	短日期	单精度	是/否

3）字段属性的修改。在“健康状况”表中进行如下操作：

① 在“性别”中设置验证规则和验证文本：只能输入“男”或“女”，并检验效果。

② 将“体重”设置为 80～200。

③ 将“身高”设置为“标准”，小数点 2 位。

4）查阅字段设置。

① 将“健康状况”表中的字段“姓名”用查阅向导建立查阅字段，数据来源为“A 班学生信息”中的“姓名”(包含学号)。

② 将“健康状况”表中“血型”用查阅向导建立查阅字段，行来源类型为“值列表”，自行输入，内容为 A、B、O 和 AB 四种类型。

③ 利用查阅字段填充表中的姓名（与学号对应）和血型，如图 S3-3 所示。

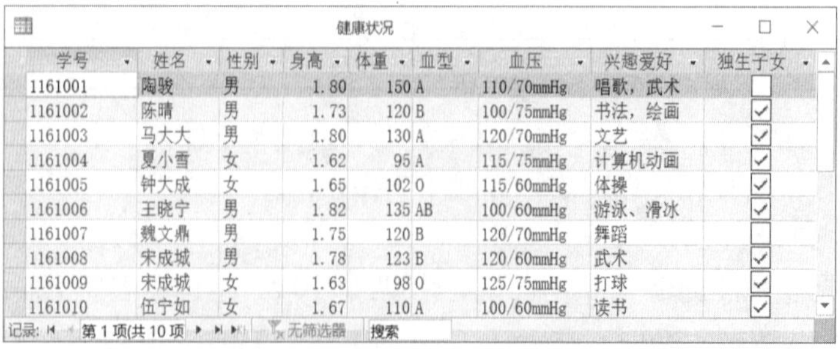

健康状况

学号	姓名	性别	身高	体重	血型	血压	兴趣爱好	独生子女
1161001	陶骏	男	1.80	150	A	110/70mmHg	唱歌，武术	☐
1161002	陈晴	男	1.73	120	B	100/75mmHg	书法，绘画	☑
1161003	马大大	男	1.80	130	A	120/70mmHg	文艺	☑
1161004	夏小雪	女	1.62	95	A	115/75mmHg	计算机动画	☑
1161005	钟大成	女	1.65	102	O	115/60mmHg	体操	☑
1161006	王晓宁	男	1.82	135	AB	100/60mmHg	游泳、滑冰	☑
1161007	魏文鼎	男	1.75	120	B	120/70mmHg	舞蹈	☐
1161008	宋成城	男	1.78	123	B	120/60mmHg	武术	☑
1161009	宋成城	女	1.63	98	O	125/75mmHg	打球	☑
1161010	伍宁如	女	1.67	110	A	100/60mmHg	读书	☑

记录：第 1 项(共 10 项) 无筛选器 搜索

图 S3-3 利用查阅字段填充表中的姓名和血型

3．关系的建立（图 S3-4）。

① 分别打开表“A 班成绩表”和“A 班学生信息”，观察其特点，然后以学号建立一对一的关系，再观察有什么变化？

② 分别打开表“学生”、“课程”和“学生选课”，分析、观察它们之间的联系，然后通过“学生选课”建立“学生”和“课程”之间的多对多的关系，再观察、比较“一对多”与“一对一”关系之间的差别。

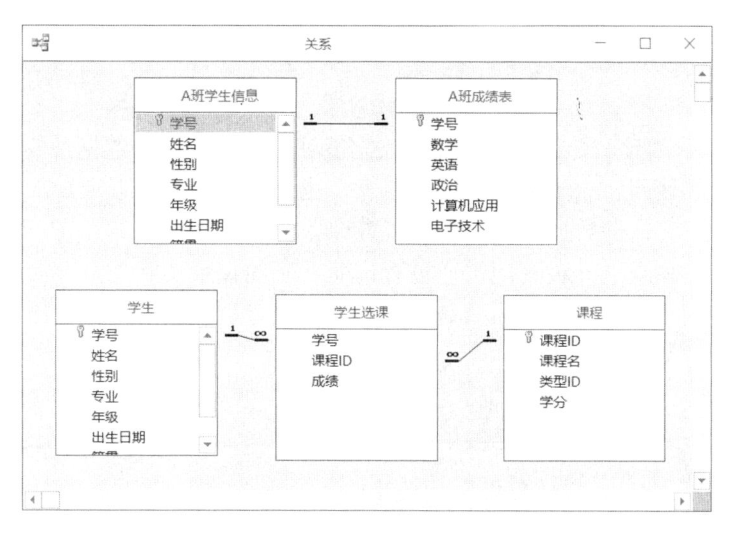

图 S3-4 关系的建立

第4章 查　询

查询是 Access 处理和分析数据的工具，它能够将多个表中的数据抽取出来，供用户查看、统计、分析和使用。查询的数据源来自表，也可以是已有的查询。从本章起，以后要介绍的所有对象，它们的数据源皆来自表和查询。

查询是基于“表”的一种视图，通过查询所看到的记录实际上是存储在表中的数据，不需要额外的空间来存储它们，而只是把它们重新组合、聚集、统计等加工处理后，得到的另一种视图，查询有如下功能：

1）可以查看、搜索、分析数据。

2）可以追加、更改、删除数据。

3）实现记录的筛选、排序、汇总、计算。

4）用来作为报表、窗体的数据源。

5）将一个或多个表中获取的数据实现联接。

4.1　查询的创建

Access 为我们提供了五种创建查询的途径：

1）使用设计视图。

2）使用简单查询向导。

3）使用交叉表查询向导。

4）使用查找重复项查询向导。

5）使用查找不匹配项查询向导。

查询向导能够有效地指导用户快速、顺利地创建查询，用户只需按照向导的指引进行选择即可完成查询的创建。设计视图既可以创建新的查询，也能够对已建查询进行编辑修改。

4.1.1　使用设计视图创建查询

使用设计视图创建查询的操作步骤如下：

1）在 Access 数据库窗口中，单击“创建→查询→查询设计”按钮。

2）打开“查询 1”设计视图窗口，同时弹出“显示表”对话框，如图 4-1 所示。

3）选择所需的表或查询（选择方法是：双击对象名，或选中对象名，然后单击“添加”按钮）。

4）被选中的对象（本例是表“A 班成绩表”）出现在查询设计视图的上窗格中，关闭“显示表”窗口，如图 4-2 所示。

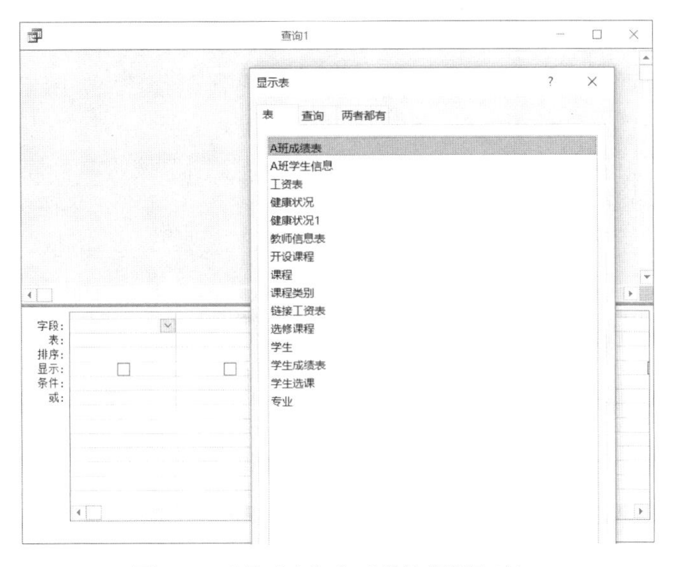

图 4-1 “显示表”和“设计视图”窗口

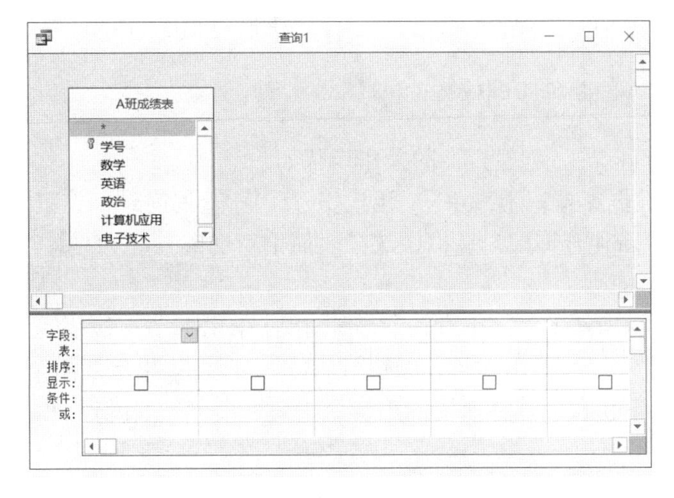

图 4-2 添加查询数据源“A 班成绩表”

5）在“字段列表”中选择所需字段（选择方法是：双击字段名或直接拖动字段到下方的设计网格中），如图 4-3 所示。

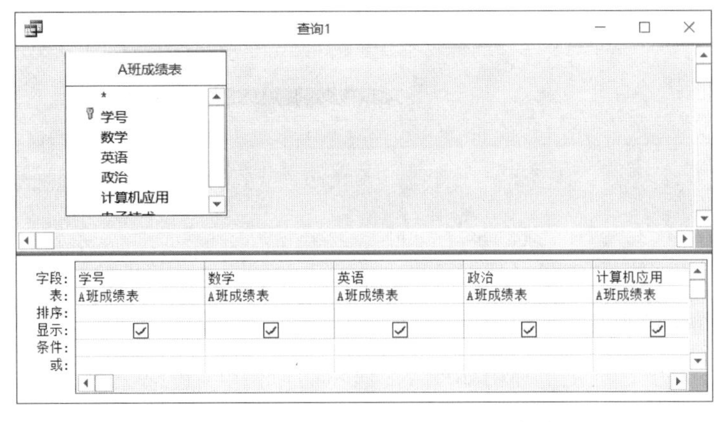

图 4-3 在“字段列表”中双击所需字段名

说明：如果要选中全部字段，只要将星号“*”拖到设计网格中即可。

6）单击“保存”按钮，在“另存为”对话框中为查询命名，如图 4-4 所示。到此，查询的建立操作完毕。

单击数据库窗口的“打开”或工具栏左上角的“视图”按钮，可打开查询的“数据表视图”，查看查询结果，如图 4-5 所示。

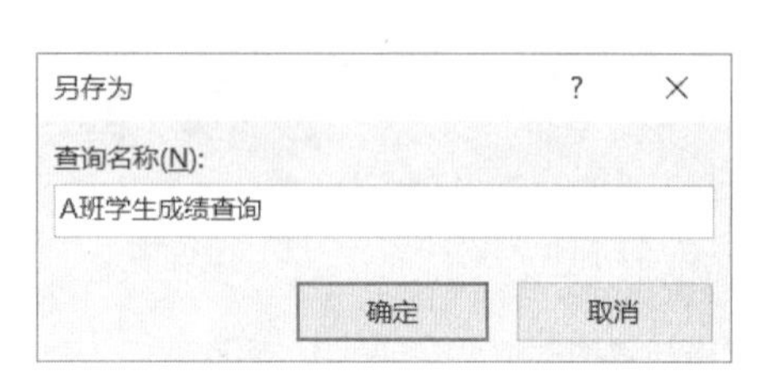

图 4-4　输入查询名

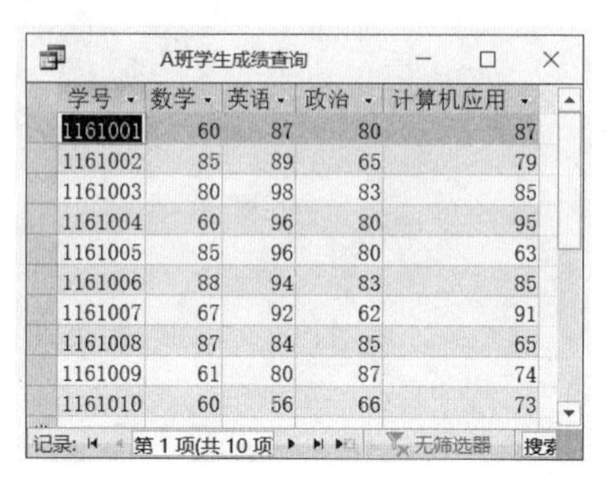
A班学生成绩查询

学号	数学	英语	政治	计算机应用
1161001	60	87	80	87
1161002	85	89	65	79
1161003	80	98	83	85
1161004	60	96	80	95
1161005	85	96	80	63
1161006	88	94	83	85
1161007	67	92	62	91
1161008	87	84	85	65
1161009	61	80	87	74
1161010	60	56	66	73

记录: 第 1 项(共 10 项　无筛选器　搜索

图 4-5　查询结果的“数据表视图”

4.1.2　使用“简单查询向导”创建查询

使用“简单查询向导”创建查询的操作步骤如下：

1）在 Access 数据库窗口中，单击“创建→查询→查询向导”按钮。

2）在弹出的“新建查询”对话框中选择“简单查询向导”，如图 4-6 所示，单击“确定”按钮。

3）打开如图 4-7 所示的“简单查询向导”对话框，在“表/查询”下拉表中选择所需的表或查询（数据源），在“可用字段”中选择所需的字段，如果涉及两个以上的表时，可再次在“表/查询”的下拉表中选择所需的第二个、第三个……表或查询，选择所需的字段。

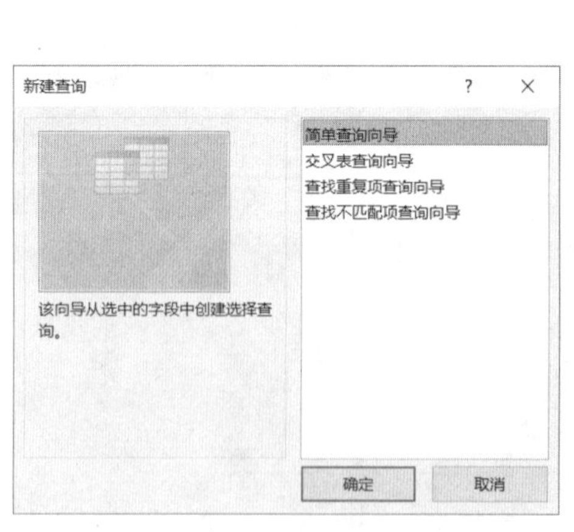

图 4-6　“新建查询”对话框

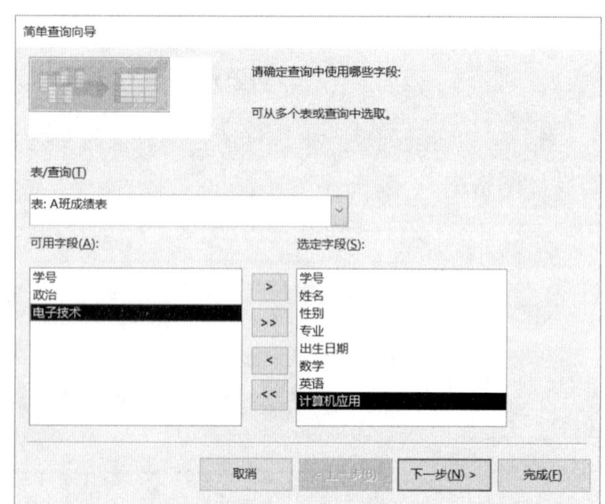

图 4-7　选择数据源和字段

4）单击“下一步”按钮，弹出如图 4-8 所示的对话框，在单选按钮中指定是采用“明细”还是“汇总”，一般选择前者。

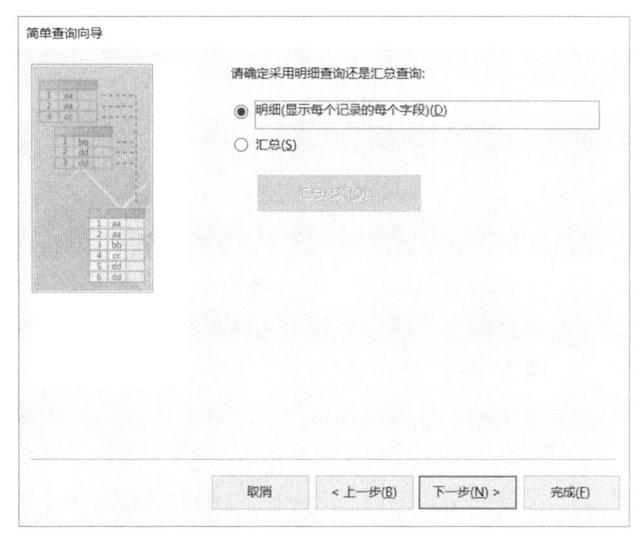

图 4-8　确定是否采用明细

5）单击“下一步”按钮，出现最后一步的对话框，如图 4-9 所示，为查询命名，单击“完成”按钮，弹出该查询的数据表视图，如图 4-10 所示。

图 4-9　指定查询名

A班学生信息查询

学号	姓名	性别	专业	出生日期	数学	英语	计算机应用
1161001	陶骏	男	计算机	1996/8/9	60	87	87
1161002	陈晴	男	计算机	1996/3/5	85	89	79
1161003	马大大	男	计算机	1997/2/26	80	98	85
1161004	夏小雪	女	计算机	1997/12/1	60	96	95
1161005	钟大成	女	计算机	1997/9/2	85	96	63
1161006	王晓宁	男	计算机	1998/2/9	88	94	85
1161007	魏文鼎	男	计算机	1997/11/9	67	92	91
1161008	宋成城	男	计算机	1996/7/8	87	84	65
1161009	李文静	女	计算机	1997/3/4	61	80	74
1161010	伍宁如	女	计算机	1996/9/5	60	56	73

记录: 第 1 项(共 10 项) 无筛选器 搜索

图 4-10　查询的“数据表视图”

创建完成后，如果需要调整查询视图字段的顺序，无论在设计视图中，还是在数据表视图中，都可以进行。操作方法是：选中该字段（单击“字段选定器”），鼠标指向“字段选定器”，按住左键拖动即可。

4.1.3 查询的视图

在 Access 2016 中，系统提供了三种类型的查询视图：设计视图、数据表视图和 SQL 视图。在数据库窗口，当选中一个查询对象时，如果双击该对象，或右击该对象，然后选择快捷菜单的“打开”，就可打开该对象的数据表视图；如果右击该对象，然后选择快捷菜单的“设计视图”，则打开该对象的设计视图。实际上，不论打开的是“数据表视图”窗口，还是“设计视图”窗口，工具栏的左端都会出现一个“视图”按钮，只要单击这个按钮，就可以在数据表视图和设计视图之间方便地切换。如果单击其下方的下拉按钮，则会出现如图 4-11 所示的三种视图列表。

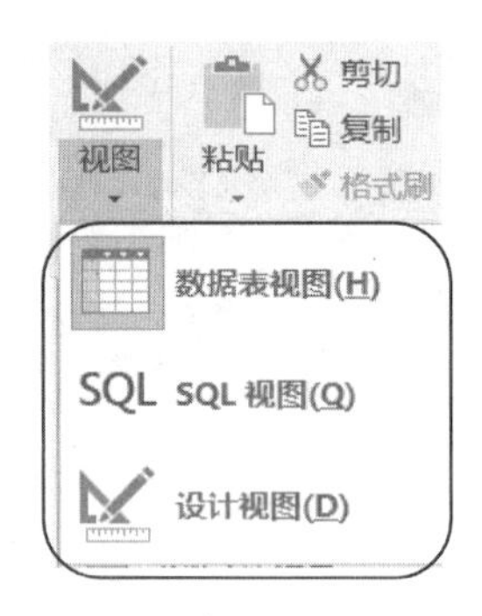

图 4-11 查询的三种视图

下面以查询“A 班学生信息查询”为例，查看三种视图的情况，如图 4-12～图 4-14 所示。

A班学生信息查询

学号	姓名	性别	专业	出生日期	数学	英语	计算机应用
1161001	陶骏	男	计算机	1996/8/9	60	87	87
1161002	陈晴	男	计算机	1996/3/5	85	89	79
1161003	马大大	男	计算机	1997/2/26	80	98	85
1161004	夏小雪	女	计算机	1997/12/1	60	96	95
1161005	钟大成	女	计算机	1997/9/2	85	96	63
1161006	王晓宁	男	计算机	1998/2/9	88	94	85
1161007	魏文鼎	男	计算机	1997/11/9	67	92	91
1161008	宋成城	男	计算机	1996/7/8	87	84	65
1161009	李文静	女	计算机	1997/3/4	61	80	74
1161010	伍宁如	女	计算机	1996/9/5	60	56	73

记录: 第 1 项(共 10 项) 无筛选器 搜索

图 4-12 数据表视图

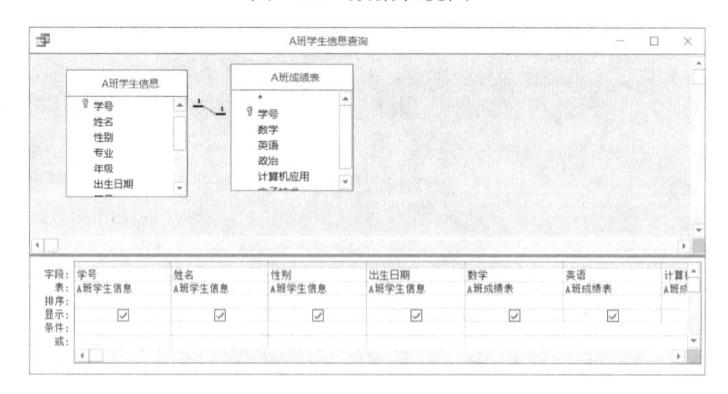

图 4-13 设计视图

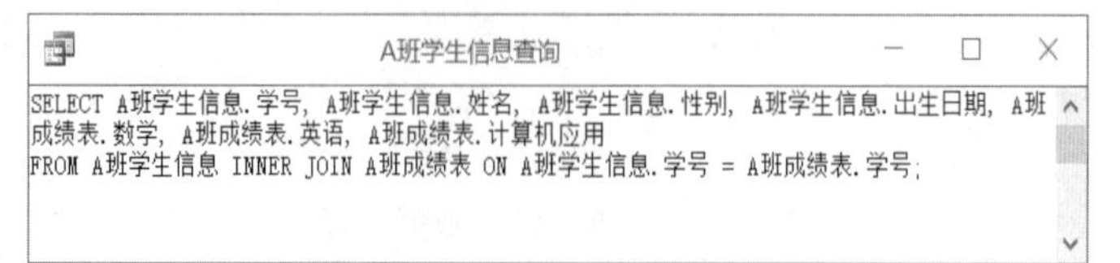

A班学生信息查询

SELECT A班学生信息.学号, A班学生信息.姓名, A班学生信息.性别, A班学生信息.出生日期, A班成绩表.数学, A班成绩表.英语, A班成绩表.计算机应用
FROM A班学生信息 INNER JOIN A班成绩表 ON A班学生信息.学号 = A班成绩表.学号;

图 4-14 SQL 视图

4.1.4 查询的条件及其他

1. 条件的使用

在查询的设计视图中，查询条件是通过在设计网格的“条件”行中，输入Access条件表达式来指定的。Access条件表达式由运算符、常量、函数、字段值、字段名和属性等组成。

例如，要查找所有数学成绩在80分以上的女同学，只要在“性别”的条件中输入："女"；“数学”的条件中输入：>=80，如图4-15所示。

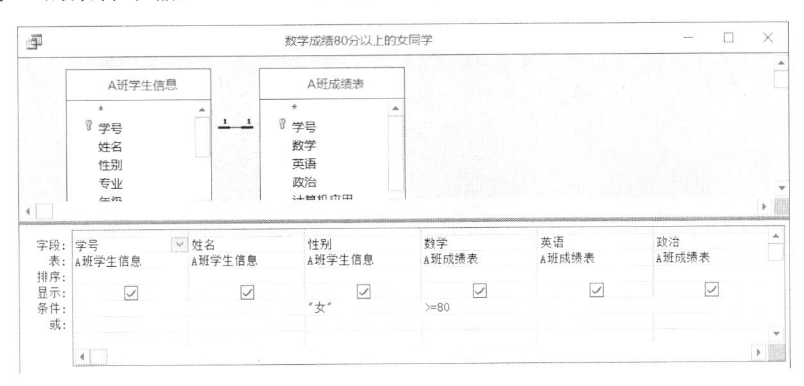

图4-15 在“条件”行中输入查询条件表达式

注意：1）若要表达多个条件，那么在设计网格中，同一行表示“与”，不同行表示“或”的逻辑关系，也可以用逻辑表达式来表达两个以上的条件。

2）在Access条件表达式中，字段名必须加上方括号“[ ]”。条件表达式中输入的所有字符（运算符、字母、数字、标点符号等），必须使用英文标点（半角）。

【实例4-1】 查找具有博士学位的女教师（类型：两个以上的条件，“与”的逻辑关系）。

只要在“性别”条件中输入："女"；在“文化程度”中输入："博士"，如图4-16所示。

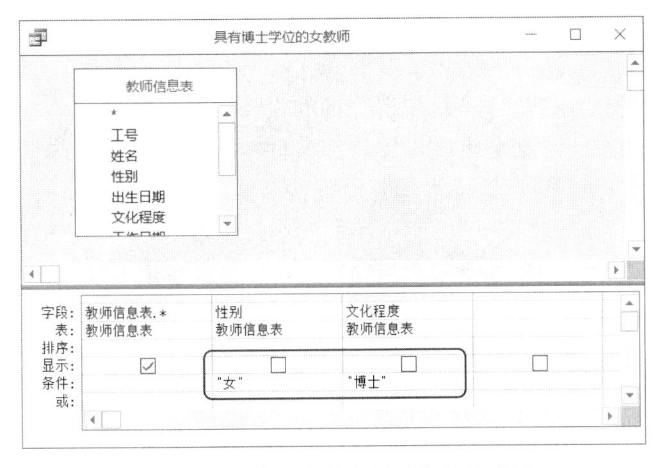

图4-16 两个以上的条件“与”的表示

【实例4-2】 查找职称为“教授”或“副教授”的教师（类型：两个以上的条件，“或”的逻辑关系）。

只要在“职称”条件中输入："教授"；在下一行中输入："副教授"，如图4-17所示。

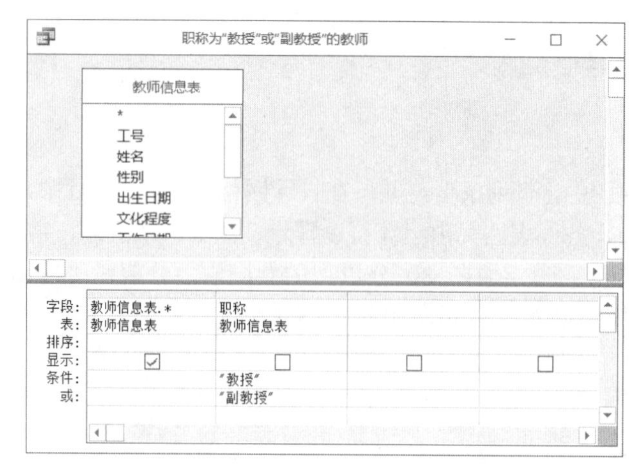

图 4-17 两个以上的条件“或”的表示

也可以使用逻辑表达式表示为："教授" Or "副教授"。还可以使用通配符？或*号来表示“包含”某些字符的匹配。比如本例还可以表示为：Like "*教授*"。

本例三个等价的条件表示如图 4-18 所示。

注意：字符串两端的双引号和逻辑运算符“and”、“or”、“not”等一定要使用英文（半角）字符。

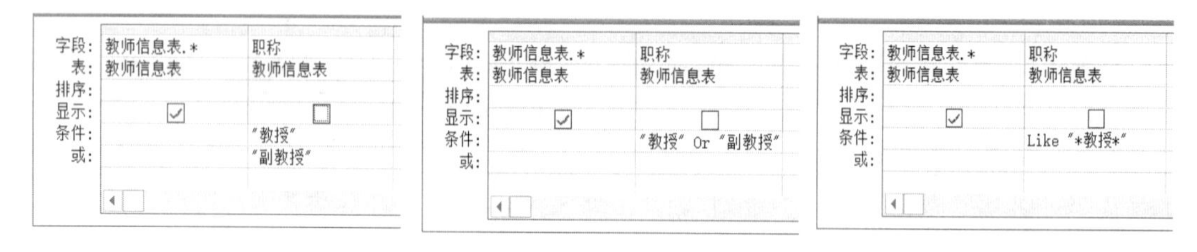

图 4-18 三个等价的条件表示

注意：1）在设计视图中，将“*”号拖到设计网格中，可以代表“所有字段”。

2）在设计视图中，有一个“显示”的按钮，打勾的表示显示字段值，不打勾的表示不显示。

使用“*”号代表“所有字段”，使得查询的设计变得快捷方便，省去了每个字段一一选取的麻烦。可是如果要对某个字段设置查询条件，就不方便了。这里有一个简单的方法解决此问题：在选中“*”号后，再将需要设置条件的字段选上，在它的“条件”网格中设置条件，并将“显示”取消，就可以避免相同的字段两次显示了，如图 4-16 所示。

【实例 4-3】 查找学历不是“本科”的教工（类型：表示不等于，“非”的逻辑关系）。

只要在“文化程度”字段的条件中输入：<>"本科"，如图 4-19 所示。

本例的条件也可以使用逻辑表达式表示为：not "本科"。

【实例 4-4】 查找“1970 年以前出生”的教工。

只要在“出生日期”的条件中输入：<1970-1-1，当确认后，系统会在日期两端自动加上“#”号，如图 4-20 所示。

在 Access 中，查询条件既可以直接在设计网格的“条件”行中输入条件表达式，也可以利用 Access 提供的“表达式生成器”来快速建立查询条件。

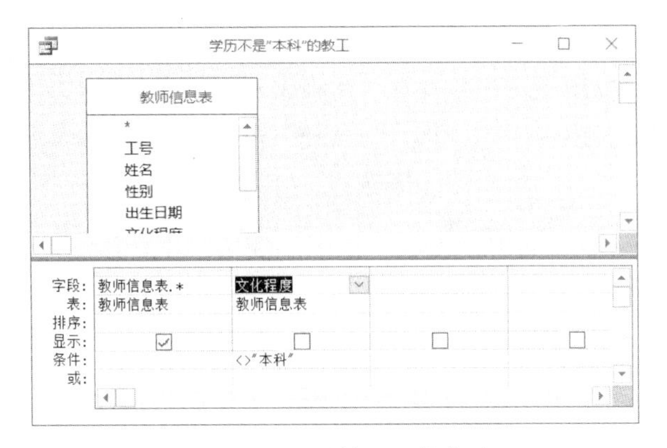

图 4-19 “不等于”的表示

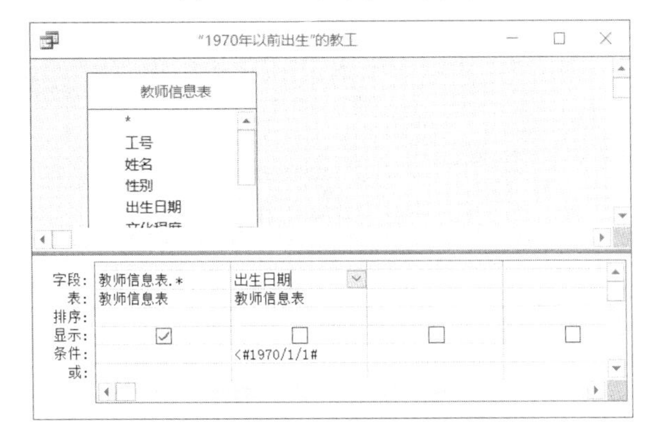

图 4-20 日期的表示

【实例 4-5】 查找“1980～1990 年参加工作”的教工。

使用“表达式生成器”来快速建立查询条件，其步骤操作如下：

1）单击“查询工具→设计”工具栏中的“生成器”按钮，弹出“表达式生成器”对话框，如图 4-21 所示。

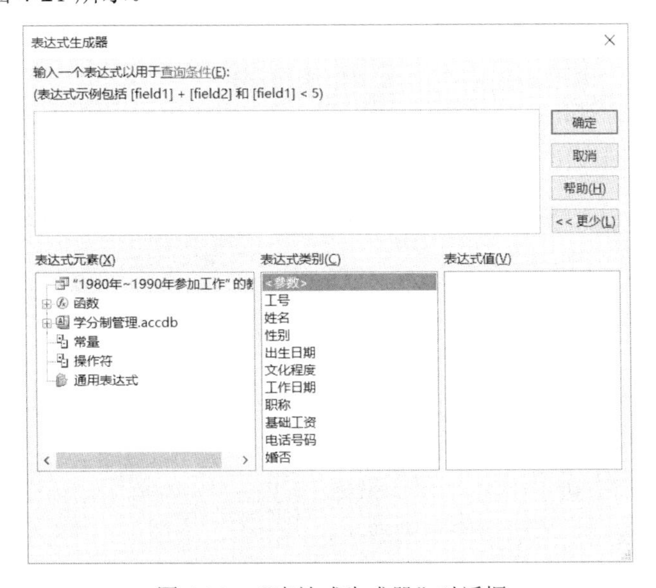

图 4-21 “表达式生成器”对话框

2）选择下窗格“表达式元素”中的“操作符”、“表达式类别”中的“比较”，然后双击“表达式值”中的“Between”，或选择“Between”后，单击“确定”按钮，就会在上窗格的表达式文本框出现：Between <表达式> And <表达式>，如图 4-22 所示。

图 4-22　在“表达式生成器”对话框中选择运算符

3）单击<表达式>，填入起止日期，如：Between 1980-1-1 And 1990-12-31，如图 4-23 所示。

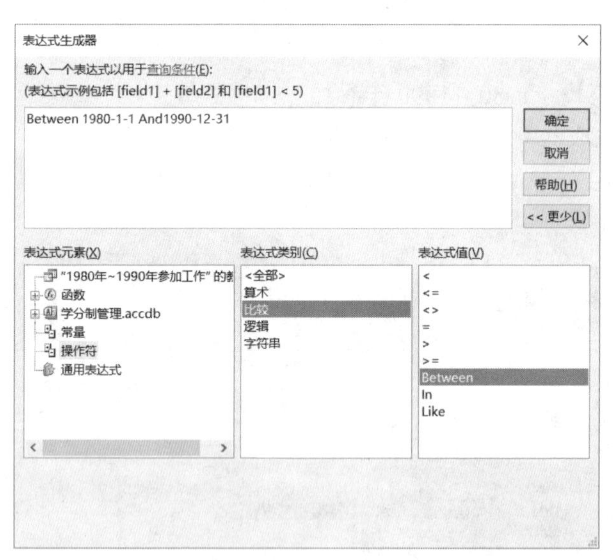

图 4-23　使用表达式生成器建立条件

4）单击“确定”后，系统自动将表达式调整为：Between #1980/1/1# And #1990/12/31# 的形式，如图 4-24 所示。

本例的条件表达式也可以表示为：>=1980-1-1 and <=1990-12-31。

【实例 4-6】　查找所有姓“李”的教工。

只要在“姓名”的条件中输入：李*，确认后系统自动调整为：Like "李*"，如图 4-25 所示。

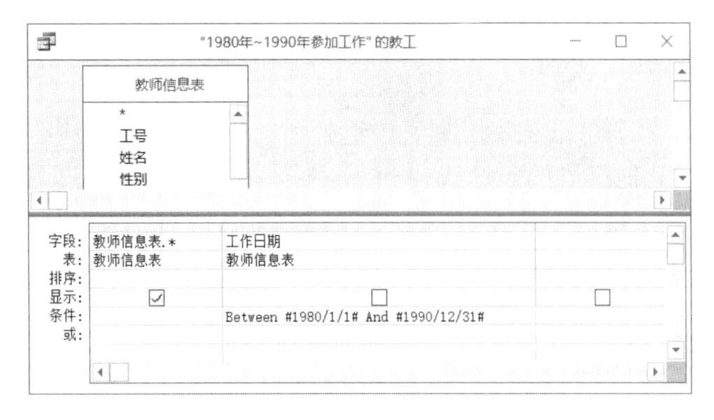

图 4-24 日期的表示（“1980～1990 年参加工作”的教工）

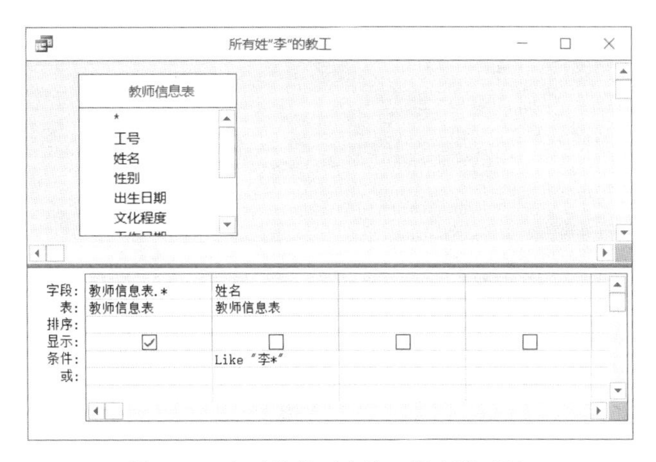

图 4-25 表示某某开头的（通配符*号）

2. 排序

在建立查询时，还可以根据需要设置按某个字段排序显示，具体操作非常简单，只要按下排序网格中的下拉按钮，从中选择“升序”或“降序”即可。

【实例 4-7】 查找所有“男”教工，并按照工资从低到高显示。

只要在“基础工资”字段的“排序”行中单击下拉按钮，选择其中的“升序”即可，如图 4-26 所示。

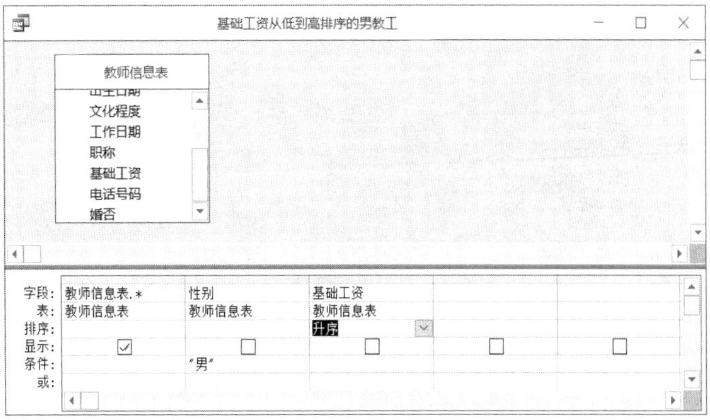

图 4-26 基础工资从低到高排序的男教工

4.1.5 建立添加计算字段的查询

Access 查询中，除了可以从字段列表中选择所需的字段外，还可以建立新的字段，这个字段的内容是基于其他字段的表达式。

【实例 4-8】 创建查询“计算实发工资”。数据源：“教师信息表”和“工资表”。新创建的查询包含：“工号”、“姓名”、“性别”、“职称”、“基础工资”、“特区补贴”、“岗位津贴”和“房租水电”，并添加计算字段“实发工资”，计算各人的实发工资。

操作步骤如下：

1）在查询的设计视图中，选择数据源表：“教师信息表”和“工资表”，并将查询需要的字段拖到设计网格中，此时最好保存一下，以便下面“生成器”对各字段的引用。保存时，要为查询命名，本例为“计算实发工资”，如图 4-27 所示。

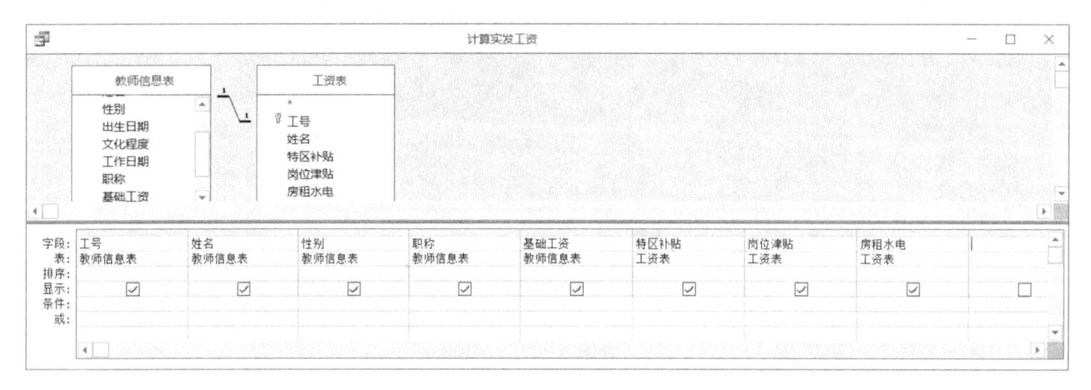

图 4-27 选择数据源字段

2）选择右端的空白字段，然后单击“查询工具→设计”工具栏中的“生成器”按钮，弹出表达式生成器窗口。

3）选择下窗格“表达式元素”中的“计算实发工资”，依次双击“表达式类别”中的“基础工资”等字段并输入“+”、“-”运算符，就会在上窗格的表达式文本框中出现：[基础工资] + [特区补贴] + [岗位津贴] - [房租水电]，如图 4-28 所示，单击“确定”按钮。

图 4-28 建立计算字段

此时，在字段名中出现：表达式1: [基础工资] + [特区补贴] + [岗位津贴] - [房租水电]，如图4-29所示。

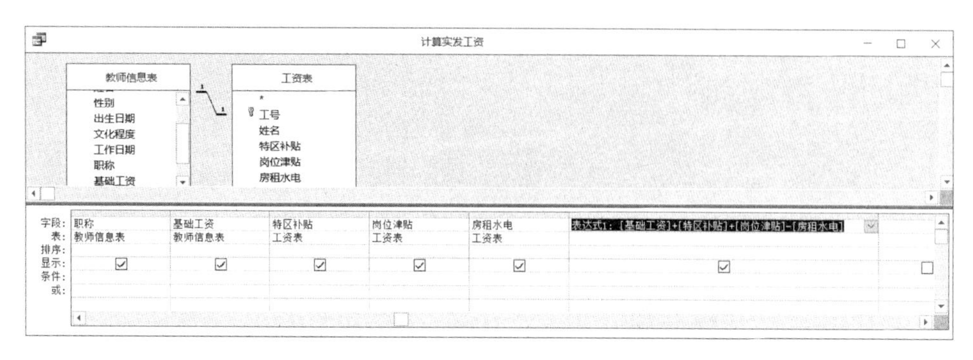

图4-29 利用“生成器”输入实发工资的表达式

4）将“表达式1”改为“实发工资”（注意保留冒号）。

5）保存查询，打开数据表视图，结果如图4-30所示。

计算实发工资

工号	姓名	性别	职称	基础工资	特区补贴	岗位津贴	房租水电	实发工资
101001	陈茂昌	男	高级工程师	3950.00	600	800	586.9	¥4,763.10
101002	黄浩	男	教授	4850.00	600	1200	719.9	¥5,930.10
101003	李晓军	男	讲师	3831.50	600	700	335.4	¥4,796.10
101004	李媛	女	副教授	4189.96	600	1000	668.5	¥5,121.46
101005	李华	女	副教授	4268.90	600	1000	628.6	¥5,240.30
101006	刘毅然	男	高级实验师	3960.00	600	800	448.2	¥4,911.80
101007	王方	女	副教授	4304.30	600	1000	528.1	¥5,376.18
101008	王静	女	教授	4650.00	600	1200	769.0	¥5,680.96
101009	伍清宇	女	工程师	3860.00	600	700	0.0	¥5,160.00
101010	许国华	男	副教授	4215.60	600	1000	393.6	¥5,422.00
101011	刘丽茗	女	实验师	3520.30	600	600	0.0	¥4,720.30
101012	朱志诚	男	副教授	4072.90	600	1000	583.1	¥5,089.78

记录: 第1项(共12项 无筛选器 搜索

图4-30 添加计算字段查询“计算实发工资”的数据表视图

4.1.6 建立分组统计的查询（Group By）

上一节“添加带计算字段的查询”所解决的是同一记录中多个数值字段的值的计算问题，也就是水平方向的计算问题。本节是解决垂直方向的计算问题，也就是同一字段中值的统计、计算问题，它可以用分组统计函数来计算。

在查询的设计视图中，工具栏中有一个“Σ”按钮，它的名称叫“汇总”，单击它，就会在设计网格中增加一项“总计”，具体操作以下面的例子来说明。

【实例4-9】 按性别求A班各科成绩的平均分。

由于“A班成绩表”中没有“性别”，因此本题还要涉及表“A班学生信息”，操作步骤如下：

1）在查询的设计视图中，选择表“A班成绩表”和“A班学生信息”。

2）将“性别”和各科成绩拖到设计网格中。

3）单击“查询工具→设计”工具栏中的“汇总”按钮“Σ”，此时在设计网格中多出一项“总计”，并且每个字段的“总计”中都已填入“Group By”字样，如图4-31所示。

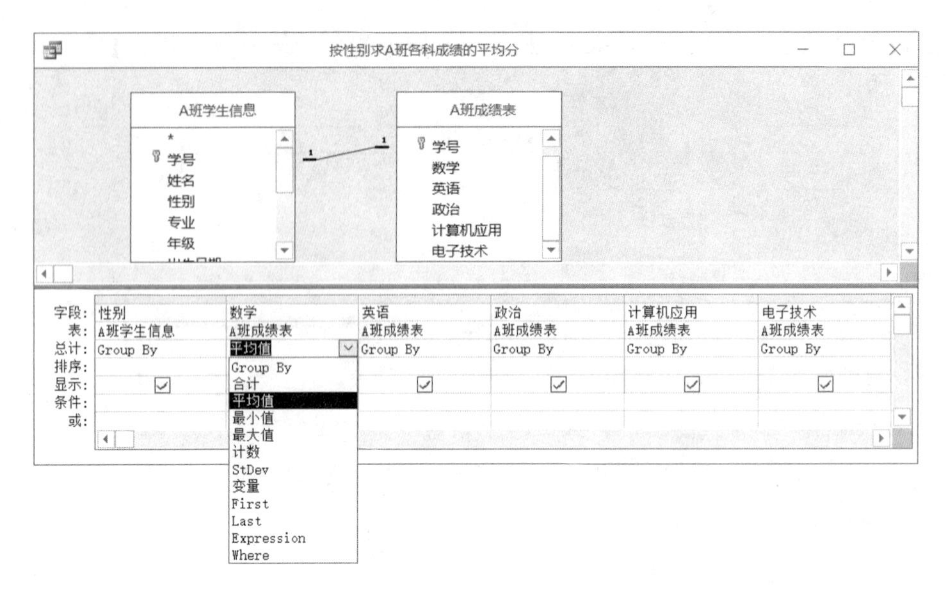

图 4-31　分组统计的查询

4）只保留分组字段“性别”的“Group By”，其他各科成绩的总计项改为相应的统计函数。本例要求计算平均值，只要单击下拉按钮，选择函数“平均值”即可，如图 4-31 所示的“数学”字段的“总计”栏，然后对每一科目做同样的设置即可。

5）保存查询，切换到数据表视图查看统计结果，如图 4-32 所示。

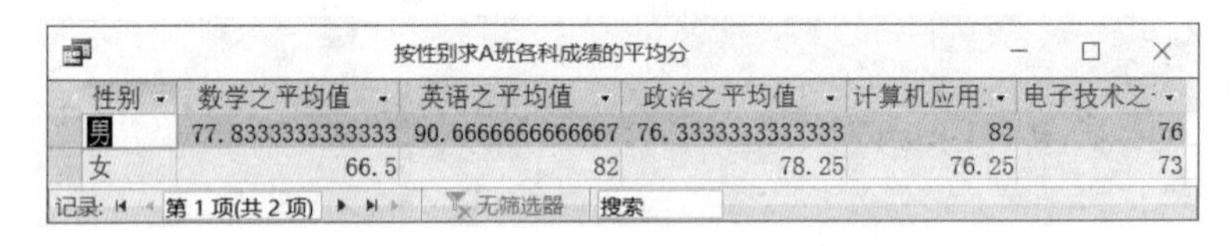

图 4-32　统计结果的数据表视图

6）观察结果的数据表视图，小数点后面长达 12 位，而且字段标题如“数学之平均值”也拗口，可以通过属性设置字段的显示格式，操作步骤如下：

① 切换到查询的设计视图。

② 鼠标单击要修改字段所在网格的任一处，右击选择弹出的快捷菜单的“属性”项，打开字段属性表，如图 4-33 所示。

③ 在“格式”下拉表中选择“标准”（根据实际需要而定）。

④ 在“小数位数”中选择或直接输入“1”。

⑤ 在“标题”中输入“数学平均分”。

⑥ 关闭“属性表”。

⑦ 保存查询，切换到数据表视图查看结果，如图 4-34 所示。

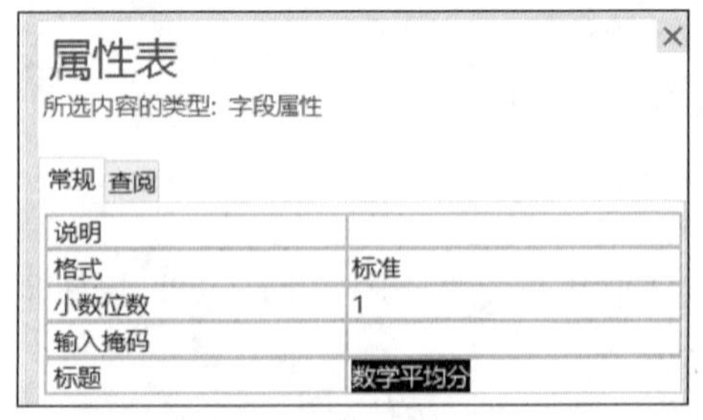

图 4-33　在属性窗口设置数据格式

说明：在做分组统计时，选择的字段包括：与分组有关的字段，例如本例中的“性别”；参加统计的数字型字段。其他诸如姓名、学号之类的其他字段一律不要。

按性别求A班各科成绩的平均分

性别	数学平均分	英语平均分	政治平均分	计算机应用	电子技术平
男	77.8	90.7	76.3	82.0	76.0
女	66.5	82.0	78.3	76.3	73.0

记录: 第1项(共2项) 无筛选器 搜索

图 4-34 修改格式后的数据表视图

在多表查询时，应注意几个问题：

1）表与表之间，应首先建立关系（一对一，一对多），若未建立关系，则多表的联接将会造成混乱，形成集合计算中的“笛卡儿乘积”。

2）如果在选择表与查询时，需要增加或改换字段，这时已经关闭了“显示表”窗口，可以在设计视图中右击鼠标，在快捷菜单中选择“显示表”，如图 4-35 所示，就可以重新打开“显示表”窗口。要去掉已选入设计视图中的表，只要选中该表，按<Del>键即可。

图 4-35 重新打开“显示表”窗口

4.1.7 建立交互式“带参数”的查询

在上一节中，介绍了专用的查询如何建立条件，但在实际应用中，更多使用的还是人、机交互的查询。即由用户输入指定的条件值，然后查询出满足条件的信息。比如去图书馆查书，可以按书名查，也可以按作者查，还可以按出版社、出版年月查等，这类查询的特点不是首先在条件中输入了某一书名，从而只能查这一本书，而是由用户输入任意书名而进行查询。这就是带参数的查询。本节通过实例来学习如何在条件中建立带参数的查询。

建立带参数的查询，分以下几种情况。

1. 使用一个参数

操作步骤如下：

1）在查询设计视图中，将字段列表中的字段拖拽到查询设计网格。

2）在设置参数所在字段的“条件”单元格中，输入一个方括号，方括号内输入相应的提示。例如，在“姓名”字段的“条件”单元格中，输入信息：[请输入姓名：]。

【实例 4-10】 按职称查询教工信息。

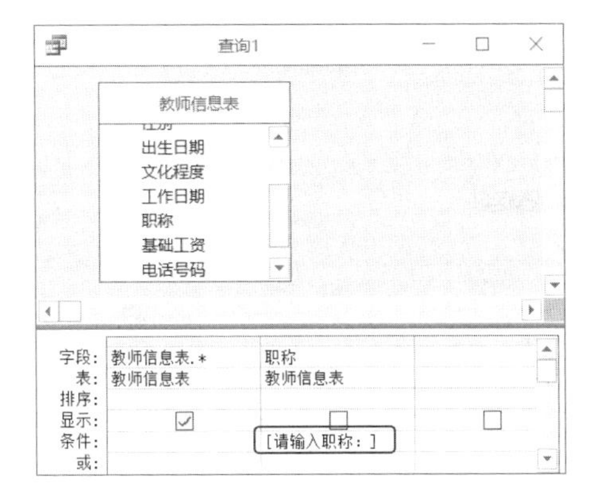

图 4-36 “带参数”的查询设置

操作步骤如下：

1）在查询的设计视图中，选择表“教师信息表”，并将“*”号拖到设计网格中。

2）将“职称”字段拖到第二列，取消职称字段“显示”单元格中的复选框。

3）在“职称”条件单元格中输入：[请输入职称：]，如图 4-36 所示。

4）保存查询，切换到数据表视图查看结果，弹出“输入参数值”对话框，如图 4-37 所示；

5）输入要查询的职称，如“副教授”，单击“确定”按钮，出现如图 4-38 所示的查询结果。

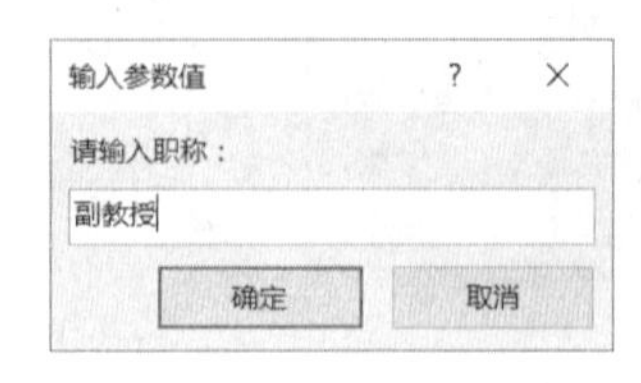

图 4-37 “输入参数值”对话框

查询1

工号	姓名	性别	出生日期	文化程度	工作日期	职称	基础工资	电话号码	婚否
101004	李媛	女	1983/7/1	博士	2006年1月5日	副教授	4189.96	832188	☐
101005	李华	女	1966/11/1	硕士	1988年9月11日	副教授	4268.90	248175	☑
101007	王方	女	1963/12/21	硕士	1986年7月5日	副教授	4304.30	832390	☑
101010	许国华	男	1980/8/26	博士	2004年8月21日	副教授	4215.60	832613	☐
101012	朱志诚	男	1967/10/1	本科	1989年7月15日	副教授	4072.90	832378	☑

记录：第 1 项(共 5 项) 无筛选器 搜索

图 4-38 带参数查询结果的数据表视图

注意：这种带参数的查询主要是通过方括号“[ ]”来实现的，方括号中的内容是提示信息，是自定义的文字，其内容能够使最终用户明白要求即可，如图 4-36 所示，系统对于“条件”单元格中出现的方括号“[ ]”，就会弹出输入参数值对话框，如图 4-37 所示，然后将输入的内容作为条件加以执行。要特别说明的是方括号中的提示信息不能与字段名称完全一样，即同名，如本例的“职称”字段下的“条件”单元格中如果输入的是“[职称]”，切换到数据表视图查看结果，系统不会弹出“输入参数值”对话框，而是显示所有教工信息。

2. 使用两个或多个参数

其方法是：在要用作参数的每个字段下的“条件”单元格中，输入条件表达式，并在方括号内输入相应的提示信息。

例如，在显示日期的字段中，可以显示类似于“请输入起始日期:”和“请输入结束日期:”这样的提示，以指定输入值的范围。

【实例 4-11】 按指定范围查询教工工资。

操作步骤如下：

1）在查询设计视图中，选择表“教师信息表”，并将“*”号拖到设计网格中。

2）再将“基础工资”字段拖到第二列，取消“显示”复选框。

3）在“基础工资”字段下方的“条件”单元格中输入：Between [最低工资？] And [最高工资？]，如图 4-39 所示。

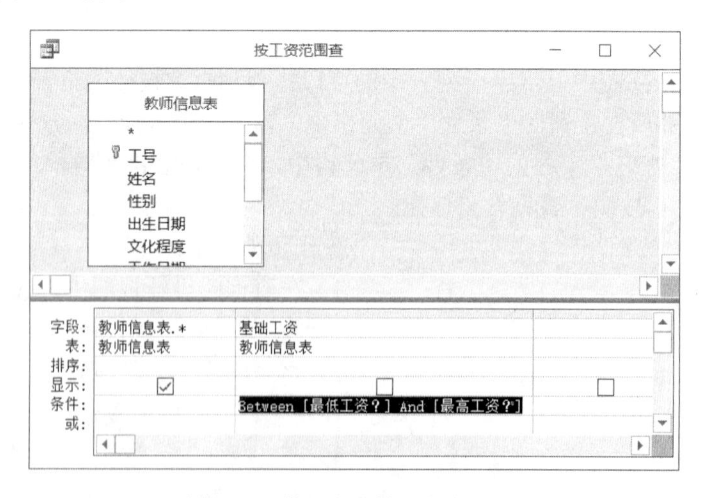

图 4-39 带两个参数的查询设置

4）保存查询，切换到数据表视图查看结果，弹出“输入参数值”对话框，如图 4-40 所示。

5）输入要查询的工资上、下界值，单击“确定”按钮。

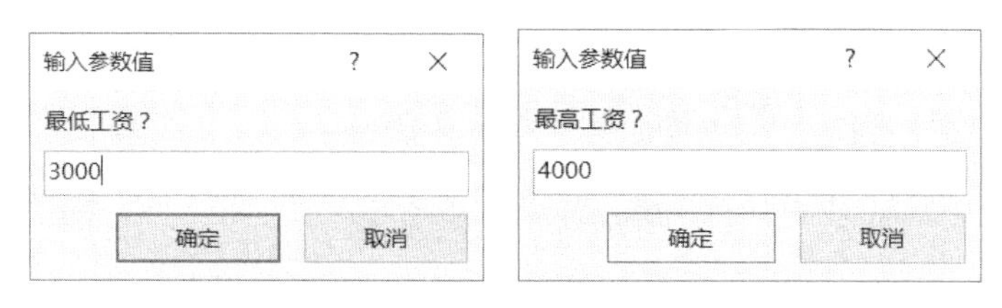

图 4-40 输入参数的查询范围

3. 使用带有通配符的参数

在作为参数的每个字段下的“条件”单元格中输入条件表达式，并在方括号内键入相应的提示。若要实现以“某某开头”或“包含某某”的模糊查询，则应创建一个使用运算符 LIKE 和通配符 (*) 的参数查询。

（1）表示以“某某开头”的词

LIKE [请输入您要查找的开头字（或字符）：] & "*"

比如要查找姓“李”的职工，只要在弹出的“输入参数值”对话框中输入“李”字，就会产生一个条件表达式：LIKE "李*"。

（2）表示“包含某某”的词

LIKE "*" & [请输入您要查找的文中包含的字（或字符）：] & "*"

比如要查找书名中包含“计算机”的书，只要在弹出的“输入参数值”对话框中输入“计算机”，就会产生一个条件表达式：LIKE "*计算机*"

（3）表示以“某某结尾”的词

LIKE "*" & [请输入您要查找的文中结尾的文字：]

比如要查找职工中以“工程师”结尾的职称，只要在弹出的“输入参数值”对话框中输入“工程师”即可，则“助理工程师”“工程师”“高级工程师”“总工程师”等皆可搜索出来。

4.1.8 建立自动输入数据的“自动查阅”查询

在第 3.3 节，我们学习了创建表的“查阅字段”，在数据输入时，通过查阅字段的下拉表，可以直接选择需要的值，这使得数据输入变得简单易行。“查阅字段”用在查询中，更体现了它的优点，因为查询可以在多个表或查询中进行，许多值的获得，只要从另一个对象中取来就可以了。

必须说明，在进行多表查询时，表之间具有一对多的关系，事先要建立好关系。下面将通过一个典型的例子说明“自动查阅”查询的优越性。

在第 3.5.3 节已经创建了“学生”、“课程”和“学生选课”三个表，并建立了其中一对多、多对多的关系。在“学生选课”中，对于学号和课程 ID，都建立了查阅字段。现在如果要建立一个查询，包括学号、姓名、课程 ID、课程名、类型 ID、学分等字段，可以通过学号和课程 ID 这两个查阅字段，就可以得到全部信息，而不需要任何文字输入。

【实例 4-12】 建立查询“学生选课情况表”，它包括学号、姓名、课程 ID、课程名、类型 ID、学分等字段，并利用“自动查阅”功能，选择姓名为“夏小雪”的学生，选修“艺术教育”的有关信息。

操作步骤如下：

1）在查询的设计视图中，选择“学生”、“课程”和“学生选课”三个表。

2）将有关字段拖到设计网格中，如图 4-41 所示。

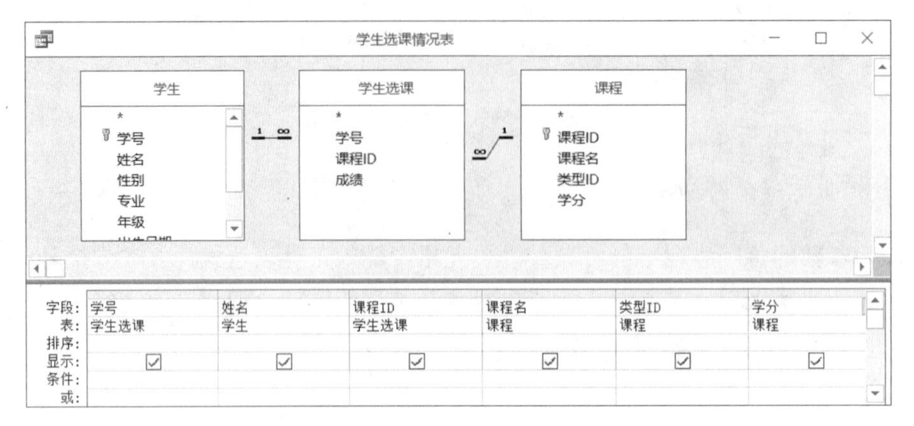

图 4-41　建立自动输入数据的“自动查阅”查询的设计视图

3）保存查询，命名为“学生选课情况表”。

4）切换到数据表视图，在最后一行添加新的选课学生：单击查阅字段“学号”，选中“夏小雪”，此时夏小雪的学号和姓名自动添加到新行，如图 4-42 所示。

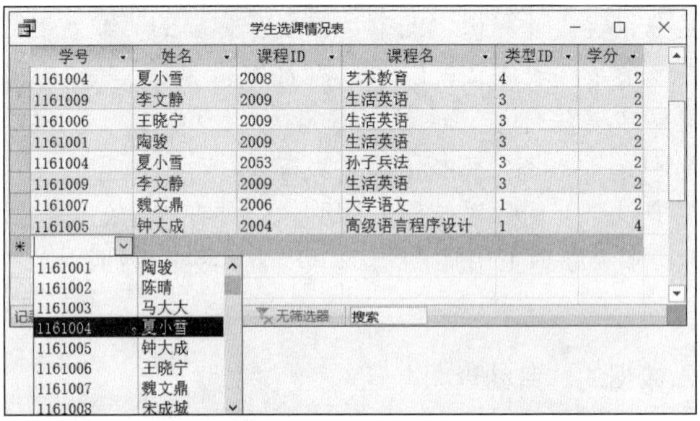

图 4-42　在查阅字段“学号”中选择“夏小雪”

5）单击查阅字段“课程 ID”，选中“艺术教育”，此时“艺术教育”的课程 ID、课程名、类型 ID、学分自动添加到新行，如图 4-43 所示。

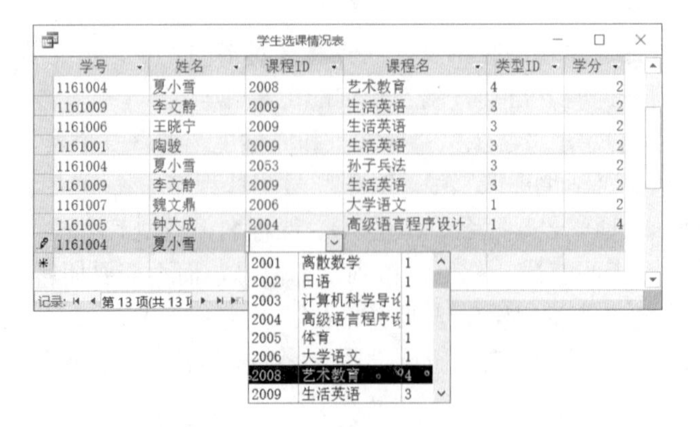

图 4-43　在查阅字段“课程 ID”中选择“艺术教育”

6）在数据表视图中，可见有关夏小雪的选课的有关信息，如图 4-44 所示。

学生选课情况表

学号	姓名	课程ID	课程名	类型ID	学分
1161004	夏小雪	2008	艺术教育	4	2
1161009	李文静	2009	生活英语	3	2
1161006	王晓宁	2009	生活英语	3	2
1161001	陶骏	2009	生活英语	3	2
1161004	夏小雪	2053	孙子兵法	3	2
1161009	李文静	2009	生活英语	3	2
1161007	魏文鼎	2006	大学语文	1	2
1161005	钟大成	2004	高级语言程序设计	1	4
1161004	夏小雪	2008	艺术教育	4	2

记录: 第 13 项(共 13 项) 无筛选器 搜索

图 4-44 利用查阅字段自动输入“夏小雪”的选课信息

此时，打开基表“学生选课”，就会看到在它的最后，也增加了有关夏小雪的选课的信息。由此可见，在特定情况下，利用查询来对基表进行数据的输入、修改，会更加方便、直观。

4.1.9 使用“交叉表查询向导”

“交叉表查询”是查询的另一种类型，主要用来解决一对多的关系中，对“多方”实现分组统计的问题。例如，在“学生选课”中，由于一个学生可以选修多门课程，每个学生选修的课程数目也不相同，因此，可以采用交叉表查询来计算每位学生选课的总学分。

在【实例 4-11】中，如果要按学号或姓名来统计每位学生选修学分的总和，如图 4-45 所示，用第 4.1.6 节建立分组统计查询的方法是难以实现的，必须建立交叉表查询才能实现。

每位学生选课总学分

姓名	总学分	大学语文	高级语言程	离散数学	逻辑学	生活英语	数学建模	孙子兵法	艺术教育
陈晴	4			4					
李文静	4					4			
马大大	6				2	2	2		
陶骏	2					2			
王晓宁	2					2			
魏文鼎	2	2							
夏小雪	6							2	4
钟大成	4		4						

记录: 第 1 项(共 8 项) 无筛选器 搜索

图 4-45 统计每位学生选课总学分的交叉表查询

在创建交叉表查询时，需要指定三种字段：一是位于交叉表左端的行标题，它将某字段的各类数据放入指定的行中；二是位于交叉表顶端的列标题，它将某字段的各类数据放入指定的列中；三是位于交叉表行列交叉处的字段，必须为该字段选择一个总计项（如合计、平均值、最大值、最小值和计数等）。

用户既可以使用“交叉表查询向导”创建交叉表查询，也可以直接在查询设计视图中创建交叉表查询。

【实例 4-13】 使用“交叉表查询向导”创建查询“学生选课情况表_交叉表”。要求按姓名显示每位学生选修课的学分总数。

操作步骤如下：

1）在 Access 数据库窗口中，单击“创建→查询→查询向导”按钮。

2）在弹出的“新建查询”对话框中选择“交叉表查询向导”。

3）单击“确定”按钮，弹出“交叉表查询向导” 对话框，如图 4-46 所示，数据源选取前面已经创建的查询“学生选课情况表”。

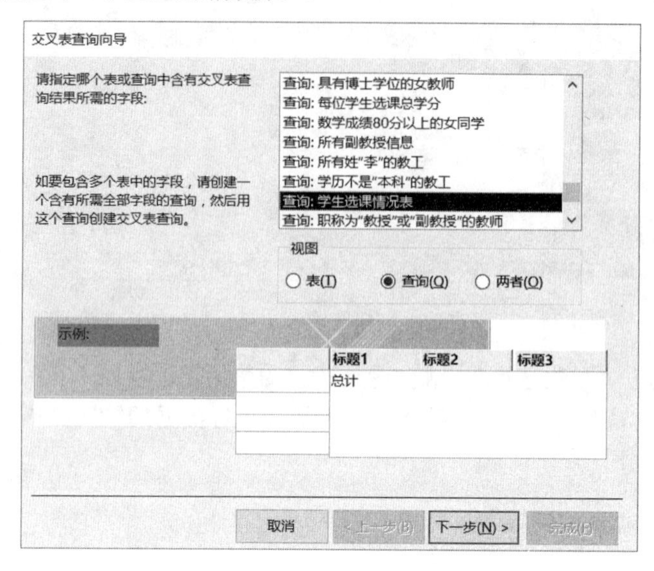

图 4-46 指定交叉表查询的数据源

4）单击“下一步”按钮，弹出如图 4-47 所示对话框，选择“姓名”作为行标题。

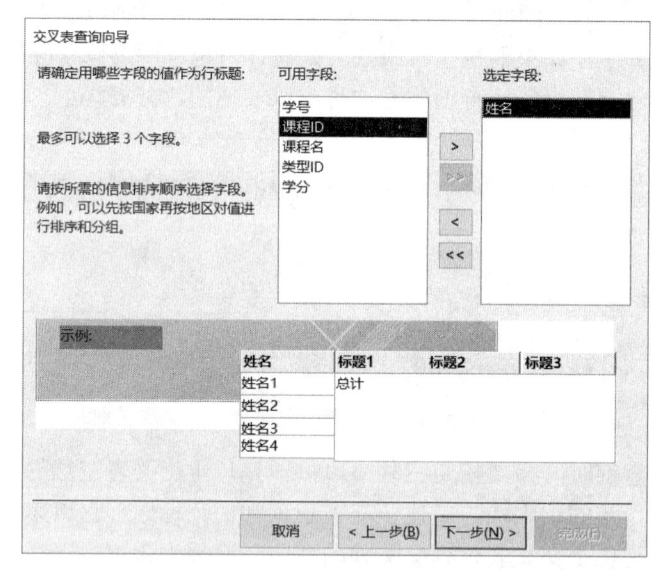

图 4-47 指定“姓名”作为交叉表的行标题

5）单击“下一步”按钮，弹出如图 4-48 所示对话框，选择“课程名”的值作为列标题。

6）单击“下一步”按钮，弹出如图 4-49 所示对话框，选择在每行和列交叉处显示每位学生选课的“学分”“总数”。

7）单击“下一步”按钮，弹出如图 4-50 所示对话框，输入查询名称，选择“查看查询”。

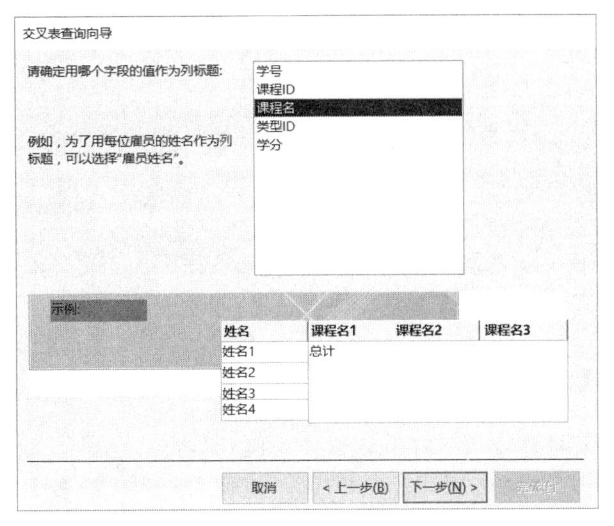

图 4-48　选择“课程名”作为交叉表列标题

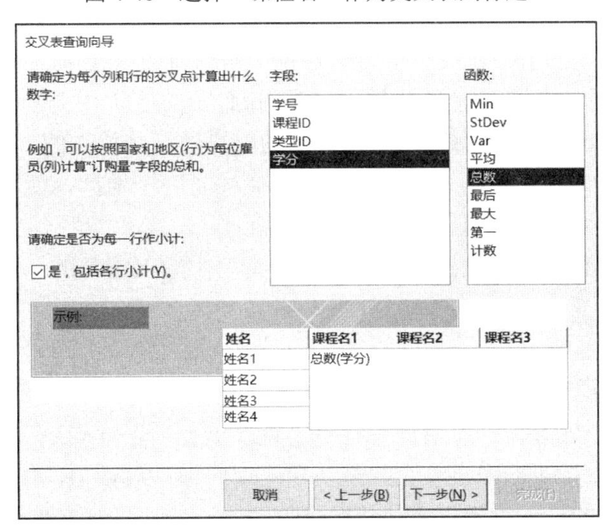

图 4-49　选择“学分”作为“总数”对象

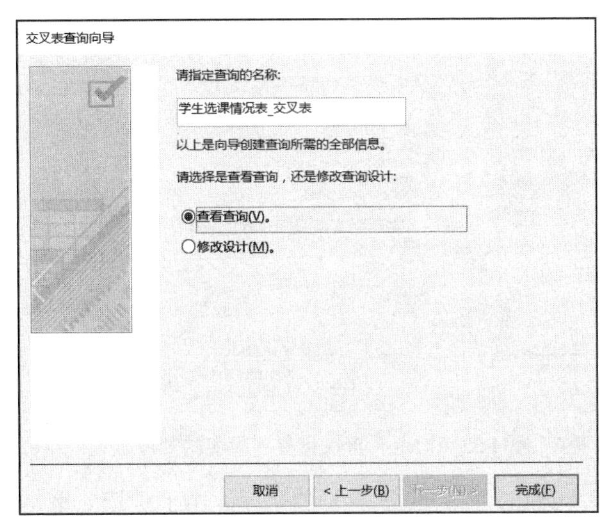

图 4-50　输入查询名称

8）单击“完成”按钮，出现交叉表查询的数据表视图，如图 4-51 所示。

学生选课情况表_交叉表

姓名	总计 学分	大学语文	高级语言程序设计	离散数学	逻辑学	生活英语	数学建模	孙子兵法	艺术教育
陈晴	4			4					
李文静	4					4			
马大大	6				2	2	2		
陶骏	2					2			
王晓宁	2					2			
魏文鼎	2	2							
夏小雪	6							2	4
钟大成	4		4						

记录: 第 1 项(共 8 项)　无筛选器　搜索

图 4-51　交叉表查询结果的数据表视图

4.1.10　使用“查找重复项查询向导”

在实际应用中，有可能出现这样的误操作：同一数据，在不同的地方多次被输入数据表中，造成重复的错误。在第一章我们学习过，将表的一个（或多个）字段设置为主键，由于主键值不能重复，因此可以保证记录的唯一性，从而避免了重复值的出现。但由于一个表只能设置一个主键，其他字段就不能避免重复值的出现。如果需要查找某个非主键的字段，它是否存在重复的值，在成千上万的数据中是很难查找出来的，使用 Access 提供的“查找重复项查询向导”就可以轻松地解决这类问题。

“查找重复项查询向导”还有另一用途是帮助用户做一些特殊的查询。比如，要在一个档案中查找犯罪嫌疑人广东籍的张志强，但不知具体是哪个地区，就可以利用这个向导将所有“广东籍的张志强”全部列出。

【实例 4-14】　查找“学生选课情况表”查询表中输入重复的记录（即同一学号，选同一门课两次及以上）。

操作步骤如下：

1）在 Access 数据库窗口中，单击“创建→查询→查询向导”按钮。

2）在弹出的“新建查询”对话框中选择“查找重复项查询向导”。

3）单击“确定”按钮，弹出“查找重复项查询向导”对话框，如图 4-52 所示，数据源选取前面已经创建的查询“学生选课情况表”。

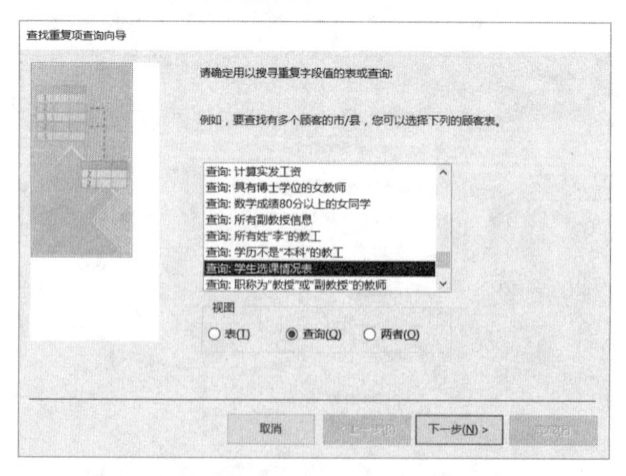

图 4-52　指定要查找重复字段值的表或查询

4）单击“下一步”按钮，确定可能重复的字段。由于是选课重复，这里选择姓名、课程名，如图 4-53 所示。

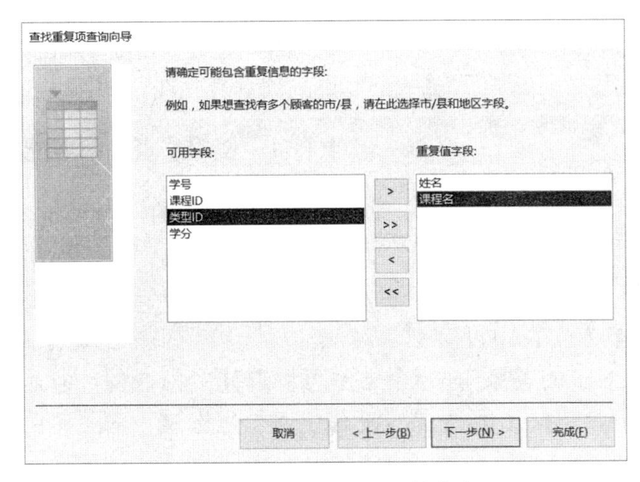

图 4-53　选择可能重复的字段

5）单击“下一步”按钮，确定是否显示重复字段以外的其他字段，本例将剩余的字段全部选上，以便参考，如图 4-54 所示。

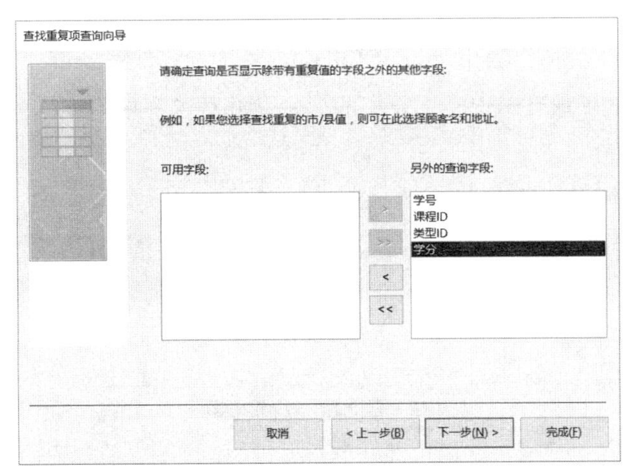

图 4-54　指定重复字段以外其他还要显示的字段

6）单击“下一步”按钮，弹出如图 4-55 所示的对话框，输入查询名称。

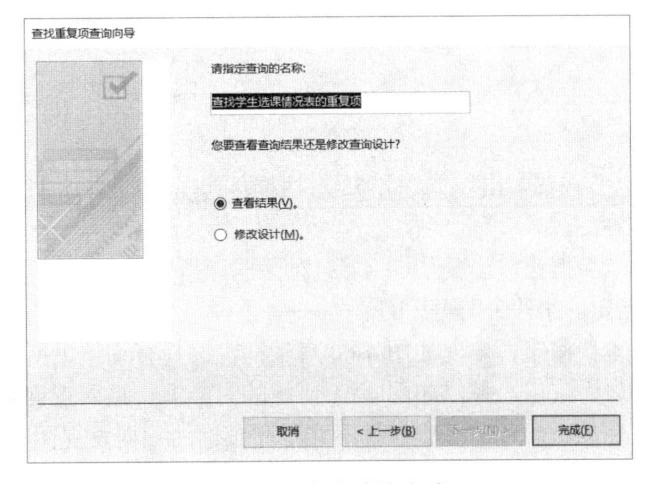

图 4-55　指定查询名称

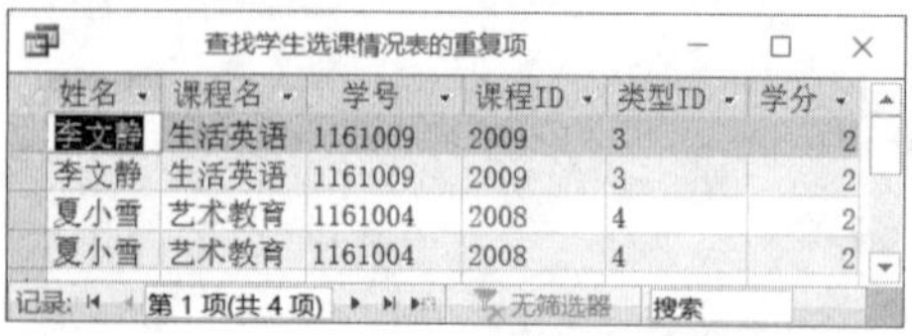

查找学生选课情况表的重复项
姓名 课程名 学号 课程ID 类型ID 学分
李文静 生活英语 1161009 2009 3 2
李文静 生活英语 1161009 2009 3 2
夏小雪 艺术教育 1161004 2008 4 2
夏小雪 艺术教育 1161004 2008 4 2
记录: 第 1 项(共 4 项)
无筛选器
搜索

图 4-56　查找出的重复项的数据表视图

7）单击“完成”按钮，打开查找重复项查询的数据表视图，如图 4-56 所示。

4.1.11　使用“查找不匹配项查询向导”

在数据库的一对多的关系中，“一方”表中的每个记录，在“多方”表中可以有多个记录与之匹配，也可能在“多方”表中没有记录与之匹配。“查找不匹配项查询向导”就是查找那些在“多方”表中没有记录对应的“一方”表中的记录。比如：“课程”和“学生选课”是“一对多的关系”，一个学生可以选修多门课程，但是可能某些课程没有任何学生选修。我们希望知道哪些课程没有任何学生选修，下面实例将给出寻找这些课程的操作过程。

【实例 4-15】　列出“课程”表中从未被选修的课程名称。

操作步骤如下：

1）在 Access 数据库窗口中，单击“创建→查询→查询向导”按钮。

2）在弹出的“新建查询”对话框中选择“查找不匹配项查询向导”。

3）单击“确定”按钮，弹出“查找不匹配项查询向导”对话框，如图 4-57 所示，选择要查询的表，即一对多关系中“一方”的表。在此选择“课程”表，因为是要查找从未被学生选修过的课程。

查找不匹配项查询向导
所建查询将列出下面所选表中的记录，并且那些记录在下一步所选的表中没有相关记录。例如，您能找到没有定单的顾客。
在查询结果中，哪张表或查询包含您想要的记录？
表: 教师信息表
表: 开设课程
表: 课程
表: 课程类别
表: 链接工资表
表: 选修课程
表: 学生
表: 学生成绩表
视图
表(T)
查询(Q)
两者(O)
取消
< 上一步(B)
下一步(N) >
完成(F)

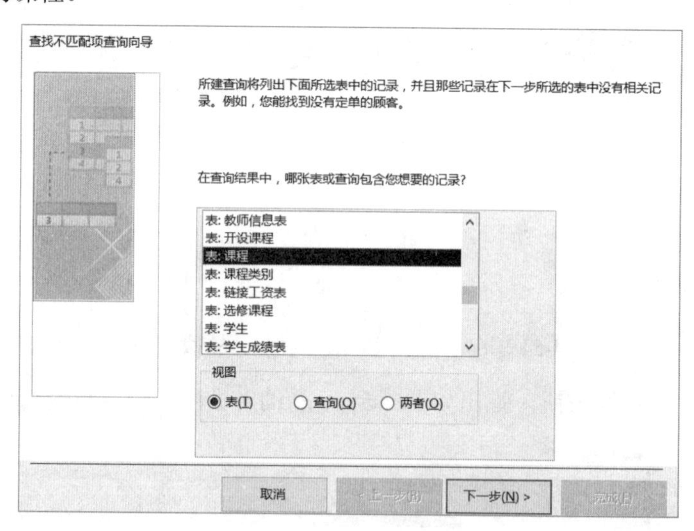

图 4-57　选择“一方”的表

4）单击“下一步”按钮，出现如图 4-58 对话框，选择与之匹配的相关表“学生选课”，即“一对多”的“多方”。

5）单击“下一步”按钮，出现如图 4-59 对话框，指定两个表之间的相关字段（即建立关系的联接时，指定的字段）“课程 ID”。

6）单击“下一步”按钮，出现如图 4-60 对话框，选择查询结果所需的字段。

7）单击“下一步”按钮，弹出如图 4-61 所示的对话框，输入查询名称。

8）单击“完成”按钮，弹出已建查找不匹配项查询的数据表视图，如图 4-62 所示。

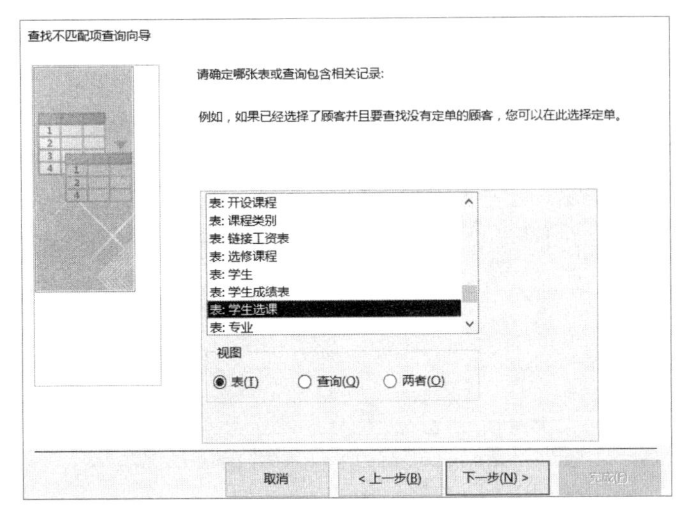

图 4-58　确定匹配的相关表“多方”

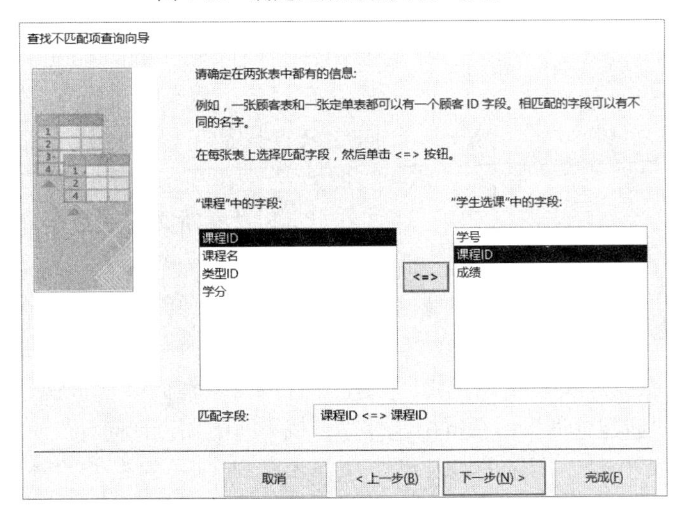

图 4-59　确定匹配的相关字段

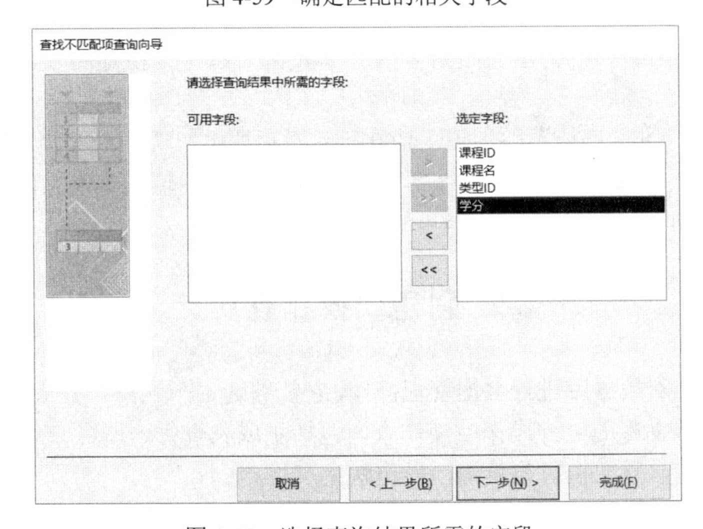

图 4-60　选择查询结果所需的字段

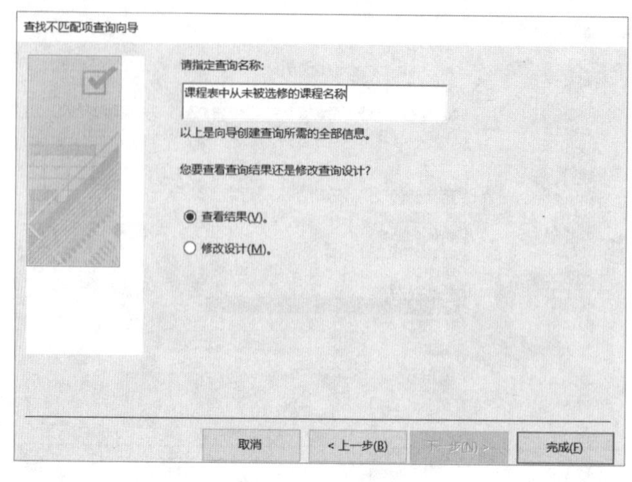

图 4-61 输入查询名称

课程表中从未被选修的课程名称

课程ID	课程名	类型ID	学分
2002	日语	1	4
2003	计算机科学导论	1	4
2005	体育	1	2
2010	哲学	1	3
2015	普通物理	1	4
2016	普通物理实验	1	2
2018	C语言程序设计	1	4
2044	数据结构	1	4
2045	数字逻辑	1	3

记录: 第 1 项(共 17 项 无筛选器 搜索

图 4-62 课程表中从未被学生选修过的课程记录

又如，公司有许多客户享受优惠待遇，这些都是根据客户表来操作的。但是有些客户可能许多年都没有订货，我们要把这部分客户除开，使用此向导来查找某年以来“没有订单的客户”很容易实现。

在此，以“罗斯文示例数据库”为例，查找“没有订单的客户”，操作方法如下：

1）打开 Access 的示例数据库“罗斯文数据库”（Northwind）。

2）在 Access 数据库窗口中，单击“创建→查询→查询向导”按钮。

3）在弹出的“新建查询”对话框中选择“查找不匹配项查询向导”，单击“确定”按钮。

4）在弹出的如图 4-57 所示的对话框中选择“客户”（一对多的“一”方）。

5）单击“下一步”按钮，在弹出的如图 4-58 所示的对话框中，选择相关表“订单”（一对多的“多”方）。

6）单击“下一步”，在弹出的如图 4-59 所示的对话框中，指定两个表之间的相关字段“客户 ID”。

7）单击“下一步”，在弹出的如图 4-60 所示对话框中，选择全部字段。

8）单击“下一步”，在弹出的如图 4-61 所示的对话框中输入查询名，操作完毕，此时显示出查询结果的数据表视图（没有订单的客户记录信息）。

4.2 创建“操作查询”

操作查询用于对数据库进行数据管理操作，它能够通过一次操作完成多个记录的修改，查询本身就是对数据库的一种操作。操作查询包括生成表查询、删除查询、追加查询、和更新查询四种类型。只要执行该查询，操作就会产生。

操作查询的创建包括以下几个步骤：

1）建立一个查询，它包含所需的字段（包含要“操作”的字段和条件所在字段）。

2）将查询类型改为四种操作查询中所需要建立的那一种。

3）在设计网格的“条件”中输入条件表达式。

4）在操作栏中输入相应的操作内容或表达式。

5）保存该查询。

6）要预览更新表的内容，在设计视图下单击“视图”按钮。

7）要执行更新，直接双击该查询或在设计视图下单击运行按钮“！”。

下面分别介绍四种操作查询的创建方法。

4.2.1 追加查询

追加查询是将一个（或多个）表中满足条件的一组记录追加到另一个（或多个）表中的操作。追加查询一般用于要给数据表中增加大批量的数据，而这些数据已在其他数据表中，采用追加查询将是最好的选择。但是，追加查询要求提供数据的表（源表）和接受追加的表（目标表）二者必须具有相同的字段（顺序可以不同），同一字段具有相同的属性，字段个数也可以不同，但“源表”的字段必须在“目标表”中能找到。

比如高考招生，在大批量招生完毕后，还有补漏的工作，可以将补漏表中的学生名单用追加查询追加到正式名单中。

我们将通过学分制管理数据库来演示追加查询的用途及操作过程。假定A班有两个学生马大大和李文静要转专业到B班，这就需要两种操作：一是在B班追加马大大和李文静的信息；二是在A班删除二人的信息。这里要用到“追加查询”和“删除查询”这两个操作查询。

【实例4-16】 将A班马大大和李文静两个学生追加到B班。

操作步骤如下：

1）在查询的设计视图中，选择数据源表“A班学生信息”。

2）将所需追加的字段拖到设计网格中，在“姓名”字段下的“条件”单元格中输入："马大大"；在“或”单元格中输入："李文静"，如图4-63所示。

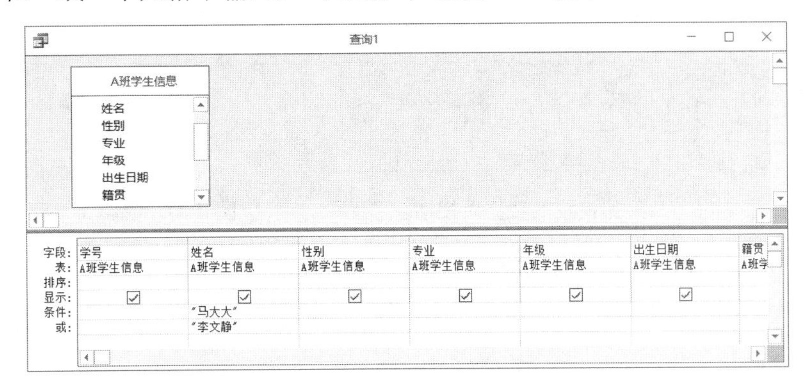

图4-63 设置数据源表追加记录的条件

3）单击“查询工具→设计→查询类型”中的“追加查询”按钮，弹出“追加”对话框，单击追加到的“表名称”右端的下拉列表按钮，选择目标表名称“B班学生信息”，如图4-64所示。

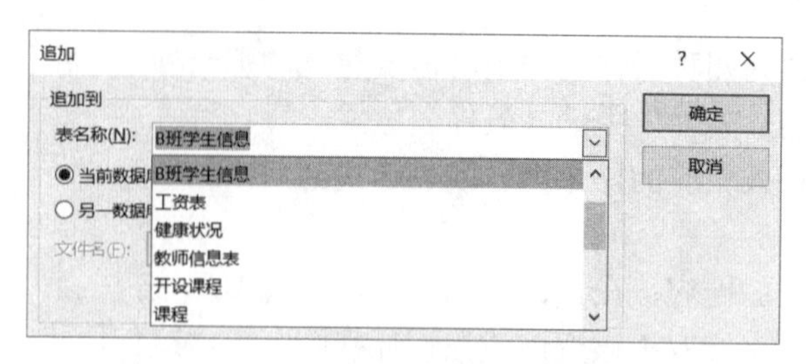

图 4-64 选择要追加记录的“目标表”

4）单击“确定”按钮，此时设计网格中新出现“追加到”行，如图 4-65 所示，表明查询的类型改变为追加查询。

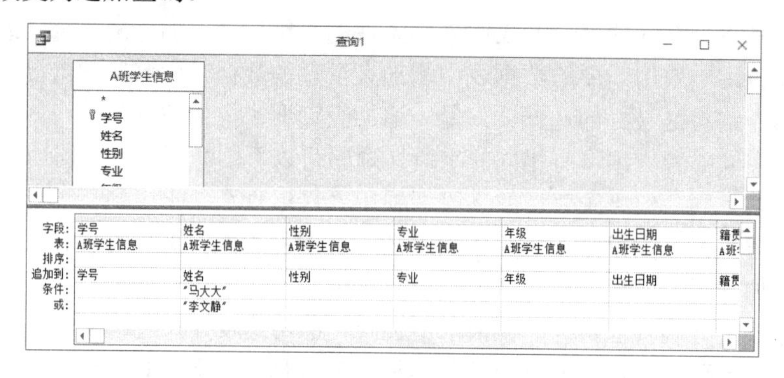

图 4-65 设计网格中出现“追加到”行

5）单击工具栏“视图”按钮可以预览满足条件的信息（即将被追加的记录），如图 4-66 所示。

6）保存查询，输入查询名。“追加查询”创建结束。

7）在查询设计视图中，单击“查询工具→设计→结果”中的“运行”按钮“!”，或在数据库导航窗格中，双击该查询图标，都能够运行追加操作，弹出如图 4-67 所示对话框。

图 4-66 待追加记录的数据表视图

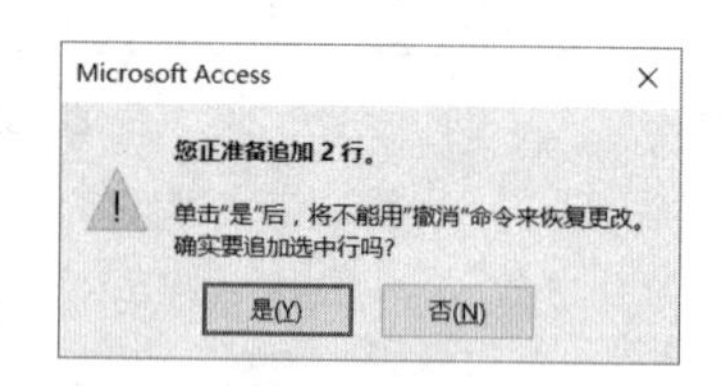

图 4-67 确定是否执行追加查询

8）单击“是”按钮，系统自动将符合条件的 A 班学生记录追加到 B 班中；单击“否”按钮，则不执行追加记录操作。

4.2.2 删除查询

删除查询主要用来处理批量数据的删除。比如应届学生毕业了，要从“在校学生”表中删除，就可以使用删除查询来进行操作。

1. 删除查询的建立

为了方便，这里仍然以“A 班学生信息”为例，说明删除查询的建立。

【实例 4-17】 将马大大和李文静两个学生信息从 A 班删除。

操作步骤如下：

1）在查询的设计视图中，选择“A 班学生信息”。

2）将删除条件所涉及的字段拖到设计网格中，并在姓名的条件单元格中输入条件表达式，单击工具栏“查询类型”组中的“删除”按钮，将查询的类型改变为“删除查询”，如图 4-68 所示。

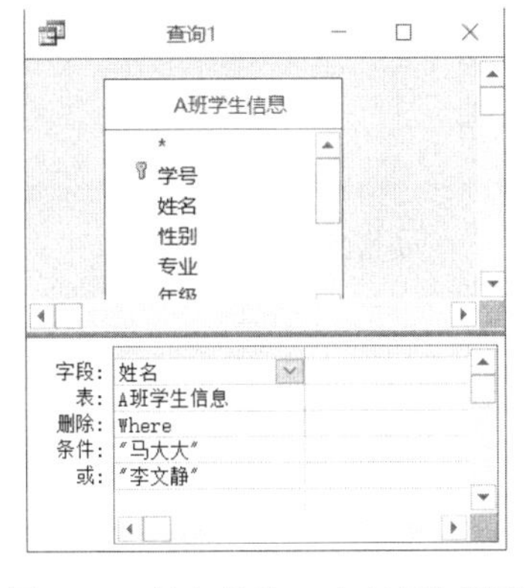

图 4-68 输入条件、改变查询类型

3）单击工具栏“结果”组中的“视图”按钮，在查询的数据表视图中预览满足条件的信息（即将被删除的记录）。

4）保存查询，输入查询名，删除查询创建完毕。

5）在查询设计视图中，单击“查询工具→设计→结果”中的“运行”按钮“！”，或在数据库导航窗格中，双击该查询图标，都能够运行删除操作，并弹出删除提示框，提示用户是否执行删除操作。

注意：执行删除查询，被删除的记录将无法通过“撤消”来恢复，所以在执行删除查询前，最好对要删除记录的数据表进行备份，以防误操作导致数据丢失。删除查询删除的是整条记录，若要删除指定字段的字段值，则要使用更新查询把指定字段的字段值更改为空值。

2. 删除查询中的级联操作问题

在此，有必要回顾一下上一章表与关系，我们学习了关系的建立，其中“A 班学生信息”和“A 班成绩表”是一对一的关系，在创建关系时，选择了“实施参照完整性”，并且是以前者为主表，后者为从表（相关表），如图 4-69 所示。

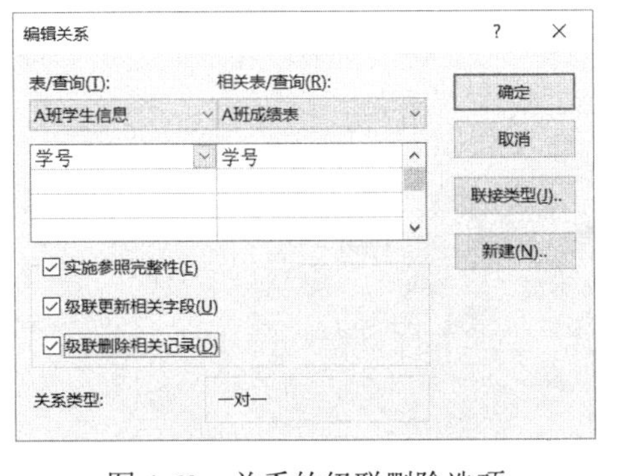

图 4-69 关系的级联删除选项

这意味着当“主表”发生更新和删除操作时，“相关表”中对应的记录将同时被更新和删除，而如果更新和删除发生在相关表，操作是不允许的，因为这样会破坏数据的完整性。

4.2.3 更新查询

更新查询一般用来做某字段值的批量修改，这种修改应是具有一定的规律性、可操作性的。

【实例 4-18】 对 2000 年以前参加工作的教工，每人基础工资增加 100 元。

操作步骤如下：

1）在查询的设计视图中，选择“教师信息表”。

2）将相关字段“基础工资”和“工作日期”拖到设计网格中（应包括需要更新的字段以及条件所在字段），单击工具栏“查询类型”组中的“更新”按钮，将查询的类型改变为“更新查询”。

3）输入条件：在“工作日期”字段的条件栏输入：<2000-1-1。

4）输入更新内容：在“基础工资”字段下的“更新到”中输入：[基础工资]+100，如

图 4-70 所示。

5）保存查询，输入查询名，更新查询创建完毕。

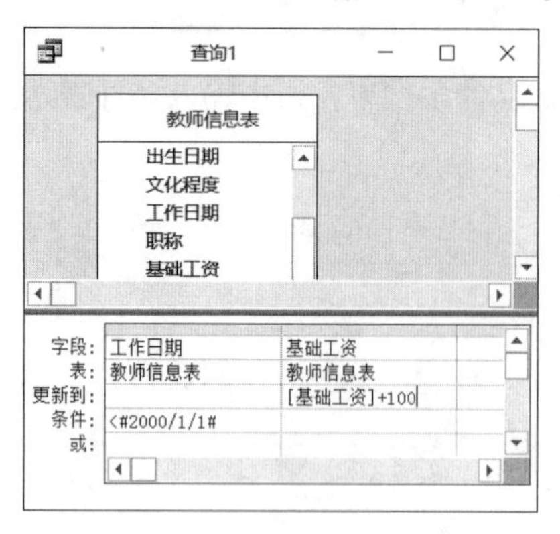

图 4-70　输入条件及更新内容

6）在查询设计视图中，单击“查询工具→设计→结果”中的“运行”按钮“！”，或在数据库导航窗格中，双击该查询图标，都能够运行更新操作，并弹出更新提示框，提示用户是否执行更新操作。

注意：“更新查询”可以更改一个字段的值，也可以更改多个字段的值。“更新查询”与其他操作查询一样，只能执行一次。如果多次执行，将使数据库中的数据多次被更新（本例中每执行一次就增加 100 元），势必造成混乱。因此，这类查询的执行一般都不能直接提供执行的权力。在实际的应用程序的设计中，需要一段专门的程序来控制，这段程序包括如下功能：①为用户提供一个交互窗口，用户可以选择“确认”、“取消”或“帮助”；②一旦执行了这个操作，当用户再次执行时，要发出警告提醒用户已经执行过一次，并拒绝再次执行。

图 4-71 和图 4-72 是更新操作执行前、后“教师信息表”的数据表视图。

教师信息表

姓名	性别	出生日期	文化程度	工作日期	职称	基础工资	电话号码	婚否
陈茂昌	男	1968/9/6	硕士	1993年6月13日	高级工程师	¥3, 950. 00	832962	✓
黄浩	男	1971/4/1	博士	1995年4月18日	教授	¥4, 850. 00	833698	✓
李晓军	男	1965/7/23	硕士	1988年6月21日	讲师	¥3, 831. 50	660420	✓
李媛	女	1983/7/1	博士	2006年1月5日	副教授	¥4, 139. 96	832188	
李华	女	1966/11/1	硕士	1988年9月11日	副教授	¥4, 268. 90	248175	✓
刘毅然	男	1964/7/1	硕士	1985年12月19日	高级实验师	¥3, 960. 00	832288	✓
王方	女	1963/12/21	硕士	1986年7月5日	副教授	¥4, 304. 30	832390	✓
王静	女	1972/3/2	博士	2000年7月14日	教授	¥4, 650. 00	833030	✓
伍清宇	女	1962/11/16	本科	1983年1月4日	工程师	¥3, 860. 00	833242	✓
许国华	男	1980/8/26	博士	2004年8月21日	副教授	¥4, 215. 60	832613	
刘丽茗	女	1974/7/6	本科	1998年7月31日	实验师	¥3, 520. 30	832920	
朱志诚	男	1967/10/1	本科	1989年7月15日	副教授	¥4, 072. 90	832378	✓

记录：第 1 项(共 12 项　无筛选器　搜索

图 4-71　更新前

教师信息表

工号	姓名	性别	出生日期	文化程度	工作日期	职称	基础工资	电话号码	婚否
101001	陈茂昌	男	1968/9/6	硕士	1993年6月13日	高级工程师	¥4, 050. 00	832962	✓
101002	黄浩	男	1971/4/1	博士	1995年4月18日	教授	¥4, 950. 00	833698	✓
101003	李晓军	男	1965/7/23	硕士	1988年6月21日	讲师	¥3, 931. 50	660420	✓
101004	李媛	女	1983/7/1	博士	2006年1月5日	副教授	¥4, 139. 96	832188	
101005	李华	女	1966/11/1	硕士	1988年9月11日	副教授	¥4, 368. 90	248175	✓
101006	刘毅然	男	1964/7/1	硕士	1985年12月19日	高级实验师	¥4, 060. 00	832288	✓
101007	王方	女	1963/12/21	硕士	1986年7月5日	副教授	¥4, 404. 30	832390	✓
101008	王静	女	1972/3/2	博士	2000年7月14日	教授	¥4, 650. 00	833030	✓
101009	伍清宇	女	1962/11/16	本科	1983年1月4日	工程师	¥3, 960. 00	833242	✓
101010	许国华	男	1980/8/26	博士	2004年8月21日	副教授	¥4, 215. 60	832613	
101011	刘丽茗	女	1974/7/6	本科	1998年7月31日	实验师	¥3, 620. 30	832920	
101012	朱志诚	男	1967/10/1	本科	1989年7月15日	副教授	¥4, 172. 90	832378	✓

记录：第 1 项(共 12 项　无筛选器　搜索

图 4-72　更新后

4.2.4　生成表查询

生成表查询是将查询结果复制而生成一个新表，这个新表完全独立于数据源，用户对于新表的操作，不影响原始的表。

例如，假定学校每年在招生结束后形成一个“学生”表，然而处理学生学籍的具体事务又是分班进行的。现在，要从“学生”表中抽出专业为“土木工程”的学生，生成一个独立的表，表名为“C 班信息表”。这一要求，使用生成表查询就十分容易实现。

【实例 4-19】 从“学生”表中将“土木工程”专业的学生抽出，生成表名为“C 班信息表”的新表。

操作步骤如下：

1）在查询的设计视图中，选择“学生”。

2）将所需的字段拖到设计网格中。

3）在“专业”字段的条件栏中输入："土木工程"，如图 4-73 所示。

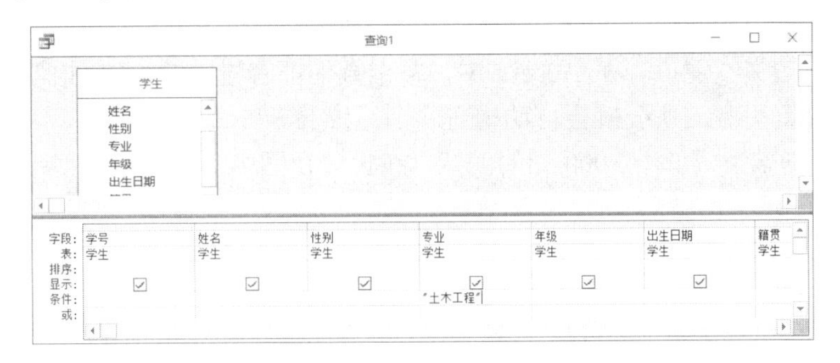

图 4-73　设置生成新表的字段和条件

4）修改查询类型：单击工具栏“查询类型”组中的“生成表”按钮，将查询的类型改变为“生成表查询”，弹出如图 4-74 所示对话框，输入生成新表的名称“C 班学生信息”。

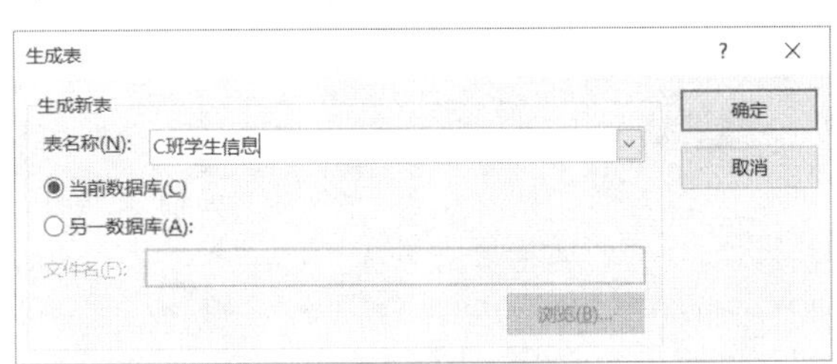

图 4-74　输入生成新表的名称

5）保存，输入查询名，生成表查询创建完毕。

6）执行该查询，生成新表“C 班学生信息”，其数据表视图如图 4-75 所示。

C班学生信息

学号	姓名	性别	专业	年级	出生日期	籍贯
1164001	雷鸣	男	土木工程	2013	1997/11/11	广东清远
1164002	李海	男	土木工程	2013	1996/11/18	湖南长沙
1164003	陈静	女	土木工程	2013	1997/3/24	河南洛阳
1164004	王克南	男	土木工程	2016	1996/9/25	河南洛阳
1164005	钟尔慧	男	土木工程	2016	1997/3/15	江苏南京
1164006	卢植军	女	土木工程	2016	1996/5/25	江苏南京
1164007	林嘎	男	土木工程	2016	1996/12/11	北京市
1164008	李会	男	土木工程	2016	1997/12/31	湖北武汉
1164009	吴心语	女	土木工程	2016	1998/12/19	广东南海
1164010	何伟	男	土木工程	2016	1997/11/9	广东清远

记录：第 1 项(共 10 项　无筛选器　搜索

图 4-75　生成的新表“C 班学生信息”

在 Access 中，创建查询后，系统只保存查询的操作。由于查询运行的结果是一个动态集，只要关闭查询，查询的动态集就会消失。因此，从表对象中访问数据比从查询对象中快得多，如果经常要从几个表中提取数据，可以通过生成表查询将所需字段提取出来，生成一个新的表对象以提高访问速度。

4.3 创建 SQL 查询

SQL 是结构化查询语言（Structured Query Language）的简称。它是一种通用的关系数据库的数据处理语言，在绝大多数的关系型数据库中都可以使用，如 Oracle、Sybase、SQL Server、Access 等。它具有较好的开放性、可移植性和可扩展性。

前面已经介绍了查询的几种视图，其中就包括 SQL 视图。事实上，可以将一个查询从设计视图或数据表视图切换到 SQL 视图，这个视图就是 SQL 语言所定义、描述的过程，它是一个可编辑的文本窗口。在 Access 中，每个查询都有对应的 SQL 语句块，当使用设计视图创建一个查询时，系统就会自动构造一个等价的 SQL 语句块。

例如，查找基础工资低于 3000 元的职工，在设计视图中是用设计网格中的条件来限定的，如图 4-76 所示。

单击“查询工具→设计→结果”中的“视图”下拉列表按钮，选择“SQL 视图”，打开该查询的 SQL 视图，如图 4-77 所示。

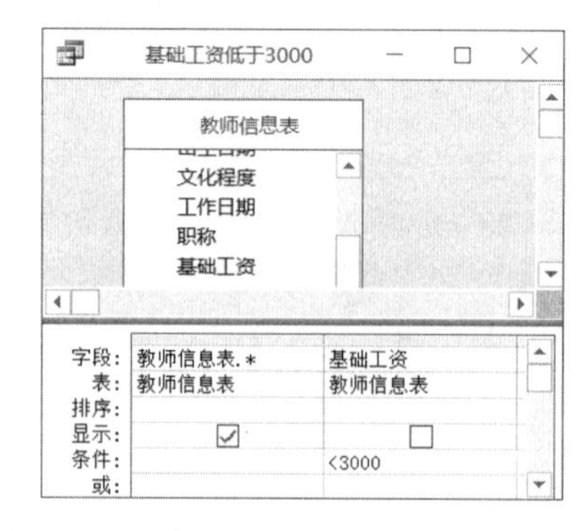

图 4-76 “基础工资低于 3000 元的职工”查询的设计视图

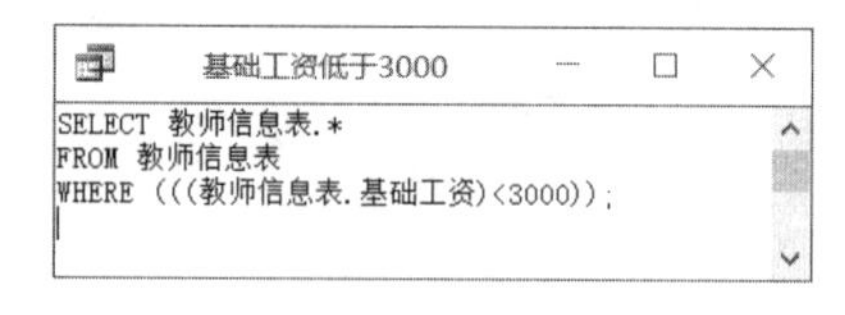

图 4-77 “基础工资低于 3000 元的职工”查询的 SQL 视图

本例的“SQL 视图”是 Access 根据设计视图的限定条件，自动转换的。如果人工来写则更简单，只要如下表示即可：

SELECT * FROM 教师信息表 WHERE 基础工资<3000;

要使用 SQL 语言，就要了解 SQL 语法，但这不属于本章的重点，本节只作简略地介绍。

4.3.1 SQL 简介

SQL 语言是一种功能齐全的关系数据库语言。SQL 语句不仅可以单独使用，还可以在大部分的编程语言中直接使用。简单来说，用户对数据库进行定义以及记录的增、删、修改、查询等操作，都可以使用 SQL 来完成。SQL 语言集数据定义、数据操作、数据控制等功能于一体。本节主要介绍数据定义语言（DDL）和数据操作语言（DML）的基本语句。

1. 数据定义语言

数据定义语言用于定义数据表，主要包含创建表、修改表、删除表等基本语句。

（1）创建表

CREATE TABLE <表名> ……

（2）修改表结构

```
ALTER  TABLE  <表名>
ADD <字段名>  ……                    (增加字段)
ALTER <字段名> ……                   (修改字段属性)
DROP  <字段名> ……                   (删除字段)
```

说明：利用 ALTER 指令修改表结构时，每次只能增加、修改、删除一个字段。

（3）删除表

```
DROP  TABLE  <表名> ……
……
```

2. 数据操作语言

数据操作语言用于对指定表中的记录进行检索、追加、删除、更新等。

（1）数据查询

SELECT 语法格式（摘要）：

```
SELECT [*]  [<表名>]. <字段名 1> [,<表名>]. <字段名 2>……
      FROM <表名>
      [WHERE ……]                 (按条件查)
      [GROUP  BY ……]             (分组计算)
      [ORDER  BY  ……]            (排序)
      [SELECT ……]                (SELECT 子查询)
      [UNION  SELECT ……]         (联合查询)
      [INNER JOIN ……]            (多表查询)
……
```

说明：

- 其中“*”号为“所有字段”。
- 方括号中都是子句（或短语），可以写在同一行，也可以换行。
- 在语法格式中，方括号中的内容表示是可选项，可选，也可以不选。
- 一个语句可以占用多行，但只有最后一行以分号“;”结束。
- 注意所有分隔符皆为英文标点（即半角）。

（2）插入记录

```
INSERT  INTO  <表名>  [(<字段名]1>[,<字段名 2>]…)]
VALUES (<常量 1>[,<常量 2>]…);
```

（3）删除记录

```
DELETE  FROM  <表名>
[WHERE  <条件>];
```

（4）更新记录

```
UPDATE  <表名>
SET  <字段名]1>=<表达式 1>[,<字段名 2>=<表达式 2>]…
[WHERE  <条件>];
```

4.3.2 SQL 使用实例

【实例 4-20】 在“学分制管理”数据库中创建一个表“开课老师”。其结构如表 4-1 所示。

表 4-1 “开课老师”表结构

字段名	课程编号	课程名	任课老师	学生人数
数据类型	短文本	短文本	短文本	数字
字段大小	8	10	6	整型

创建表“开课老师”的 SQL 语句如下：

```
CREATE TABLE 开课老师(课程编号 CHAR(8) Not Null, 课程名 CHAR(10) ,
任课老师 CHAR(6) , 学生人数 SMALLINT);
```

【实例 4-21】 对上例创建的“开课老师”表按要求修改表结构：增加一个新字段“职称”，数据类型为“短文本”，字段大小为“8”；删除“课程名”字段；修改“课程编号”字段大小为“6”，并设置“课程编号”字段为“主键”。

增加一个新字段“职称”的 SQL 语句如下：

```
ALTER TABLE 开课老师 ADD 职称 CHAR(8);
```

删除字段“课程名”的 SQL 语句如下：

```
ALTER TABLE 开课老师 DROP 课程名;
```

修改“课程编号”字段属性的 SQL 语句如下：

```
ALTER TABLE 开课老师 ALTER 课程编号 CHAR(6) Primary Key;
```

【实例 4-22】 删除上例创建的 “开课老师”表。

删除表“开课老师”的 SQL 语句如下：

```
DROP TABLE 开课老师;
```

【实例 4-23】 查询职称为教授和副教授的职工。其 SQL 语句如下：

```
SELECT *
FROM 教师信息表
WHERE 职称="教授" OR 职称="副教授";
```

【实例 4-24】 参数的查询 1：输入任意职称，显示该职称的职工信息。其 SQL 语句如下：

```
SELECT 教师信息表.*
FROM 教师信息表
WHERE 职称=[请输入职称：];
```

【实例 4-25】 参数的查询 2：输入工资的上、下限值，显示该范围工资的职工信息。其 SQL 语句如下：

```
SELECT 教师信息表.*
FROM 教师信息表
WHERE 基础工资 Between [最高工资？] And [最低工资？];
```

【实例 4-26】 从前面所建立的查询“计算实发工资”中，查询实发工资大于 5000 元的教工信息。其 SQL 语句如下：

```
SELECT * FROM 计算实发工资 WHERE 实发工资>5000;
```

【实例 4-27】 对前面所建立的查询“计算实发工资”，按实发工资从高到低排列显示。其 SQL 语句如下：

```
SELECT *
FROM 计算实发工资
ORDER BY 实发工资 DESC;
```

注意： 短语“DESC”表示“降序”，如果要“升序”排列，就去掉它，默认是升序。

【实例 4-28】 对“A 班学生信息”表按性别排序，男前女后，性别相同的按出生日期先后排列显示。其 SQL 语句如下：

```
SELECT *
FROM A 班学生信息
ORDER BY 性别, 出生日期;
```

注意： 其中性别的排序是按男和女的 ASCII 码值排列的，“男”的 ASCII 码值小，因此按系统默认的升序，出生日期也是升序，故不写任何短语。如果顺序都反过来，则必须表示为：

```
SELECT *
FROM A 班学生信息
ORDER BY 性别 DESC , 出生日期 DESC;
```

【实例 4-29】 对“A 班学生信息”表，查询 1996 年出生的学生。其 SQL 语句如下：

```
SELECT *
FROM A 班学生信息
WHERE 出生日期 Between #1/1/1996# And #12/31/1996# ;
```

【实例 4-30】 按性别求出 A 班男、女生的平均成绩。其 SQL 语句如下：

```
SELECT A 班学生信息.性别,
Avg(A 班成绩表.数学) AS 数学平均分,
Avg(A 班成绩表.英语) AS 英语平均分,
Avg(A 班成绩表.政治) AS 政治平均分,
Avg(A 班成绩表.计算机应用) AS 计算机应用平均分,
Avg(A 班成绩表.电子技术) AS 电子技术平均分
FROM A 班学生信息 INNER JOIN A 班成绩表
ON A 班学生信息.学号 =A 班成绩表.学号
GROUP BY A 班学生信息.性别;
```

【实例 4-31】 为“教师信息”表插入一条如表 4-2 所示的新记录。其 SQL 语句如下：

```
INSERT INTO 教师信息表
VALUES ("101013","陈珊","女","硕士");
```

表 4-2 新记录

工号	姓名	性别	文化程度
101013	陈珊	女	硕士

【实例 4-32】 将刚刚在“教师信息表”中插入的记录陈珊的文化程度改为博士。其 SQL 语句如下：

```
UPDATE 教师信息表
SET 文化程度="博士"
```

WHERE 姓名="陈珊";

【实例 4-33】 将刚刚在“教师信息表”中插入的记录删除。其 SQL 语句如下：

```
DELETE   FROM   教师信息表
WHERE 姓名="陈珊";
```

4.4 创建“联合”查询

在 Access 中，创建和修改查询最常用也最方便的方法就是设计视图。但有些查询在设计视图无法创建和修改，只能通过 SQL 语句来实现。比如下面要介绍的“联合查询”就无法通过设计视图来创建，只能在 SQL 视图中完成。

“联合查询”用于将多个表的信息合并。它要求用来合并的表具有相同的字段名（字段个数和顺序可以不同），相应的字段具有相同的属性。

【实例 4-34】 将 A、C 两个班的信息合并在一起。

具体实现步骤如下：

1）在查询的设计视图中，不要选择任何表或查询，关闭“显示表”窗口。

2）单击“查询工具→设计→查询类型”中的“联合”按钮。

3）在打开的 SQL 视图窗口输入如图 4-78 所示语句。

4）切换到数据表视图，可以看见合并后的结果，如图 4-79 所示。

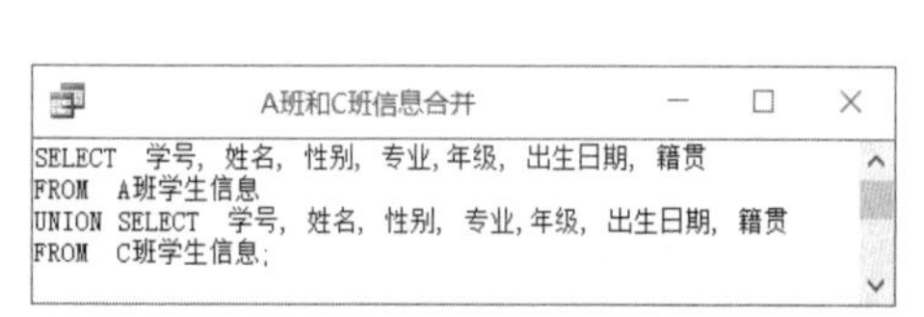

图 4-78 联合查询的 SQL 语句

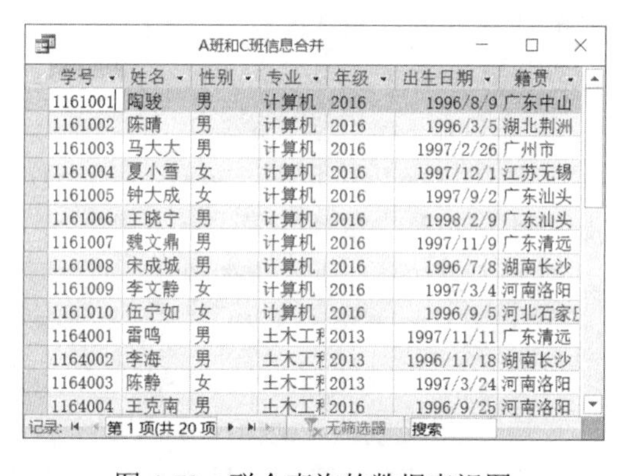

A班和C班信息合并

学号	姓名	性别	专业	年级	出生日期	籍贯
1161001	陶骏	男	计算机	2016	1996/8/9	广东中山
1161002	陈晴	男	计算机	2016	1996/3/5	湖北荆洲
1161003	马大大	男	计算机	2016	1997/2/26	广州市
1161004	夏小雪	女	计算机	2016	1997/12/1	江苏无锡
1161005	钟大成	女	计算机	2016	1997/9/2	广东汕头
1161006	王晓宁	男	计算机	2016	1998/2/9	广东汕头
1161007	魏文鼎	男	计算机	2016	1997/11/9	广东清远
1161008	宋成城	男	计算机	2016	1996/7/8	湖南长沙
1161009	李文静	女	计算机	2016	1997/3/4	河南洛阳
1161010	伍宁如	女	计算机	2016	1996/9/5	河北石家E
1164001	雷鸣	男	土木工和	2013	1997/11/11	广东清远
1164002	李海	男	土木工和	2013	1996/11/18	湖南长沙
1164003	陈静	女	土木工和	2013	1997/3/24	河南洛阳
1164004	王克南	男	土木工和	2016	1996/9/25	河南洛阳

记录: 第 1 项(共 20 项 无筛选器 搜索

图 4-79 联合查询的数据表视图

注意：联合查询要求二者具有共同的字段（或部分字段相同）。

【实例 4-35】 将“教师信息表”和“A 班学生信息”两个表合并在一起，组成字段有“姓名”、“性别”、“出生日期”和“身份”，其中“身份”有“教师”和“学生”两种，并按性别排序。

具体实现步骤如下：

1）打开查询的设计视图，不要选择任何表或查询，关闭“显示表”窗口。

2）单击“查询工具→设计→查询类型”中的“联合”按钮。

3）在打开的 SQL 视图窗口输入如图 4-80 所示语句。

其中“身份”是作为联合查询中产生的一个新字段名，它是反映二表之间关系的一个特殊的字段，它的内容分别是该 SQL 语句中的“学生”和“教师”。这两个在双引号中的内容（“学生”和“教师”）是由程序员自定的，是说明性的字符串。也可以将它们换成你认为合适的字符串。

4）切换到数据表视图，可以看见合并后的结果，如图 4-81 所示。

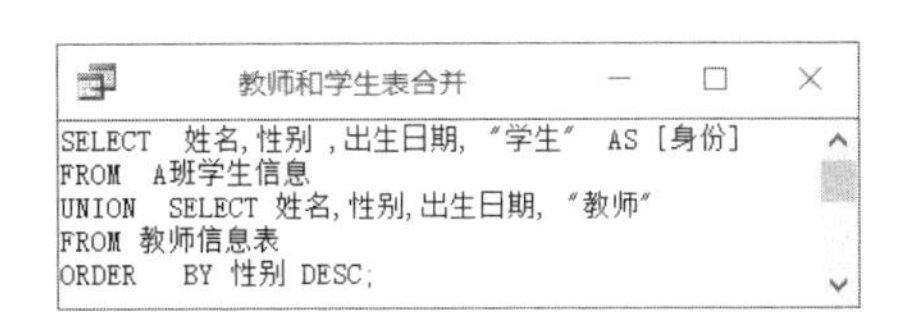

图 4-80 教师学生表合并的 SQL 语句

教师和学生表合并

姓名	性别	出生日期	身份
李华	女	1966/11/1	教师
李文静	女	1997/3/4	学生
李媛	女	1983/7/1	教师
刘丽茗	女	1974/7/6	教师
王方	女	1963/12/21	教师
王静	女	1972/3/2	教师
伍宁如	女	1996/9/5	学生
伍清宇	女	1962/11/16	教师
夏小雪	女	1997/12/1	学生
钟大成	女	1997/9/2	学生
陈茂昌	男	1968/9/6	教师

记录: 第 1 项(共 22 项 无筛选

图 4-81 教师学生表合并后的数据表视图

4.5 查询的种类和属性

使用查询，用户可以快速查找到所需的信息，并且可以对查找到的信息进行一系列的操作。本章详细介绍了各种查询的特点和用途，创建查询的方法和具体步骤，并通过实例讲述了详细的操作过程。

4.5.1 查询的种类

Access 提供了多种类型的查询，包括选择查询、交叉表查询、操作查询和 SQL 查询等，如图 4-82 所示。

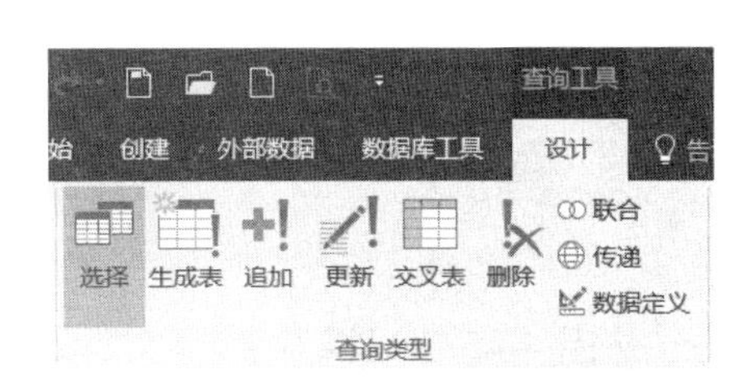

图 4-82 不同种类的查询

虽然查询种类如此之多，但常用的大多是选择查询。特别要灵活掌握条件的使用，包括表达式、通配符、比较符的应用。由于表和查询是数据库所有处理对象的数据源，因此，正确地设计和建立查询也是学好本书的重要基础。

4.5.2 查询属性的设置

随着用户需求功能的增多，如果要做进一步的研究查询，仍有许多要讨论的问题，比如，查询的属性设置。虽然本章没用更多的篇幅去做深入研究，但要留给读者一个思考，以便在真正遇到不好解决的问题时，会想到解决办法。

例如要设计一个飞机票订票系统，当一个客户通过一个售票点查到还剩一张票而准备订票时，另一个（或多个）售票点也有客户需要订票，并且也查到剩余一张，但此时只剩一张票，不可能满足多个客户需求。这种情况在数据库技术中需要采取“并发控制”，即当收到第一个订票请求时，立即“锁定”，其他售票点不可能再完成订票。

这里可以利用 Access 查询的“记录锁定”来处理类似上述飞机票订票问题。

在查询的设计视图下，在设计网格上方空白处右击，选择“属性”，或单击工具栏“属性”按钮，都可以弹出如图 4-83 所示对话框。

在“常规”选项卡的“记录锁定”中，单击右端的下拉按钮，根据实际需要选择“所

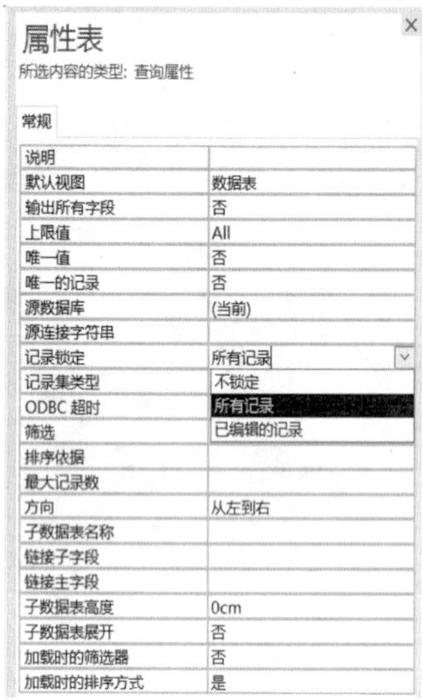

属性表

所选内容的类型：查询属性

常规

说明	
默认视图	数据表
输出所有字段	否
上限值	All
唯一值	否
唯一的记录	否
源数据库	(当前)
源连接字符串	
记录锁定	所有记录
记录集类型	不锁定
ODBC 超时	所有记录
筛选	已编辑的记录
排序依据	
最大记录数	
方向	从左到右
子数据表名称	
链接子字段	
链接主字段	
子数据表高度	0cm
子数据表展开	否
加载时的筛选器	否
加载时的排序方式	是

图 4-83 查询属性中的“记录锁定”

有记录”或“已编辑的记录”。

4.5.3 字段属性的设置

除了“查询属性”外，还可以设置“字段属性”。实际上，在第 4.1.6 节中的分组统计的查询中，已经使用过字段属性的设置了，下面再通过实例做一个回顾。

【实例 4-36】 对“教师信息表”创建“查询 2”，其中字段“基础工资”的字段属性中的格式设置为“标准”，小数点设置为 1 位，标题为“工资”。

操作步骤如下：

1）对“教师信息表”建立选择查询“查询 2”（包括所有字段）。

2）在其设计视图下，右击字段“基础工资”的设计网格中任何地方，选择快捷菜单的“属性”，可以弹出该字段的“字段属性”对话框，如图 4-84 所示。

3）切换到数据表视图，如图 4-85 所示。

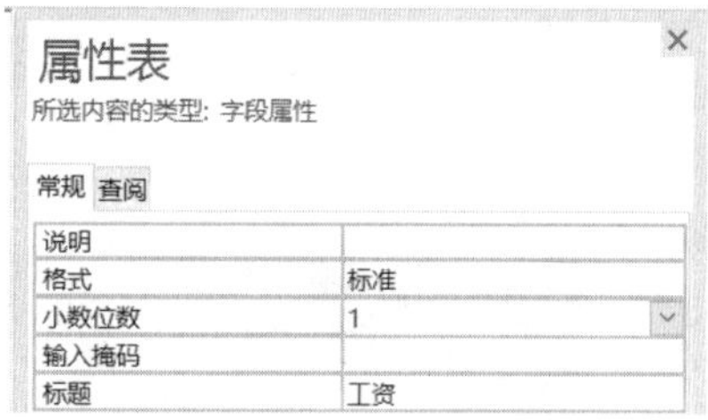

属性表

所选内容的类型：字段属性

常规 查阅

说明	
格式	标准
小数位数	1
输入掩码	
标题	工资

图 4-84 基础工资字段属性的设置

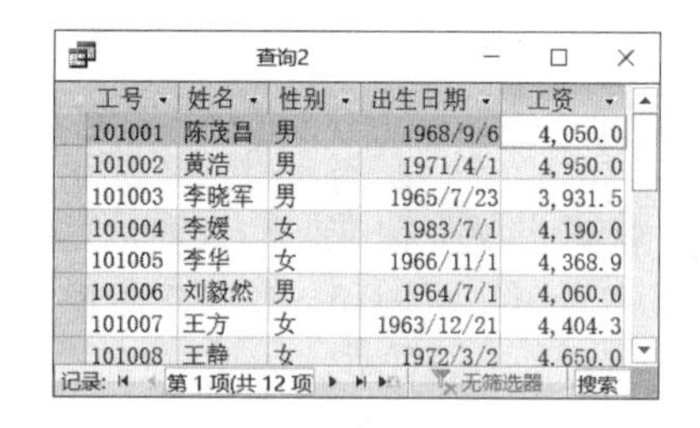

查询2

工号	姓名	性别	出生日期	工资
101001	陈茂昌	男	1968/9/6	4,050.0
101002	黄浩	男	1971/4/1	4,950.0
101003	李晓军	男	1965/7/23	3,931.5
101004	李媛	女	1983/7/1	4,190.0
101005	李华	女	1966/11/1	4,368.9
101006	刘毅然	男	1964/7/1	4,060.0
101007	王方	女	1963/12/21	4,404.3
101008	王静	女	1972/3/2	4,650.0

记录：第 1 项(共 12 项) 无筛选器 搜索

图 4-85 字段属性设置后的数据表视图

从图 4-85 中可以看到，字段标题“基础工资”改为“工资”，小数点改为 1 位。但是必须知道，查询中的“字段属性”的设置只能改变查询的数据表视图的显示格式，并不会影响基表“教师信息表”的格式。打开“教师信息表”的数据表视图，可以看到它的字段标题仍然是“基础工资”而不是“工资”，小数位仍然是 2 位而不是 1 位，如图 4-86 所示。

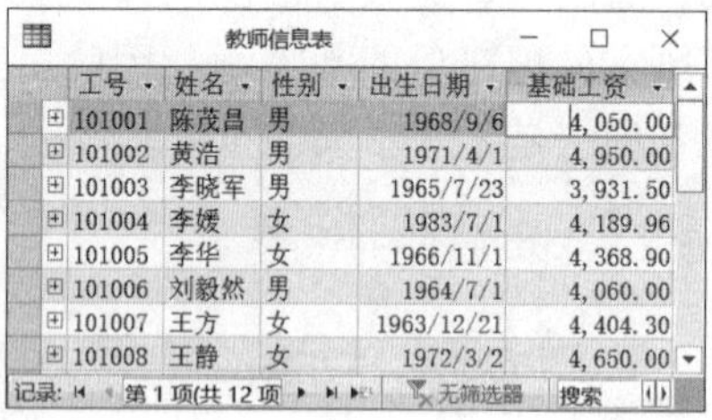

教师信息表

工号	姓名	性别	出生日期	基础工资
101001	陈茂昌	男	1968/9/6	4,050.00
101002	黄浩	男	1971/4/1	4,950.00
101003	李晓军	男	1965/7/23	3,931.50
101004	李媛	女	1983/7/1	4,189.96
101005	李华	女	1966/11/1	4,368.90
101006	刘毅然	男	1964/7/1	4,060.00
101007	王方	女	1963/12/21	4,404.30
101008	王静	女	1972/3/2	4,650.00

记录：第 1 项(共 12 项) 无筛选器 搜索

图 4-86 “教师信息表”的数据表视图

还有许多情况，这里不再一一列举，留给读者去实践。

习　题

一、单选题

1. Access 支持的查询类型有________。

   A. 选择查询、交叉表查询、参数查询、SQL 查询和操作查询

B. 基本查询、选择查询、参数查询、SQL 查询和操作查询

C. 多表查询、单表查询、交叉表查询、参数查询和操作查询

D. 选择查询、统计查询、参数查询、SQL 查询和操作查询

2. 在 Access 中，查询的数据源可以是________。

A. 表　　B. 查询　　C. 表和查询　　D. 表、查询和报表

3. 以下不属于操作查询的是________。

A. 交叉表查询　　B. 更新查询

C. 删除查询　　D. 生成表查询

4. 假设某数据库表中有一个姓名字段，查找姓李的人员记录的条件是________。

A. Not "李*"　　B. Like "李"

C. Left([姓名],1)="李"　　D. "李"

5. 以下关于 SQL 语句的描述中，错误的是________。

A. DELETE 语句用来删除数据表中的记录

B. CREATE 语句用来建立表结构并追加新的记录

C. INSERT 语句可以向数据表中追加新的数据记录

D. UPDATE 语句用来修改数据表中已经存在的数据记录

6. 在“Students”表中，有“学号”、“姓名”、“性别”、“专业”和“成绩”五个字段，查找成绩在 80～90 分的学生记录应使用______。

A. SELECT * FROM Students WHERE 80<成绩<90;

B. SELECT * FROM Students WHERE 80<成绩 OR 成绩<90;

C. SELECT * FROM Students WHERE 80<成绩 AND 成绩<90;

D. SELECT * FROM Students WHERE 成绩 IN (80,90);

7. 创建参数查询时，在查询设计视图条件行中应将参数提示文本放置在_________。

A. { } 中　　B. [ ] 中　　C. ( ) 中　　D. < >中

8. 在 Access 的数据库中已建立了“课程”表，若查找“课程编号”是“1011”和“1012”的记录，应在查询设计视图的条件行中输入：______。

A. "1011" and "1012"　　B. not in("1011","1012")

C. in("1011","1012")　　D. not("1011" and "1012")

9. 下图是使用查询设计视图完成的查询，与该查询等价的 SQL 语句是_________。

字段:	姓名	工资
表:	pay	pay
排序:		
显示:	☑	☑
条件:		>(select avg(工资) from pay)
或:		

A. SELECT 姓名,工资 FROM pay WHERE 工资> avg(工资);

B. SELECT 工资 FROM pay WHERE 工资>(select avg(工资) from pay);

C. SELECT 姓名 FROM pay WHERE 工资>(select avg(工资) from pay);

D. SELECT 姓名,工资 FROM pay WHERE 工资>(select avg(工资) from pay);

10. 下图是某查询的设计视图的“设计网格”部分，该查询要查找的是________。

字段:	pay.*	工资	工资
表:	pay	pay	pay
排序:			
显示:	☑	☐	☐
条件:		<1000	<5000
或:			

A．所有的记录　　B．工资少于 5000 的记录

C．工资在 1000 到 5000 之间的记录　　D．工资少于 1000 的记录

二、填空题

1. 在一个 Access 的表中有字段“专业”，要查找包含“信息”两个字的记录，条件表达式是________。

2. 创建交叉表查询时，必须对行标题和________进行分组操作。

3. 书写查询条件时，日期型数据应该用________括起来。

4. 将表 A 的记录添加到表 B 中，要求保持表 B 中原有的记录，可以使用的查询是________。

5. 用 SQL 语句实现查询表名为“学生”中的所有记录，应该使用的 SQL 语句是：Select________。

6. 下图是某查询设计视图的“设计网格”部分，该查询要查找的是________。

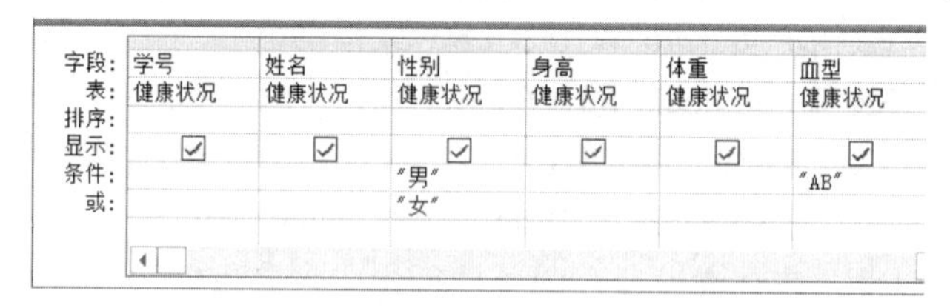

字段:	学号	姓名	性别	身高	体重	血型
表:	健康状况	健康状况	健康状况	健康状况	健康状况	健康状况
排序:						
显示:	☑	☑	☑	☑	☑	☑
条件:			"男"			"AB"
或:			"女"			

7. 下图是某查询设计视图的“设计网格”部分，从该部分所示的内容中可以判断出要创建的查询是________查询。

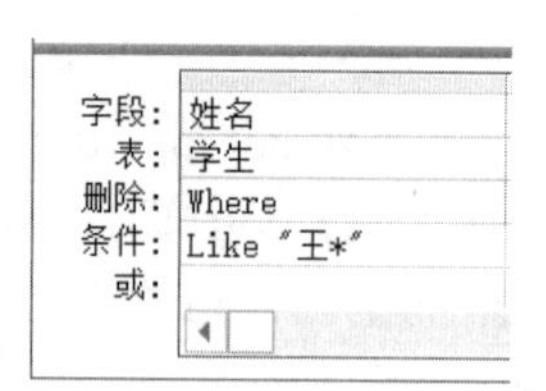

字段:	姓名
表:	学生
删除:	Where
条件:	Like "王*"
或:	

8. 查找不姓张的学生，条件表达式用________。

9. 算式 5 mod 3 的结果是________。

10. 利用对话框提示用户输入参数的查询称为________查询。

三、简述题

1．在 Access 数据库中，查询有哪些种类？各有什么特点？

2．在什么情况下需要设计参数查询？试举两例。

3．在 Access 数据库中，如果要建立涉及两个以上表的查询，是否要建立表之间的关系？如果不建立关系会导致什么结果？

4．以下各小题中，如何表达它们的查询条件？

- 非“本科”学历的。
- 工资在 2000～3000 元的。
- 职称为“讲师”或“实验师”的。
- 姓名中含有“华”字的。
- 1990 年以前出生的。

5. 什么情况下需要建立“更新查询”？试举一例。

6. 什么情况下需要建立“追加查询”？试举一例。

7. 什么情况下需要建立“删除查询”？试举一例。

8. 什么情况下需要建立“生成表查询”？试举一例。

9. 结构化查询语言“SQL”有什么特点？在 SQL 语言中，字段列表之间的分隔符是什么？语句结束符是什么？

10. 能否在设计视图下创建联合查询？应该如何建立？

11. 在查询的数据表视图下，能否用拖动字段的方法改变字段的顺序？如果可以改变，那么它的数据源（表或查询）的字段的顺序是否也随之变化？

12. 在查询的设计中，如果改变了查询“字段属性”，那么它的数据源（表或查询）的字段属性是否也随之变化？（比如在表中将“工作日期”设置为“短日期”，而在查询中又将该字段属性设置为“长日期”，那么表中的日期是否变为“长日期”？）

实验 查询的应用

一、实验目的

1. 掌握各种类型“查询”的创建方法。

2. 掌握查询条件的正确表达。

3. 通过多表查询，深入理解表之间建立关系的重要意义。

二、实验内容

1. 选择查询的创建。

对“A 班成绩表”进行如下操作：

1）用“简单查询向导”建立查询“1、A 班成绩表”，包括所有科目（数据源：A 班成绩表）。

2）用设计视图建立查询“2、1996 年 10 月以前出生的学生”（包括所有字段，数据源：A 班学生信息）。

3）建立查询“3、所有姓‘李’的学生”（包括所有字段，数据源：A 班学生信息）。

4）建立多表查询“4、计算 A 班总分”，要求包括“A 班成绩表”所有字段，“A 班学生信息”中的姓名，并增加计算字段“总分”和“平均分”。

5）建立新的查询“5、平均分在 80 以上的名单”（将上题的查询作为数据源）。

6）建立查询“6、列出 1960～1970 年出生的职工”（数据源：教师信息表，下同）。

7）建立查询“7、职称以‘助理’开头的职工”。

8）建立查询“8、职称为教授或副教授的职工”。

9）建立查询“9、按出生先后列出女教师信息表”。

10）建立查询“10、具有‘硕士’文化程度的职工”。

11）创建带参数的查询“11、按职称查”，输入某职称，列出名单。

12）创建带参数的查询“12、按工资查”，要求按用户输入基础工资的上下限 “最高工资”和“最低工资”列出满足条件的名单。

13）利用“自动查阅”功能建立查询“13、学生选课情况”，要包括学号、姓名、课程ID、课程名、类型ID、成绩、学分等字段。（数据源：“学生”、“学生选课”和“课程表”）

14）建立交叉表查询“14、学生选课学分统计表”，要求列出选修课总分（数据源：查询“学生选课情况”）。

2．操作查询的创建。

1）创建“15、生成表查询”，从“学生”表中，将 2013 级的学生生成表名为“2013毕业生备份”的新表。

2）创建“16、删除查询”，从“学生”表中将 2013 级的学生删去。

3）创建“17、追加查询”，要求如下：先将“A 班学生信息”复制副本“AA”，再将“学生”表中姓李的男生的信息追加到“AA”表中。

4）创建“18、更新查询”，将 1990 年以前参加工作的教师工资增加 100 元。

3．SQL 查询和联合查询。

1）创建“19、SQL 查询 1”，列出英语和计算机成绩均在 90 分以上的学生。

2）创建“20、SQL 查询 2”，将 A 班成绩表按数学成绩由高到低排列显示。

3）创建“21、联合查询”，将“98 毕业生备份”表与“AA”表建立联合。

第5章 窗 体

5.1 窗体的基础知识

窗体是 Access 数据库的另一个重要对象，它是人-机对话的工具，是 Access 与用户交互操作的界面。利用窗体可以显示和编辑数据，查询、排序和筛选数据，控制程序的流程，显示各种信息（警告、提示等）。窗体能为用户提供美观的、易于操作的界面，使用户能在一个友好的环境中轻松地完成工作。

5.1.1 窗体的种类

窗体主要有如下三种类型：数据操作窗体、流程控制面板和交互信息窗体。

“数据操作窗体”主要用来对表和查询进行显示、浏览、输入、修改等多种数据库的操作，如图 5-1 所示。

“流程控制面板”主要用来操纵、控制程序的运行，如图 5-2 所示，它主要是通过“命令按钮”来执行用户请求的，此外，还有“选项按钮”“切换按钮”等其他控件也可以接受并执行用户请求。

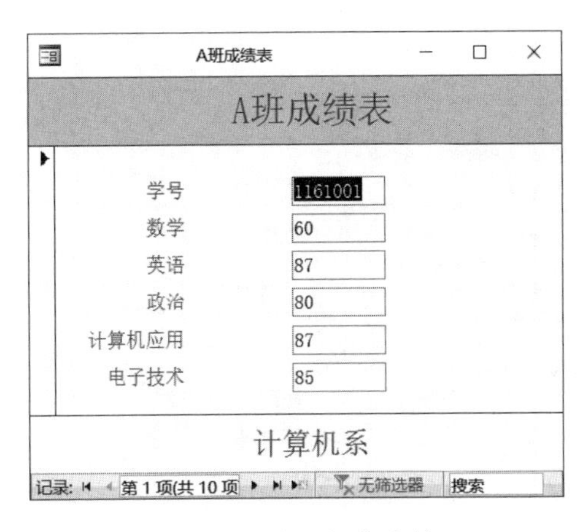

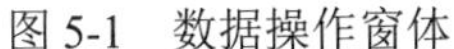
图 5-1 数据操作窗体

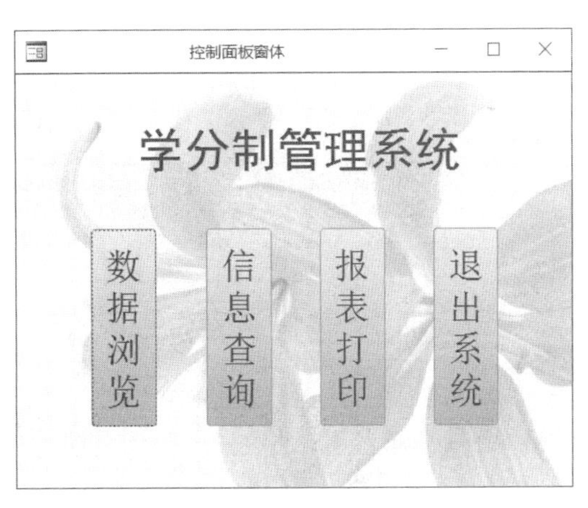

图 5-2 控制面板窗体

“交互信息窗体”主要是根据实际需求，自定义的各种信息窗口，在不同的情况下，弹出不同的信息，或警告、提示用户，或要求用户回答，提供输入窗口。这种窗体有些是系统自动产生的，比如在执行参数查询，或输入数据违法有效性规则时，系统会弹出提示或输入信息的窗体，如图 5-3 所示。有些是在对象宏或模块中由程序员根据实际应用的需要而编写的。

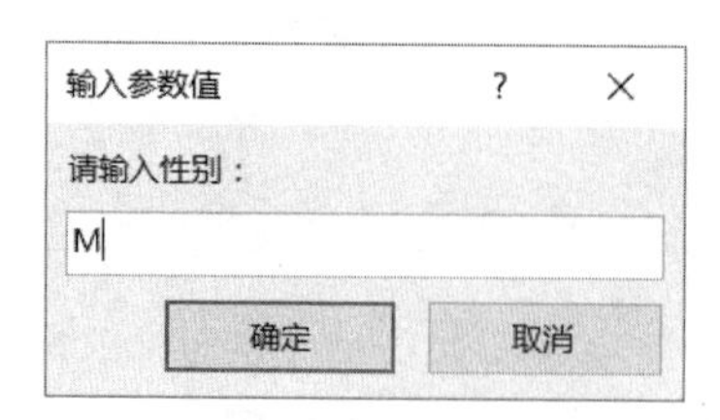

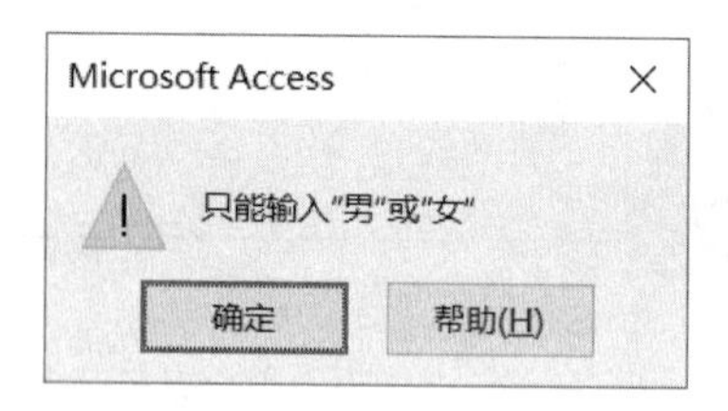

图 5-3　交互信息窗体

本章将介绍各种窗体的特点、用途及其设计方法。

5.1.2　窗体的视图

在 Access 2016 数据库中，窗体主要有三种视图：窗体视图、布局视图和设计视图。它们可以通过工具栏或状态栏按钮进行切换，如图 5-4 所示。

图 5-4　窗体的三种视图

1. 窗体的“设计视图”

窗体的设计视图是用来创建窗体，修改、美化窗体的。设计视图的结构包括五个大的部分，即窗体的页眉和页脚，页面的页眉和页脚以及主体，如图 5-5 所示。一般情况下，窗体的设计视图只显示“主体”节，如果要显示其他节，可以右击鼠标，在弹出的快捷菜单中选择“窗体页眉/页脚”和“页面页眉/页脚”，如图 5-6 所示。“页面”的页眉和页脚很少用到，因此主要学习的内容是“窗体”的页眉、页脚和主体三大部分。

图 5-5　窗体的“设计视图”

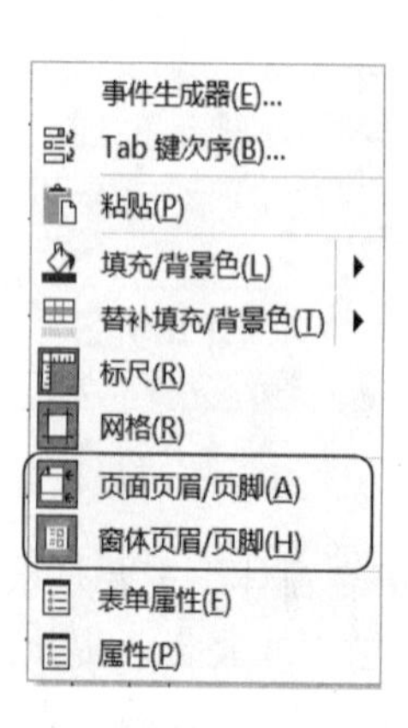

图 5-6　右击鼠标弹出的快捷菜单

2. 窗体的“窗体视图”

窗体的窗体视图是窗体设计的最终结果，用于查看、输入和编辑数据。如图 5-1 所示为其中一种。

3. 窗体的“布局视图”

窗体的布局视图主要用来对窗体中所有控件的属性、大小和位置进行调整，如图 5-7 所示。窗体的布局视图与窗体的窗体视图界面几乎一样，只是在布局视图中所有控件的属性、大小和位置可以改变，而窗体视图无法对控件进行调整。

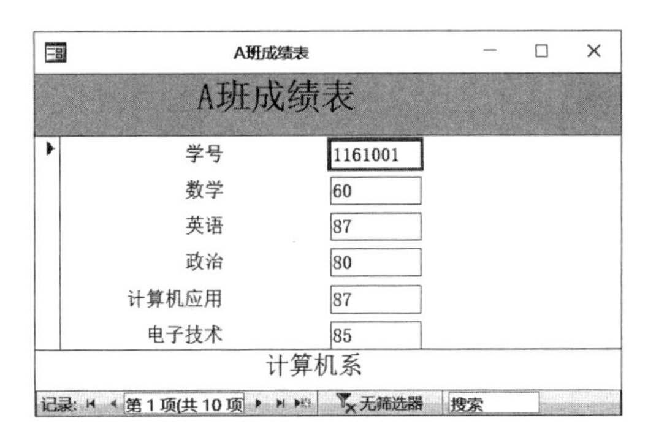

图 5-7 窗体的“布局视图”

5.2 窗体的创建

在 Access 中，系统提供了多种方法创建窗体，可以利用系统提供的自动创建窗体工具快速创建简单的窗体，也可以建立一个具有个性和特色的窗体，使用“窗体向导”会加快设计速度，因为“窗体向导”会代替用户完成大量的基础工作。当然，也可以使用设计视图来创建窗体，比如制作控制面板型的窗体；但是如果涉及数据来自表和查询的窗体，使用设计视图创建新窗体并不是好的选择。

5.2.1 自动创建窗体

如果想要快速创建简单的窗体，这个窗体包括某个表或查询的所有字段，而窗体的布局又不需要特别讲究，那么可以选择系统提供的自动创建窗体工具来创建窗体。

使用系统提供的自动创建窗体工具创建的窗体格式是由系统定好了的，包含全部字段，字段顺序保持表或查询的物理顺序。

要自动创建窗体，首先要选定数据源（表或查询）。Access 2016 提供以下几种自动创建窗体的方法。

1. 利用“窗体”按钮创建窗体

【实例 5-1】 在“学分制管理”数据库中，创建“A 班学生信息”窗体（数据源：A 班学生信息）。

操作步骤如下：

1）打开“学分制管理”数据库。

2）在导航窗格中，单击选定数据源的表“A 班学生信息”。

3）在打开的 Access 数据库窗口中，单击“创建”选项卡，选择“窗体”组中的“窗体”按钮，系统自动创建名为“A 班学生信息”的窗体，并以布局视图方式打开，如图 5-8 所示。

A班学生信息
A班学生信息
学号
1161004
出生日期
1997/12/1
姓名
夏小雪
籍贯
江苏无锡
性别
女
毕业中学
实验中学
专业
计算机
照片
年级
2016
记录: 第4项(共10项 无筛选器 搜索

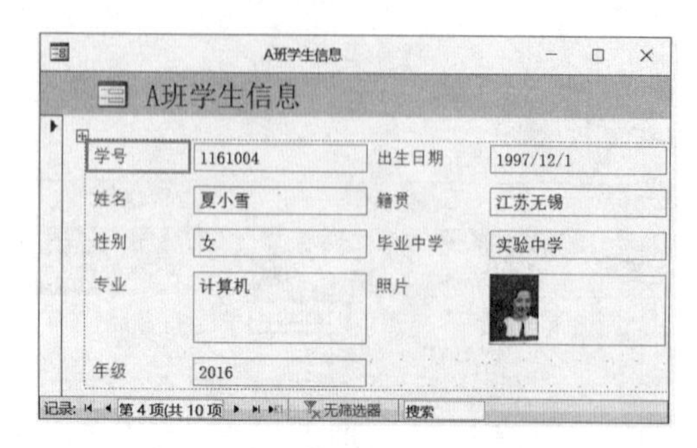

图5-8　利用“窗体”按钮创建“A班学生信息”窗体

2. 利用“多个项目”创建窗体

【实例5-2】　在“学分制管理”数据库中，创建“A班学生信息1”窗体（数据源：A班学生信息）。

操作步骤如下：

1）打开“学分制管理”数据库。

2）在导航窗格中，单击选定数据源的表“A班学生信息”。

3）在打开的Access数据库窗口中，单击“创建”选项卡，单击“窗体”组中的“其他窗体”按钮，选择弹出的下拉列表中的“多个项目”选项，系统自动创建名为“A班学生信息1”的窗体，并以布局视图方式打开，如图5-9所示。

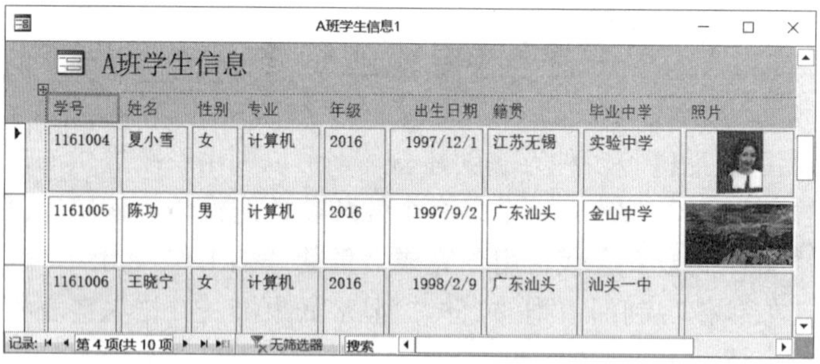

A班学生信息1
A班学生信息
学号 姓名 性别 专业 年级 出生日期 籍贯 毕业中学 照片
1161004 夏小雪 女 计算机 2016 1997/12/1 江苏无锡 实验中学
1161005 陈功 男 计算机 2016 1997/9/2 广东汕头 金山中学
1161006 王晓宁 女 计算机 2016 1998/2/9 广东汕头 汕头一中
记录: 第4项(共10项 无筛选器 搜索

图5-9　利用“多个项目”创建“A班学生信息1”窗体

3. 利用“数据表”创建窗体

【实例5-3】　在“学分制管理”数据库中，创建“A班学生信息2”窗体（数据源：A班学生信息）。

操作步骤如下：

1）打开“学分制管理”数据库。

2）在导航窗格中，单击选定数据源的表“A班学生信息”。

3）在打开的Access数据库窗口中，单击“创建”选项卡，单击“窗体”组中的“其他窗体”按钮，选择弹出的下拉列表中的“数据表”选项，系统自动创建名为“A班学生信息2”的窗体，并以数据表视图方式打开，如图5-10所示。

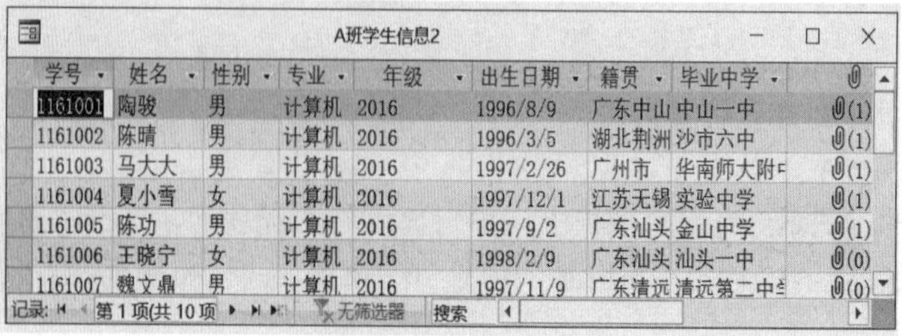

A班学生信息2
学号 姓名 性别 专业 年级 出生日期 籍贯 毕业中学
1161001 陶骏 男 计算机 2016 1996/8/9 广东中山 中山一中 (1)
1161002 陈晴 男 计算机 2016 1996/3/5 湖北荆洲 沙市六中 (1)
1161003 马大大 男 计算机 2016 1997/2/26 广州市 华南师大附中 (1)
1161004 夏小雪 女 计算机 2016 1997/12/1 江苏无锡 实验中学 (1)
1161005 陈功 男 计算机 2016 1997/9/2 广东汕头 金山中学 (1)
1161006 王晓宁 女 计算机 2016 1998/2/9 广东汕头 汕头一中 (0)
1161007 魏文鼎 男 计算机 2016 1997/11/9 广东清远 清远第二中 (0)
记录: 第1项(共10项 无筛选器 搜索

图5-10　利用“数据表”创建“A班学生信息2”窗体

4. 利用“分割窗体”创建窗体

【实例 5-4】 在“学分制管理”数据库中，创建“A 班学生信息 3”窗体（数据源：A 班学生信息）。

操作步骤如下：

1）打开“学分制管理”数据库。

2）在导航窗格中，单击选定数据源的表“A 班学生信息”。

3）在打开的 Access 数据库窗口中，单击“创建”选项卡，单击“窗体”组中的“其他窗体”按钮，选择弹出的下拉列表中的“分割窗体”选项，系统自动创建名为“A 班学生信息 3”的窗体，并以布局视图方式打开，如图 5-11 所示。

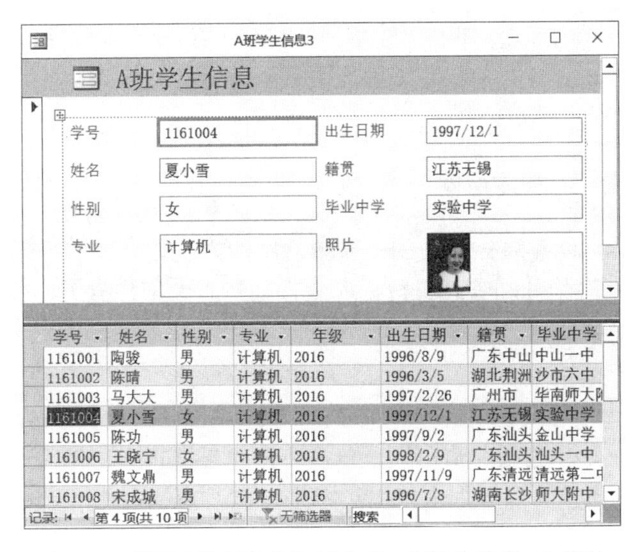

图 5-11　利用“分割窗体”创建“A 班学生信息 3”窗体

从图 5-11 可以看出利用“分割窗体”创建的窗体，其视图具有两种布局：上半窗格是一条记录的纵栏式布局；下半窗格则是多条记录的数据表布局。

5. 利用“模式对话框”创建窗体

“模式对话框”窗体是一种交互信息窗体。其特点是“模式对话框”窗体的运行方式是独占的，必须关闭该窗体后才能打开其他的数据库对象。

【实例 5-5】 在“学分制管理”数据库中，创建如图 5-12 所示“登录”窗体。

操作步骤如下：

1）打开“学分制管理”数据库。

2）在打开的 Access 数据库窗口中，单击“创建”选项卡，单击“窗体”组中的“其他窗体”按钮，选择弹出的下拉列表中的“模式对话框”选项，系统自动创建模式对话框窗体，并以设计视图方式打开，如图 5-13 所示。

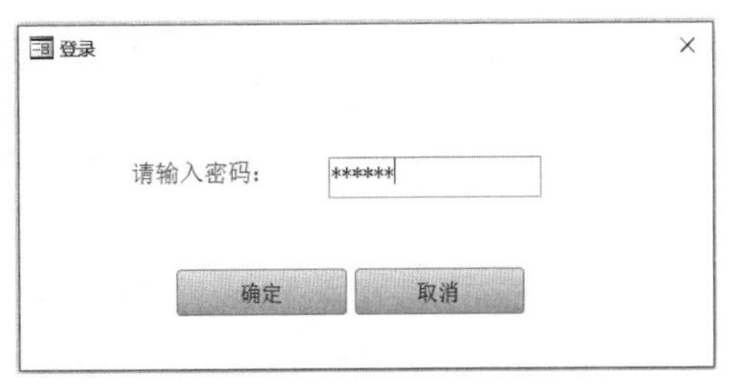

图 5-12　“登录”窗体

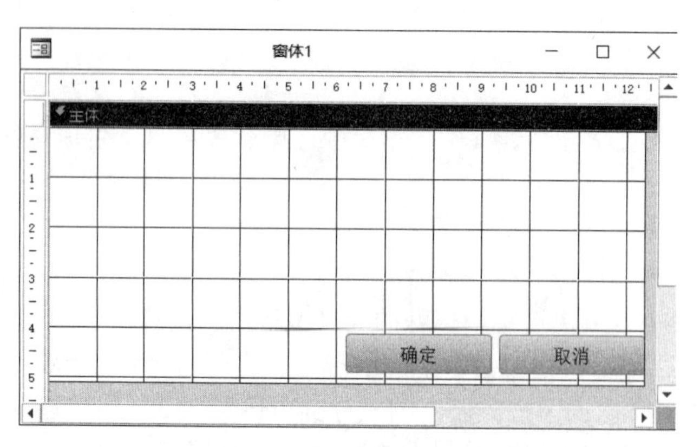

图 5-13 利用“模式对话框”创建窗体

3）在“窗体设计工具→设计”选项卡的“控件”组中，选择“文本框” 按钮，在窗体中单击要放文本框的位置，调整文本框的大小，设置属性。

4）保存窗体，输入窗体名“登录”，切换到窗体视图，如图 5-12 所示。

5.2.2 使用“窗体向导”创建窗体

使用“窗体向导”创建窗体，是创建窗体常用的方法。

【实例 5-6】 在“学分制管理”数据库中，创建“教师信息表”窗体（数据源：教师信息表；布局：纵栏式）。

操作步骤如下：

1）打开“学分制管理”数据库。

2）在打开的 Access 数据库窗口中，单击“创建”选项卡，单击“窗体”组中的“窗体向导”按钮，进入“窗体向导”窗口的第一步。在“表/查询”下拉表中选择所需的数据源“表：教师信息表”，并选择所需的字段（此处选择了全部字段），如图 5-14 所示。

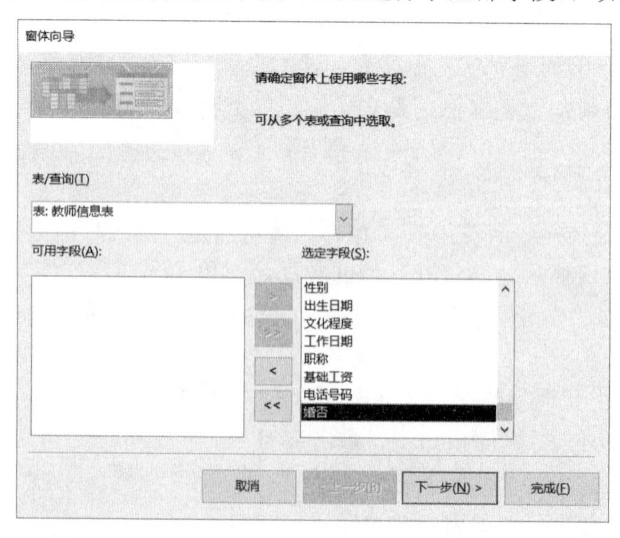

图 5-14 “窗体向导”第一步确定数据源及所需字段

3）单击“下一步”按钮，进入“向导”第二步，选择窗体布局，选择“纵栏式”单选按钮，如图 5-15 所示。

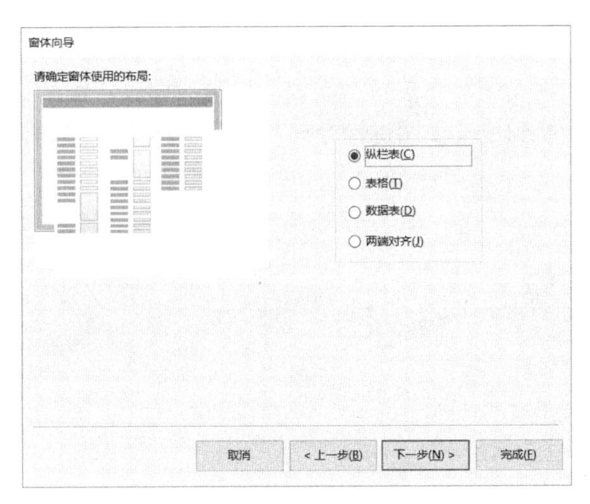

图 5-15 “窗体向导”第二步确定窗体布局

4）单击“下一步”按钮，进入“窗体向导”第三步，为窗体指定标题，并默认选择“打开窗体查看或输入信息”单选按钮，如图 5-16 所示。

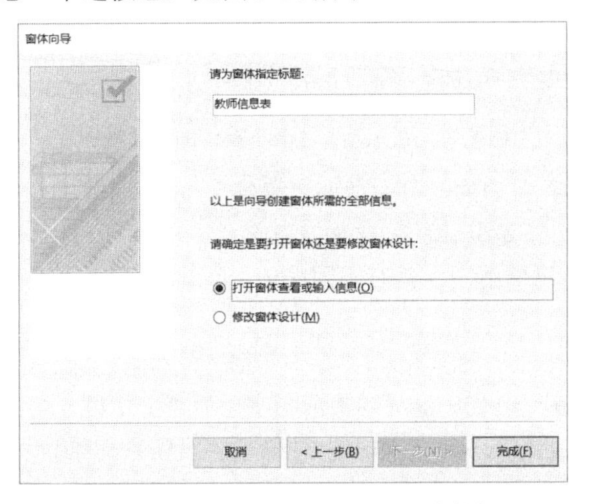

图 5-16 “窗体向导”第三步确定窗体标题

5）单击“完成”按钮，此时就可以看到“教师信息表”的窗体视图，如图 5-17 所示。

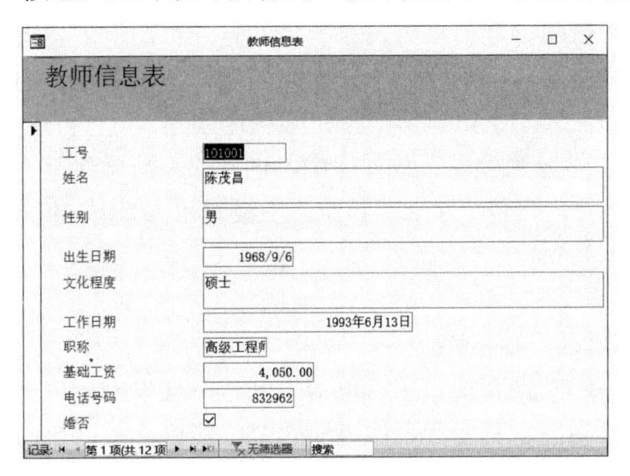

图 5-17 使用“窗体向导”创建的“教师信息表”的窗体视图

使用“窗体向导”创建窗体，系统以在向导第三步中为窗体指定的标题作为窗体名称，自动为窗体命名，可以在关闭窗体后重命名窗体。窗体向导完成的只是初步效果，要进一步美化和完善，还要切换到设计视图进行处理，如图 5-18 所示。如何修饰和美化窗体，将在第 5.3 节中介绍。

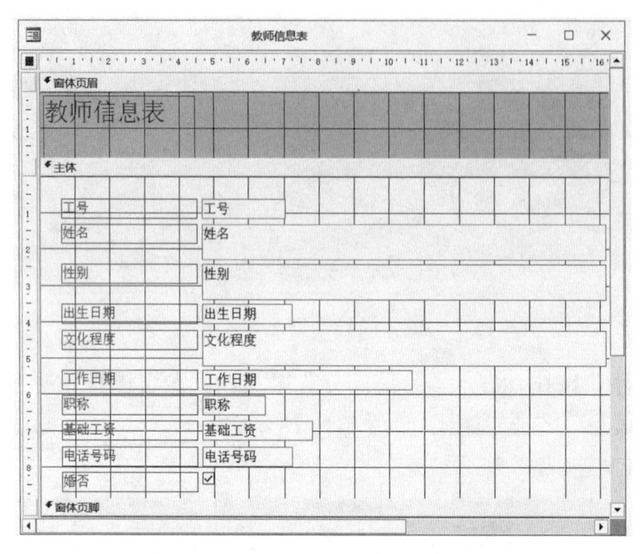

图 5-18 “教师信息表”窗体的设计视图

比较以上两个视图，左边的一列对象叫“标签”，是说明或提示文字，是静态的。右边的一列对象叫“文本框”，是变化的，比如“姓名”，文本框内是具体人的名字。在“窗体视图”中，随着当前的记录不同，具有不同的值。可以用下边的“导航按钮”来浏览表中各条不同的记录。

可是，在设计视图中，从表面看来，“标签”和“文本框”两个对象中都是相同的文字，可是内涵却不同。“标签”仍然是说明或提示文字，而“文本框”内是“绑定”的数据库的表或查询中的字段值，通过它将“文本框”对象与字段联系起来。“标签”和“文本框”都叫“控件”，第 5.3 节中还要介绍许多控件，有些是与数据库“绑定”的，有些是独立的。

5.2.3 使用“空白窗体”按钮创建窗体

使用“空白窗体”按钮创建窗体时，系统自动打开可用于创建窗体的数据源表，用户可将所需字段直接拖拽到窗体上，完成新窗体的创建。如果要创建的窗体只需包含数据源表中的若干字段，可以使用“空白窗体”按钮来快速创建。

【实例 5-7】 在“学分制管理”数据库中，创建“A 班学生基本信息”窗体。包含字段：A 班学生信息（学号、姓名、性别、专业、年级）和 A 班成绩表（数学、英语、政治、计算机应用、电子技术）。

操作步骤如下：

1）打开“学分制管理”数据库。

2）在打开的 Access 数据库窗口中，单击“创建”选项卡，单击“窗体”组中的“空白窗体”按钮，系统自动创建名为“窗体 1”的空白窗体，并以布局视图方式打开，同时打开可用的数据源“字段列表”，如图 5-19 所示。

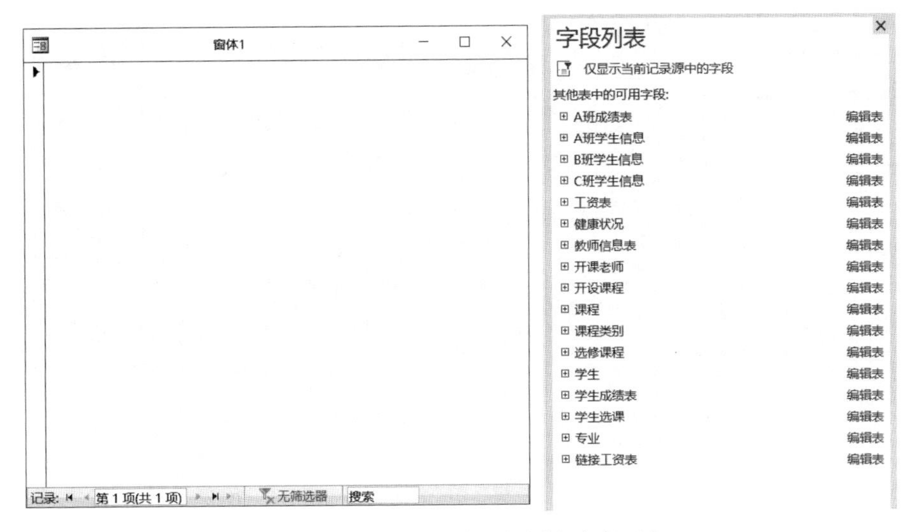

图 5-19　空白窗体的布局视图和字段列表

3）单击“A 班学生信息”表左侧的折叠按钮“+”，展开“A 班学生信息”表所包含的所有字段，依次双击（或直接拖拽）学号、姓名、性别、专业、年级等字段到空白窗体中；单击“A 班成绩表”左侧的折叠按钮“+”，展开“A 班成绩表”所包含的所有字段，依次双击（或直接拖拽）数学、英语、政治、计算机应用、电子技术等字段到空白窗体中，如图 5-20 所示。

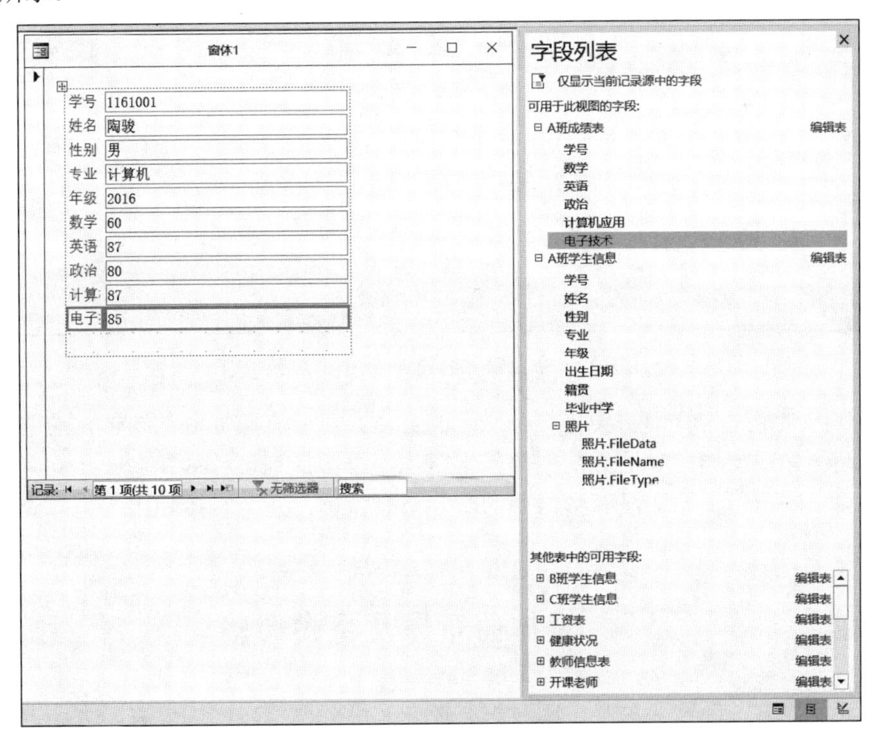

图 5-20　添加了字段后的窗体和字段列表

4）调整控件布局，保存窗体，输入窗体名“A 班学生基本信息”，切换到窗体视图，如图 5-21 所示。

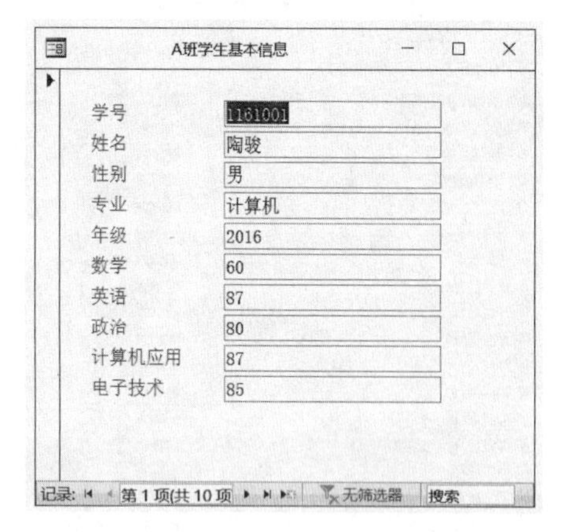

图 5-21 “A 班学生基本信息”的窗体视图

5.2.4 使用“窗体设计”按钮创建窗体

使用“窗体设计”按钮创建一个新窗体和使用“空白窗体”按钮创建新窗体的方法大同小异，系统会自动创建名为“窗体 1”的空白窗体，同时打开可用的数据源“字段列表”。只是使用“空白窗体”按钮创建新窗体时，系统以布局视图方式打开空白窗体，如图 5-19 所示；而使用“窗体设计”按钮创建新窗体时，系统以设计视图方式打开空白窗体，如图 5-22 所示。其他步骤可参见第 5.2.3 节使用“空白窗体”按钮创建窗体。这里不再赘述。

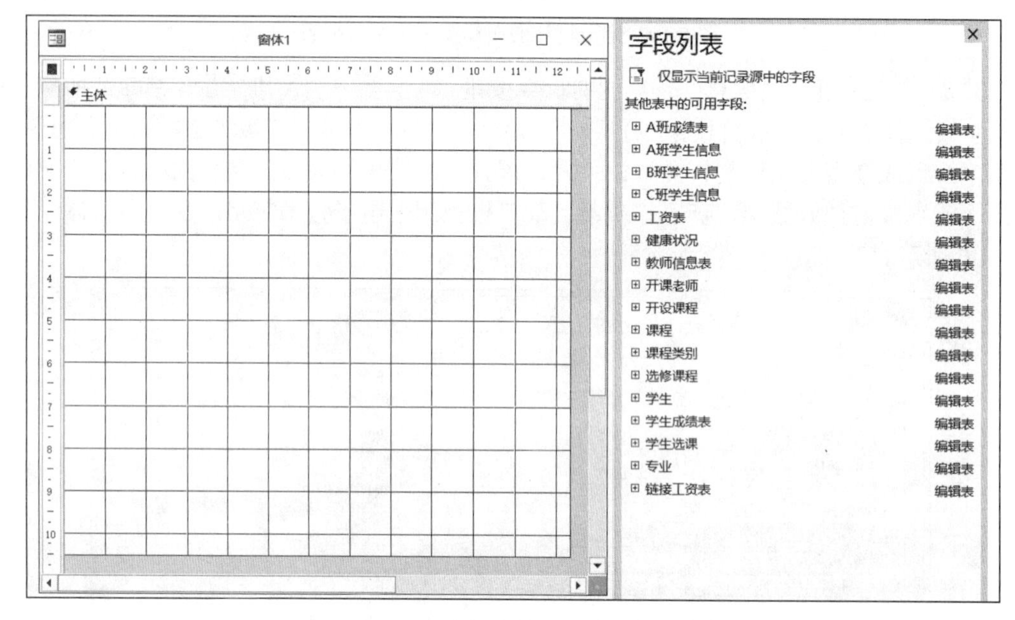

图 5-22 空白窗体的设计视图和字段列表

设计视图通常用来修饰、美化一个已有的窗体。对于有数据源的窗体，通常使用前面介绍的自动创建或窗体向导等方法创建基本窗体，再切换到设计视图进一步完善和美化。只有某些简单的窗体，比如没有数据源的交互信息窗体，才会直接使用“窗体设计”按钮来创建。

5.3 窗体的布局及格式调整

在设计窗体时，经常要对其中的对象（控件）进行调整，比如位置、大小、外观、颜色、特殊效果等，用户必须掌握如何选择对象，如何对齐以及调整它们之间的相对位置等知识，这是本节要学习的主要内容。

5.3.1 选择对象

和其他 Office 工具一样，必须先选定对象再进行操作，下面介绍如何选定对象。

1）选择一个对象：只要单击该对象即可。

2）选择多个对象（不相邻）：按住 Shift 键，再用鼠标分别单击每一个对象，如果选中了某个对象后，又想取消对该对象的选择，只要再次按住 Shift 键单击该对象即可，如图 5-23 所示。

3）选择相邻的多个对象：如果是连续的多个对象，还可以从空白处按住鼠标左键拖动，拉出一个虚的矩形框，所触及的部分就可以全部选中，如图 5-24 所示。

4）选择所有对象：（包括主体、页眉/页脚等）只要按 Ctrl+A 即可。当对象被选定后，在其四周会出现调整大小的控制柄，左上角还有移动控制柄（较大的灰色方块）。

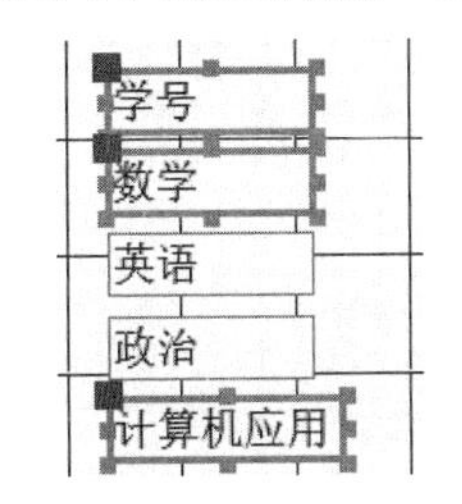

图 5-23 选中不相邻的对象

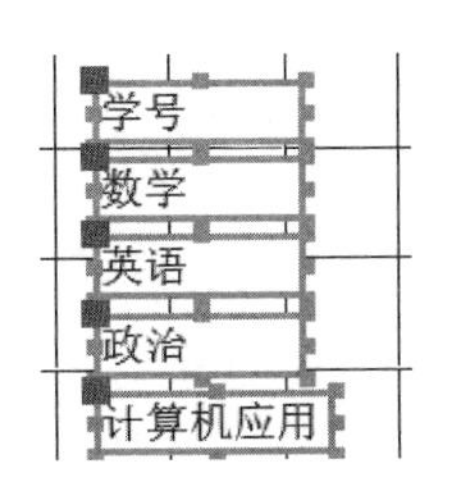

图 5-24 选中相邻的多个对象

5.3.2 移动对象

当对象被选定后，在其四周会出现调整大小的控制柄，左上角还有移动控制柄（较大的灰色方块）。

当选择了多个对象，如图 5-25 所示，如果要将所有选定的对象一起移动，可以将鼠标移到任意选定对象的边框后按住鼠标左键，拖动鼠标到目标位置后松开鼠标；如果只需移动其中一个对象，则必须将鼠标移到要单独移动的对象左上角的灰色方块后，按住鼠标左键拖动，就可以单独移动对象了。

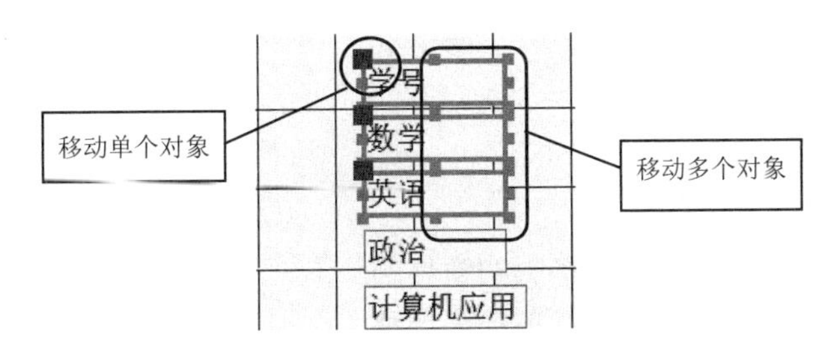

图 5-25 鼠标停放在不同位置移动单个或多个对象

5.3.3 调整大小

对象大小的调整有以下三种方法。

1. “拖动鼠标”设置对象大小

将鼠标置于四周的控制柄上，当鼠标变成双向箭头时拖动，可以改变对象的大小（如

图 5-26 中“学号”右侧的双向箭头)，如果选择了多个对象，则拖动一个可以同时改变所有选中对象的大小。

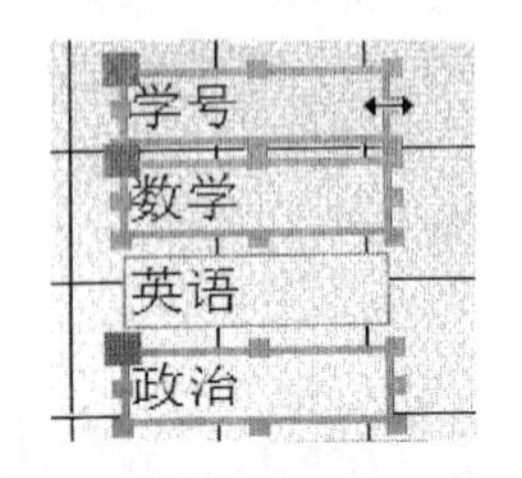

图 5-26　鼠标拖动改变大小

直接用鼠标拖动可能是比较粗的调整，要想做精细地调整，可以按下<Shift>键，再使用相应的箭头键。

2. 使用“窗体设计工具”设置对象大小

选择“窗体设计工具→排列”选项卡中的“调整大小和排序”组中的“大小/空格”下拉按钮中的命令，如图 5-27 所示。

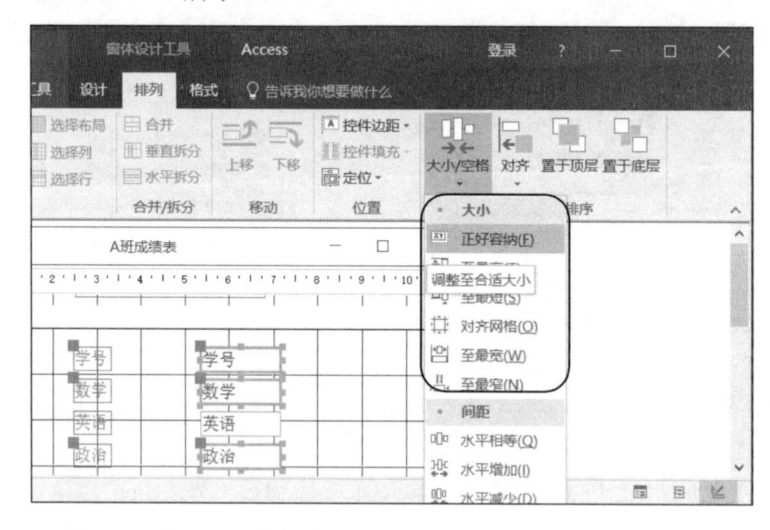

图 5-27　使用“调整大小和排序”组中的“大小”命令改变大小

3. 使用“属性表”设置对象大小

右击选定的对象，在弹出的快捷菜单中选择“属性”，打开该对象的“属性表”，在格式选项卡的“宽度”和“高度”中输入具体数值，如图 5-28 所示。

属性表

所选内容的类型：多项选择

格式　数据　事件　其他　全部

格式	
小数位数	自动
可见	是
显示日期选取器	为日期
宽度	1.799cm
高度	0.529cm
上边距	
左边距	5.353cm

图 5-28　在“属性表”中设置大小

5.3.4　对齐

在一个窗体中，对象的排列直接影响窗体的美观和工作效率。虽然可以使用鼠标拖动来调整排列的顺序和整体的布局，但是很难达到理想的效果。系统提供了许多对齐的方法，掌握这些方法，才可以高效率地设计出高品质的窗体外观。

1. 上、下、左、右对齐

首先选定要对齐的多个对象，再选择“窗体设计工具→排列”选项卡中的“调整大小和排序”组中的“对齐”下拉按钮中的命令，如图 5-29 所示，可以使选中的对象向所需的方向对齐。

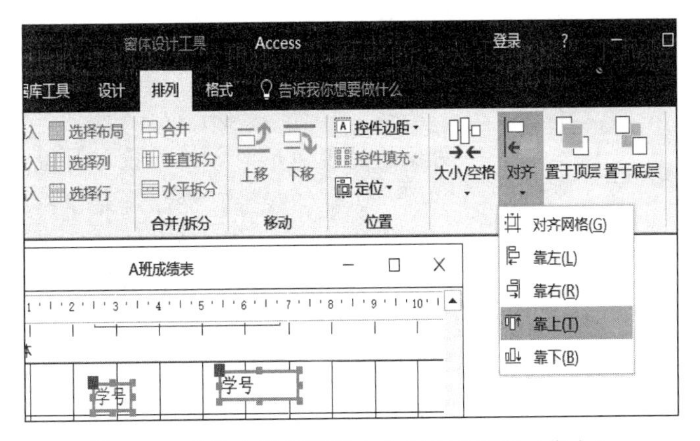

图 5-29 使选定的标签和文本框水平对齐（靠上）

2. 对齐网格

“对齐网格”用于对象的位置作微调时控制其精确度。通过“对齐网格”，系统将所选控件的左上角与最接近的网格点对齐。在“对齐”下拉按钮中选择“对齐网格”命令，对齐网格就可以起作用，如图 5-30 所示。

初学者往往会误认为只要使用“对齐网格”，就是使对象对齐网格线，其实不然，“对齐网格”是以网格点为单位的。在一般情况下，由于网格点密度太大，因此在网格中几乎看不见点，如果在窗体属性表的“格式”选项卡中的“网格线 X 坐标”和“网格线 Y 坐标”值由缺省值 10 改为 4，就可以明显地看到网格内的点，如图 5-31 所示。

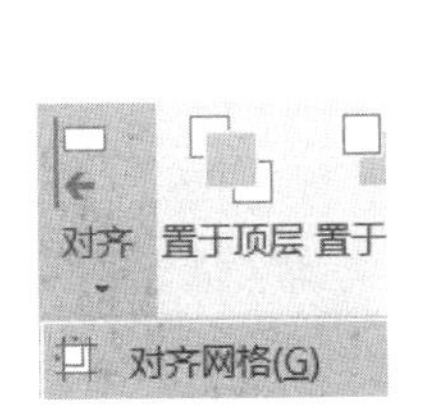

图 5-30 对齐网格

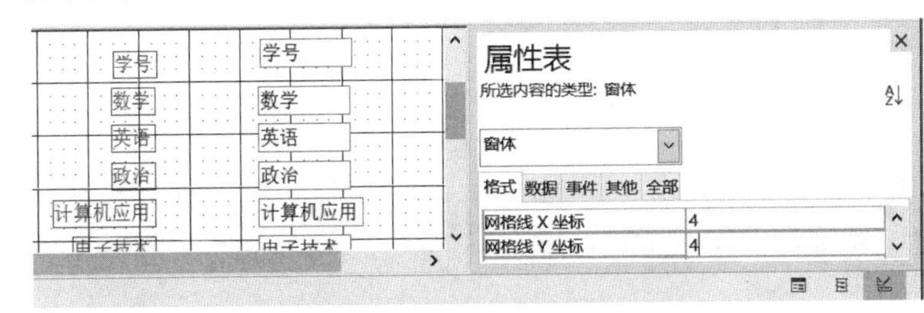

图 5-31 修改网格线 X/Y 坐标可以明显地看到网格内的点

“对齐网格”的作用是：如果通过拖动来创建一批控件，Access 会将控件的四个角都对齐网格；如果通过拖动调整已有的控件，Access 会将控件的左上角对齐网格点。

5.3.5 间距

使用“大小/空格”下拉按钮命令，可以方便地调整多个对象之间的距离，包括垂直方向和水平方向的间距，可以将无规则的多个对象之间的距离调整为等距离，也可以逐渐增大或减少原来的距离。

若要调整多个对象垂直方向的距离，只要选定要调整的对象，然后单击“窗体设计工具→排列”选项卡中的“调整大小和排序”组中的“大小/空格”下拉按钮中的相应命令即可，如图 5-32 所示。

调整水平间距与垂直间距方法相似，在此不再举例。由此可见，利用“大小/空格”下

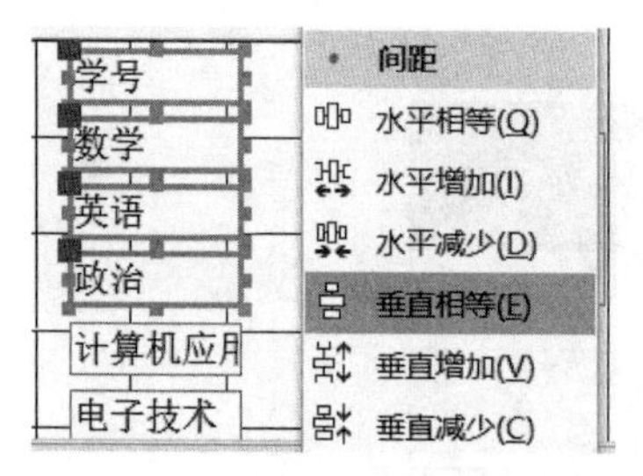

图 5-32 调整为垂直距离相等

拉按钮中的相应命令调整多个对象之间的对齐、距离与大小，是非常方便的。

5.3.6 外观

对象的外观包括对象的前景与背景的颜色、字体、大小、字型、边框、线型、特殊效果等多方面的属性。

在一个窗体中，使用最多的对象（或称控件）是标签和文本框，下面就以标签为例来说明对象外观的基本属性的设置。在第 5.5 节中，还要详细介绍。

【实例 5-8】 对“学号”标签控件的设置要求如下。大小：$2\times0.8\text{cm}^2$；字号：16；字体：隶书；特殊效果：凸起；背景色：水蓝 2。

操作方法如下：

1）在设计视图中，右击选定“学号”标签，在弹出的快捷菜单中选择“属性”，打开该对象的“属性表”对话框。

2）在“格式”选项卡下按要求对各属性进行选择设置，如图 5-33 所示。

3）切换到窗体视图，查看效果。“学号”标签属性设置前（设计视图）后（窗体视图）效果对比如图 5-34 所示。

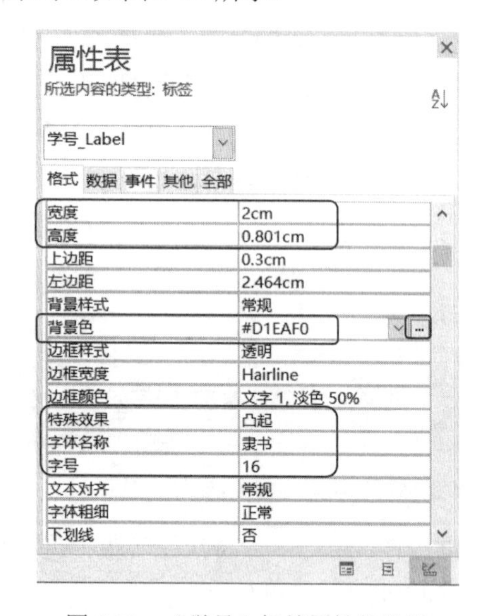

图 5-33 “学号”标签属性的设置

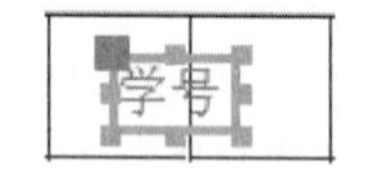

图 5-34 “学号”标签属性设置前后对比

5.4 改变窗体的背景

窗体在设计完成后，如果要想将背景更换成另外的样式或图片，使得窗体界面更美观，该如何操作呢？

5.4.1 主题的应用

窗体的主题是一组统一的设计元素和配色方案，包括颜色、字体和效果。它可以使所有窗体具有统一的色调和一样的外观颜色。

操作步骤如下：

1）打开数据库。

2）选择任意窗体对象，并打开其设计视图。

3）单击“窗体设计工具→设计”选项卡的“主题”组中的“主题”下拉按钮，打开“主题”列表。如图5-35所示，单击选定所需主题即可。

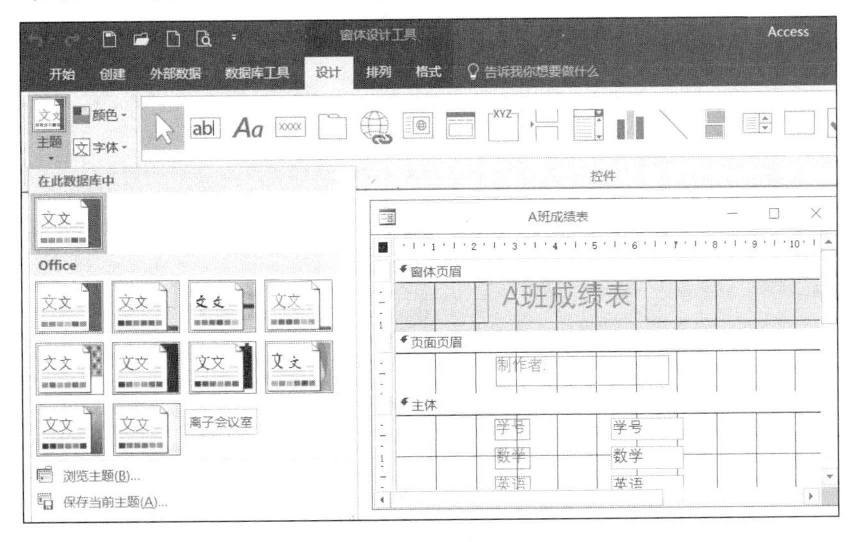

图5-35 更换窗体主题

5.4.2 以自选图片做背景

我们也可以用一幅图片来作为窗体的背景。操作步骤如下：

1）打开数据库。

2）选择要设置背景图片的窗体，并打开其设计视图。

3）单击“窗体设计工具→设计”选项卡的“工具”组中的“属性表”按钮，或右击窗体，在弹出的快捷菜单中选择“属性”，都可以打开窗体的“属性表”对话框。

4）在窗体属性对话框的“格式”选项卡中找到“图片”属性，如图5-36所示。

5）在“图片”中直接输入图片所在的路径和文件名，或单击右端 “生成器”按钮“...”，弹出如图5-37所示对话框。

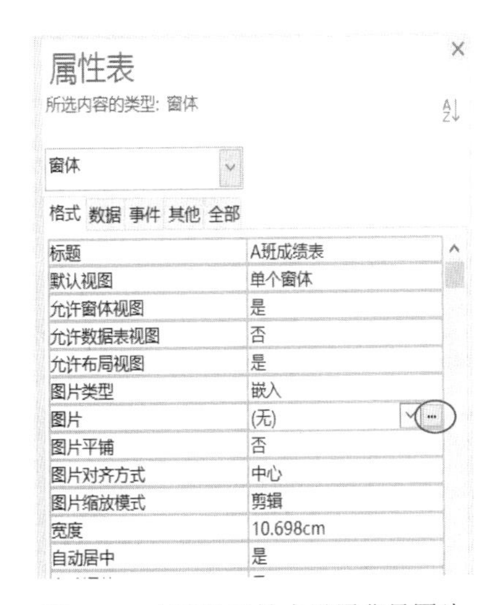

图5-36 在窗体属性中设置背景图片

6）在“插入图片”对话框中选择所需图片，单击“确定”按钮。

此时回到属性窗口，“图片”属性中显示背景图片文件的名称，立即可以看到窗体的设计视图背景的改变，如图5-38所示。如果觉得不满意，还可以按上述方法选择其他图片。

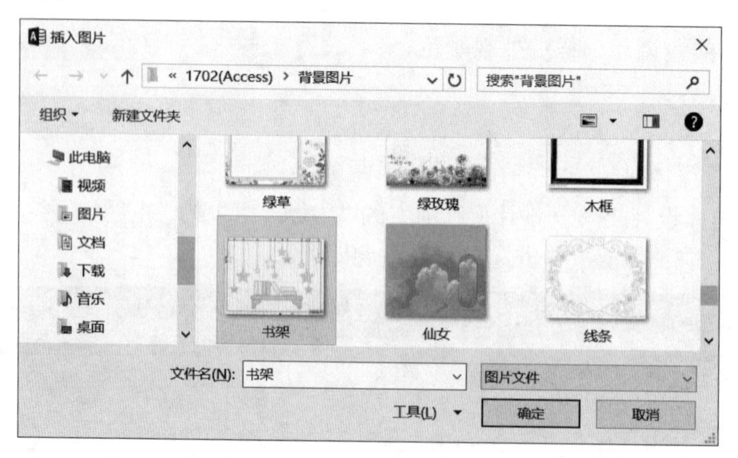

图 5-37 “插入图片”对话框

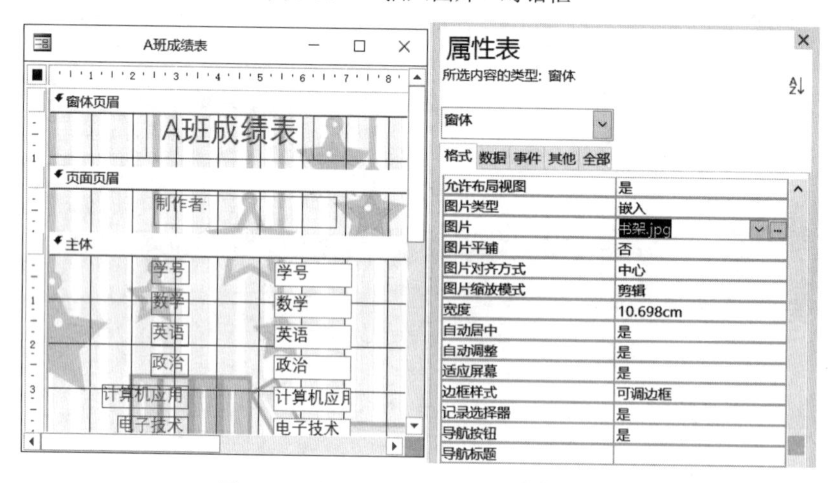

图 5-38 选择图片后窗体背景立即改变

7）保存所做的修改，操作完毕。可切换到窗体视图观看效果。

在“属性表”对话框中，还有背景图片的其他属性设置，如图片的类型、缩放模式、平铺、对齐方式等，根据实际应用的需要加以选择。

5.4.3 取消背景图片

要去掉窗体的背景图片，只要在属性中删除图片的文件名就可以了。

操作步骤如下：

1）打开数据库。

2）选择要取消背景的窗体，打开设计视图。

3）单击“窗体设计工具→设计”选项卡的“工具”组中的“属性表”按钮，或右击窗体，在弹出的快捷菜单中选择“属性”，都可以打开窗体的“属性表”对话框。

4）在窗体属性对话框的“格式”选项卡中找到“图片”属性，删除图片的文件名即可。

5.5 窗体高级设计技巧

利用向导创建的窗体只能是一般化的格式，往往不能满足用户千差万别的实际需要。

在数据库的各对象中，窗体是最直接面向用户的界面，因此，设计出高品质的窗体，是每个Access数据库应用程序设计者所追求的目标。Access为我们提供了窗体设计工具控件，其中有各种控件，比如，命令按钮、标签、文本框、列表框……专业用户可利用它们设计出功能齐全、界面美观的窗体。

5.5.1 窗体中的图片

本节要介绍的内容是有关图片在窗体中的处理，窗体中的图片分两种情况：

1）在窗体中插入图片美化窗体。比如，用于做控制面板的窗体，窗体中的对象不多，可能只有几个按钮，会显得单调，如果适当插入图片，会增加美的效果。

2）基表中本身就包含图片字段，如何在窗体显示它。

下面分别介绍这两种情况。

1. 在窗体中插入图片美化界面

用来美化窗体的图像，它的建立非常简单，只要选中“窗体设计工具→设计”选项卡的“控件”组中的“图像”控件，再单击设计视图要放置图片的位置（左侧），就会弹出“插入图片”对话框，选择所需的图片（向日葵）文件即可。这种图片无论是在设计视图，还是在窗体视图，都可以看到图片本身，如图5-39所示。

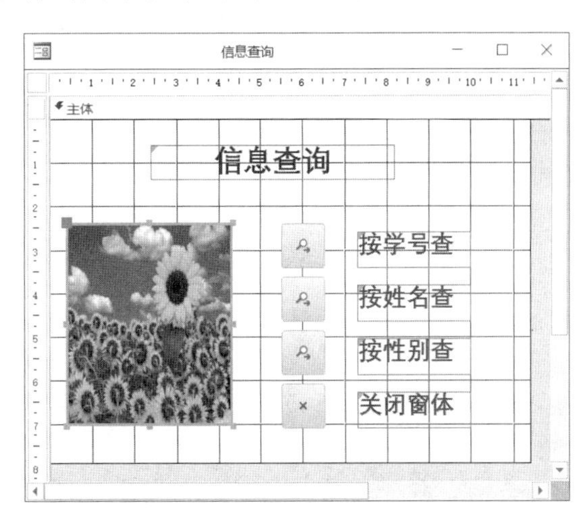

图5-39 设计视图下美化窗体的图像控件

插入的图片与第5.4节中用于作为背景样式的图片是有区别的：

1）背景图片在窗体中的缩放模式是固定的，大小是不可改变的，只能有“拉伸”“剪裁”“缩放”等三种固定的方式，而作为控件插入的图片可以调整到任意大小。

2）背景图片在窗体中的位置只能是左上、右上、中心、左下、右下和窗体中心等六种对齐方式，而作为控件插入的图片可以移动到任何位置。

2. 如何显示基表中的图片

在第3章中，已经介绍了可以通过定义字段的数据类型为“OLE对象”或“附件”来加载图片等多媒体数据。但在数据表视图下无法看到图片，只有在窗体视图下才可以显示图片。下面将以“A班学生信息”为例说明如何在窗体中显示图片。

下面将从定义字段开始，完整地介绍其实现步骤。

1）打开“A 班学生信息”表的设计视图，添加字段“照片”，并将其数据类型设置为“附件”。

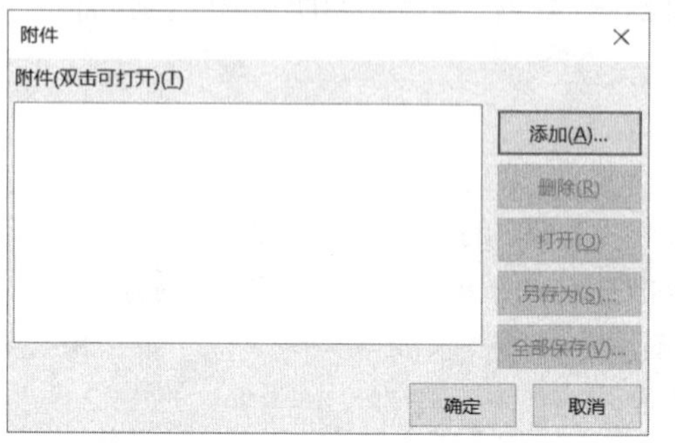

图 5-40 “附件”对话框

2）切换到数据表视图，对每一个学生的照片所在单元格，右击选择快捷菜单的“管理附件”或直接双击，打开“附件”对话框，如图 5-40 所示。

3）单击“添加”按钮，打开“选择文件”对话框，为每位学生选择相应的图片文件加载到表中。

4）在窗体对象中，以“A 班学生信息”表为数据源，创建新窗体，其中包括字段“照片”，如图 5-41 所示。调整好照片的位置，矩形框的宽度和高度按实际图片的大小在“属性”中准确地设置，以免图像放不下或露出白边。

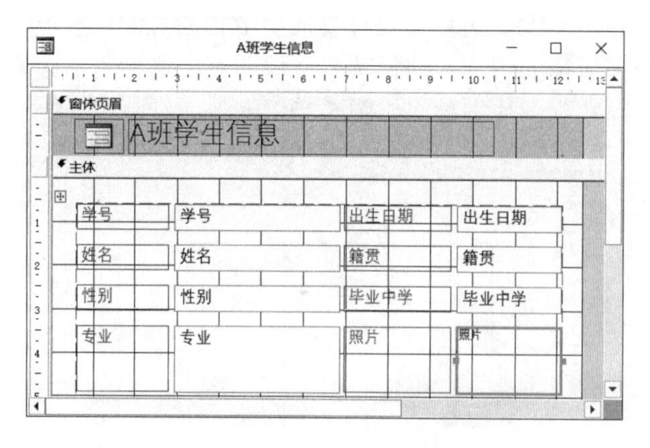

图 5-41 窗体的设计视图

5）切换到窗体视图，只有在窗体视图下才能显示图片，如图 5-42 所示。

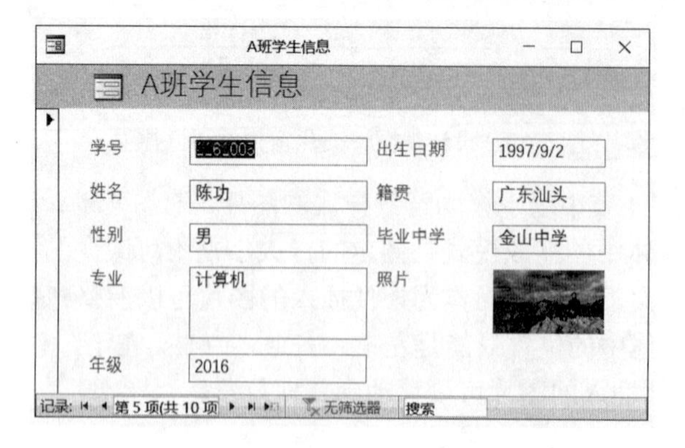

图 5-42 窗体视图中的图片

5.5.2 常用控件的使用

在窗体的设计视图中，可以在功能区中找到“窗体设计工具”选项卡，该选项卡由“设计”“排列”“格式”三个子选项卡组成。其中，“设计”选项卡提供了设计窗体时可以用到的主要工具，如图 5-43 所示。

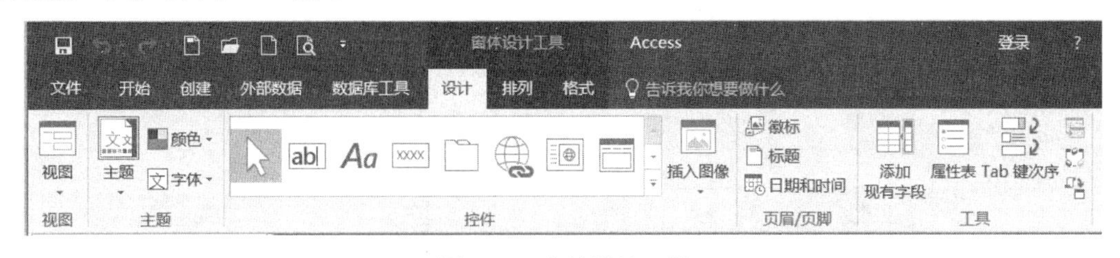

图 5-43 窗体设计工具

从图 5-43 可以看到，“设计”选项卡包含了“视图”“主题”“控件”“页眉/页脚”“工具”共五组。其中，“控件”组集成了窗体设计中可以用到的控件。

控件分为三种类型。

1）结合型（又称“绑定”型）。“结合型”控件与表或查询中的字段相连，可以显示、修改、输入数据库中的字段值，它是一些动态的数据，随着数据库中当前记录的改变而变化。

2）非结合型（又称“非绑定”型）。“非结合型”控件是没有数据来源的，它是一些静态的数据，可用来显示不变化的文字、线条、图形及图像。

3）计算型。“计算型”控件一般以表达式作为数据来源，表达式中的数据项一般是窗体中表或查询中的字段值，或窗体中其他控件的数据。

在 Access 中，有基本控件和 ActiveX 控件两种，最为常用的是基本控件，即“控件”组中的所有控件。将光标移动定位到某一控件时，就会弹出一个提示框显示该控件的名称，如图 5-44 所示。

在学习控件工具之前，一定要首先了解“控件”组中的“使用控件向导”的用途，通常这一按钮是总被选中状态，如图 5-45 所示。它的作用是：在各种控件使用时，自动出现使用向导，使用户能方便地建立所需的对象。在选中状态下，当再次单击“使用控件向导”时，就会取消选定，使向导不起作用。

图 5-44 “Web 浏览器控件”控件名称

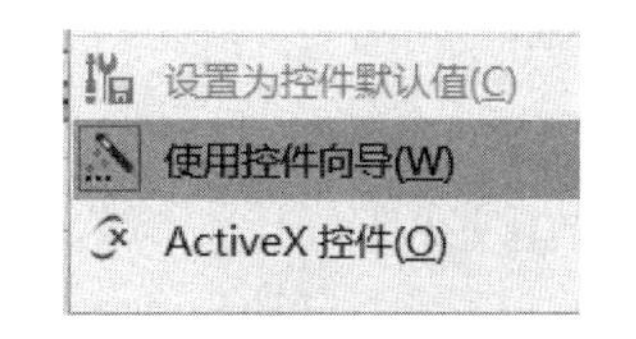

图 5-45 “使用控件向导”控件

下面将分别介绍常用的各种基本控件。

1. 标签

标签是非结合型控件，它一般用于显示说明性文本，是静态文字表述的载体，例如窗体的页眉/页脚，字段的标题等，比如图 5-1 中窗体页眉“A 班成绩表”，主体中各字段的标题等。

标签具有许多属性，每一属性都有它的缺省值，可以根据需要修改这些属性。例如，要创建一个标签作为窗体的标题，具体要求如下。内容：“学分制管理系统”；字号：22；字体：黑体；前景色：深红；背景色：浅蓝；特殊效果：阴影；边框宽度：2pt。

操作方法如下：

1）单击选择“控件”组中的“标签”控件，鼠标呈“+A”形，在设计视图中划矩形

框，再输入文字“学分制管理系统”，如图 5-46 所示。

2）右击选定该控件，在弹出的快捷菜单中选择“属性”，打开该控件的“属性表”对话框，在“格式”选项卡下按要求对各属性进行选择设置，如图 5-47 所示。

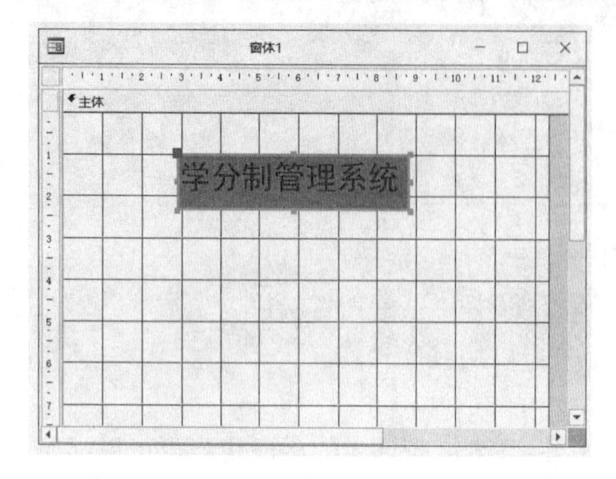

图 5-46　标签的制作

格式　数据　事件　其他　全部

背景色	#00B7EF
边框样式	实线
边框宽度	2 pt
边框颜色	文字 1, 淡色 50%
特殊效果	阴影
字体名称	黑体
字号	22
文本对齐	常规
字体粗细	正常
下划线	否
倾斜字体	否
前景色	#BA1419

图 5-47　标签属性的设置

注意：如果一行文字超过标签的宽度时，不会自动换行。可以通过调整标签的宽度来调整文字的布局；也可以通过按<Ctrl>+< Enter >键来强行换行。

2. 文本框

文本框有结合型和非结合型两种类型，结合型文本框一般用来在窗体上显示表或查询的字段的值。

（1）建立结合型文本框

【实例 5-9】　在窗体“A 班成绩表”中，增加“姓名”。

操作方法如下：

1）打开先前创建的窗体“A 班成绩表”的设计视图。

2）调整原有对象到合适的位置。

3）打开“字段列表”对话框，将“姓名”从“字段列表”拖到窗体的设计视图的预定位置，操作完毕。

建立“结合型文本框”比较简单，当从“字段列表”将“姓名”拖到设计网格时，字段就变成文本框，系统还自动配上相应的标签作为字段的标题，如图 5-48 所示。

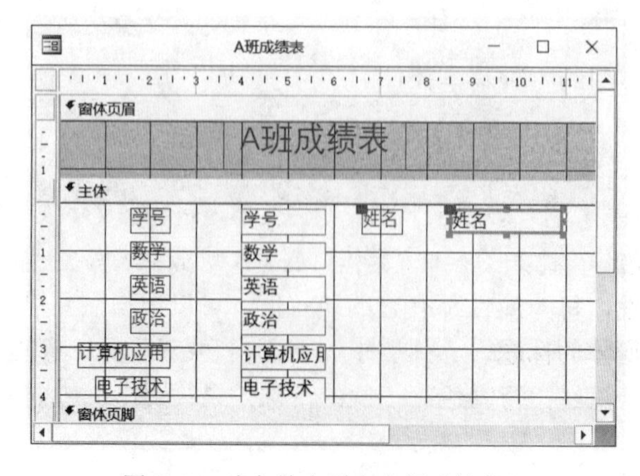

图 5-48　建立结合型文本框“姓名”

（2）建立非结合型文本框

非结合型文本框，可以用来接收用户输入的数据，完成某些公式的计算和其他处理。非结合型文本框中的数据往往只是显示给用户看的一个结果，或者只是用来传递的中间数据，不需要存储。

【实例 5-10】 在窗体“A 班成绩表”中，增加“总分”计算。

操作方法如下：

1）打开窗体“A 班成绩表”的设计视图。

2）单击选择“控件”组中的“文本框”控件。

3）在窗体的设计视图中单击，立即弹出如图 5-49 所示的“文本框向导”，根据提示进行各种设置和操作，如无特殊要求，也可以取消。在设计视图中插入了如图 5-50 所示的“Text18 未绑定”字样的标签和文本框。

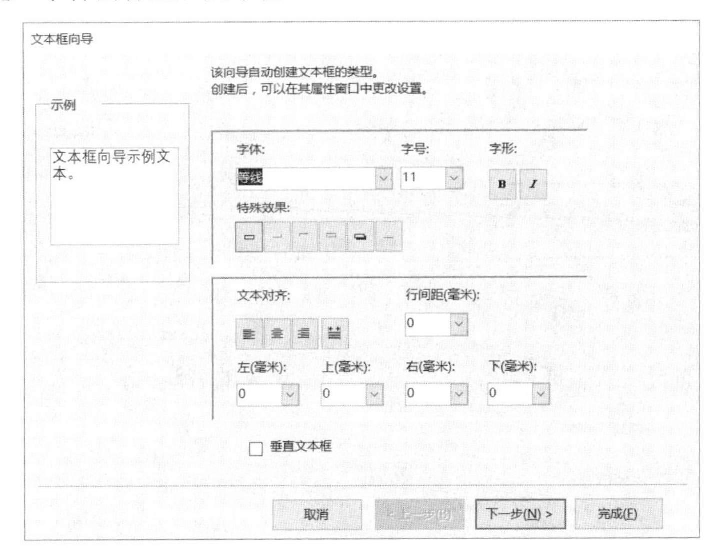

图 5-49 “文本框向导”对话框

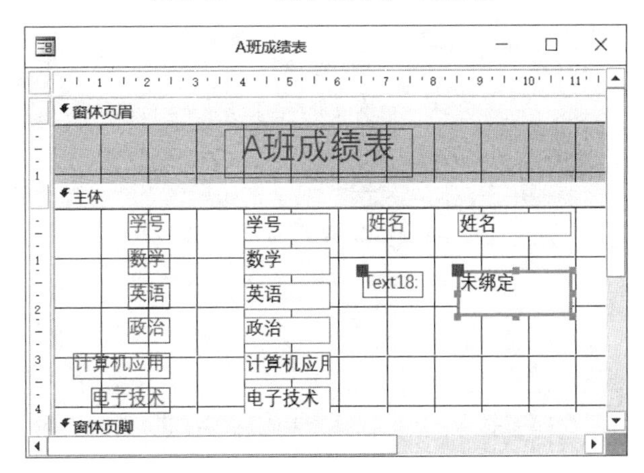

图 5-50 建立非结合型文本框“总分”

4）将标签“Text18”中的文字改为“总分”。

5）在“文本框”（标有“未绑定”字样的对象）中输入计算总分的表达式。

在“文本框”中输入表达式有多种方法，这里介绍几种。

方法一：在文本框“属性”窗口中输入。选中文本框，打开属性，在“数据”选项卡中“控件来源”直接输入如下表达式，如图 5-51 所示。

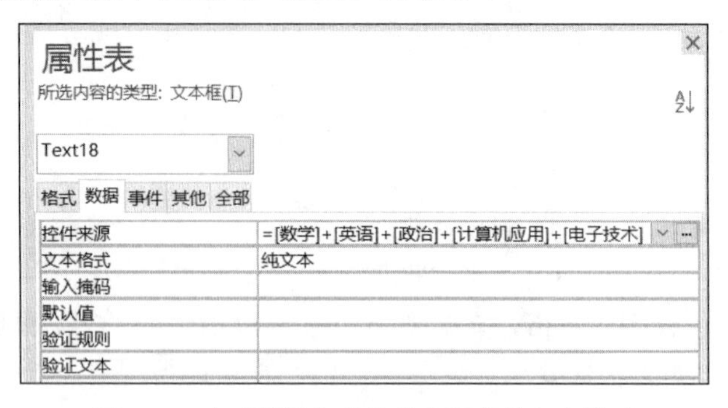

图 5-51　在“属性”的控件来源中输入表达式

方法二：在文本框的“编辑”状态直接输入。在图 5-50 中标有“未绑定”字样的文本框中，直接输入上述表达式。操作方法是：首先选中文本框，然后再次单击该文本框，就会进入文本框的“编辑”状态，如图 5-52 所示，这时任何内容都可以输入了。如果要退出“编辑”状态，只要在空白处单击即可。

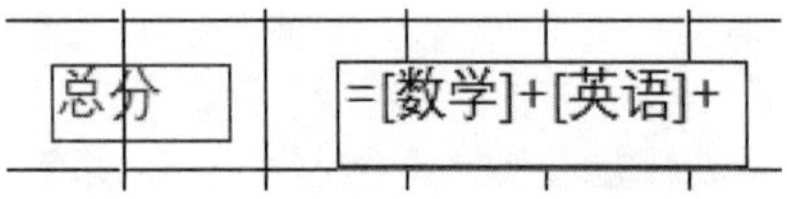

总分　=[数学]+[英语]+

图 5-52　“编辑”状态的文本框

方法三：借助于“表达式生成器”输入。步骤如下：打开文本框属性窗口，单击“数据”选项卡中“控件来源”右端的“生成器”按钮，弹出“表达式生成器”对话框；在“表达式生成器”对话框上半窗格中按第 4 章介绍的表达式生成器使用方法输入计算总分的表达式，如图 5-53 所示。

图 5-53　利用“表达式生成器”输入表达式

6）切换到窗体视图，添加了姓名和总分后的窗体如图 5-54 所示。

注意：在表达式前面一定要加等号“=”。

“标签”和“文本框”的区别：标签和文本框是完全不同的两个控件。标签一般用于显示说明性文本，是静态的；文本框一般用来显示表或查询的某个字段数据或者表达式，是动态的。初学者往往容易将两者混淆，因为在设计视图下，二者都可以输入文字，属性也可以设置成同样的效果，但是切换到窗体视图下，就大不一样了。

下面是分别用“标签”和“文本框”两个控件制作的对比的例子，图 5-55 是设计视图，图 5-56 是它们的窗体视图。

由此看来，如果你的窗体视图中出现“#名称？”的字样，一定是选错“对象”了，只要将文本框改换成标签，就可解决问题。

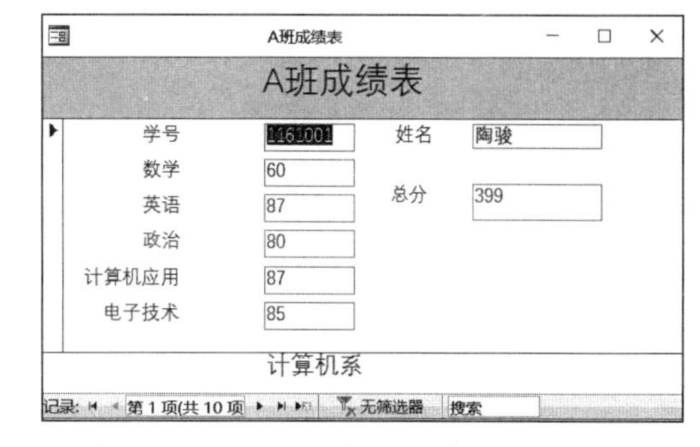

图 5-54 添加了姓名和总分后的窗体视图

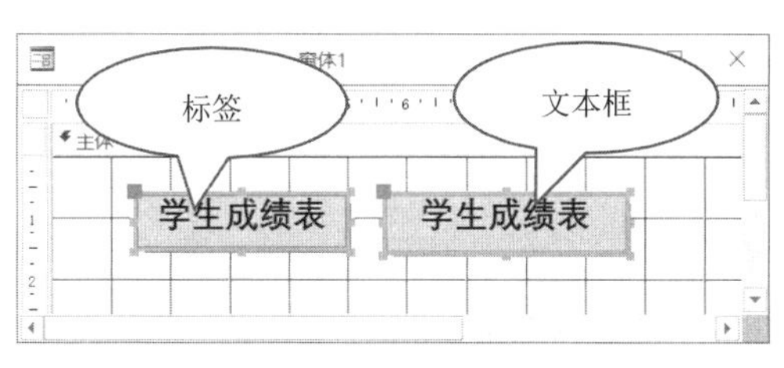

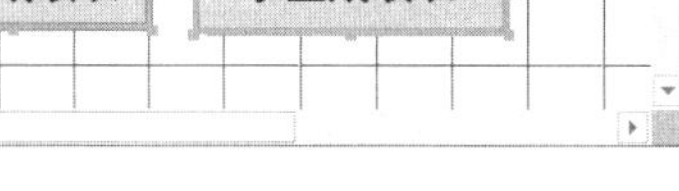

图 5-55 设计视图

图 5-56 窗体视图

3. 命令按钮

命令按钮是一种模仿机器硬开关而设置的控件，它有按下去、松开后弹起来的细微动画效果。它的功能是：鼠标单击按钮，就可以执行人们预先设计好的操作。这种操作可以是执行 Access 的宏，或 VBA 或 SQL 编写的程序模块，或者更简单只是执行一条关闭窗体的命令。如果只需要执行打开或关闭窗体、打印报表之类的操作，只要跟着“向导”即可轻松地完成这些操作的设置。

【实例 5-11】 利用控件向导，在窗体“A 班成绩表”中插入一个按钮，执行“关闭窗体”的操作。

操作方法如下：

1）选择控件“命令按钮”。

2）在窗体的设计视图中单击，弹出“命令按钮向导”对话框，在“类别”中选择“窗体操作”，在操作中选择“关闭窗体”，如图 5-57 所示。

3）单击“下一步”按钮，选择按钮的样式，文本或图片，如图 5-58 所示。若选择文本，可在相应的文本框中输入所需要的文字，或直接使用缺省文字“关闭窗体”。

如果选择图片，对于“关闭窗体”，系统推荐有两种图片“停止”和“退出入门”；如果都不满意，可以选中“显示所有图片”复选框，就会有更多的图标可供选择；如果需要使用自己设计或收集的图标，也可以单击“浏览”按钮，从硬盘上选择存放按钮文件的位置并插入。

4）单击“下一步”按钮，为按钮命名，如图 5-59 所示。可以指定一个特定意义、便于理解的名称，以便以后对该按钮的引用，再单击“完成”按钮，操作结束。

添加按钮后的窗体视图如图 5-60 所示。

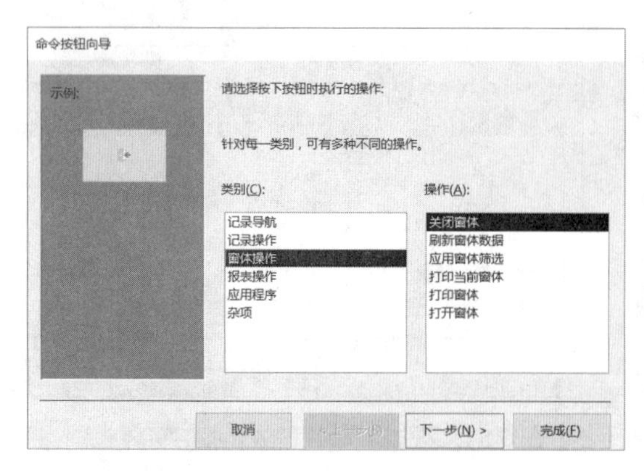

图 5-57 利用“命令按钮向导”对话框

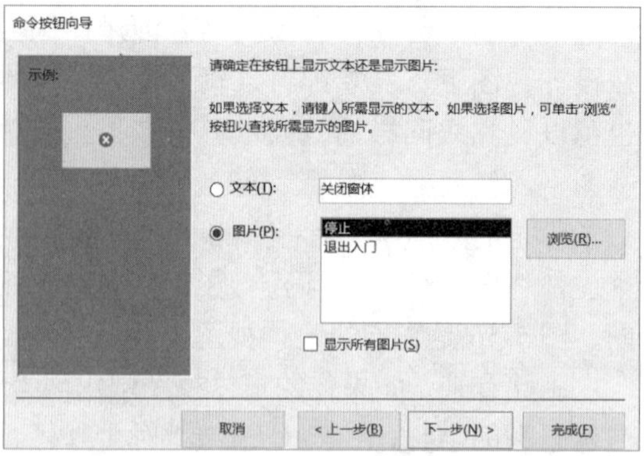

图 5-58 选择在按钮上显示图片

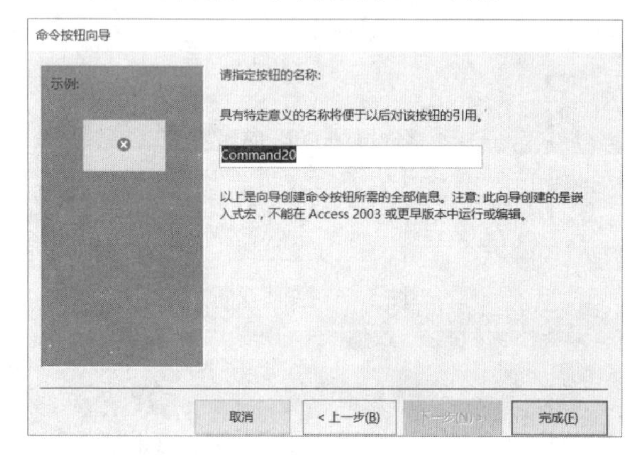

图 5-59 为按钮命名

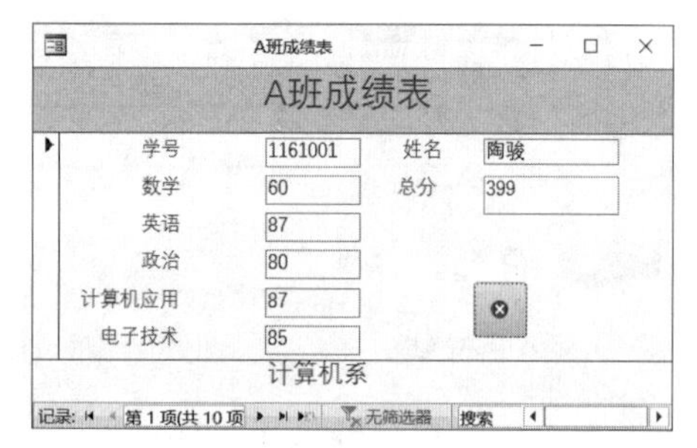

图 5-60 添加按钮后的窗体视图

有时为了操作方便，增加视觉效果，会给窗体中添加按钮，这取决于实际的需要。

命令按钮的主要属性介绍如下。

（1）图标的更改

如果需要使用自己设计或收集的图标，除了在向导中单击“浏览”按钮进行选择外，对于已经设置完成的也可以更换，操作方法是：在设计视图中选中该按钮，打开属性对话框，在“格式”选项卡中找到“图片”，单击右端的“生成器”按钮，就可以进入浏览对话框，选择所需图片文件即可。

（2）外观设置

命令按钮的外观主要包括大小（宽度/高度）、位置（左右边距）、字体、颜色等，皆可以在属性的“格式”选项卡中设置。

（3）事件驱动

命令按钮的行为是去执行用户的命令，当鼠标单击时，动作发生。驱动行为发生的重要属性是“事件”选项卡，其中有鼠标的各种动作，比如单击、双击、按下、拖动等操作。但对于命令按钮而言，使用最多的是“单击”。如果是使用向导建立的命令按钮，在“单击”的内容中标有“[嵌入的宏]”的字样，这个“[嵌入的宏]”是由向导自动编写的宏命令，单击右端的“生成器”按钮，就可以打开宏的设计视图，看到如图 5-61 所示的宏命令。

命令按钮的事件驱动还可以通过执行 VBA 来完成，这将在后面的章节中介绍。

4. 组合框和列表框

图 5-61 关闭窗体按钮上的单击事件

组合框又称“下拉式列表”，列表框又称“数值框”，它们的作用主要是在数据输入时提供用户直接选择，而不必输入，让操作变得轻松。它们的建立方法非常类似于在表对象中建立查阅字段。

组合框也有“结合型”和“非结合型”两种情况。如果表对象中具有查阅字段，则该字段在建立窗体时如果被使用，自然就成为组合框，原有的数据源可以提供在窗体视图中使用，如同在表对象中一样。这就是“结合型”组合框，它与表对象中相应字段绑定。

“非结合型”组合框本身不与数据库中表对象绑定。

例如，要建立“姓名”“性别”“年龄”三个实体的输入界面，“姓名”和“性别”使用组合框，“年龄”使用列表框，操作步骤如下：

1）单击“创建→窗体设计”，创建一个名称为“窗体 1”的空窗体，并打开其设计视图。

2）选择控件“组合框”，再单击设计视图，弹出“组合框向导”对话框，如图 5-62 所示。

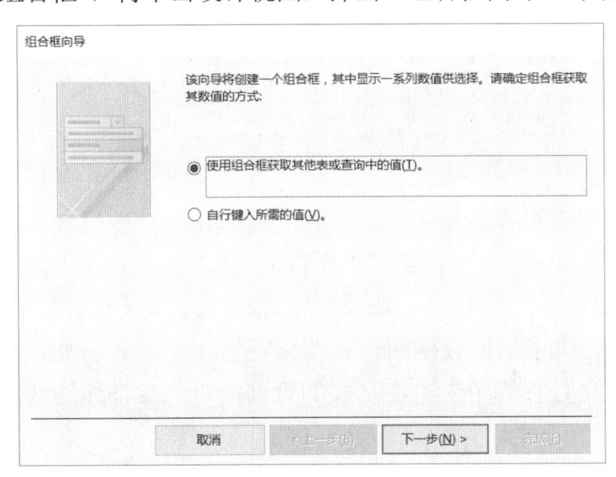

图 5-62 “组合框向导”对话框

看到图 5-62，读者一定觉得很熟悉，这就是在表对象中建立查阅字段的向导，按照同样的方法，可以从表对象“学生”中得到姓名的数据源，建立姓名的组合框。类似地，可以选择“自行键入所需的值”单选按钮，然后在下一步输入“男”和“女”两个值，就可以得到另一个组合框了。列表框一般用来处理一些序列的值的选择，如图 5-63 所示。由于建立的操作方法与建立查阅字段完全相同，在此不再赘述。

图 5-64 是一个组合框的例子，如果是一个“绑定型”控件，则只要数据库的表中，该字段已经是组合框的查阅字段，则该“绑定”的控件一定是一个组合框；组合框也可以是一个“非绑定型”控件，也可以通过向导来建立组合框，利用数据库表/查询来提供数据。

列表框和组合框的区别在于可以在组合框中输入新值，而列表框不能。

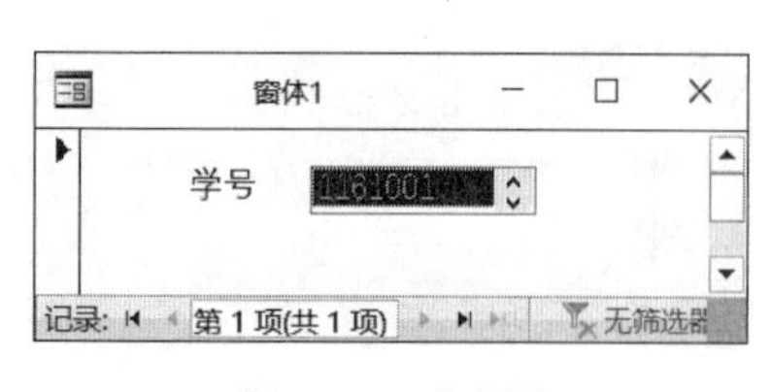

图 5-63 列表框

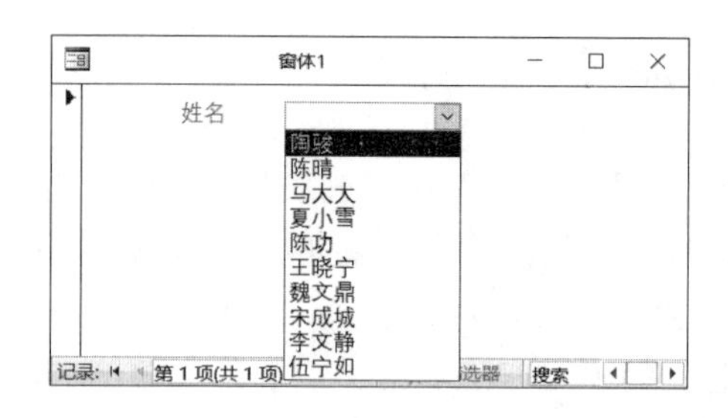

图 5-64 组合框

5. 图像

在第 5.5.1 节中，已经详细介绍了窗体中的图像控件，在此不再举例赘述。

图像控件也分为“结合型”和“非结合型”两种情况，在窗体的设计视图中插入的图片，属于“非结合型”，它一般是用来美化窗体，是静态的。“非结合型”图像无论是在设计视图，还是在窗体视图，都可以看到图像本身。

“结合型”的图像控件是来自基表，在表的设计视图中，它的数据类型应定义为“OLE 对象”或“附件”。图片的载入是在表的数据表视图下针对每一个记录插入的，在表的数据表视图下并不能看到图像本身。图像要通过窗体才能显示，即使是在窗体的设计视图下，也只能看到一个空的矩形框。但是在它的属性窗口中，可以看到它的数据源，只有在它的窗体视图下，才能看到图像本身。“结合型”的图像是动态的，随着记录的改变，它的内容随之变化。

6. 选项卡

选项卡控件为制作多页窗体提供了可能。现在利用选项卡控件来为“A 班”建立综合信息的窗体，它包括学生的“基本情况”“学科成绩”“健康状况”等三个页面的信息。

所需的数据源来自三个基表：“A 班学生信息”、“A 班成绩表”和“健康状况”，这三个表皆以学号为主键，为了保证数据的一致性和完整性，首先必须建立表之间的“一对一”的关系，然后建立一个包括三个表所需字段的查询，以此查询作为选项卡的数据源。

操作步骤如下。

（1）建立表之间“一对一”关系的操作步骤

1）在“关系”中添加“健康状况”表，并与其中的“A 班学生信息”建立表之间的“一对一”的关系。

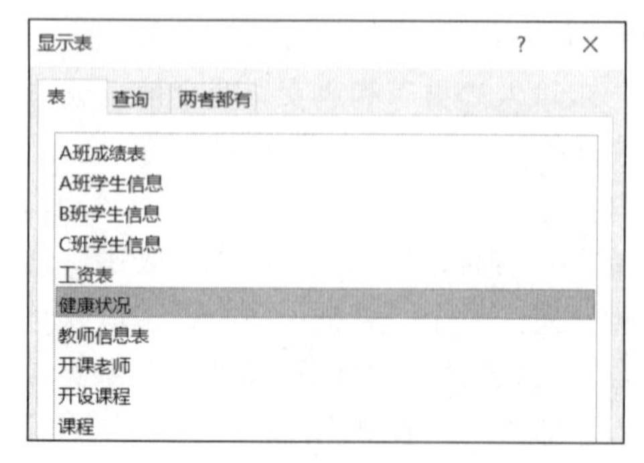

图 5-65 在关系中添加“健康状况”

在此之前，已经建立了“A 班学生信息”和“A 班成绩表”之间的“一对一”的关系，只要添加“健康状况”表，然后建立“一对一”的关系。具体操作是：设置“健康状况”表中“学号”主键；单击“数据库工具→关系”，打开“关系”对话框，在空白处右击，选择“显示表”，在弹出的如图 5-65 对话框中双击“健康状况”，关闭“显示表”对话框；拖动“A 班学生信息”中的“学号”字段到“健康状况”的“学号”字段中，然后在“编辑关系”中选择“实施参照完整性”，建立如图 5-66 的关系。

2）建立查询“A 班综合信息”：选择三个表的所有信息，其中姓名、性别和学号有重复的字段，只取其中之一，如图 5-67 所示。

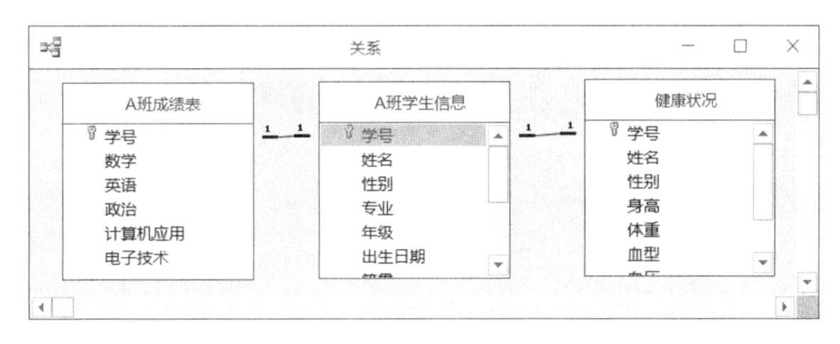

图 5-66　三个表之间的“一对一”的关系

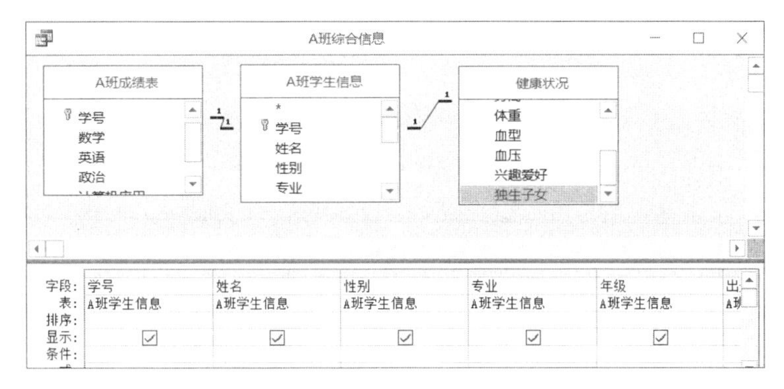

图 5-67　建立查询“A 班综合信息”

3）创建窗体：单击“创建→窗体设计”，创建一个名称为“窗体 1”的空窗体，并打开其设计视图。

4）选择控件“选项卡”，再单击设计视图，选项卡控件插入到主体上，如图 5-68 所示。

5）在“窗体”属性对话框的“数据”选项卡中找到“记录源”，打开其下拉表，选择查询“A 班综合信息”，如图 5-69 所示。

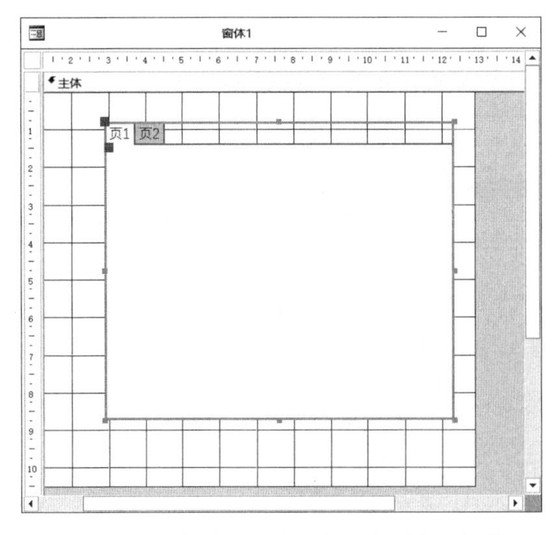

图 5-68　在窗体主体中添加“选项卡”控件

图 5-69　为窗体建立数据源

（2）建立“第一页”的操作步骤

1）单击“窗体设计工具→设计”选项卡“工具”组中的“添加现有字段”，打开“字段列表”对话框。选择第一页所需的所有字段，按住鼠标，一起拖到选项卡控件的第一个页面中，如图 5-70 所示。

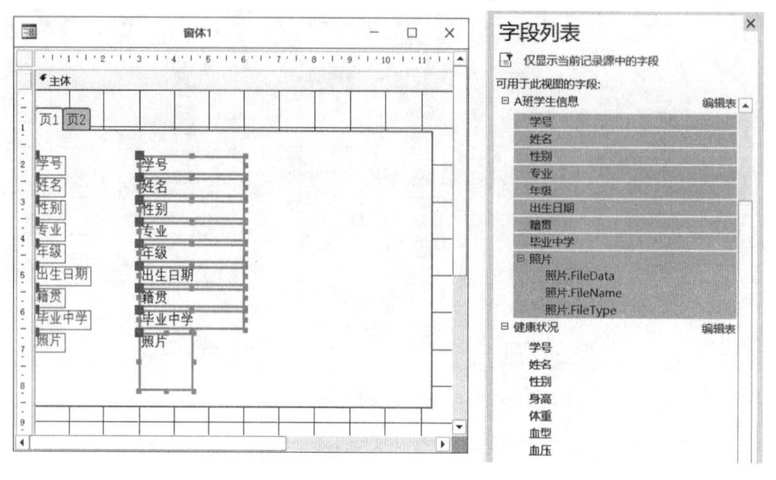

图 5-70　选择所需的字段拖到第一个页面中

2）在设计视图中调整好对象的位置和大小，要调整选项卡的大小，首先要选定该控件，选定选项卡的关键技术是单击“页头”，当四周出现小方块的控制柄时，拖动控制柄可改变大小。

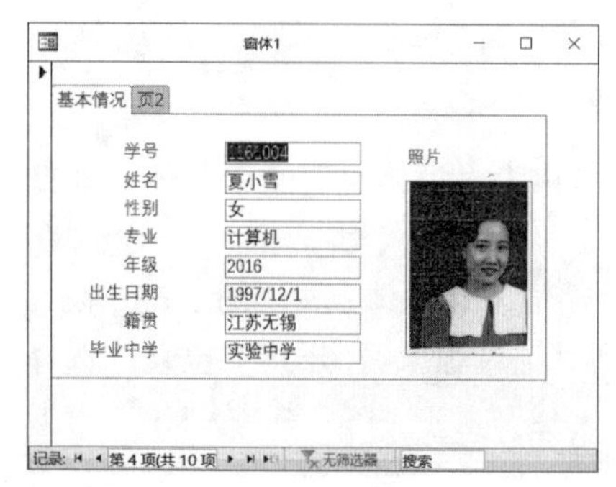

图 5-71　第一个页面的窗体视图

3）单击选项卡的页头“页 1”处，打开属性对话框，在“格式”选项卡的“标题”中将“页 1”改为“基本情况”，切换到“窗体视图”，即成为如图 5-71 所示的窗体视图。

（3）建立“第二页”的操作步骤

1）在设计视图下，单击选项卡“页 2”，将字段列表中有关成绩的字段选中，并拖到“页 2”中。

2）在设计视图中调整好对象的位置、大小、颜色和其他格式，如图 5-72 所示。

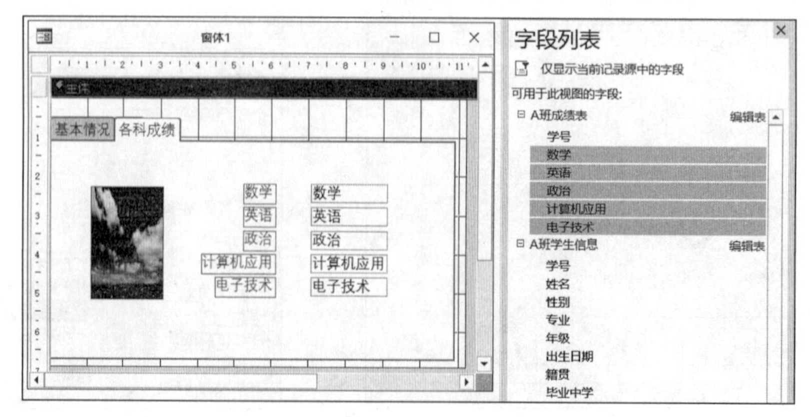

图 5-72　第二页“设计”视图

3）在选项卡上方显示“姓名”效果的实现。

如果希望在每页中都可以看到当前记录的“姓名”，可以在窗体的主体中，在选项卡的上方插入一个文本框，并将它与“A 班学生信息”中的字段“姓名”绑定。

4）单击选项卡的页头“页 2”处，打开属性，在“标题”中将“页 2”改为“各科成绩”，在左侧插入一个图片进行装饰，再打开窗体视图，第二页就如图 5-73 所示。

（4）建立“第三页”的操作步骤

1）增加新的页面：在设计视图下，右击页头处，选择“插入页”，如图 5-74 所示。

2）单击选项卡的新增页的页头“页 3”处，打开属性，在“标题”中将“页 3”改为“健康状况”，使用与第二页制作同样的方法将所需要的字段拖到第三页，调整好对象的格式，左侧插入一个图片装饰界面，如图 5-75 所示。

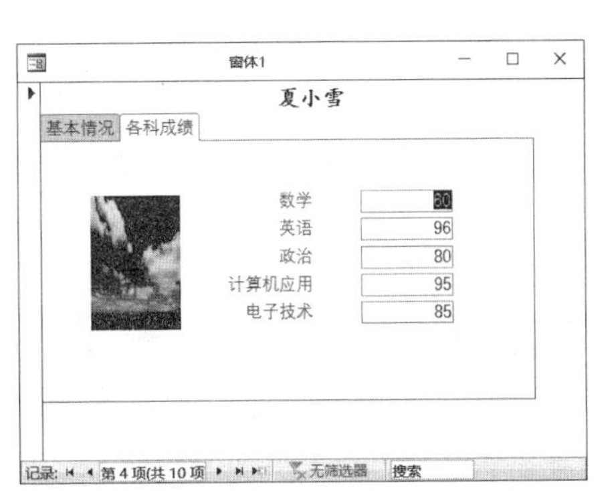

图 5-73 第二页的窗体视图

图 5-74 增加新页

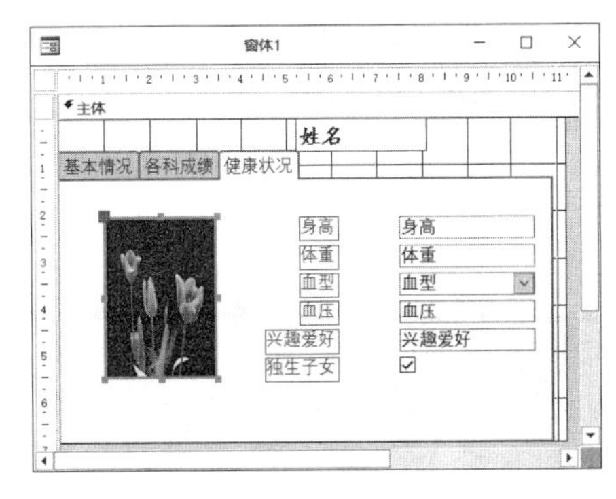

图 5-75 第三页的设计视图

3）在窗体页眉中插入标签“A 班学生信息窗体”，设置一下标签的格式、效果。切换到窗体视图，第三页就如图 5-76 所示。

到此为止，一个包含多页的选项卡窗体就制作完成了。

选项卡控件对于页面的管理非常灵活、方便，在如图 5-74 所示的快捷菜单中可以看到，除了可以插入新页外，还可以删除页，调整页的顺序。如果选择“页次序”，就会弹出如图 5-77 所示对话框，可以通过“上移”“下移”来调整页的次序。

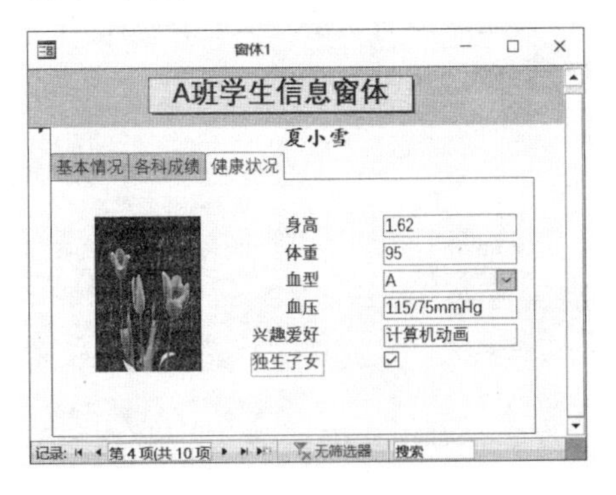

图 5-76 第三页的窗体视图

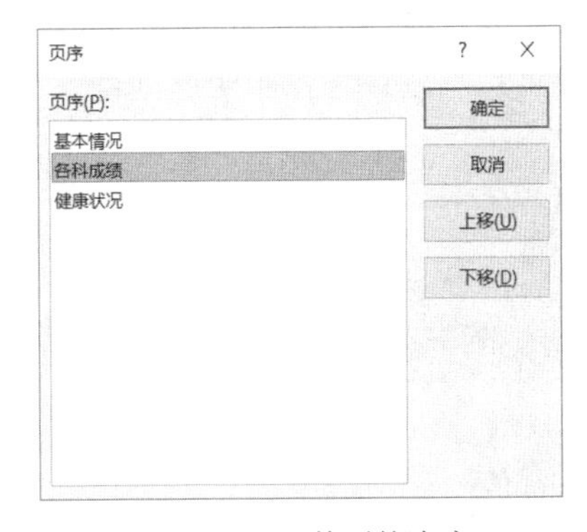

图 5-77 调整页的次序

7. 选项组

“选项组”控件可以用来显示一组限制性的选项值，提供用户选择，它使选择值变得容易操作，直观、易行，用户在选择时只需单击所需的值。选项组的特点是，每次只能选择一个选项，当选择另一个选项时，自动取消原来的选择。

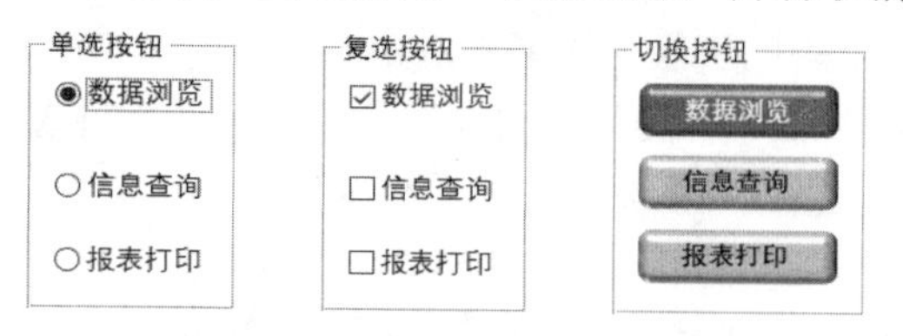

图 5-78 选项组的三种按钮

“选项组”控件可以包括一组按钮，一组的个数由用户自定，Access 提供了三种类型：单选按钮、复选按钮和切换按钮，如图 5-78 所示。

比如要建立如图 5-78 所示三种类型之一的选项组，具体步骤如下：

1）打开窗体的设计视图。

2）在“控件”组中选择“选项组”，然后在设计视图中单击一下，出现选项组向导，在“标签名称”中输入所需的选项，如图 5-79 所示。

3）在下一步中，指定是否需要以某项为默认值，如果此时不指定，系统会把第一个作为“默认值”。

“默认值”意味着当用户还没有任何选择时，第几个处于选中状态，如图 5-80 所示“默认值”是“数据浏览”。

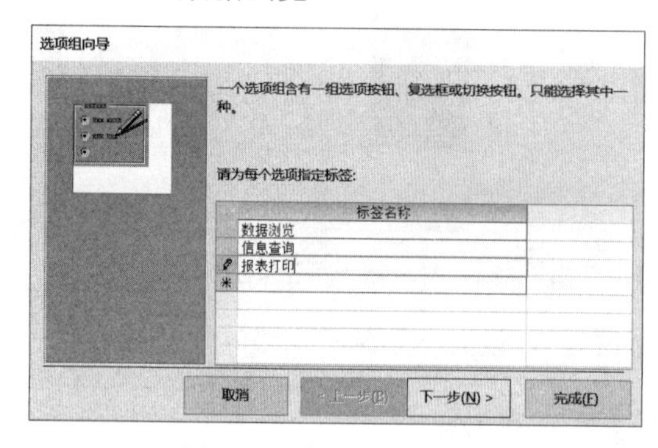

图 5-79 输入各选项名称

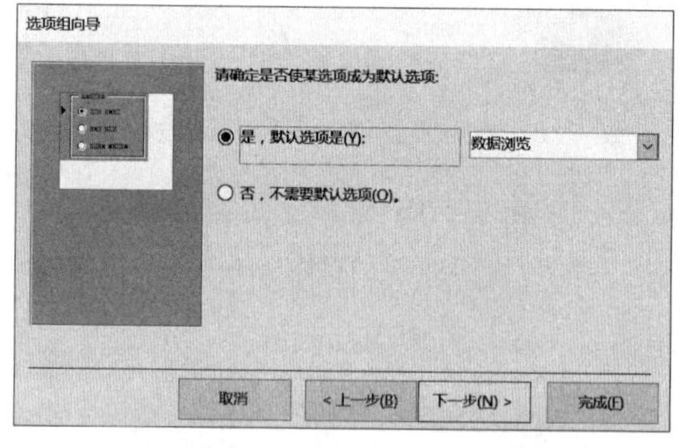

图 5-80 指定默认选项或不要

4）在下一步中，为每个选项赋值，如图 5-81 所示。这是为了在事件发生后，用来判断哪个被选中。

5）下一步做两个选择：①为选项组选定一种类型（三种类型中之一），比如“选项按钮”；②选定一种样式，比如“蚀刻”，如图 5-82 所示。

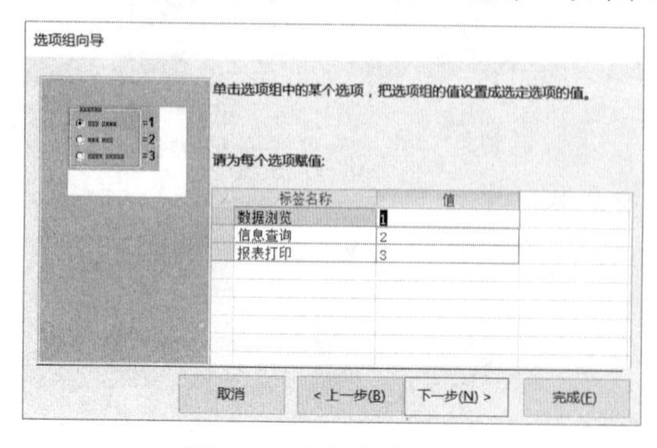

图 5-81 为每个选项赋值

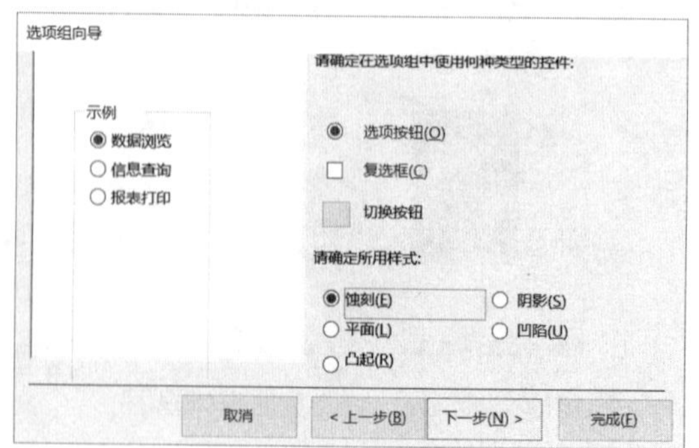

图 5-82 选定一种类型和样式

6）下一步为选项组指定名称，单击“完成”按钮，如图 5-83 所示。选项组的名称相当于标明这组选项的用途或功能的标题，要简单、明了。

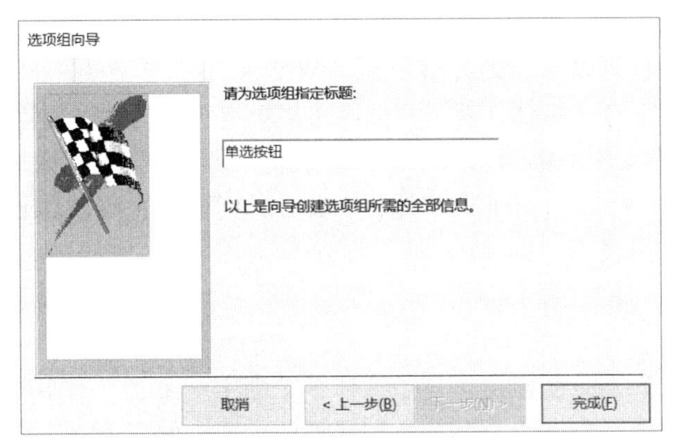

图 5-83 为选项组指定名称

以上操作的结果会产生如图 5-78 所示的第一个图。

如何利用选项组控件去驱动所需要执行的事件，会在第 7 章宏的使用中举例说明。

8. 选项按钮和复选按钮

“选项按钮”是单个的“单选按钮”，它可以用来作为单独的控件使用，用来表示基表、查询或 SQL 语句中的“是/否”值。如果选中了，其中间有一个小黑点，其值就是“是”；如果未选中，其中间是空白，其值就是“否”，如图 5-84 所示。

“复选按钮”也称为“复选框”，它也可以用来作为单独的控件使用，用来表示基表、查询或 SQL 语句中的“是/否”值。如果选中了，其中间有一个对勾，其值就是“是”；如果未选中，其中间是空白，其值就是“否”，如图 5-85 所示。

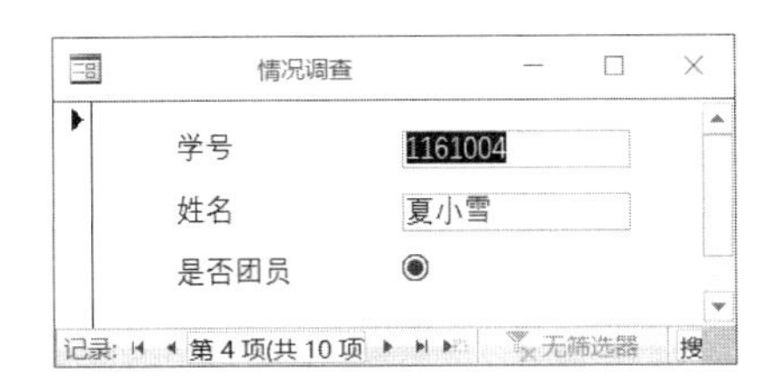

图 5-84 使用选项按钮做“是/否”值

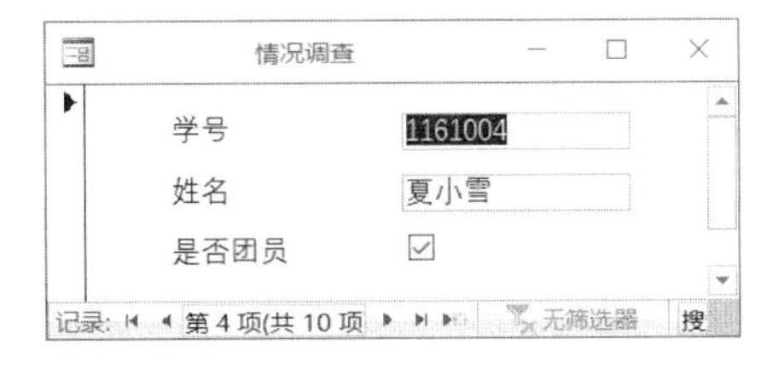

图 5-85 使用复选框做“是/否”值

5.5.3 子窗体

“子窗体”是窗中之窗。基本窗体称为主窗体，窗体中的窗体称为子窗体。窗体、子窗体也称为阶层式窗体。

子窗体在显示具有一对多关系的表或查询中的数据时，特别有效。比如，用于显示“学生”表和“学生选课”表中的数据，可以创建一个带有子窗体的主窗体。“学生”表中的数据是“一对多”关系中的“一”方，而“学生选课”表中的数据则是此关系中的“多”方。一个学生可以选修多门课程，有的学生可能没有选课。在这类窗体中，主窗体和子窗体彼此链接，使得子窗体只显示与主窗体当前记录相关的记录。

如果用带有子窗体的主窗体来输入新记录，则在子窗体中输入数据时，Access 就会保存主窗体的当前记录。这就可以保证在“多”方的表中每一记录都可与“一”方表中的记录建立联系。在子窗体中添加记录时，Access 也会在相应的表中自动保存每一记录。

从表现方法上来看，主窗体只能显示为单个窗体，而子窗体则比较灵活，既能够显示为单个或连续窗体，也可以显示为数据表。

主窗体可以包含多个子窗体，而子窗体内可以再有子窗体，这称为“嵌套子窗体”，最多可以嵌套七级子窗体。例如，可以用一个主窗体来显示“学生”表的数据，用子窗体来显示“学生选课”，再用另一个子窗体“课程”来显示更详细的内容，比如课程名称、类型、学分等，类似于子数据表。

1. 同时创建窗体与子窗体

利用“窗体向导”同时创建窗体与子窗体，下面用一个“一对多”关系为例，介绍创建的方法。在主窗体中，表现“一”方，在子窗体中，表现“多”方。下面以学生和学生选课为例，演示窗体与子窗体同时创建的过程。为了简化创建窗体中间的操作，在创建窗体之前，先创建一个查询“学生选课情况表”，该查询包含如下字段：

- 来自“学生”表的字段：姓名、性别、籍贯（计划在“主窗体”中的信息）。
- 来自“学生选课”表的字段：学号、课程 ID（计划在“子窗体”中的信息）。
- 来自“课程”表的字段：课程名、类型 ID、学分（计划在“子窗体”中的信息）。

创建带子窗体的窗体步骤如下：

1）打开“学分制管理”数据库。

2）在“数据库”窗口中，单击“创建→窗体”组中的“窗体向导”按钮，在向导的第一个对话框中，从列表中选定查询“学生选课情况表”。

3）选中窗体中包括“一”方和“多”方所需的字段，如图 5-86 所示。

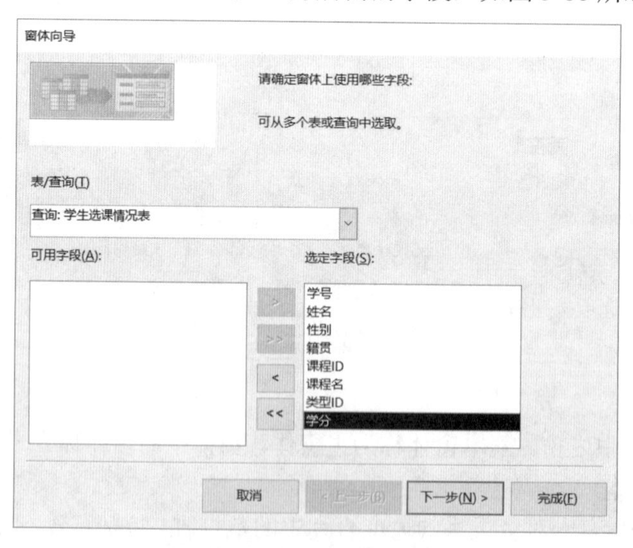

图 5-86　选中窗体所需的字段

4）单击“下一步”按钮时，向导询问以哪一个表或查询来查看，即选择哪一个表或查询为主窗体，这里选择“通过学生”，如图 5-87 所示。

5）在同一向导对话框中，请选中“带有子窗体的窗体”单选按钮。单击“下一步”按钮，选定子窗体所使用的布局，由于子窗体是“多”方，因此选择“数据表”比较合适，如图 5-88 所示。

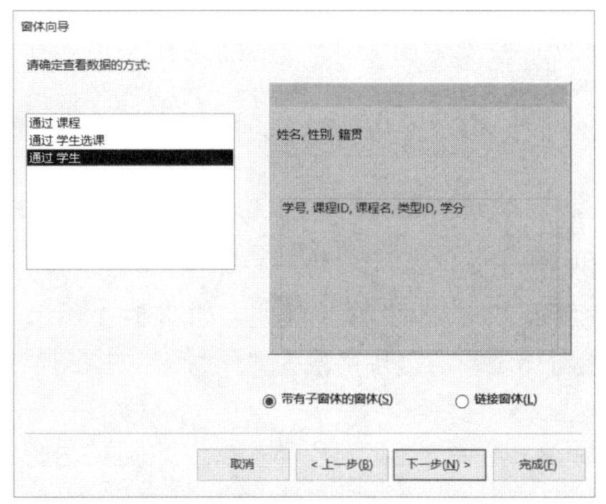

图 5-87 选择主窗体所在对象

图 5-88 选择子窗体的布局“数据表”

6）按照向导其余对话框的提示进行操作，完成为窗体和子窗体命名等操作，单击“完成”按钮后，系统将同时创建两个窗体，一个是带子窗体的主窗体，另一个则是单独的子窗体。

下面是最后形成的带子窗体的主窗体视图，如图 5-89 所示。

这是一个“纵栏式”（主窗体）和“数据表”（子窗体）相结合的窗体，一般在表现“一对多”的关系时，使用这种结构比较合理。上面是主窗体，下面是子窗体，主窗体中一条记录对应子窗体中多条记录。

2. 将子窗体添加到已有的窗体中

如果要在已有的窗体中添加子窗体，也可以不必使用向导。可以首先分别建立两个窗体，在设计主窗体时，计划好子窗体的位置和大小，然后通过在主窗体中插入“子窗体/子报表”控件而使二者建立链接，就可以得到一个带有子窗体的窗体。

下面以“A 班学生信息”和“A 班成绩表”为例，说明其创建过程。

第一步：建立子窗体“A 班成绩”，只包括各门成绩，如图 5-90 所示。

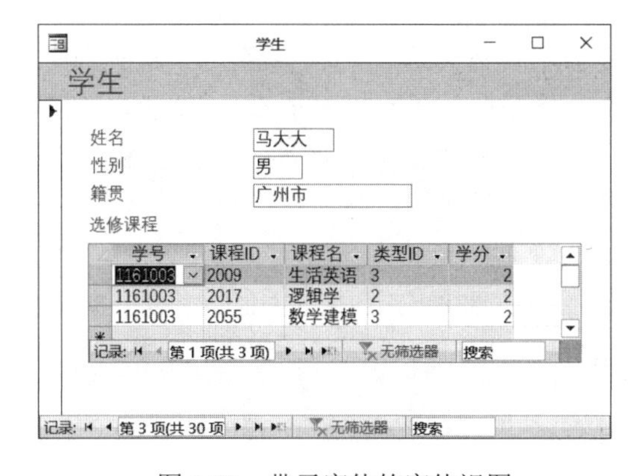

图 5-89 带子窗体的窗体视图

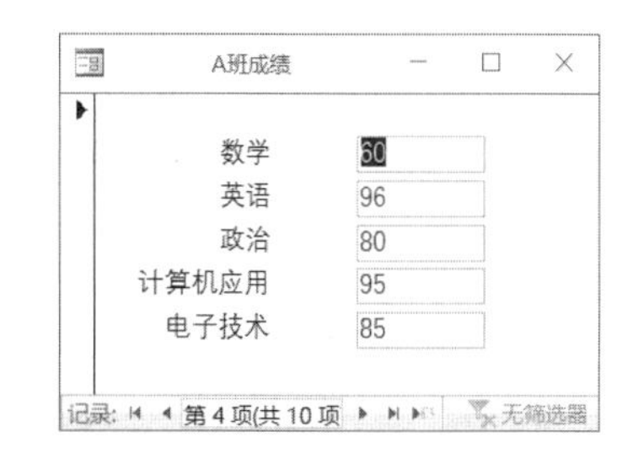

图 5-90 创建的子窗体

第二步：建立主窗体“A 班信息（含子窗体）”。

可以利用前面已经建立好的窗体“A 班学生信息”，复制一个名为“A 班信息（含子窗体）”的窗体。

第三步：在主窗体中插入控件“子窗体”。操作步骤如下：

1）打开窗体“A 班信息（含子窗体）”的设计视图。

2）增加子窗体所需的空间，选择“子窗体/子报表”控件，在窗体中要放置子窗体的位置用鼠标拉出一个矩形框。

第四步：建立“主窗体”和“子窗体”二者之间的链接。有如下两种方法可以实现：

方法一：使用“子窗体”向导实现。操作步骤如下：

1）在“子窗体”向导对话框中，选中“使用现有的窗体”单选按钮，如图 5-91 所示。

2）单击“下一步”按钮，选择子窗体和主窗体之间的链接字段为“学号”，如图 5-92 所示。

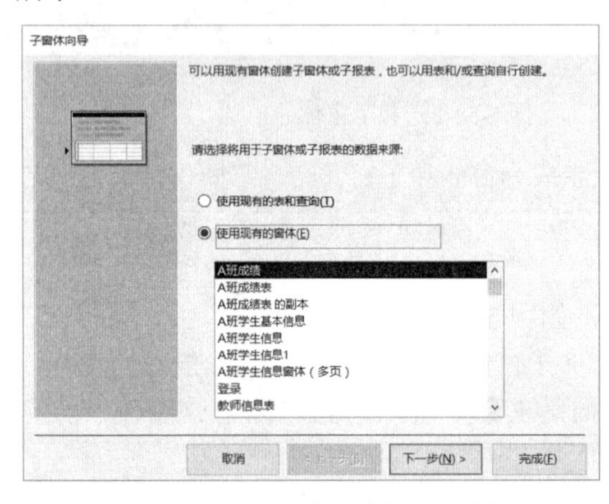

图 5-91 选择现有的窗体做子窗体

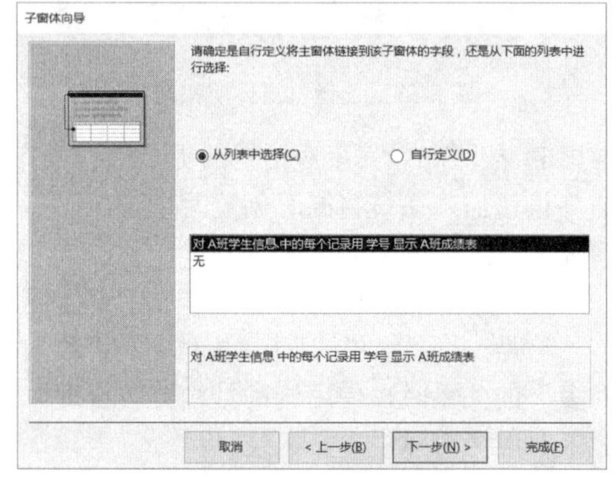

图 5-92 用“学号”做链接字段

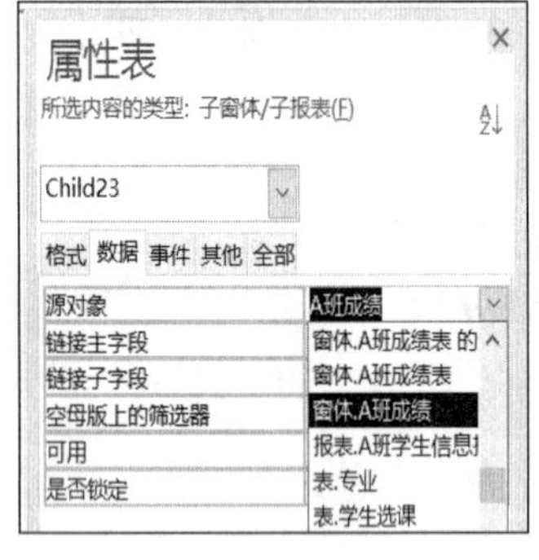

图 5-93 建立与子窗体的链接

3）确定子窗体的名称为“各科成绩:”，单击“完成”按钮，操作完毕。

方法二：在子窗体的属性中设置。

操作步骤如下：

1）在“子窗体”向导对话框中单击“取消”按钮，这时“子窗体/子报表”控件出现“未绑定”字样。

2）打开“子窗体”属性对话框，在“数据”选项卡的“源对象”中选择子窗体“A 班成绩”，如图 5-93 所示。

3）打开子窗体的“标签”属性，在“格式”选项卡的“标题”中输入“各科成绩:”。

这时，系统将已有的主窗体和子窗体控件实现了链接。

如图 5-94 所示是带有子窗体“A 班成绩”的窗体视图。由于主窗体和子窗体是“一对

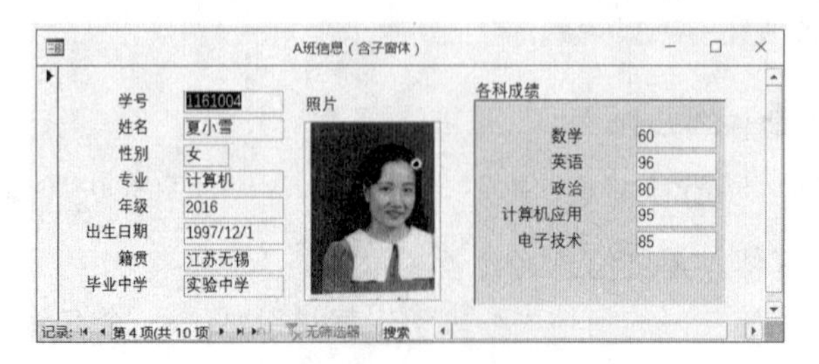

图 5-94 带子窗体的窗体视图

一”的关系，这样子窗体中的“导航按钮”、“记录选择器”和“分隔线”就显得多余，因此可以在子窗体的属性中将这三项设置为“否”，于是就有了如图 5-94 所示的效果。

这是一个“纵栏式”（主窗体）和“纵栏式”（子窗体）相结合的窗体，一般在表现“一对一”的关系时，使用这种结构比较合理。主窗体和子窗体每条记录一一对应，因此，去掉子窗体中的“导航按钮”、“记录选择器”和“分隔线”就很有必要。

注意：

1）本例中，由于“A 班学生信息”和“A 班成绩表”已经建立了“一对一”的关系，因此在子窗体的属性中，“链接子字段”和“链接主字段”自动取链接字段“学号”。如果主窗体和子窗体的相关表/查询没有建立关系，则必须输入链接的字段。若要链接一个以上字段，可使用分号分隔字段。

2）链接字段并不一定在主窗体或子窗体中显示，但必须包含在基础数据源中。如果用“窗体向导”来创建子窗体，即使在向导中并未选定该链接字段，系统也会自动将该链接字段填入基础数据源中。

5.6 使用窗体操纵数据

窗体是用户操作数据的主要界面，在窗体视图中，可以进行窗体允许的各种操作，如浏览、修改数据，添加、删除记录，查找、排序和筛选记录。

5.6.1 使用窗体浏览和修改记录

在窗体视图中，可以通过各个窗体控件浏览所希望看到的数据，也可以直接在窗体中修改数据，这种修改会导致相关基表的数据改变，从而实现对基表中数据的修改操作。

为了数据的安全，能否允许用户实现通过窗体对数据的修改操作，以及允许以何种方式修改，可以由窗体的设计者通过指定窗体的相关属性而决定。

比如在第 4.5.2 节中，我们曾经对多用户数据库中更新数据时的并发控制问题做过举例，在“窗体属性”的“记录锁定”中，将“不锁定”换为“所有记录”或“已编辑的记录”，那么在编辑记录时，系统会自动锁定该记录，以防止其他用户在完成编辑之前修改它。

浏览记录主要使用“导航按钮”工具栏来操作，它依次包括“第一条记录”、“上一条记录”、“下一条记录”、“尾记录”和“新（空白）记录”等按钮，如图 5-95 所示。

图 5-95　导航按钮工具栏

通过这些按钮，可以实现移动记录指针，定位记录的功能。在某些情况下，也可以在窗体属性将“导航按钮”设置为“否”而关闭这个工具栏。

5.6.2 使用窗体添加和删除记录

可以在窗体中添加或删除记录，从而实现对基表中记录的添加或删除操作。

1. 添加记录

有多种方法可以在窗体中添加新记录。

方法一：在打开的窗体视图窗口中，单击“开始”选项卡“记录”组中的“新建”按钮。

方法二：单击“导航按钮”工具栏中的“新（空白）记录”按钮“ ”。

以上方法都可以实现在最后一条记录之后添加新记录，不过，新记录的排序会根据输入数据中主键的值而定位。如果窗体的控件涉及多个基表，则每个基表都会得到新记录的数据。

2. 删除记录

同样有多种方法可以在窗体中删除记录。

方法一：在打开的窗体视图窗口中，单击“记录选定器”选定当前记录，然后单击“开始”选项卡的“记录”组中的“删除”按钮。

方法二：单击“记录选定器”选定当前记录，按<Del>键。

注意：要删除整条记录，必须先单击“记录选定器”，才能选定整条记录，否则仅仅定位于要删除的记录，只能删除光标所在域的内容。

如果窗体的控件涉及多个基表，表之间设置了关联，则在执行删除时，删除就会被警告或拒绝。比如我们要删除窗体“A 班学生信息”中的某条记录，就会弹出如图 5-96 所示对话框。

这是数据库信息的一种保护，如果确实希望在删除主表时也删除相关表的对应记录，则必须在二者所建立的关系中修改设置。

在“关系”对话框中，右击“A 班学生信息”和“健康状况”之间的连线，打开“编辑关系”对话框，如图 5-97 所示。选中“级联更新相关字段”和“级联删除相关记录”复选框，完毕之后，当删除主表时，也删除了与之关联的其他表，不再进行询问，这是对数据库完整性的一种保护。

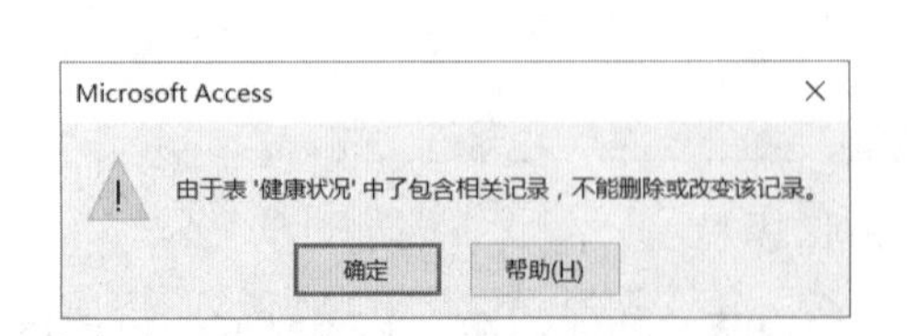

图 5-96 删除涉及多个基表时删除被拒绝

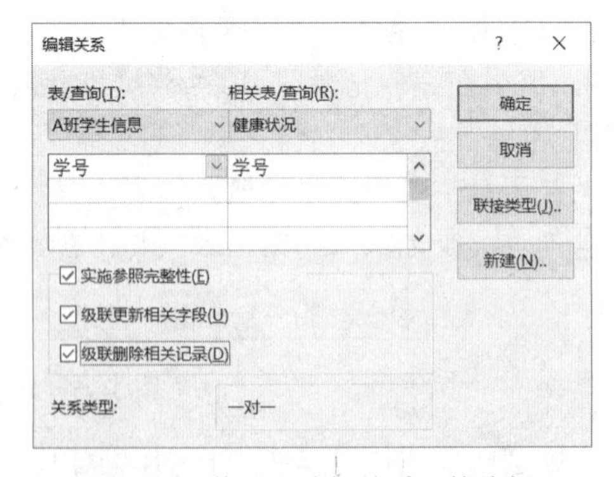

图 5-97 修改“编辑关系”的选择

在窗体设计中，如果允许用户删除记录，一般会在窗体中加上一个“删除记录”命令按钮，以便用户操作。命令按钮的设计在第 5.5.2 节中介绍过，在此不再举例。

5.6.3 查找与替换数据

在打开的窗体视图窗口中，单击“开始”选项卡的“查找”组中的“查找”按钮，可以进行查找操作。

1. 一般的查找与替换

要在窗体“学生选课情况”中查找姓名为“马大大”的学生的选课情况，操作步骤如下：

1）打开其窗体视图，单击“开始”选项卡的“查找”组中的“查找”按钮“⌕”，弹出“查找和替换”对话框，如图 5-98 所示。

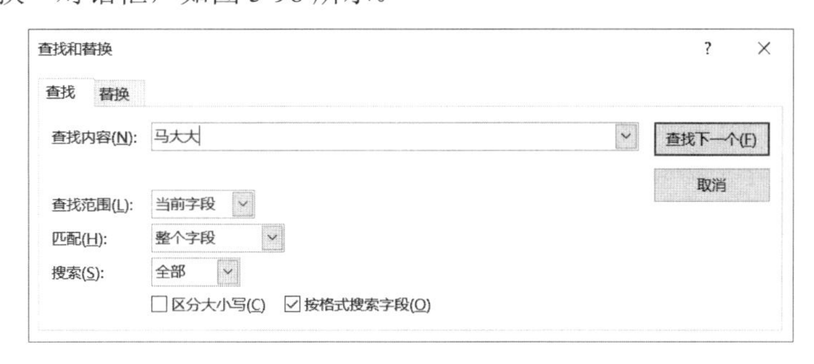

图 5-98 “查找和替换”对话框

2）在“查找范围”中选择“当前字段”，“查找内容”中输入“马大大”。

3）单击“查找下一个”按钮，此时，可以看到窗体中已显示学生“马大大”的选课情况。

- “匹配”列表框：包括“字段开头”、“字段任何部分”和“整个字段”三种匹配模式可供选择。
- “搜索”方式：有三种，向上、向下和全部。
- “替换”选项卡：如果要将查找的数据替换成所需的其他数据，可在“替换为”中填入所需内容。根据需要使用“替换”或“全部替换”按钮执行替换操作，如图 5-99 所示。

图 5-99 “替换”选项卡

2. 使用通配符的搜索

使用通配符的方法所进行的搜索，用于实现各种模糊的查询。当用户所能提供的查询条件不完整时，使用通配符的方法是行之有效的。

在指定要查找的内容时，如果出现以下情况，则可以使用通配符作为其他字符的占位符：

1）仅知道要查找的部分内容。

2）查找以指定的字母为开头的或符合某种样式的指定内容。

模式匹配的用法说明参见表 5-1。

表 5-1 模式匹配的用法说明

字符	用法	示例与说明
*	与任何个数的字符匹配，它可以在字符串中，当作第一个或最后一个字符使用	示例：Com* 说明：表示以 Com 开头的
?	与任何单个字母的字符匹配	示例：B?N 说明：表示第一个字符为 B，第三个为 N 的
[ ]	与方括号内任何单个字符匹配	示例：B[ae]ll 说明：ball 和 bell 满足条件，但 bill 不满足
!	匹配任何不在括号之内的字符	示例：b[!ae]ll 说明：bill 和 bull 满足条件，但 bell 不满足
-	与范围内的任何一个字符匹配。必须以递增排序次序来指定区域（A～Z，而不是 Z～A）	示例：b[a-c]d 说明：bad、bbd 和 bcd 满足条件
#	与任何单个数字字符匹配	示例：1#3 说明：103、113、123 都满足条件

5.6.4 记录的排序

在一般情况下，窗体中记录的顺序是按基表中记录的物理顺序显示的，如果指定了主键，则基表自动以主键为序。但是在窗体中，如果希望以另一字段为序排列显示，也很容易实现。操作方法是：在窗体视图下，将光标定于需要按照它排序的字段上（用鼠标在该字段上单击一下），再单击“开始”选项卡的“排序和筛选”组中的“升序”按钮“升序”或“降序”按钮“降序”即可。或者右击选择快捷菜单的“升序”或“降序”。重新排序后，可通过“导航按钮”来观察记录的排列顺序，就是所需要的顺序了。

如果排序所依赖的字段不止一个，比如按总分为第一顺序（降序），总分相同的按英语成绩（降序）排列显示，则必须通过“高级筛选/排序”来实现，这将在下一节中介绍。

5.7 数据的筛选

在一般情况下，利用窗体可以浏览表或查询的全部记录，但是有时数据太多，而用户只关心其中一部分数据，则可以根据这些数据的特点进行“筛选”，使得在窗体中所看到的，仅包含所需要的部分，或者与之有关的部分。这样可以大大提高工作效率。下面分别介绍几种不同筛选操作的实现方法。

5.7.1 按选定内容筛选

在窗体、子窗体中，如果希望找到包含某一字段值的所有记录，就可以使用这种方法筛选。

【实例 5-12】 查找所有具有“硕士”文化程度的教师。

操作步骤如下：

1）打开“教师信息表”的窗体视图。

2）单击选定“文化程度”字段所在的文本框。

3）单击“开始”选项卡的“排序和筛选”组中的“筛选器”按钮“”，弹出“筛选器”对话框，选择“硕士”复选框，如图 5-100 所示。

4）单击“确定”按钮，此时窗体立即由普通的窗体视图变成已完成筛选后的视图，在视图下方的“导航按钮”工具栏的提示文字由“共 12 项”变成“共 5 项（已筛选）”，如图 5-101 所示。这时，如果用“导航按钮”查看记录，就只能看到满足条件的 5 条记录。

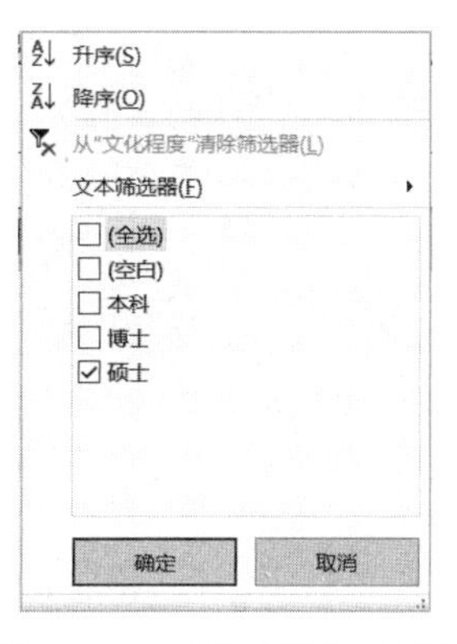

图 5-100 “筛选器”对话框

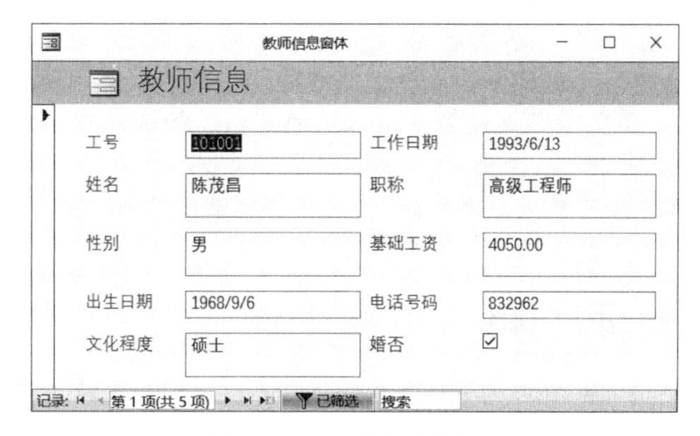

图 5-101 按选定内容筛选

如果要取消筛选，只要单击已被激活的“切换筛选”按钮“切换筛选”，或选择“开始”选项卡的“排序和筛选”组中的“高级”按钮下拉列表中的“清除所有筛选器”，就可以取消筛选。

5.7.2 按窗体筛选

在窗体、子窗体中，如果包含多个条件的查询，就可以使用这种方法筛选。

【实例 5-13】 查找 A 班所有英语成绩在 80 分以上，或者数学成绩为 85 分的所有学生。

操作步骤如下：

1）打开“A 班成绩表”的窗体视图。

2）单击选择“开始”选项卡的“排序和筛选”组中的“高级”按钮下拉列表中的“按窗体筛选”，出现一个空白内容的窗体，在该窗体的“数学”文本框中输入“85”，如图 5-102 所示。

3）单击左下角的标签“或”，出现另一个空白内容的窗体，在“英语”中输入“>80”，如图 5-103 所示。

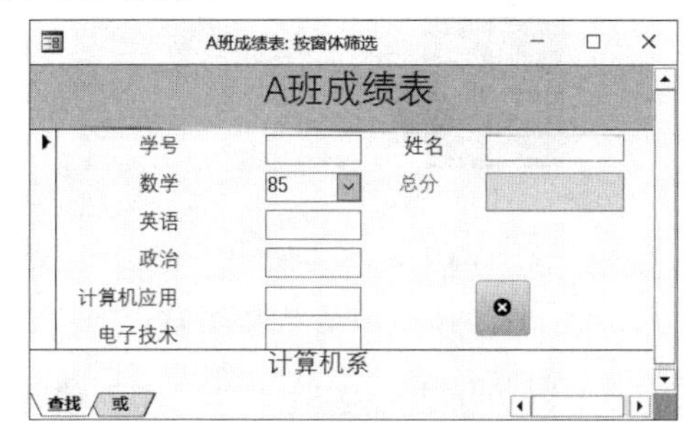

图 5-102 条件一：数学等于 85 分

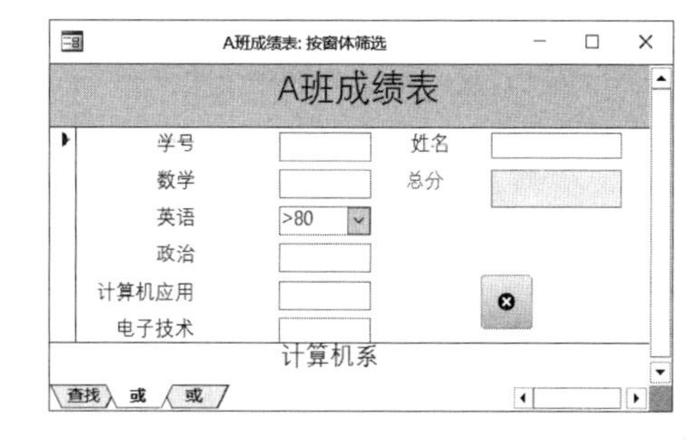

图 5-103 条件二：英语大于 80 分

4）单击“切换筛选”按钮“切换筛选”，或选择“开始”选项卡的“排序和筛选”组中的“高级”按钮下拉列表中的“应用筛选/排序”，或右击选择快捷菜单的“应用筛选/排序”，此时窗体立即由普通的窗体视图变成已完成筛选后的视图，在视图下方的“导航按钮”工具栏的提示文字由“共 10 项”变成“共 8 项（已筛选）”，即为筛选结果。

注意：

1）如果要建立条件，可以从字段列表中选择要搜索的字段值，或在字段中键入所需的值。

2）如果在多个字段中指定筛选值，则筛选将被认为是同时满足所有这些值的记录（即条件之间是“与”的关系）。

3）要表示条件之间“或”的关系，可单击“或”选项卡，并输入相应的条件，如果存在多个“或”的关系，则当输入第一“或”的条件时，系统将自动增加第二个“或”选项卡，以此类推。

4）要查找某一特定字段为“空”或“非空”的记录，可在字段中输入 Is Null 或 Is Not Null。

5.7.3 高级筛选/排序

“高级筛选/排序”与按条件查询的方法一样，条件的表示是在筛选的设计网格中进行的。

【实例 5-14】 使用高级筛选在窗体“A 班学生信息多页窗体”中查找 1.75 米以上的学生。

操作步骤如下：

1）打开“A 班学生信息多页窗体”的窗体视图。

2）单击选择“开始”选项卡的“排序和筛选”组中的“高级”按钮下拉列表中的“高级筛选/排序”，弹出筛选设计视图，它与查询的设计视图相似，在设计视图中将字段“身高”拖到设计网格中，并在“条件”中输入“>1.75”，如图 5-104 所示。

3）单击“切换筛选”按钮“切换筛选”，或选择“开始”选项卡的“排序和筛选”组中的“高级”按钮下拉列表中的“应用筛选/排序”，或右击选择快捷菜单的“应用筛选/排序”，此时出现如图 5-105 所示的窗体视图，表明已筛选出 3 条记录。

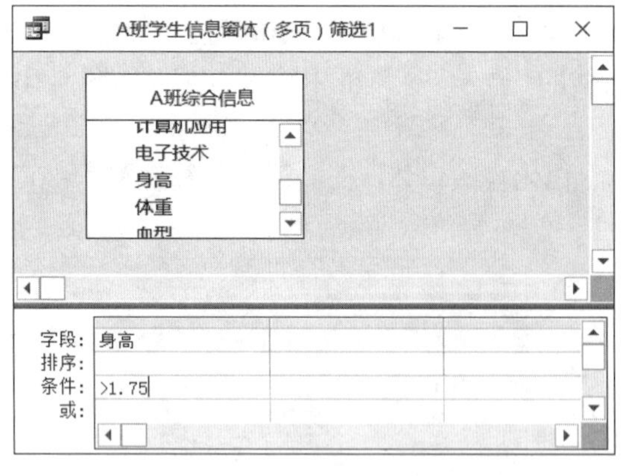

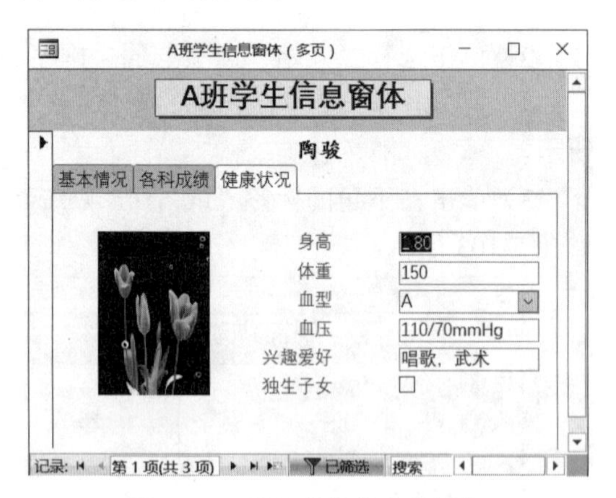

图 5-104 高级筛选设计视图

图 5-105 筛选结果的窗体视图

如果要指定某个字段的排序次序，在第 2）步中，可单击该字段的“排序”单元格，然后单击旁边的下拉箭头，选择相应的排序次序。

5.7.4 筛选用于表、查询与报表

以上几种筛选方法不仅可用于窗体和子窗体视图，也可以用于基表、查询、报表等对象，操作方法也一样，鉴于本章已作详细介绍，也就不在相应的各章节赘述了。但是，无

论使用哪种筛选，如下几点是共同的：

1）在保存表、查询、报表或窗体时，系统将同时保存创建的筛选，在下次打开表或窗体时，如果需要，可以重新应用此筛选，只要单击“应用筛选”按钮即可。

2）在保存查询时，系统也将同时保存创建的筛选，但是不会将筛选条件添加到查询设计网格中。下次打开时，在执行查询后，可以重新应用此筛选。

3）如果在子数据表或子窗体上创建一个筛选，当独立地打开子数据表或子窗体的表或窗体时，该筛选也可以使用。

4）也可以筛选不包含某一特定值的记录，只需在选定该值后右击鼠标，然后选择快捷菜单的“不包含”即可。

习 题

一、单选题

1. 在窗体设计的控件工具箱中，代表列表框的图标是______。

   A. B. C. XYZ D.

2. 下面关于列表框和组合框的叙述正确的是______。

   A. 列表框和组合框可以包含一列或几列数据

   B. 可以在列表框中输入新值，而组合框不能

   C. 可以在组合框中输入新值，而列表框不能

   D. 在列表框和组合框中均可以输入新值

3. 下列不属于窗体的常用格式属性的是________。

   A. 标题 B. 记录源 C. 分隔线 D. 滚动条

4. 窗体事件是指操作窗体时所引发的事件，下列不属于窗体事件的是______。

   A. 打开 B. 关闭 C. 加载 D. 取消

5. “特殊效果”属性用于设定控件的显示效果，下列不属于“特殊效果”属性值的是________。

   A. 平面 B. 凸起 C. 蚀刻 D. 透明

6. 下列有关选项组叙述正确的是______。

   A. 如果选项组结合到某个字段，实际上是组框架内的复选框、选项按钮或切换按钮结合到该字段上的

   B. 选项组中的复选框可选可不选

   C. 使用选项组，只要单击选项组中所需的值，就可以为字段选定数据值

   D. 以上说法都不对

7. 能够接受数值型数据输入的窗体控件是：________。

   A. 图像 B. 文本框 C. 标签 D. 命令按钮

8. 若要求在文本框中输入文本时达到密码“*”号的显示效果，则应设置的属性是________。

   A. 默认值 B. 标题 C. 密码 D. 输入掩码

9. 为窗体中的命令按钮设置单击鼠标时发生的动作，应选择设置其属性对话框

的__________。

A．“格式”选项卡　　B．“事件”选项卡

C．“方法”选项卡　　D．“数据”选项卡

10. 下列不属于 Access 窗体的视图是__________。

A．版面视图　　B．数据表视图　　C．设计视图　　D．窗体视图

二、填空题

1．窗体中的数据来源主要包括表和________。

2．窗体由多个部分组成，每个部分称为一个________。

3．在显示具有________关系的表或查询中的数据时，子窗体特别有效。

4．纵栏式窗体将窗体中的一个显示记录按列分隔，每列的左边显示________，右边显示________。

5．在创建主/子窗体之前，必须设置________之间的关系。

6. 在窗体视图中显示窗体时，窗体的大小是固定的，用户不能对其大小进行调整，应将窗体的“边框样式”属性值设置为________。

7. 在窗体视图中显示窗体时，窗体中没有导航按钮，应将窗体的“导航按钮”属性值设置为________。

8. Access 窗体中的文本框控件分为________和________。

9．要改变窗体上文本框控件的数据源，应设置的属性是________。

10．Access 窗体提供的筛选记录的方法有四种，它们是按选定内容筛选、内容排除筛选、________和高级筛选/排序。

三、简述题

1．窗体中的“导航按钮”、“记录选择器”和“分隔线”分别是指哪里？如何让它们不显示？

2．“窗体选择器”在什么地方？如何打开“窗体属性”窗口？

3．Access 2016 的窗体有哪几种视图？试说出其中三种视图的功能各是什么。

4．如何改变窗体的背景样式？

5．以自选图片做背景，应如何操作？

6．能否使用自选图片做命令按钮？如果可以，应如何操作？

7．双击快捷方式“在设计视图中创建窗体”后，设计视图是空的，如何将一个表或查询与之联系，作为该窗体的数据源？

8．什么是“绑定”的对象？什么是“非绑定”的对象？各举一例。

9．什么情况下需要使用“标签”？什么情况下需要使用“文本框”？各举一例。

10．简述如何在表中加入照片？在表的数据表视图能否显示照片？

11．简述如何在一个窗体中添加子窗体，子窗体能否在设计视图中直接编辑？

12．如果两个独立的窗体已经做好，它们的数据源之间有“一对一”的关系，那么能否将其中一个作为子窗体加到另一个中？如果可以，应如何操作？

13．一个窗体中最多可以嵌套几级子窗体？

14．在按窗体筛选时，如何表达两个以上条件之间的“与”“或”的关系？

15．查找、替换、筛选、排序可以在窗体中进行，这些操作能否用于基表、查询和报表中？

实验 窗体的应用

一、实验目的

1．掌握各种类型“窗体”的创建方法。
2．掌握窗体及各对象的属性设置。
3．掌握各种控件的建立方法。
4．掌握在窗体中插入图片（绑定的、非绑定的、背景图片）的方法。
5．掌握子窗体的应用。
6．掌握标签、图表的制作方法。

二、实验内容

1．完成下列窗体制作（数据源：A 班学生信息，包含所有字段）。
1）使用“窗体向导”按钮创建窗体：“A 班学生窗体”。
2）使用“窗体”按钮创建窗体：“A 班窗体（自动）”。
3）使用“其他窗体”按钮下拉列表中的“分割窗体”创建窗体：“A 班窗体（分割）”。
4）使用“其他窗体”按钮下拉列表中的“数据表”创建窗体：“A 班窗体（数据表）”。
2．创建如图 S5-1 所示的“教师信息表”窗体。

图 S5-1 “教师信息表”窗体样张

具体要求如下：
1）在窗体页眉中插入标题标签“教师信息表”，窗体页眉背景色自定义。
2）设置标题标签“教师信息表”属性。大小：5cm×0.899cm；特殊效果：阴影，边框宽度：5pt；字号：18；字体：隶书；对齐：居中；前景/背景色：4210816 / 16777088。
3）主体各标签设置：特殊效果（凸起），前景/背景色（16777088 / 8421376）。

4）主体各文本框设置：特殊效果（凹陷），前景/背景色（文字 1，淡色 5%/#FCE6D4）。

5）将主体标签设置成“右齐”，文本框“左齐”，大小适中，垂直距离为等距。

6）在主体右下角添加“关闭窗体”按钮。

3．建立如图 S5-2 所示的“健康状况”窗体，要求以自选图片“百合花”或“郁金香”作为背景。

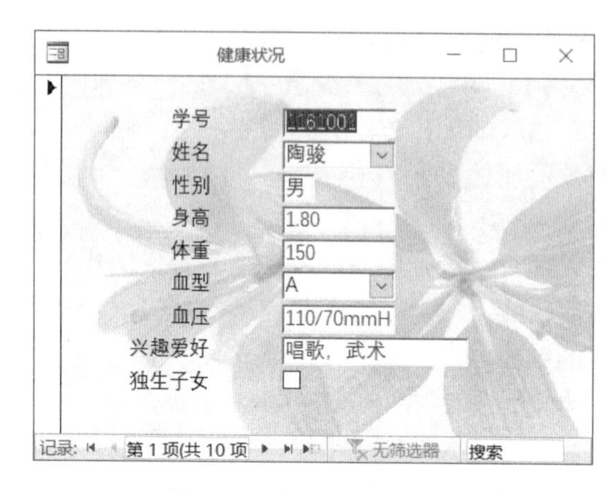

图 S5-2　自选图片做背景

4．建立如图 S5-3 所示的“A 班学生信息”多页窗体。

使用控件“选项卡”将 A 班学生信息分三页显示，具体要求如下。

第一页：基本情况。

第二页：各科成绩。

第三页：健康状况。

提示：先建立一个包括 A 班学生信息、A 班成绩表和健康状况三个表信息的查询。

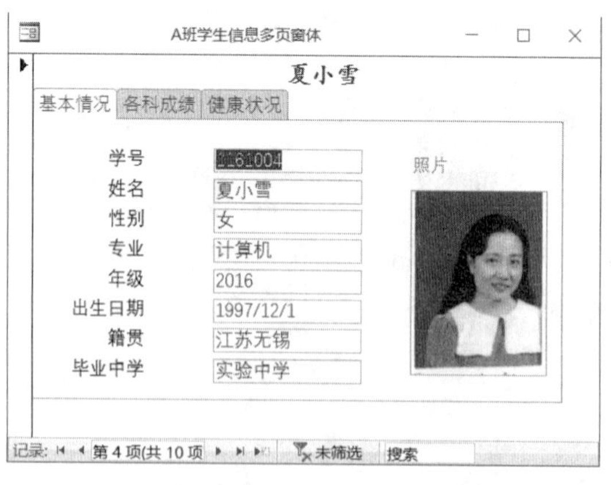

图 S5-3　多页窗体

5．创建“一对一”关系子窗体（“纵栏式”+“纵栏式”）。

建立如图 S5-4 所示的带子窗体的窗体。要求以“A 班学生信息”为主窗体，“A 班成绩表”为子窗体。

6．创建“一对多”关系子窗体（“纵栏式”+“数据表”式）。

1）建立如图 S5-5 所示的带子窗体的窗体。主窗体以“课程”为数据源，子窗体以“学生”和“学生选课”为数据源。

图 S5-4 带子窗体的窗体

2）建立如图 S5-6 所示的带子窗体的窗体。主窗体以“学生”为数据源，子窗体以查询“13、学生选课情况”为数据源。

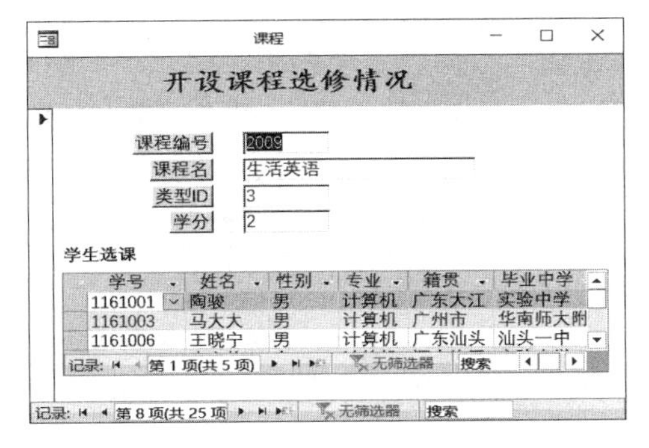

图 S5-5 以“课程”为主窗体

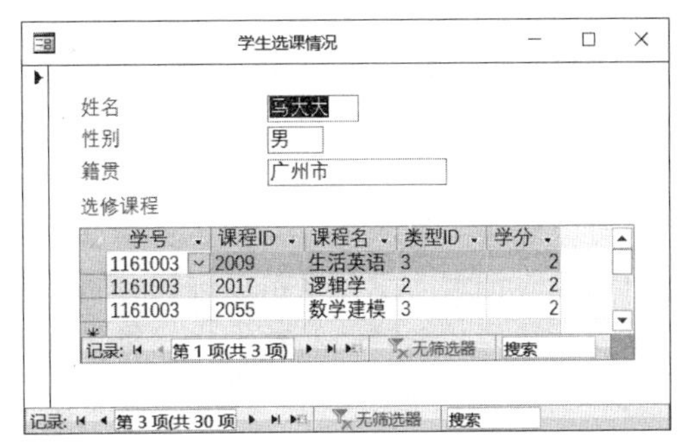

图 S5-6 以“学生”为主窗体

第6章 报　　表

报表是Access数据库基本对象之一。一个数据库应用系统的最终目的就是输出报表，报表是数据库中数据通过打印机输出的特有形式，它能将数据源(表或查询)中的数据根据用户设计的格式在屏幕或打印机上输出。报表对象的主要功能就是将数据库中需要的数据萃取出来，再加以整理和计算，并且以打印格式来输出数据。报表的用途很广，归纳起来主要有两点。第一，报表可以在大量数据中进行比较、小计和汇总等；第二，在实际应用中，可以将报表设计成美观的目录、实用的发票、购物订单、标签等，极大地提高了应用处理业务的效率。报表设计者还能够在生成报表时对多个记录的数据进行分组和汇总，并且可以通过对记录的统计来帮助用户分析数据。

报表不能对数据源中的数据进行维护，只能在屏幕上预览或在打印机上输出。

6.1　报表的结构

报表和窗体的结构相似，通常由报表页眉、报表页脚、页面页眉、页面页脚和主体五部分组成，每个部分称为报表的一个节。如果对报表进行分组显示，则还有组页眉和组页脚两个专用的节，这两个节是报表所特有的。报表的内容是以节划分的，每一个节都有其特定的功能。所有的报表都必须有一个主体节，但可以不包含其他节。报表中各节的作用分别如下：

1）报表页眉。报表页眉是整个报表的页眉，只出现在报表第一页的页面页眉的上方，主要用来输出单位的徽章、报表的标题、制作单位等信息。右击报表设计视图，选择快捷菜单的“报表页眉/页脚”命令，可添加或删除报表页眉、页脚及其中的控件。

2）页面页眉。页面页眉显示和打印在报表每一页的头部，在表格式报表中用来显示报表每一列的标题。右击报表设计视图，选择快捷菜单的“页面页眉/页脚”命令，可添加或删除页面页眉、页脚及其中的控件。

3）主体。主体是整个报表的核心部分。数据源中的每一条记录都放置在主体节中。

4）页面页脚。页面页脚显示和打印在报表每一页的底部，利用页面页脚来显示报表页码、制作者和审核人等信息。页面页脚和页面页眉可用同样的命令被成对地添加或删除。

5）报表页脚。报表页脚是整个报表的页脚，仅出现在报表最后一页的页面页脚的上方，主要用来显示报表总计等信息。报表页脚和报表页眉可用同样的命令被成对地添加或删除。

6）组页眉。在分组报表中，自动添加组页眉和组页脚。组页眉显示在记录组的开头，主要用来显示分组字段名等信息。要创建组页眉，可右击报表设计视图，选择快捷菜单的“排序和分组”命令，然后选择一个字段或表达式，将组页眉属性设置为“是”。

7）组页脚。组页脚显示在记录组的结尾，主要用来显示报表分组总计等信息。要创建组页脚，可右击报表设计视图，选择快捷菜单的“排序和分组”命令，然后选择一个字段或表达式，将组页脚属性设置为“是”。

报表的结构如图 6-1 和图 6-2 所示。

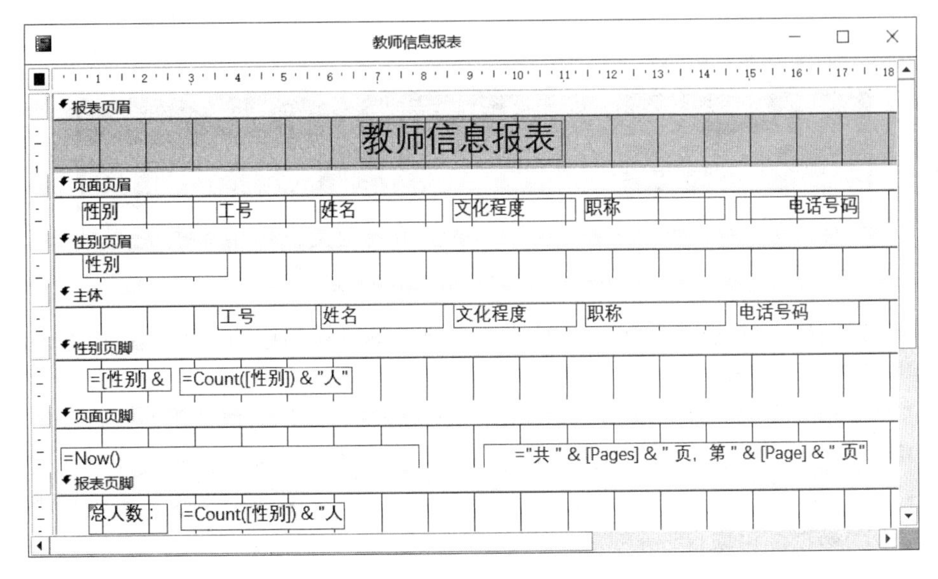

图 6-1 报表的结构（设计视图）

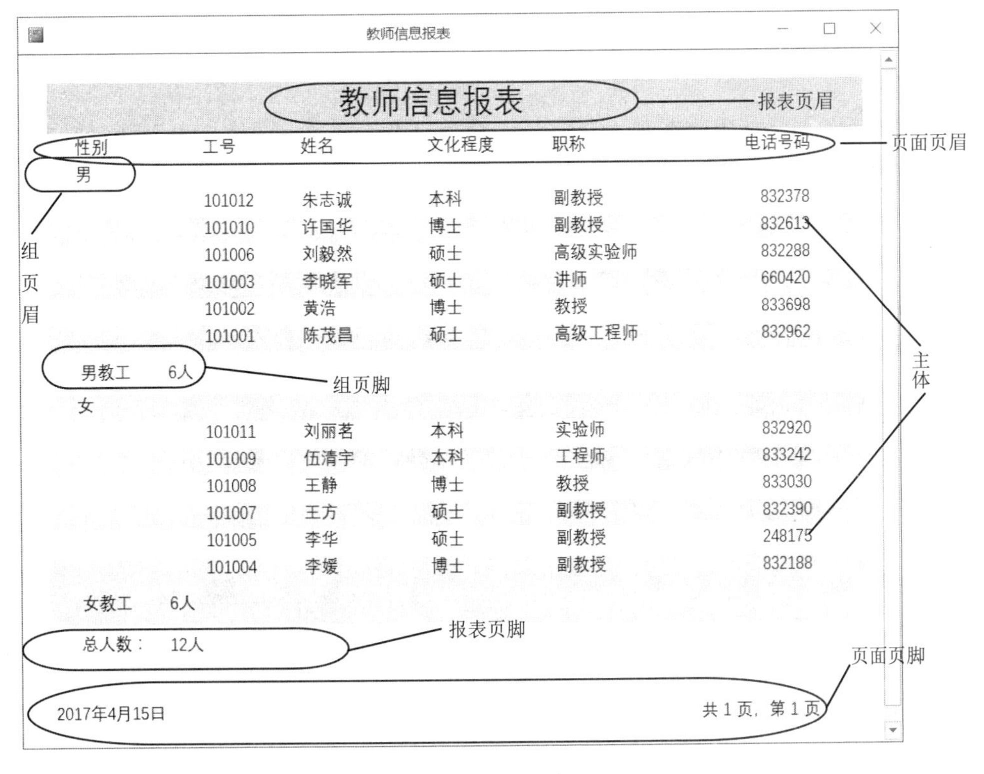

图 6-2 报表的结构（报表视图）

6.2 报表的创建

在 Access 中，创建报表与创建窗体的方法基本一样。可以使用“自动创建报表”、“报表向导”和“设计视图”等方法来创建报表。在 Access 2016 中，系统提供了五个创建报表的工具按钮，如图 6-3 所示。

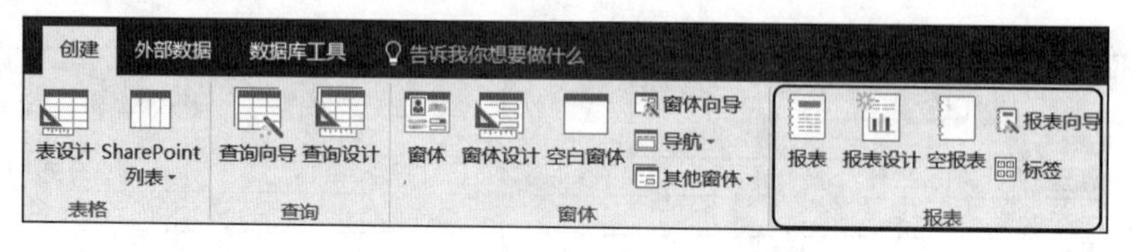

图 6-3 创建报表的工具按钮

通常可以利用“自动报表”或“报表向导”来快速创建简单的报表，由于“报表向导”可以为用户完成大部分基本操作，因此加快了报表创建的过程。而对于比较复杂的报表，可先用“自动报表”或“报表向导”创建简单的报表框架，然后再使用报表设计器（切换到设计视图）对其进行进一步的修饰和完善。和窗体一样，Access 报表允许使用在 Access 窗体中使用过的控件，如标签、文本框、命令按钮、绑定对象框、图像、直线和矩形等。Access 报表的数据源可来自一个或几个基表，也可来源于查询。

6.2.1 使用“报表”按钮自动创建报表

使用 Access 提供的“报表”工具按钮可以自动创建一个简单报表，但它不提供分类汇总功能。

【实例 6-1】 利用数据库“学分制管理”中的基表“教师信息表”创建如图 6-4 所示的报表，报表名称是“教师信息表”。

教师信息表

教师信息表 2017年4月16日 17.35.55

工号	姓名	性别	出生日期	文化程度	工作日期	职称	基础工资	电话号码	婚否
101001	陈茂昌	男	1968/9/6	硕士	1993年6月13日	高级工程师	4,050.00	832962	☑
101002	黄浩	男	1971/4/1	博士	1995年4月18日	教授	4,950.00	833698	☑
101003	李晓军	男	1965/7/23	硕士	1988年6月21日	讲师	3,931.50	660420	☑
101004	李媛	女	1983/7/1	博士	2006年1月5日	副教授	4,189.96	832188	☐
101005	李华	女	1966/11/1	硕士	1988年9月11日	副教授	4,368.90	248175	☑
101006	刘毅然	男	1964/7/1	硕士	1985年12月19日	高级实验师	4,060.00	832288	☑
101007	王方	女	1963/12/21	硕士	1986年7月5日	副教授	4,404.30	832390	☑
101008	王静	女	1972/3/2	博士	2000年7月14日	教授	4,650.00	833030	☑
101009	伍清宇	女	1962/11/16	本科	1983年1月4日	工程师	3,960.00	833242	☑
101010	许国华	男	1980/8/26	博士	2004年8月21日	副教授	4,215.60	832613	☐
101011	刘丽茗	女	1974/7/6	本科	1998年7月31日	实验师	3,620.30	832920	☐
101012	朱志诚	男	1967/10/1	本科	1989年7月15日	副教授	4,172.90	832378	☑
12									

图 6-4 “教师信息表”报表的报表视图

操作步骤如下：

1）打开“学分制管理”数据库。

2）在导航窗格中，单击选定数据源的表“教师信息表”。

3）在打开的 Access 数据库窗口中，单击“创建”选项卡，单击“报表”组中的“报表”按钮，系统自动创建名为“教师信息表”的报表，并以布局视图方式打开，如图 6-5 所示。

工号	姓名	性别	出生日期	文化程度	工作日期	职称	基础工资	电话号码	
101001	陈茂昌	男	1968/9/6	硕士	##########	高级工程师	4,050.00	832962	☑
101002	黄浩	男	1971/4/1	博士	##########	教授	4,950.00	833698	☑
101003	李晓军	男	1965/7/23	硕士	##########	讲师	3,931.50	660420	☑
101004	李媛	女	1983/7/1	博士	2006年1月5日	副教授	4,189.96	832188	☐
101005	李华	女	1966/11/1	硕士	##########	副教授	4,368.90	248175	☑
101006	刘毅然	男	1964/7/1	硕士	##########	高级实验师	4,060.00	832288	☑
101007	王方	女	1963/12/21	硕士	1986年7月5日	副教授	4,404.30	832390	☑
101008	王静	女	1972/3/2	博士	##########	教授	4,650.00	833030	☑
101009	伍清宇	女	1962/11/16	本科	1983年1月4日	工程师	3,960.00	833242	☑
101010	许国华	男	1980/8/26	博士	##########	副教授	4,215.60	832613	☐
101011	刘丽茗	女	1974/7/6	本科	##########	实验师	3,620.30	832920	☐
101012	朱志诚	男	1967/10/1	本科	##########	副教授	4,172.90	832378	☑
12									

图 6-5 “教师信息表”报表的布局视图

4）按样图格式对报表各列宽度等报表布局进行调整，保存报表，输入报表名称“教师信息表”，完成报表的创建。

6.2.2 使用“报表向导”按钮创建报表

利用“报表”按钮方法来自动创建报表，用户不能选择报表的格式，也无法选择出现在报表中的字段，所创建的报表包含了数据源的所有字段和记录。使用“报表向导”创建报表，用户可以在创建报表时对报表所包含的字段个数进行选择，还可以选择报表的布局、样式和分类汇总等。使用“报表向导”创建报表，是我们创建报表常用的方法。

【实例 6-2】 利用数据库“学分制管理”中的查询“A 班成绩”创建报表：“A 班成绩报表”。

操作步骤如下：

1）打开“学分制管理”数据库。

2）在打开的 Access 数据库窗口中，单击“创建”选项卡，单击“报表”组中的“报表向导”按钮，进入“报表向导”窗口的第一步。在“表/查询”下拉表中选择所需的数据源查询“A 班成绩”，并选择所需的字段（此处选择了全部字段），如图 6-6 所示。

3）单击“下一步”按钮，进入“报表向导”第二步对话框，确定是否添加、删除或修改分组级别（这里选择“性别”为分组字段），如图 6-7 所示。

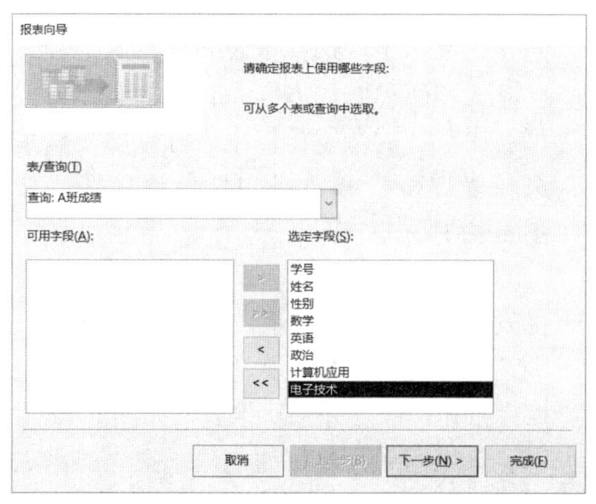

图 6-6 “报表向导”第一步确定数据源及所需字段

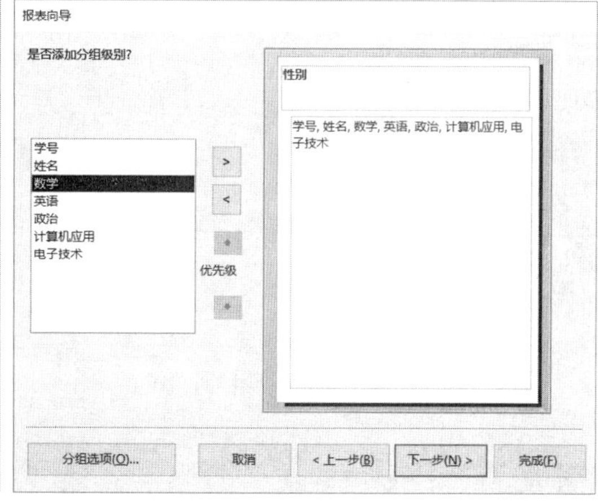

图 6-7 “报表向导”第二步确定分组级别

在图 6-7 中间有四个按钮，能将所选择的字段导出到右边报表浏览栏中的一个新的“级别”栏中，如“性别”字段。能将右边报表浏览栏中的选定字段撤消。能将所选定的字段的“级别”上升一级。能将所选定的字段的“级别”下降一级。

4）单击“下一步”按钮，进入“报表向导”第三步对话框，确定明细信息的排序顺序和汇总信息，如图 6-8 所示。这里可以选择排序的关键字段（最多四个），既可以按升序，也可以按降序。显示记录时，先按第一个字段排序，当第一个字段值相同时，再按第二个字段排序，以此类推。

如果希望在报表中添加一系列的汇总信息，可以单击“汇总选项”按钮，弹出对话框如图 6-9 所示。

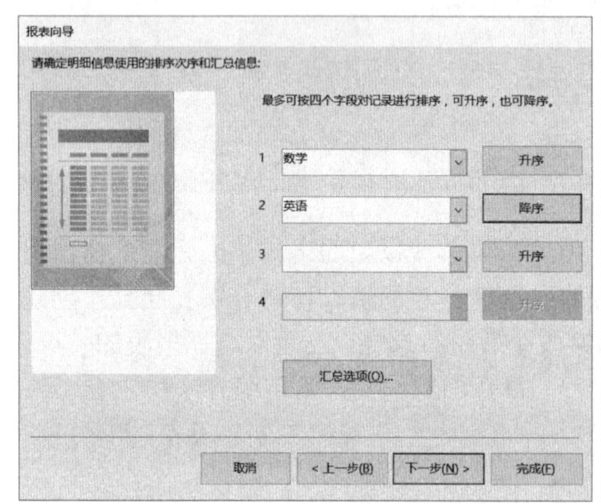

图 6-8 “报表向导”第三步确定明细信息的排序顺序

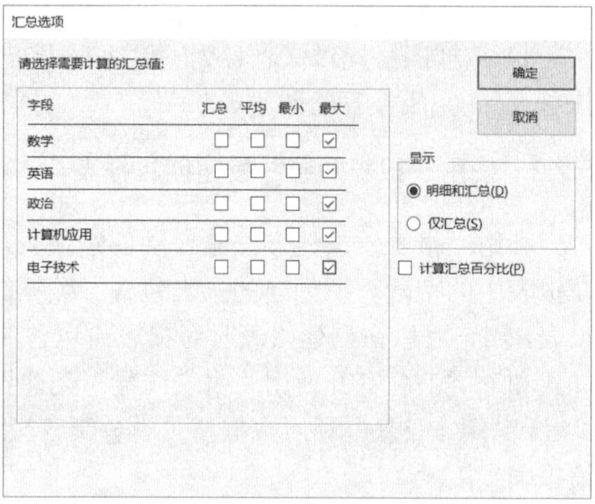

图 6-9 “报表向导”第三步确定明细信息的汇总信息

在“汇总选项”对话框的左边列出了可以进行汇总计算的字段。可以对汇总计算字段进行汇总（求和）、平均值、最大值或最小值的计算；在对话框的右侧可以进行显示方式的选择，这里既可以选择在新的报表中显示明细和汇总，也可以计算汇总情况。选择完毕后，单击“确定”按钮，返回排序对话框。

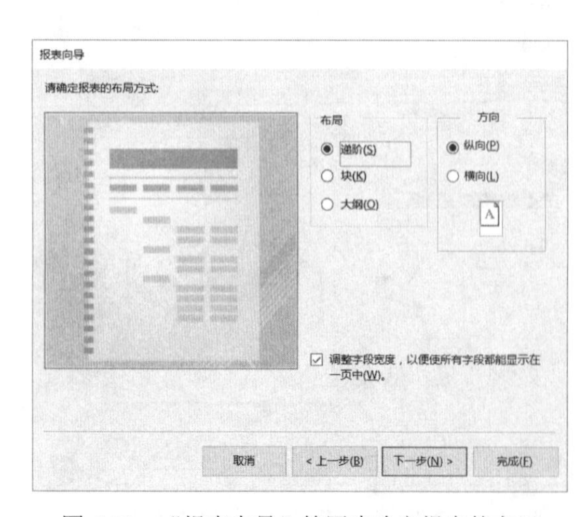

图 6-10 “报表向导”第四步确定报表的布局

5）单击“下一步”按钮，进入“报表向导”第四步，选择报表布局，有三种布局方式和两种布局方向。具体的布局方式可以在左边的浏览窗口中进行预览。这里选择“递阶”和“纵向”单选按钮，如图 6-10 所示。

6）为新报表指定标题为“A 班成绩报表”，如图 6-11 所示。

7）选择默认的预览报表，单击“完成”按钮，保存并预览报表，如图 6-12 所示。报表向导只是快速创建了报表的基本框架，要进行进一步的美化和完善，可切换到报表的设计视图进行相应的处理。

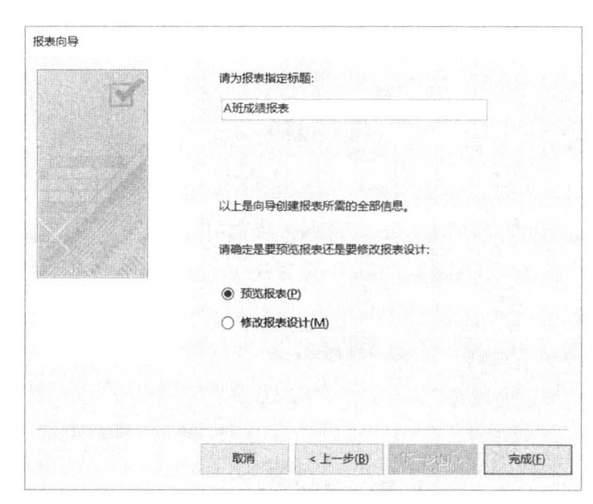

图 6-11 “报表向导”第五步确定报表的名称

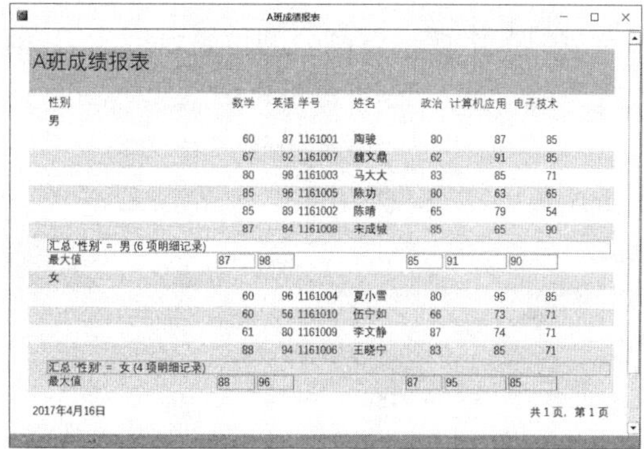

图 6-12 “报表向导”创建的“A 班成绩报表”

6.2.3 使用“图表”控件创建图表报表

一般的数据库系统软件都提供有创建报表的向导和设计工具，而图表报表是 Access 中特有的一种特殊格式的报表，它通过图表的形式，输出数据源中两组数据间的关系。用图表形式可更方便、更直观地描述数据间的关系。

在 Access 的早期版本中，可以通过系统提供的“图表向导”直接创建图表报表。而 Access 2016 版本在“创建”选项卡的“报表”组中，没有提供“图表向导”，可以通过使用“图表”控件来创建图表报表。

【实例 6-3】 利用数据库“学分制管理”中的查询“A 班成绩”创建图表报表：“计算机应用”成绩分布图。

操作步骤如下：

1）打开数据库“学分制管理”。

2）在打开的 Access 数据库窗口中，单击“创建”选项卡，单击“报表”组中的“报表设计”按钮，创建一个设计视图下的空报表，如图 6-13 所示。

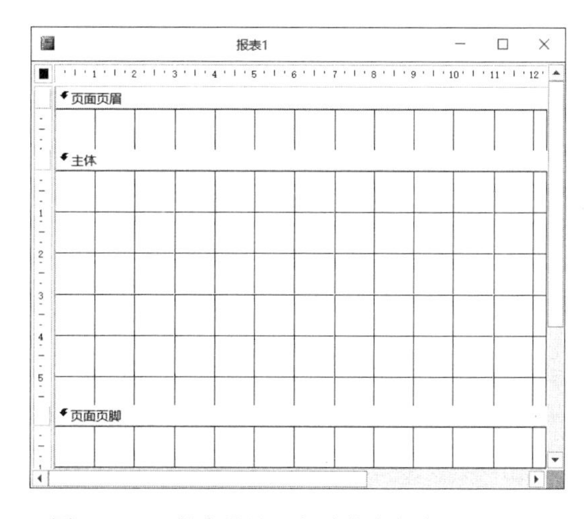

图 6-13 “报表设计”创建的空报表设计视图

3）右击报表设计视图，选择快捷菜单的“页面页眉/页脚”命令，删除页面页眉和页面页脚两个节。

4）单击“报表设计工具→设计”选项卡的“控件”组中的“图表”控件，再单击设计视图主体节中要放置图表的位置，弹出“图表向导”对话框，选择查询“A 班成绩”作为数据来源，如图 6-14 所示。

5）单击“下一步”按钮，在“图表向导”对话框中，单击 > 按钮从“可用字段”中把图表所需的字段“姓名”、“计算机应用”移到右边“用于图表的字段”中，如图 6-15 所示。

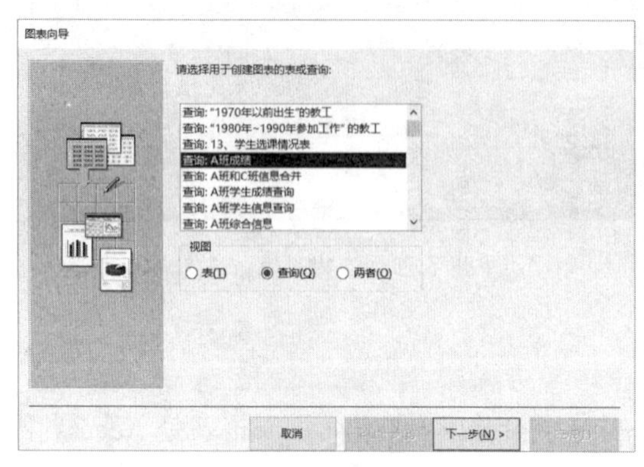

图 6-14　确定数据源

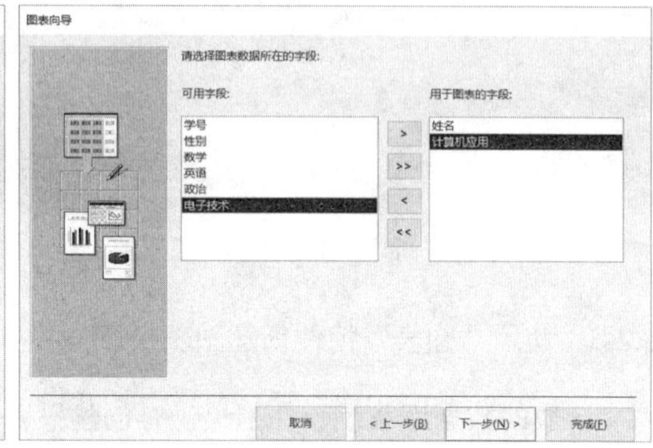

图 6-15　确定图表所需字段

6）单击“下一步”按钮，选择图表类型，共有 20 种不同风格的图表类型可供选择，在本例中我们选择了“柱形圆柱图”，如图 6-16 所示。

7）单击“下一步”按钮，进入图表布局方式对话框，如图 6-17 所示。双击图表中的数值型字段，可改变数值型字段的汇总或分组数据的方法，单击对话框左上角的“预览图表”按钮，可预览所设计图表的结果。如果对预览到的图表不满意，可切换到设计视图，再双击主体节上的图表区，进入类似 Excel 图表设计窗口，如图 6-18 所示，直接对图表进行修改即可。如果想改变图表类型，只需右击该图表，选择快捷菜单的“图表类型”后，弹出如图 6-16 所示的图表类型选择对话框，便可以重新选择所需的图表类型。

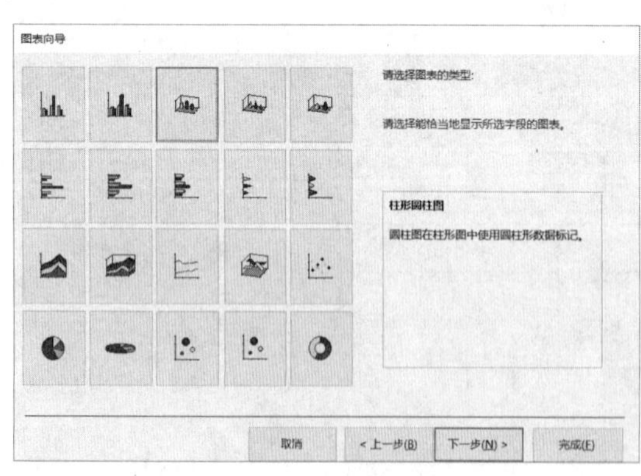

图 6-16　确定图表类型

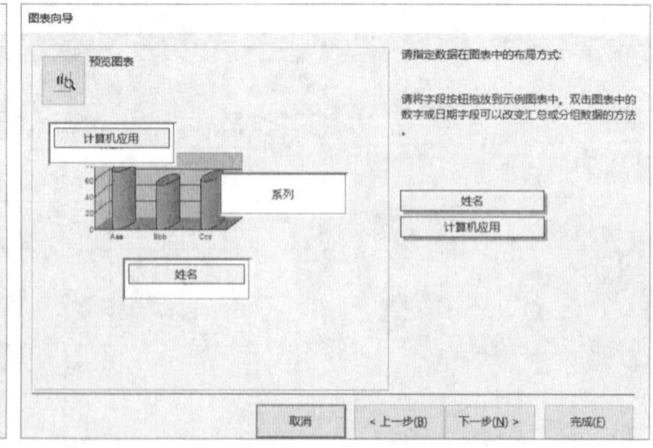

图 6-17　设置图表布局方式

8）单击“下一步”按钮，进入图表的标题等参数选择对话框，如图 6-19 所示。

9）单击“完成”按钮，保存并预览图表，完成图表报表的创建操作，如图 6-20 所示。

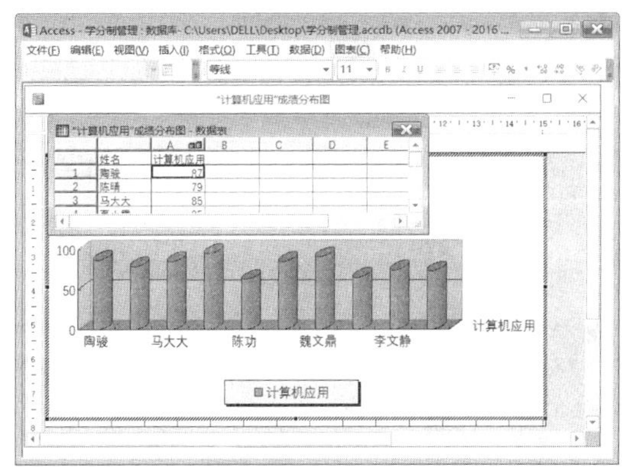

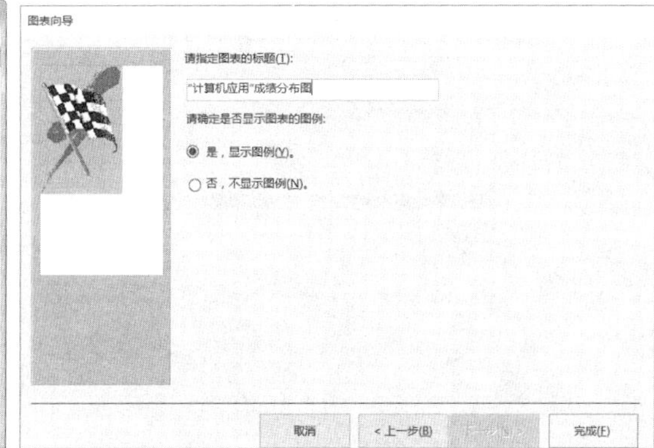

图 6-18　直接修改图表区各对象窗口　　图 6-19　输入图表标题

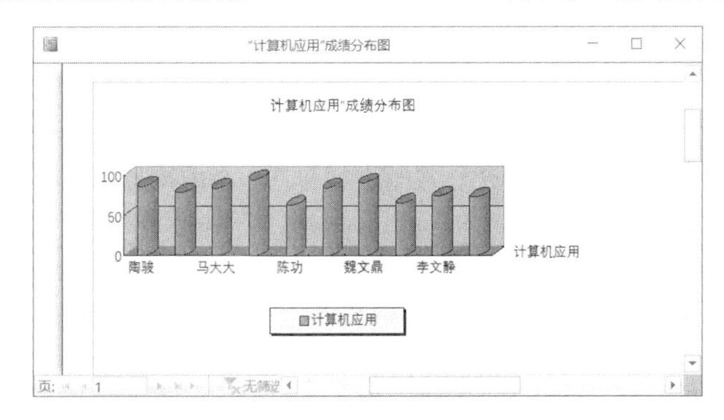

图 6-20　“计算机应用”成绩分布图表

6.2.4　使用“标签”按钮创建标签报表

我们在日常的工作生活中，经常需要制作一些标签式的短信息，如客户的邮件地址、产品的标签等。利用 Access 提供的“标签向导”，可以方便快速地创建各种规格的标签式短信息报表。标签报表属多列布局的报表，它是为了适应各种规格的标签纸而设置的特殊格式的报表。

【实例 6-4】　利用数据库“学分制管理”中的“A 班学生信息”基表创建“A 班学生通信录”标签报表。

操作步骤如下：

1）打开数据库“学分制管理”。

2）在导航窗格中，单击选定数据源的表“A 班学生信息”。

3）在打开的数据库窗口中，单击“创建”选项卡，单击“报表”组中的“标签”按钮，弹出“标签向导”对话框。在“标签向导”对话框中，选择标签的尺寸及类型，有各种尺寸类型供用户选择，如果在标签的尺寸列表框中找不到用户所需的尺寸类型，可以单击“自定义”按钮来进行自行设计，如图 6-21 所示。

4）单击“下一步”按钮，在“标签向导”对话框中，选择标签中文本的字体、字号、颜色和粗细等参数，如图 6-22 所示。

5）单击“下一步”按钮，在“标签向导”对话框中，单击 > 按钮从“可用字段”中把标签所需的字段“姓名”、“籍贯”和“毕业中学”移到右边“原型标签”中，确定了标签中所要显示的内容，如图 6-23 所示。

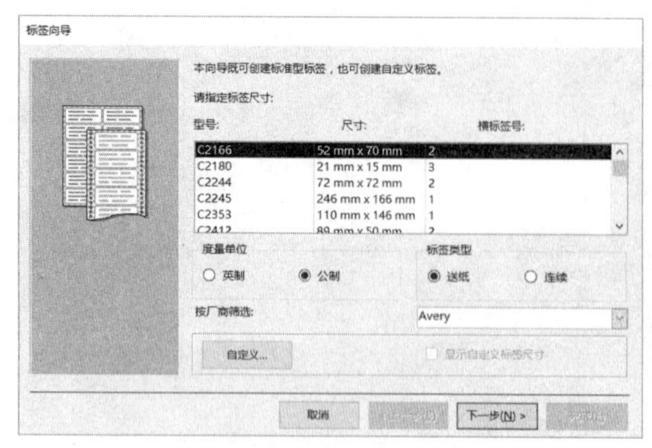

图 6-21　选择标签的尺寸及类型对话框

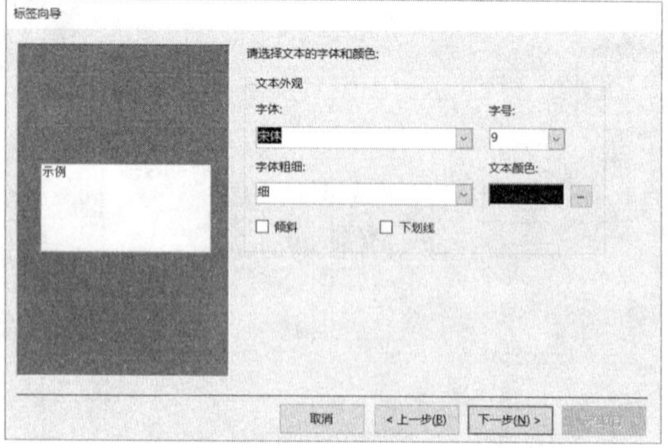

图 6-22　选择标签中文本的字体和颜色等参数的对话框

6）单击“下一步”按钮，在“标签向导”对话框中，选择每个标签记录的排序依据，可按单个字段进行排序，也可依据多个字段进行排序，如图 6-24 所示。

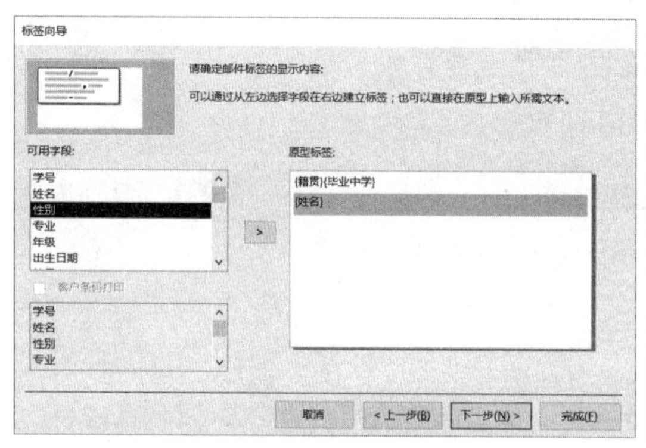

图 6-23　选择标签所要显示内容的对话框

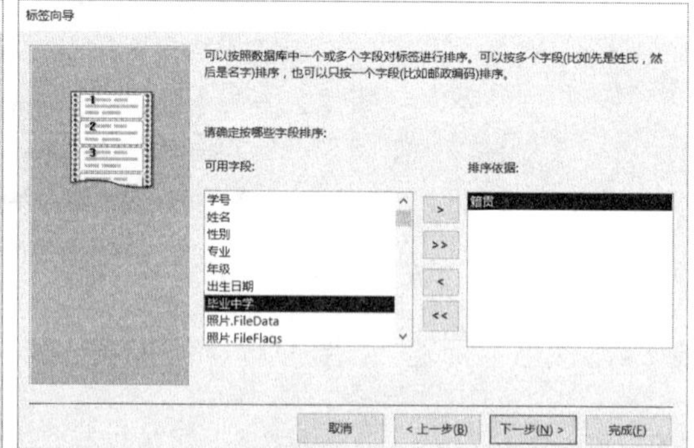

图 6-24　确定标签排序依据的对话框

7）单击“下一步”按钮，在“标签向导”对话框中输入报表的名称，如图 6-25 所示。

8）单击“完成”按钮，保存并预览报表，完成“A 班学生通信录”标签报表的创建，如图 6-26 所示。

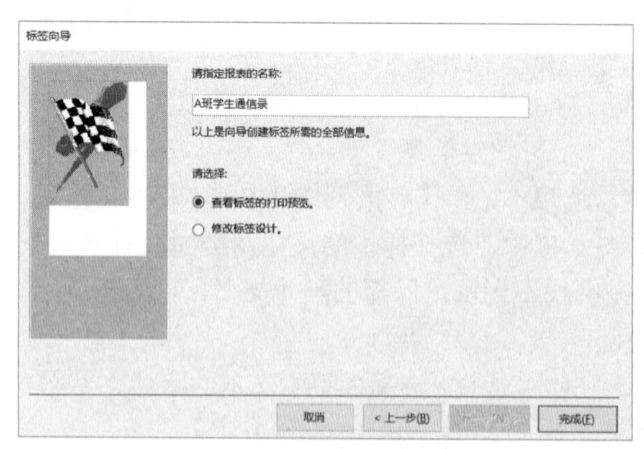

图 6-25　输入报表的名称

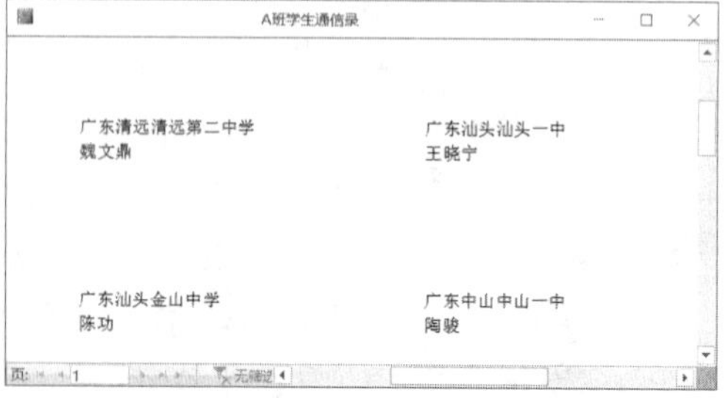

图 6-26　“A 班学生通信录”标签报表

6.2.5 使用“空报表”按钮创建报表

使用“空报表”按钮创建报表时，系统自动打开可用于创建窗体的数据源表，用户可将所需字段直接拖拽到报表上，完成新报表的创建。如果要创建的报表只需包含数据源表中的若干字段，可以使用“空报表”按钮来快速创建。

【实例 6-5】 在“学分制管理”数据库中，创建“A 班学生报表”报表。包含字段：A 班学生信息（学号、姓名、性别）和 A 班成绩表（数学、英语、政治、计算机应用、电子技术）。

操作步骤如下：

1）打开“学分制管理”数据库。

2）在打开的 Access 数据库窗口中，单击“创建”选项卡，单击“报表”组中的“空报表”按钮，系统自动创建名为“报表 1”的空白报表，并以布局视图方式打开，同时打开可用的数据源“字段列表”，如图 6-27 所示。

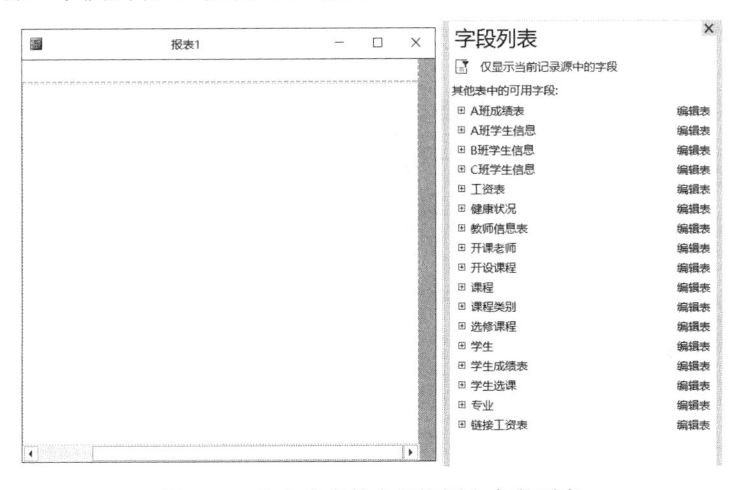

图 6-27 空白报表的布局视图和字段列表

3）单击“A 班学生信息”表左侧的折叠按钮“+”，展开“A 班学生信息”表所包含的所有字段，依次双击（或直接拖拽）“学号”、“姓名”、“性别”等字段到空白报表中，单击“A 班成绩表”左侧的折叠按钮“+”，展开“A 班成绩表”所包含的所有字段，依次双击（或直接拖拽）“数学”“英语”“政治”“计算机应用”“电子技术”等字段到空白报表中，如图 6-28 所示。

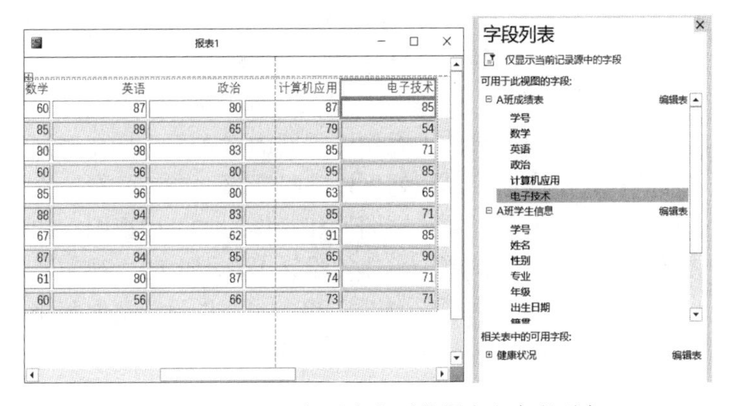

图 6-28 添加了字段后的报表和字段列表

4）调整控件布局，保存报表，输入报表名“A 班学生报表”，切换到打印预览视图，如图 6-29 所示。

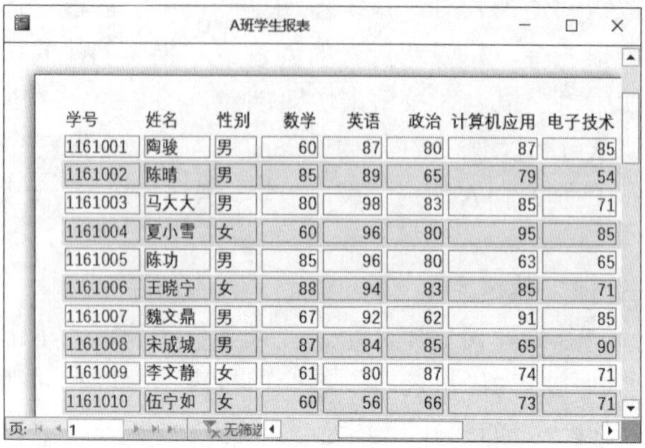

A班学生报表

学号	姓名	性别	数学	英语	政治	计算机应用	电子技术
1161001	陶骏	男	60	87	80	87	85
1161002	陈晴	男	85	89	65	79	54
1161003	马大大	男	80	98	83	85	71
1161004	夏小雪	女	60	96	80	95	85
1161005	陈功	男	85	96	80	63	65
1161006	王晓宁	女	88	94	83	85	71
1161007	魏文鼎	男	67	92	62	91	85
1161008	宋成城	男	87	84	85	65	90
1161009	李文静	女	61	80	87	74	71
1161010	伍宁如	女	60	56	66	73	71

页: 1 无筛选

图 6-29 “A 班学生报表”的打印预览视图

6.2.6 使用“报表设计”按钮创建报表

使用“报表设计”按钮创建报表，可以创建一个空白报表，并直接进入报表的设计视图，通过添加各种控件并进行布局调整等操作来新建一个报表。通常只有简单的报表（如报表的封面、图表等），才会利用“设计视图”从空白开始来创建一个新的报表，如果所创建报表的数据源涉及的数据来自表或查询，通常先利用“向导”快速创建报表的基本框架，再切换到设计视图对所建报表进一步进行美化和修饰，使其功能更加完善。

使用“报表设计”创建一个新报表和使用“空报表”创建新报表方法大同小异，系统会自动创建名为“报表 1”的空白报表，同时打开可用的数据源“字段列表”。只是使用“空报表”创建新报表时，系统以布局视图方式打开空白报表，如图 6-27 所示；而使用“报表设计”创建新报表时，系统以设计视图方式打开空白报表，如图 6-13 所示。其他步骤可参见第 6.2.3 节的使用“图表”控件创建图表报表和第 6.2.5 节使用“空报表”按钮创建新报表。这里不再赘述。

6.2.7 使用“设计视图”修饰现有报表

在 Access 中，利用各种“向导”创建的报表往往无法完全满足用户的需要。在创建报表时，通常是利用“向导”快速创建报表的基本框架，在此基础上，再切换到“设计视图”进一步对报表进行修改、完善，使其完全符合用户的需求。

在 Access 中，报表与窗体的“设计视图”结构及操作大同小异。报表的“设计视图”和窗体的“设计视图”具有相似的设计工具栏、相同的格式工具栏和相同的设计工具控件组。利用报表设计工具控件组中的工具按钮可以向报表添加控件，利用格式工具栏中的按钮可以调整各控件的布局。报表的“设计视图”和窗体的“设计视图”的设计工具栏主要区别在于两者的“视图”按钮不同，单击窗体的设计工具栏上的“视图”按钮下边的下拉列表箭头，弹出如图 6-30 所示的四种视图选项。单击报表的设计工具栏上的“视图”按钮下边的下拉列表箭头，则弹出如图 6-31 所示的四种选项。

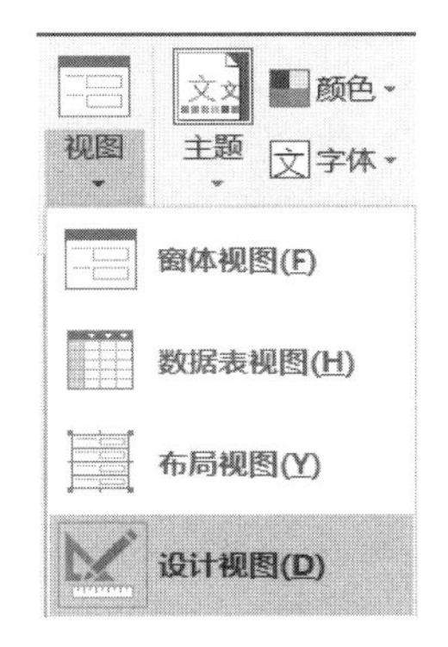

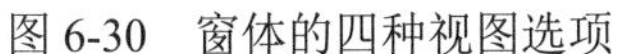
图 6-30 窗体的四种视图选项

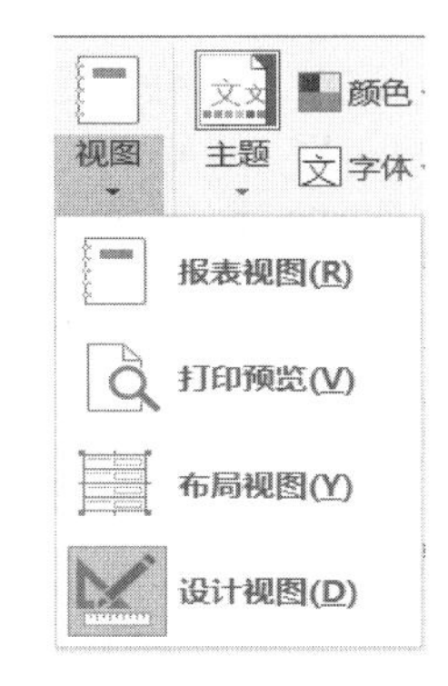

图 6-31 报表视图的四种选项

从图 6-31 可以看出报表有四种视图：报表视图、打印预览、布局视图和设计视图。使用“设计视图”可以创建报表或修改已有报表的结构；使用“布局视图”可以根据报表的实际效果调整报表的布局、格式、添加字段、设置报表和控件的属性等；使用“打印预览”可以查看将在报表的每一页上显示的数据以及报表的整个页面设置；使用“报表视图”可以查看报表的版面设置，还可以使用“筛选器”按钮“▼”，筛选出报表中符合条件的记录。

窗体与报表两者的“设计视图”结构及操作是如此相似，因此对于已经熟练掌握了第 5 章窗体设计视图用法的用户来说，使用报表设计视图来创建新报表或修改已有报表就易如反掌。

使用报表设计视图设计报表，主要是了解报表控件的使用、页面布局的设计等。

1. 报表控件的使用

报表的设计主要依赖于系统提供的一些报表控件，主要是标签和文本框控件，利用报表设计工具栏中的工具按钮，向报表中添加所需的控件，在报表中添加的每一个对象都是控件。例如，文本框、标签、图像、列表框、子报表以及线条等都是不同的控件。创建控件的方式取决于是要创建绑定控件、非绑定控件，还是计算控件。有关控件在报表中的创建可以参见第 5 章窗体中的描述。本章中我们只介绍前面未曾介绍的部分。

2. 修改布局

在使用“设计视图”设计报表时，经常要对其中的控件按需要进行调整，比如调整它们的相对位置、大小、外观、颜色、透明度、特殊效果等。修改布局的操作步骤如下：

1）选定要修改布局的报表，右击选择快捷菜单中的“设计视图”，打开要修改布局报表的“设计视图”。

2）选定控件，选择“报表设计工具”选项卡中的“排列”或“格式”等子选项卡，按第 5 章窗体中第 5.3 节“窗体的布局及格式调整”介绍的方法进行报表布局的修改。

3. 为报表添加当前日期和时间

操作步骤如下：

1）打开要添加当前日期和时间报表的“设计视图”。

2）单击“报表设计工具→设计”选项卡的“页面/页脚”组中的“日期和时间”按钮，弹出“日期与时间”对话框，如图 6-32 所示。如果要添加日期，请选中“包含日期”复选框，然后再单击相应的日期格式选项。如果要添加时间，请选中“包含时间”复选框，然后再单击相应的时间格式选项，Access 将自动在报表页眉中添加一个文本框，并自动将其“控件来源”属性设置为表达式“=Date()”，如图 6-33 所示。

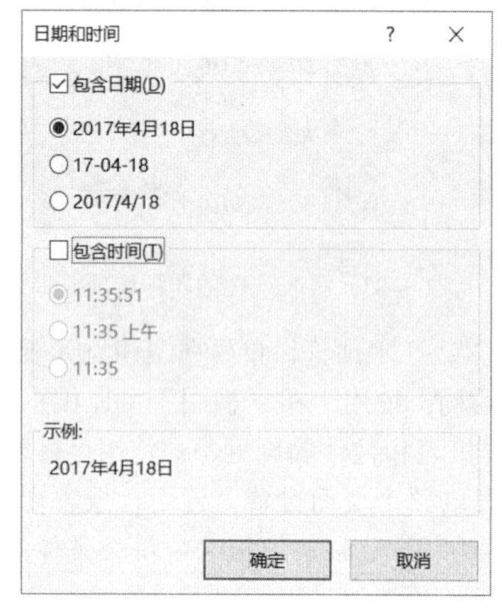

图 6-32 “日期和时间”对话框

图 6-33 为报表自动添加当前日期文本框属性

4. 为报表添加页码

操作步骤如下：

1）打开要添加页码报表的“设计视图”。

2）单击“报表设计工具→设计”选项卡的“页面/页脚”组中的“页码”按钮，弹出“页码”对话框，如图 6-34 所示。在“页码”对话框中，选择页码的显示位置及格式，Access 将自动在报表的页面页脚中添加一个文本框，并自动将其“控件来源”属性设置为表达式“="共" & [Pages] & "页，第" & [Page] & "页"”，如图 6-35 所示。

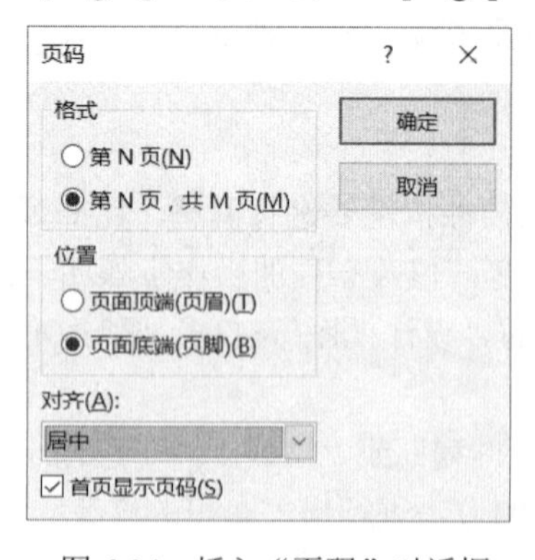

图 6-34 插入“页码”对话框

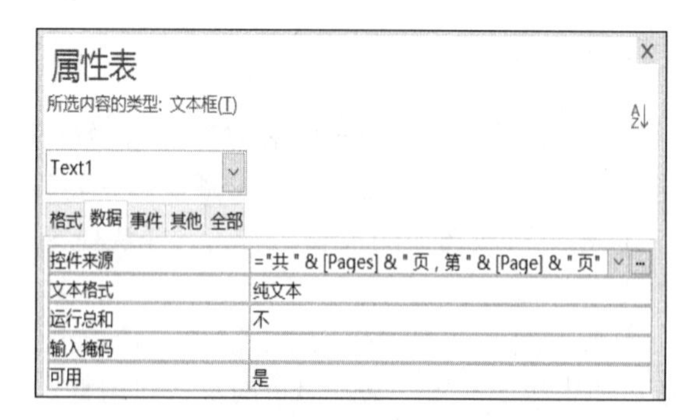

图 6-35 为报表自动添加页码文本框属性

5. 设置报表的背景

与窗体的背景一样，报表的背景既可以用系统提供的主题，也可以通过插入背景图片。设置报表背景与设置窗体背景具有相同的方法，可参考第 5.4 节。这里要特别说明的是：虽然两者的背景设置方法一样，但在窗体中插入背景图片后，每一屏上都会出现背景图片，而报表则可通过设置报表属性格式标签中的“图片出现的页”来指定背景图片在报表的哪些页上出现。共有三种选择：“所有页”、“第一页”或“无”。窗体属性对话框中的格式标签如图 6-36 所示，报表属性对话框中的格式标签如图 6-37 所示。

属性表

所选内容的类型：窗体

窗体

格式 数据 事件 其他 全部

默认视图	单个窗体
允许窗体视图	是
允许数据表视图	否
允许布局视图	是
图片类型	共享
图片	百合花
图片平铺	否
图片对齐方式	中心
图片缩放模式	拉伸
宽度	20.042cm
自动居中	否
自动调整	是
适应屏幕	是
边框样式	可调边框
记录选择器	是
导航按钮	是
导航标题	
分隔线	否
滚动条	两者都有
控制框	是
关闭按钮	是
最大最小化按钮	两者都有
可移动的	是
分割窗体大小	自动
分割窗体方向	数据表在上
分割窗体分隔条	是
分割窗体数据表	允许编辑
分割窗体打印	仅表单
保存分隔条位置	是

图 6-36　窗体属性对话框中的“格式”选项卡

图 6-37　报表属性对话框中的“格式”选项卡

6.3　报表的高级应用

报表的高级应用包括对报表进行排序和分组以及对报表的分组统计汇总等。对报表进行排序与分组的设置，可以使报表中的数据按一定的顺序和分组输出，从而提高报表的可读性和直观性。在报表中最多可以按 10 个字段或表达式进行排序和分组。

6.3.1　报表的排序

在报表中设置多个排序字段时，先按第一排序字段值排序，第一排序字段值相同的记录再按第二排序字段值排序，…，以此类推。

【实例 6-6】　利用数据库“学分制管理”中的查询“A 班成绩”创建报表名称为“A 班成绩排序报表”。要求：依次按性别、英语、数学三个字段的值的升序来排序记录。

操作步骤如下：

1）打开“学分制管理”数据库。

2）在导航窗格中，单击选定数据源查询“A 班成绩”。

3）在打开的 Access 数据库窗口中，单击“创建”选项卡，单击“报表”组中的“报表”按钮，系统自动创建名为“A 班成绩”的报表，并以布局视图方式打开。

4）单击“报表设计工具→设计”选项卡的“分组和汇总”组中的“分组和排序”按钮，

在工作区下方弹出“分组、排序和汇总”对话框，如图 6-38 所示。

5）单击“添加排序”按钮，在弹出的“排序依据字段列表”中，选择第一排序字段“性别”，确定排序顺序为“升序”；单击“添加排序”按钮，选择第二排序字段“英语”，确定排序顺序为“升序”；单击“添加排序”按钮，选择第三排序字段“数学”，确定排序顺序为“升序”，如图 6-39 所示。

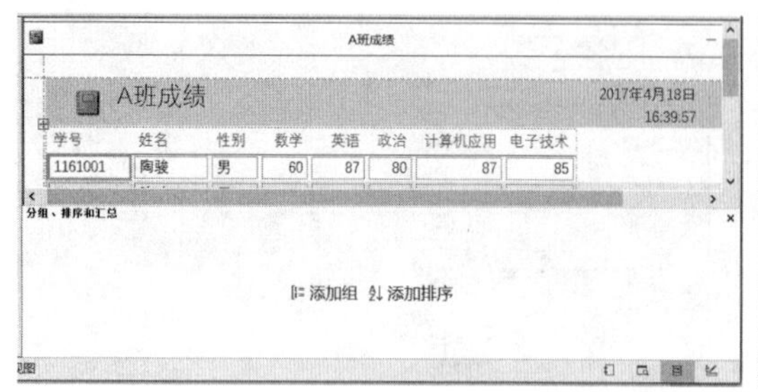

图 6-38 “分组、排序和汇总”对话框

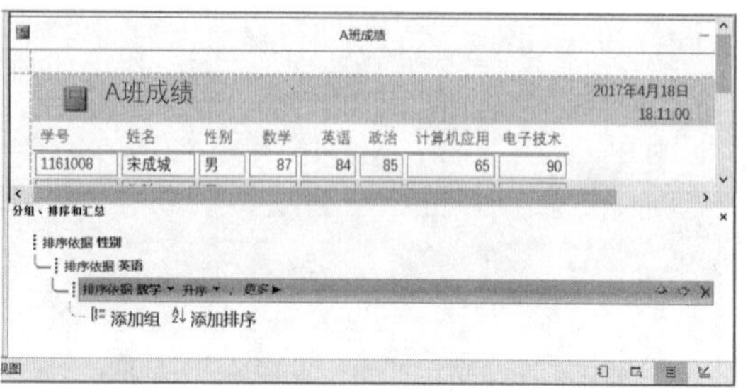

图 6-39 确定排序字段等参数对话框

6）对报表各列宽度等报表布局进行调整，保存报表，输入报表名称“A 班成绩排序报表”，完成报表的创建。切换到“打印预览”视图，如图 6-40 所示。

A班成绩排序报表

A班成绩　2017年4月18日 18.19.45

学号	姓名	性别	数学	英语	政治	计算机应用	电子技术
1161008	宋成城	男	87	84	85	65	90
1161001	陶骏	男	60	87	80	87	85
1161002	陈晴	男	85	89	65	79	54
1161007	魏文鼎	男	67	92	62	91	85
1161005	陈功	男	85	96	80	63	65
1161003	马大大	男	80	98	83	85	71
1161010	伍宁如	女	60	56	66	73	71
1161009	李文静	女	61	80	87	74	71
1161006	王晓宁	女	88	94	83	85	71
1161004	夏小雪	女	60	96	80	95	85

页: 1 无筛选器

图 6-40 报表的打印预览视图

6.3.2 报表的分组

分组就是将报表中具有共同特征的相关记录排列在一起，并且可以为同组记录设置要显示的汇总信息。对报表进行排序与分组的设置，可以使报表中的数据按一定的顺序和分组输出，从而提高报表的可读性和直观性。

【实例 6-7】 利用数据库“学分制管理”中的查询“A 班成绩”创建以“性别”分类的分组报表“A 班成绩分组报表”，并统计男、女生各科最高分。

操作步骤如下：

1）打开“学分制管理”数据库。

2）在导航窗格中，单击选定数据源查询“A 班成绩”。

3）在打开的 Access 数据库窗口中，单击“创建”选项卡，单击“报表”组中的“报表”按钮，系统自动创建名为“A 班成绩”的报表，并以布局视图方式打开。

4）单击“报表设计工具→设计”选项卡的“分组和汇总”组中的“分组和排序”按钮，在工作区下方弹出“分组、排序和汇总”对话框，如图6-38所示。

5）单击“添加组”按钮，在弹出的“分组形式字段列表”中，选择分组字段“性别”，如图6-41所示。

6）切换到“设计视图”，可以看到组页眉“性别页眉”节，单击“分组、排序和汇总”对话框中的“更多”按钮，可以根据需要设置其他分组属性。

7）单击“更多”按钮，将“无页脚节”改为“有页脚节”。

8）单击“汇总”右侧的下拉列表按钮，弹出“汇总”对话框，如图6-42所。在“汇总”对话框中，依次设置汇总方式为“数学”“英语”“政治”“计算机应用”“电子技术”，类型为“最大值”，选择“在组页脚中显示小计”。

图6-41　确定分组字段对话框

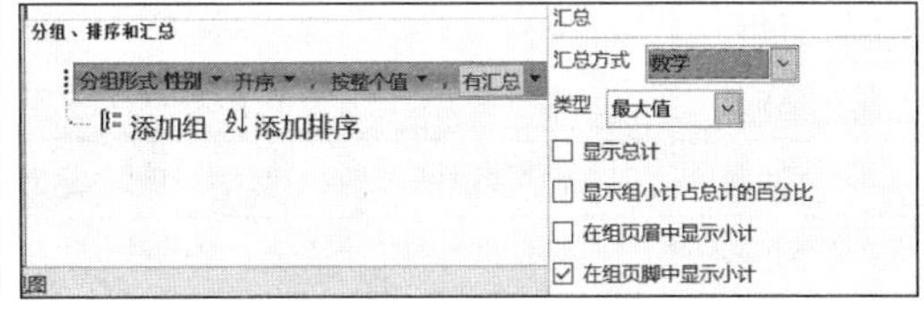

图6-42　“汇总”对话框

9）在“组页脚”节的相应位置添加“标签”控件，输入“各科最高分”，对报表各列宽度等报表布局进行调整，保存报表，输入报表名称“A班成绩分组报表”，完成报表的创建。切换到“报表视图”视图，如图6-43所示。

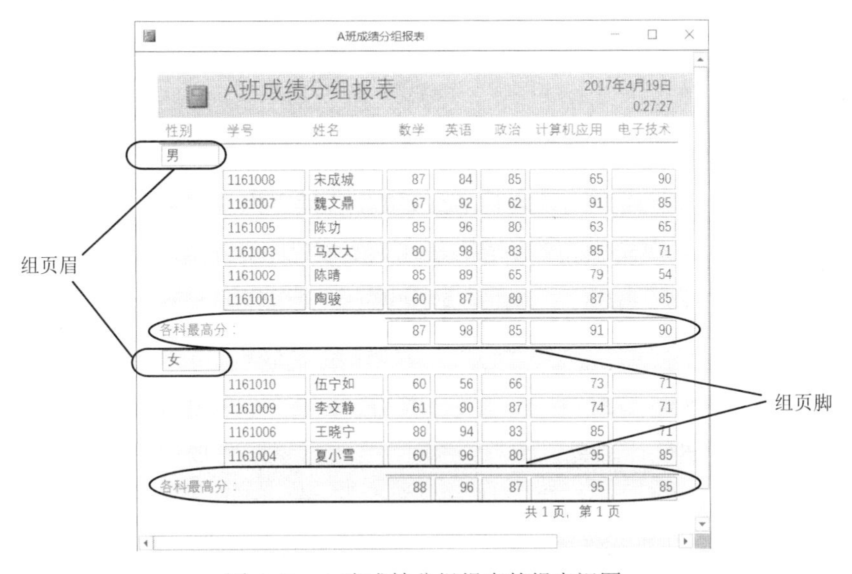

图6-43　A班成绩分组报表的报表视图

说明：上例也可以利用报表向导来完成。创建方法可参考第6.2.2节中的实例6-2。

对已经设置排序或分组的报表，可以通过单击“添加组”或“添加排序”按钮来添加、删除或更改排序、分组字段或表达式。

6.3.3 利用函数对报表进行统计汇总

在制作报表时，经常需要查看一些汇总信息，Access 为报表统计汇总提供了许多计算函数，用户只要确定了数据源中的分组字段，在组页脚或组页眉中添加计算型控件（通常用文本框），在计算型控件上直接输入计算函数（也可以利用表达式生成器输入函数，用法可参考第 5 章的 5.5.2 节），就可以得到各组记录的统计汇总值。如果希望对数据源中的全部记录进行总的统计汇总，则计算型控件必须放在报表页眉或报表页脚上。

注意：在函数或表达式的前面一定要加上等号“=”。

报表中常用的统计汇总计算函数及功能如表 6-1 所示。

表 6-1 报表中常用的统计汇总计算函数及功能

函数名	功能
Sum	计算出所有记录或记录组中指定字段值的总和
Avg	计算出所有记录或记录组中指定字段的平均值
Min	计算出所有记录或记录组中指定字段的最小值
Max	计算出所有记录或记录组中指定字段的最大值
Count	计算出所有记录或记录组中记录的个数
StDev	计算出所有记录或记录组中指定字段值的标准偏差
Var	计算出所有记录或记录组中指定字段值的方差
First	计算出所有记录或记录组中第一条记录指定字段的值
Last	计算出所有记录或记录组中最后一条记录指定字段的值

下面通过实例简单介绍对报表进行分组统计汇总和整个报表统计汇总的方法。

1. 对报表进行分组统计汇总

操作步骤如下：

1）打开要进行分组统计汇总的报表的设计视图，如果该报表还没有分组，先执行分组操作。

2）在报表窗口的组页脚或组页眉处，根据需要添加若干个文本框控件。

3）在相应的文本框中直接输入显示标题和统计汇总计算函数或表达式，也可以使用“表达式生成器”来创建表达式（“表达式生成器”的用法可参考第 5.5.2 节文本框中的实例 5-10）。

4）保存并预览报表。

2. 对整个报表进行统计汇总

操作步骤如下：

1）打开要进行统计汇总的报表的设计视图。

2）在报表窗口中，在报表页脚或报表页眉处根据需要添加若干个文本框控件。

3）在相应的文本框中直接输入显示标题及统计汇总计算函数等表达式，也可以使用

“表达式生成器”来创建表达式（“表达式生成器”的用法可参考 5.5.2 节文本框中的实例 5-10）。

4）保存并预览报表。

【实例 6-8】 利用数据库“学分制管理”中的查询“A 班成绩”创建报表“A 班英语不及格率统计报表”。

具体要求如下：

- 在报表中增加“总分”和“平均分”两个计算字段。
- 按性别进行分组，在组页脚添加控件，用来统计男女生人数，格式：加粗、10、蓝色、华文细黑。
- 在报表页眉添加控件，用来计算全班总人数，格式： 加粗、12、紫色、华文中宋。
- 在报表页脚添加控件，用来计算英语不及格的人数及占全班总人数的百分比。格式：加粗、10、红色、华文楷体。
- 利用条件格式将不及格的成绩用红色显示。
- 报表的布局：表格式。页面方向：横向。

报表的样张如图 6-44 所示。

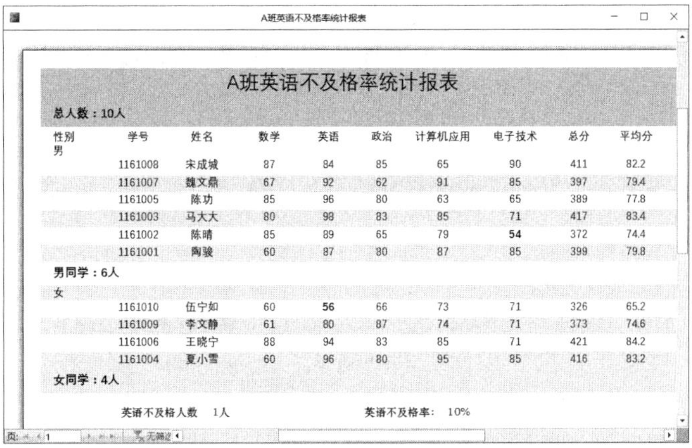

A班英语不及格率统计报表

总人数：10人

性别	学号	姓名	数学	英语	政治	计算机应用	电子技术	总分	平均分
男									
	1161008	宋成城	87	84	85	65	90	411	82.2
	1161007	魏文鼎	67	92	62	91	85	397	79.4
	1161005	陈功	85	96	80	63	65	389	77.8
	1161003	马大大	80	98	83	85	71	417	83.4
	1161002	陈晴	85	89	65	79	54	372	74.4
	1161001	陶骏	60	87	80	87	85	399	79.8
男同学：6人									
女									
	1161010	伍宁如	60	56	66	73	71	326	65.2
	1161009	李文静	61	80	87	74	71	373	74.6
	1161006	王晓宁	88	94	83	85	71	421	84.2
	1161004	夏小雪	60	96	80	95	85	416	83.2
女同学：4人									

英语不及格人数 1人　　英语不及格率： 10%

图 6-44 报表的样张

操作步骤如下：

1）按实例 6-3 介绍的方法，使用“报表向导”按钮创建一个表格式的报表，如图 6-45 所示。

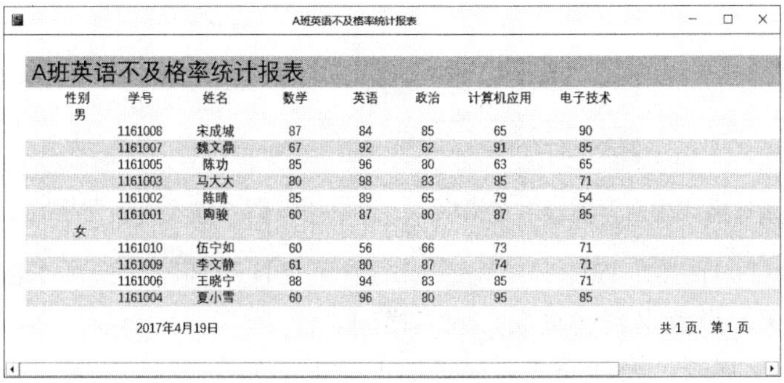

A班英语不及格率统计报表

性别	学号	姓名	数学	英语	政治	计算机应用	电子技术
男							
	1161008	宋成城	87	84	85	65	90
	1161007	魏文鼎	67	92	62	91	85
	1161005	陈功	85	96	80	63	65
	1161003	马大大	80	98	83	85	71
	1161002	陈晴	85	89	65	79	54
	1161001	陶骏	60	87	80	87	85
女							
	1161010	伍宁如	60	56	66	73	71
	1161009	李文静	61	80	87	74	71
	1161006	王晓宁	88	94	83	85	71
	1161004	夏小雪	60	96	80	95	85

2017年4月19日　　共 1 页，第 1 页

图 6-45 使用“报表向导”按钮创建的表格式报表

2）单击状态栏右侧中的“设计视图”按钮，切换到“设计视图”，在“页面页眉”中添加“总分”和“平均分”两个标签控件，在主体节中添加两个文本框控件，选中“总分”标签下面的文本框控件（标有“未绑定”字样的对象），打开其属性对话框，在“数据”选项卡中“控件来源”输入表达式，输入方法可直接输入如下表达式（或利用表达式生成器输入该表达式），并按样张设置相应的格式（将文本框控件的“边框样式”设置为“透明”等）：

= [数学] +[英语]+[政治]+[计算机应用]+[电子技术]

选中“平均分”标签下面的文本框控件，用同样的方法输入表达式：

=([数学] +[英语]+[政治]+[计算机应用]+[电子技术])/5

3）右击选择快捷菜单中的“排序和分组”，单击“分组、排序和汇总”对话框中的“更多”按钮，将“无页脚节”改为“有页脚节”,添加“性别页脚”节。在分组字段“性别页脚”处添加一个文本框控件，直接输入如下表达式，并按样张设置相应的格式：

= [性别] & "同学：" & Count([性别]) & "人"

4）在“报表页眉”处，添加一个文本框控件，直接输入如下表达式，并按样张设置相应的格式：

="总人数：" & Count([性别]) & "人"

5）在“报表页脚”处添加两个文本框控件，直接输入如下表达式和标题，并按要求设置相应的格式。

英语不及格人数：

= DCount("[英语]","[A 班成绩]","[英语]<60")) & "人"

英语不及格率：

=DCount("[英语]","[A 班成绩]","[英语]<60"))/Count([性别])

6）选定主体节的“英语”、“数学”、“政治”、“计算机应用”和“电子技术”等五个结合型文本框控件，再单击“报表设计工具→格式”选项卡的“控件格式”组中的“条件格式”按钮，弹出“条件格式规则管理器”对话框，如图 6-46 所示；单击“新建规则”按钮，弹出“新建格式规则”对话框，将不及格的成绩设置为红色加粗显示，如图 6-47 所示。

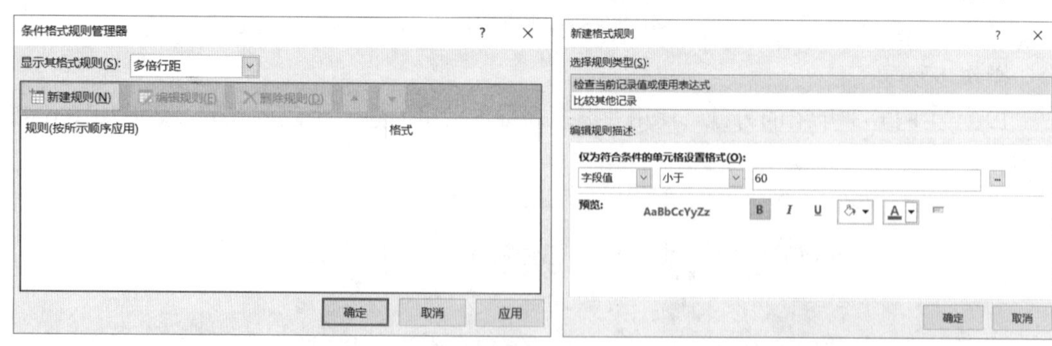

图 6-46 “条件格式规则管理器”对话框　　图 6-47 “新建格式规则”对话框

7）切换到“打印预览”视图，单击选择功能区“打印预览”选项卡的“页面布局”组中的“横向”按钮，设置报表的页面方向为横向。

8）保存并预览报表。设计完成后报表的设计视图如图 6-48 所示，报表的打印预览视图如图 6-44 所示。

图 6-48　设计完成后报表的设计视图

注意：在上例中，不论是统计男女生人数，还是统计总人数，都用函数 count([性别])，只是用来统计的文本框控件所处位置不同，放在组页脚（或组页眉）时，Access 会自动按分组人数来统计，而放在报表页脚（或报表页眉）时，Access 会自动按总人数来统计。同理，在报表中对全部记录或一组记录进行统计汇总时，其操作步骤基本相同，先在报表的相应节中添加文本框，再输入相应的表达式即可。对全部记录进行统计汇总时，文本框应放在报表页脚(或报表页眉)节中，而对一组记录进行统计汇总时，文本框应放在组页脚(或组页眉)节中。

6.3.4　域合计函数的应用

在实例 6-8 中使用了域合计函数 DCount 来统计英语不及格人数，域合计函数一般被用来对某个区域的记录按条件进行统计汇总，其格式如下：

=域合计函数名("[字段名]","[数据源表名]", "条件")

例如：

=DCount("[姓名]", "[A 班学生信息]", "[性别]='女'")

常用的域合计函数还有 DSum、DMax、DMin、DAvg 等。

6.4　子　报　表

子报表是插入到其他报表中的报表。主报表可以是结合型的，也可以是非结合型的。非结合型的主报表主要用来提供一个平台，以便将毫无关联的多个子报表合并成一个报表。结合型的主报表通常用来显示具有一对多关系的数据，在设计窗体时，可利用子窗体建立一对多关系表之间的联系。同样，用户也可以通过子报表来体现一对多关系表之间的联系，主报表中显示的是“一”方表中的记录，而子报表中显示的则是与“一”方表中当前记录所对应的“多”方表中的记录。

主报表可以包含多个子报表和子窗体，而子报表和子窗体内可以“嵌套”子报表和子窗体，最多可以嵌套两级子报表和子窗体。即某个报表可以包含一个子报表，该子报表又可包含一个子报表或子窗体。例如，可以用一个主报表来显示“学生信息表”的记录，用子报表来显示“学生选课”的数据，再用另一个子报表“学生成绩”来显示学生的成绩。

带子报表的报表通常用来体现一对一或一对多关系上的数据，因此，主报表与子报表必须同步，即主报表某记录下显示的是与该记录相关的子报表的记录。例如在上例中，主报表中的每条记录(每位学生信息)下显示的是与该位学生相关的子报表的记录(该位学生的各科成绩)。要实现主报表与子报表同步，必须满足下面两个条件：

1）主报表和子报表的数据源必须先建立一对一或一对多关系。

2）主报表的数据源是基于带有主关键字的表，而子报表的数据源则是基于带有与主关键字同名且具有相同数据类型的字段的表。

下面两种方法都可创建带子报表的报表。

1. 利用报表设计工具“控件”组中的“子窗体/子报表”控件创建带子报表的报表

操作步骤如下：

1）分别建立主报表和子报表。

2）打开主报表的设计视图，单击报表设计工具“控件”组中的“子窗体/子报表”控件。

3）在主报表上划出放置子报表的位置，弹出“子报表向导”对话框，选择子报表的数据源、链接字段及子报表的名称等。

4）保存并预览报表。

2. 直接将数据库窗口中作为子报表的报表拖到主报表中创建带子报表的报表

操作步骤如下：

1）分别建立主报表和子报表。

2）打开主报表的设计视图，切换到数据库窗口。

3）将数据库窗口中作为子报表的报表拖到主报表中相应的位置。

4）保存并预览报表。

【实例 6-9】 利用数据库“学分制管理”中的数据表“A 班学生信息”和“A 班成绩表”创建带子报表的报表“A 班学生成绩报表”。

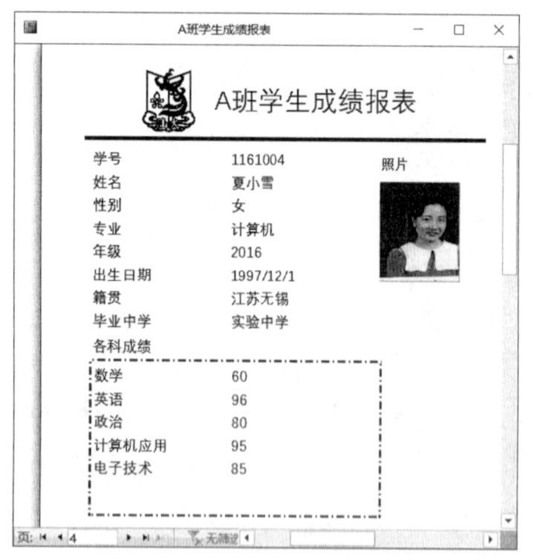

图 6-49 报表的样张

具体要求如下：

- 主报表包括“A 班学生信息”的所有字段。
- 子报表包括“A 班成绩表”的“政治”“英语”“数学”“计算机应用”“电子技术”五个字段。
- 在报表页眉处添加一幅图片。
- 子报表用蓝色的虚线框。
- 报表的页面方向：横向。

报表的样张如图 6-49 所示。

操作步骤如下：

1）分别建立如图 6-50 和图 6-51 所示的主报表和子报表。

2）打开主报表的设计视图，单击报表设计工具“控件”组中的“子窗体/子报表”控件。

3）在主报表上按住鼠标左键划出放置子报表的位置，弹出“子报表向导”对话框，选择子报表的数据源，如图 6-52 所示。

4）单击“下一步”按钮，定义链接主报表和子报表的字段，这里选择“从列表中选择”，如图6-53所示。

5）单击“下一步”按钮，指定子报表的名称，这里输入“各科成绩”，如图6-54所示。

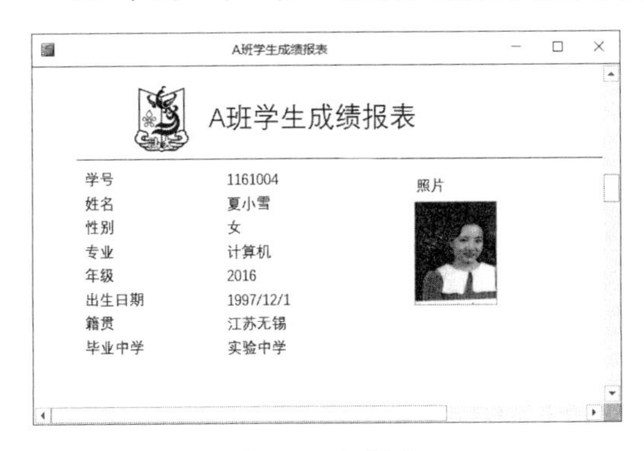

图6-50 主报表

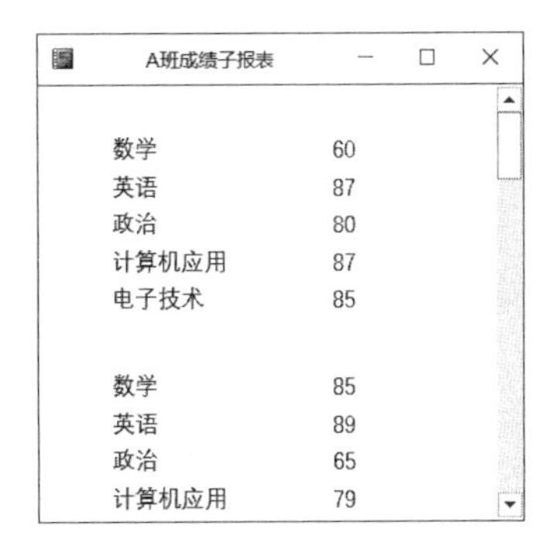

图6-51 子报表

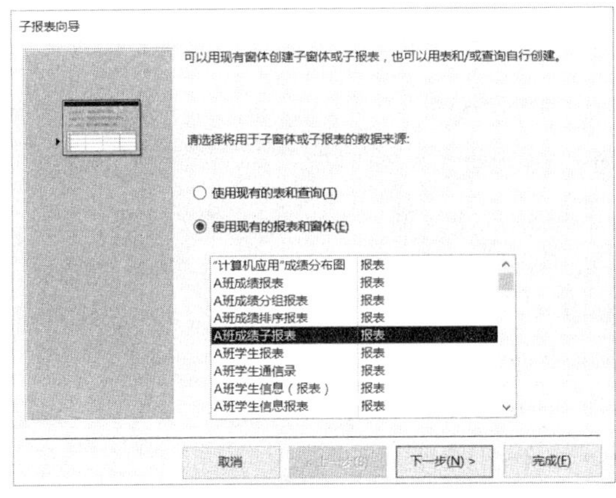

图6-52 选择子报表数据源对话框

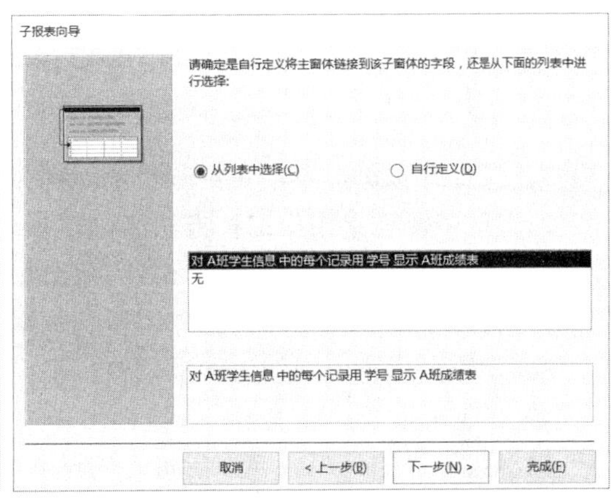

图6-53 定义链接主报表和子报表的字段

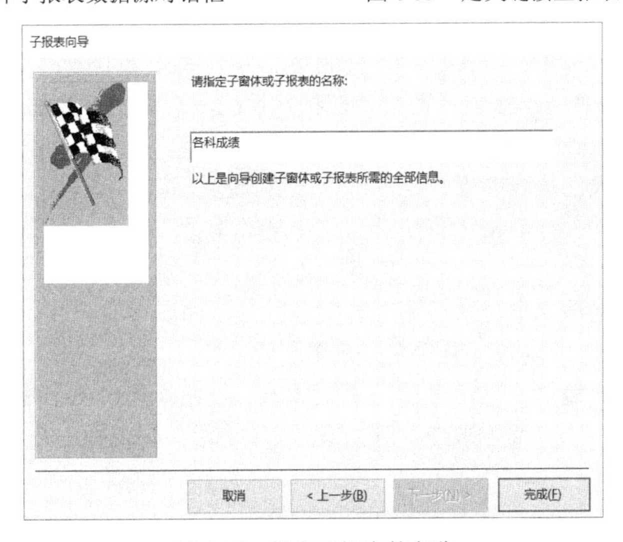

图6-54 指定子报表的名称

6）单击“完成”按钮，完成子报表的插入工作。按样张要求对整个报表及其中的控件属性进行设置，以便得到与样张一样的外观。完成后报表的设计视图如图6-55所示。

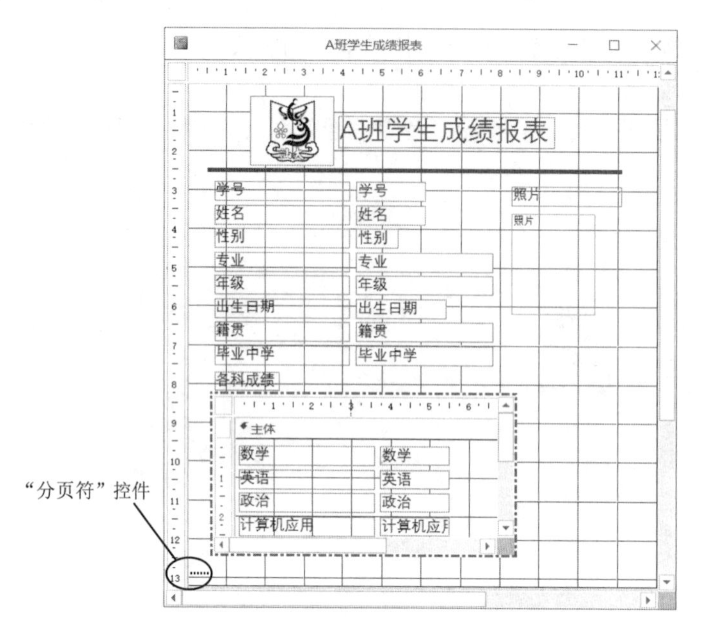

图 6-55 完成后报表的设计视图

7）保存并预览报表，其打印预览视图如图 6-49 所示。

在上例中，如果用第二种方法来创建报表，将更方便快捷，其操作步骤如下：

1）分别建立如图 6-50 和图 6-51 所示的主报表和子报表。

2）打开主报表的设计视图，切换到数据库窗口。

3）将数据库窗口中作为子报表的报表拖到主报表中相应的位置。

4）完成子报表的插入工作。按样张要求对整个报表及其中的控件属性进行设置，以便得到与样张一样的外观。完成后报表的设计视图如图 6-55 所示。

5）保存并预览报表，其打印预览视图如图 6-49 所示。

说明：要删除插入在报表中的子报表，则先选定子报表，按<Delete>键即可。

通常在创建带子报表的报表时，只要满足了实现主报表与子报表同步的两个条件，Access 会自动将主报表与子报表相链接。在特殊情况下，用户可通过直接设置子报表的属性来建立链接，其操作步骤如下：

1）打开带子报表的报表的设计视图，如图 6-55 所示。

2）选定子报表控件，右击选择快捷菜单中的“属性”，弹出子报表属性对话框，单击“数据”选项卡。

3）在“数据”选项卡中，直接输入链接字段名，如图 6-56 所示。要输入多个链接字段，字段名之间可用分号隔开。链接字段最多允许三个。

4）如果无法确定链接字段，可单击“生成器”按钮，弹出“子报表字段链接器” 对话框，单击“建议”按钮，或直接在“主字段”“子字段”列表框中选择链接的主字段和子字段，如图 6-57 所示。

5）单击“确定”按钮，完成链接字段的设置。

注意：链接字段不一定要在主报表或子报表中显示出来，但它们必须包含在主子报表的数据源中。

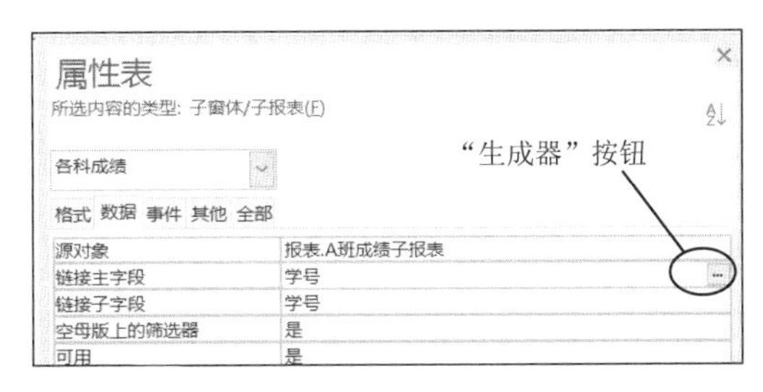

图 6-56 子报表属性对话框

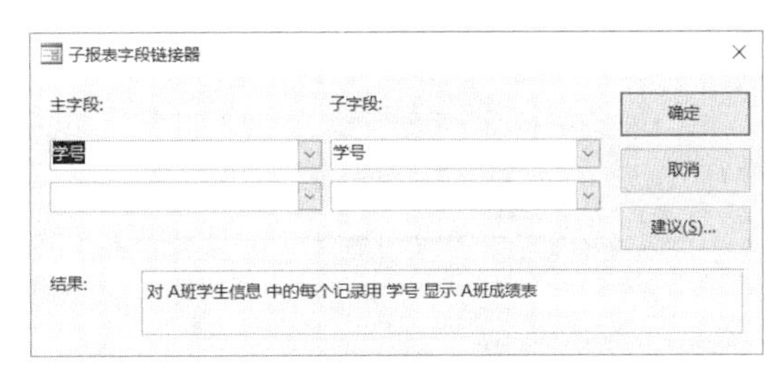

图 6-57 "子报表字段链接器"对话框

6.5 多 列 报 表

多列报表就是在一页中显示多列报表中的数据。它就像 Word 文档排版中的分栏一样，这种类型的报表布局紧凑。前面介绍的标签报表就属多列报表。要创建多列报表，通常先利用创建普通报表的方法创建一个单列报表，再通过"文件→页面设置"菜单命令，设置报表为多列显示，最后在报表的设计视图中对报表的外观进行进一步的修饰完善。

【实例 6-10】 利用数据库"学分制管理"中的数据表"教师信息表"创建一个如图 6-58 所示的两列报表"教师信息多列报表"。

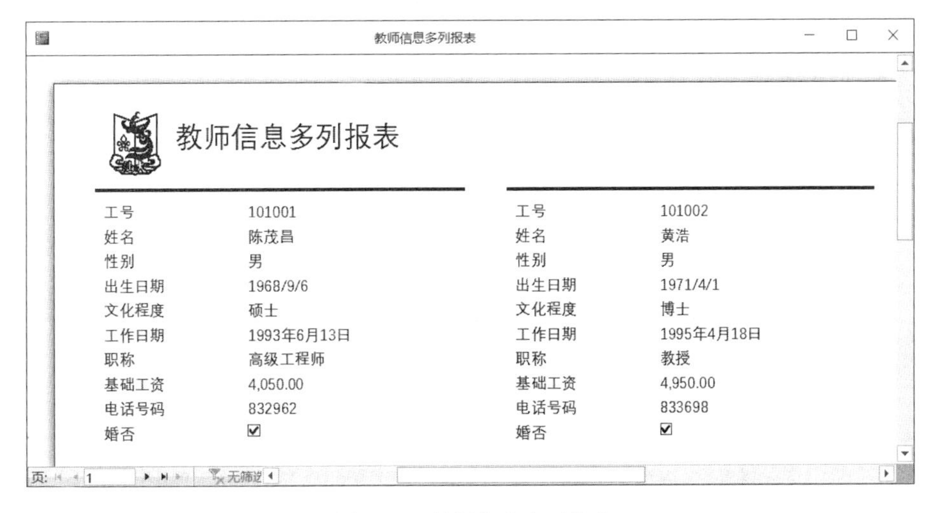

图 6-58 教师信息多列报表

操作步骤如下：

1）利用"报表向导"按钮创建一个如图 6-59 所示的普通纵栏式报表。

2）切换到该报表的"打印预览"视图，单击功能区"打印预览"选项卡的"页面布局"组中的"列"按钮，打开"页面设置"对话框。

3）在"页面设置"对话框中，单击"列"选项卡，在"列数"中输入要显示的列数，本例输入"2"，对"行间距""列间距"等进行设置，本例采用系统提供的默认值，如图 6-60 所示。

4）单击"确定"按钮，完成"教师信息多列报表"的创建，如图 6-58 所示。

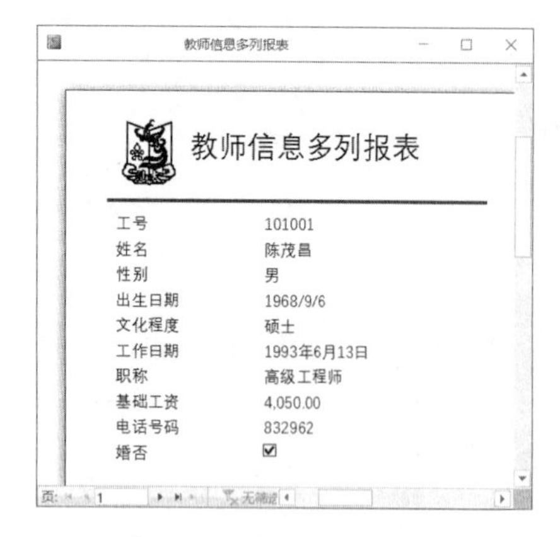

图 6-59 普通纵栏式报表

图 6-60 “页面设置”对话框中的“列”选项卡

6.6 交叉表报表

交叉表报表是一种以交叉表查询作为数据源的报表。在交叉表报表中列标题来自于基表的字段，其列标题既可以是静态的，也可以是动态的。静态列标题具有固定的列标题，可用标签控件来实现，而动态列标题所显示的内容及列数随查询结果而变化。

在创建交叉表报表之前，必须先建立交叉表查询，创建交叉表查询的方法可参考第 4 章。

【实例 6-11】 利用数据库“学分制管理”中的交叉表查询“学生选课情况表_交叉表”创建一个如图 6-61 所示的交叉表报表“学生选课交叉表报表”。

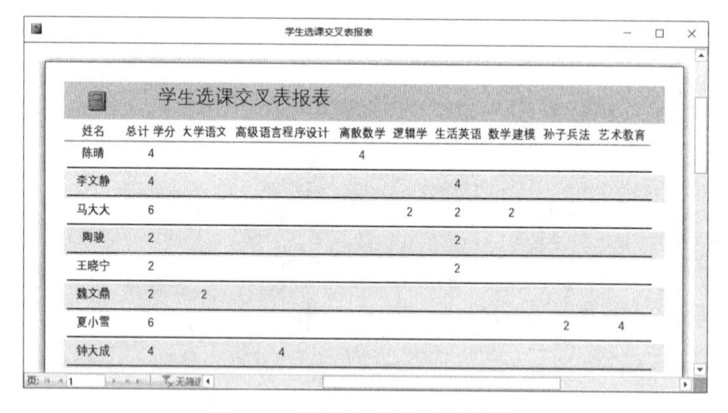

图 6-61 学生选课交叉表报表

操作步骤如下：

1）打开“学分制管理”数据库。

2）在导航窗格中，单击选定数据源“学生选课情况表_交叉表”查询。

3）在打开的 Access 数据库窗口中，单击“创建”选项卡，单击“报表”组中的“报表”按钮，系统自动创建名为“学生选课情况表_交叉表”的报表，并以布局视图方式打开，如图 6-62 所示。

4）切换到设计视图，按样张格式对报表各列宽度等报表布局进行调整，删除报表页眉节中的日期和时间两个文本框控件，将报表页眉节中的标签控件标题更改为“学生选课交叉表报表”；设置主体节中所有文本框控件的边框样式为“透明”；在主体节的文本框控件下面画一条蓝色 1pt 直线。

5）保存报表，输入报表名称“学生选课交叉表报表”，完成报表的创建。切换到“打印预览”视图，如图 6-61 所示。

学生选课情况表_交叉表

2017年4月19日 21:26:28

姓名	总计 学分	大学语文	高级语言程序设计	离散数学	逻辑学	生活英语	数学建模	孙子兵法	艺术教育
陈晴	4			4					
李文静	4					4			
马大大	6				2	2	2		
陶骏	2					2			
王晓宁	2					2			
魏文鼎	2	2							
夏小雪	6							2	4
钟大成	4		4						
8									

共 1 页，第 1 页

图 6-62 “学生选课情况表_交叉表”报表的布局视图

6.7 报表的打印和预览

打印报表是设计报表的最终目的，用户想要打印出精美的报表，除了合理地在报表设计视图中设计和美化报表外，正确的打印设置也是非常重要的。在打印报表之前，应先对报表的页面等进行相关的设置，并预览设置后的报表，预览效果满意之后，再进行打印。

6.7.1 页面设置

前面已经介绍了，报表通常是由报表页眉、页面页眉、主体、页面页脚和报表页脚五部分组成。设置报表的页面，主要是设置页面的大小，打印的方向，页眉、页脚的样式等。其操作步骤如下：

1）打开报表的打印预览视图。

2）单击功能区“打印预览”选项卡的“页面布局”组中的“页面设置”按钮，打开“页面设置”对话框。

3）在“页面设置”对话框中，有三个选项卡，可以修改报表的页面设置。单击选项卡，设置所需的选项，如图 6-63 所示。

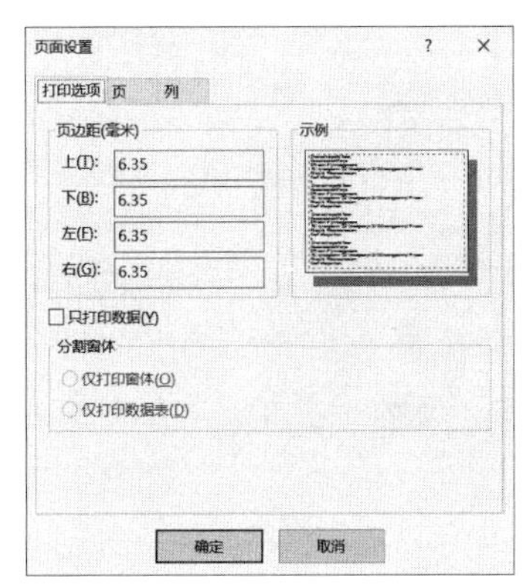

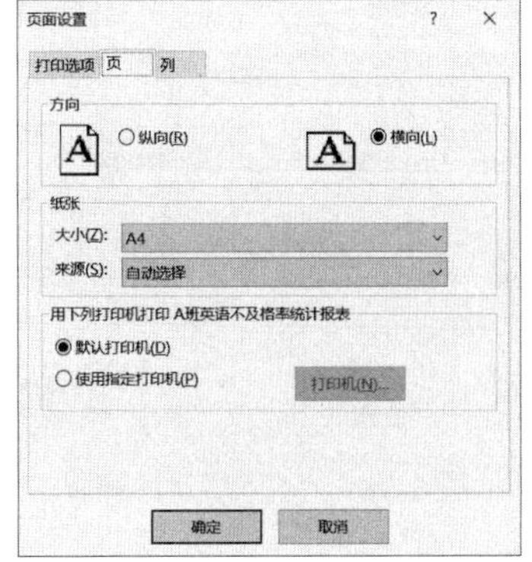

图 6-63 报表的页面设置对话框中三个选项卡

“打印选项”选项卡：设置页边距并确认是否只打印数据。

“页”选项卡：设置纸张的打印方向、纸张的大小和打印机型号。

“列”选项卡：设置在一页报表中的列数、行间距、列间距、列大小和列的布局等。

注意：在 Access 中，页面设置选项对宏不可用，而且 Access 将保存窗体和报表页面设置选项的设置值，打印其他报表时也使用同样的设置值，因此窗体或报表的页面设置选项只需设置一次。但是，表、查询和模块每次打印时都要进行页面设置选项的设定。

6.7.2 预览报表

预览报表就是在屏幕上模拟打印机的实际打印效果。预览报表有两种视图：打印预览和报表视图。使用“打印预览”可以查看报表的打印外观和每一页上所有的数据；使用“报表视图”可以查看报表的版面设置，其中只包括报表中数据的示例。为了节约耗材，在打印之前必须先预览报表的打印效果，切换到打印预览视图，即可查看报表打印出来的真实效果。

6.7.3 打印报表

报表的设计经过了设计—预览—再设计的循环过程，已经完全符合用户对报表的要求，接下来的任务就是通过打印机将设计精美的报表打印出来。

在 Access 2016 中，打印报表最便捷的方法就是在报表的打印预览视图中，单击功能区“打印预览”选项卡的“打印”组中的“打印”按钮，在弹出的如图 6-64 所示的“打印”对话框中，设置打印范围、打印份数等参数后，单击“确定”按钮，即可开始打印当前报表。另外，也可采用 Microsoft Office 办公软件中通用的文件打印方法来打印报表，在 Access 导航窗格中，先单击选择要打印的报表，再单击功能区“文件→打印”选项卡中的“打印”命令，在弹出的如图 6-64 所示的“打印”对话框中，设置打印范围、打印份数等参数后，单击“确定”按钮，即可打印当前选定的报表。

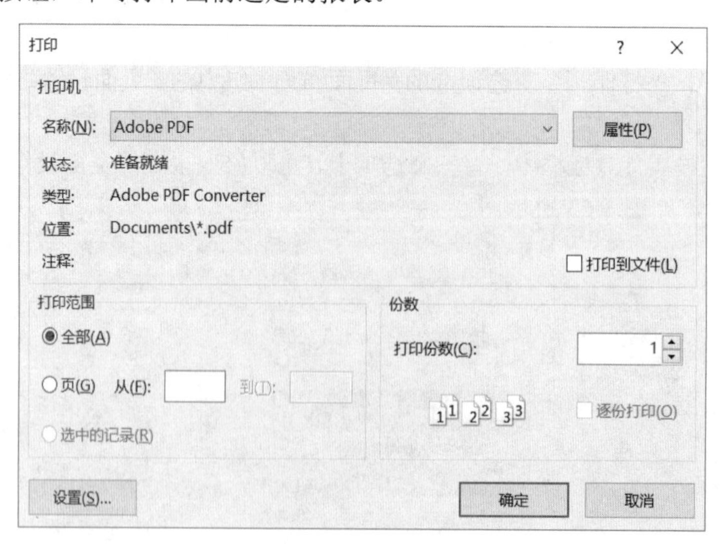

图 6-64 “打印”对话框

习 题

一、单选题

1. 报表的数据源不包括________。

A. SQL 语句 B. 表 C. 查询 D. 窗体

2. 以下叙述正确的是______。

A. 报表只能输入数据 B. 报表只能输出数据

C. 报表可以输入和输出数据 D. 报表不能输入和输出数据

3. 报表页脚的内容只在报表的________打印输出。

A. 第一页顶部 B. 最后一页数据末尾

C. 每页底部 D. 每页顶部

4. 在报表设计中，以下可以做绑定控件显示字段数据的是______。

A. 文本框 B. 标签 C. 命令按钮 D. 图像

5. 要实现报表按某字段分组统计输出，需要设置______。

A. 报表页脚 B. 该字段组页脚 C. 主体 D. 页面页脚

6. 要实现报表的分组统计，其操作区域是______。

A. 报表页眉或报表页脚区域 B. 页面页眉或页面页脚区域

C. 主体区域 D. 组页眉或组页脚区域。

7. 要在报表上显示格式为“共 12 页/第 8 页”的页码，则计算控件的控件来源应设置为________。

A. ="共" & [Pages] & "页/第" & [Page] & "页"

B. =共 & [Pages] & 页/第 & [Page] & 页

C. "共" & [Pages] & "页/第" & [Page] & "页"

D. 共 & [Pages] & 页/第 & [Page] & 页

8. 在报表设计过程中，不适合添加的控件是_________。

A. 标签控件 B. 选项组控件 C. 图像控件 D. 文本框控件

9. 要设置在报表每一页的底部都输出的信息，需要设置______。

A. 报表页眉 B. 报表页脚 C. 页面页眉 D. 页面页脚

10. 在使用报表设计视图设计报表时，如果要统计报表的总人数，应将计算表达式放在________。

A. 页面页眉/页面页脚 B. 组页眉/组页脚

C. 报表页眉/报表页脚 D. 主体

11. 计算控件的控件来源属性一般设置为______开头的计算表达式。

A. 字母 B. 括号 C. 等号 D. 双引号

12. 报表可以______数据源中的数据。

A. 编辑 B. 显示 C. 修改 D. 删除

13. 要设计出带表格线的报表，可以向报表中添加______控件完成表格线的显示。

A. 文本框 B. 标签 C. 复选框 D. 直线或矩形

14. 下列逻辑表达式中，能正确表示条件“x 和 y 都是奇数”的是______。

A. x Mod 2=1 Or y Mod 2=1　　B. x Mod 2=0 Or y Mod 2=0

C. x Mod 2=1 And y Mod 2=1　　D. x Mod 2=0 And y Mod 2=0

15. 在报表中，要计算“数学”字段的最高分，应将控件的“控件来源”属性设置为：______。

A. =Max([数学])　　B. Max(数学)

C. =Max[数学]　　D. =Max(数学)

二、填空题

1．报表的数据源可以是________或________。

2．完整的报表由报表页眉、报表页脚、页面页眉、页面页脚、________、组页眉和组页脚七个节组成。

3．如果设置报表上某个文本框的控件来源属性为“=2*3+1”，则打开报表视图时，该文本框显示信息是________。

4．函数 Right("汕头大学",2)的计算结果是________。

5．在报表设计中，可以通过添加________控件来控制另起一页输出显示。

6．函数 Mid("教务管理信息系统", 3, 2)的计算结果是________。

7．Access 的报表要实现排序和分组统计操作，应通过设置________属性来进行。

8．报表页眉的内容只在报表的________打印输出。

9．页面页眉的内容在报表的________打印输出。

10．报表页脚的内容只在报表的________打印输出。

11．报表数据输出不可缺少的内容是________的内容。

12．计算控件的控件来源属性一般设置为________开头的计算表达式。

13．如果设置报表上某个文本框的控件来源属性为“=7 Mod 4”，则打印预览视图中，该文本框显示的信息为________。

14．要在文本框中显示当前日期和时间，应当设置文本框的控件来源属性为________。

15．以下是某个报表的设计视图。根据视图内容，可以判断出分组字段是________。

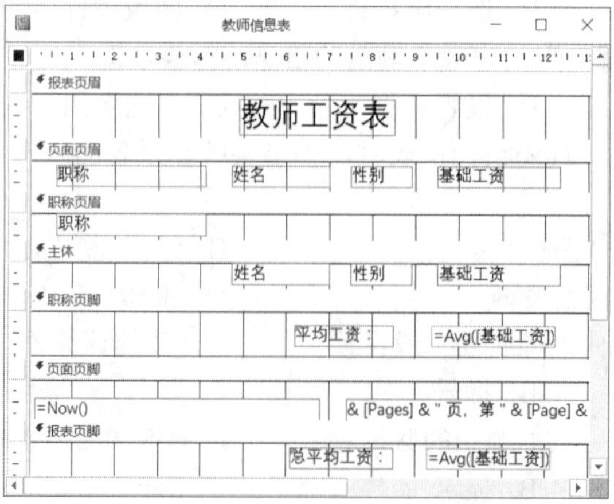

三、简述题

1. 什么是报表？
2. 报表的主要功能是什么？
3. 报表大致可分为哪几类？
4. 简述报表的结构及其各部分的主要作用。
5. 简述报表的四种视图方式及其作用。
6. 在报表中怎样对记录进行分组？
7. 什么是子报表？
8. 子报表的主要功能是什么？
9. 什么是多列报表
10. 什么是交叉表报表？

实验　报 表 打 印

一、实验目的

1. 掌握各种类型“报表”的创建方法。
2. 掌握分组与排序的使用方法。
3. 掌握子报表的建立方法。
4. 掌握标签的建立方法。
5. 掌握图表的建立方法。

二、实验内容

1．创建如图 S6-1 所示的报表“A 班成绩统计表”。要求如下：

1）数据源：“A 班学生信息”表和“4、计算 A 班总分”查询。生成的报表字段包括：学号、姓名、性别、各科成绩、总分和平均分。

2）按性别分组，求出男女生各科最高分。

3）报表页面设置为横向。

4）报表页眉：“A 班成绩统计表”用 24 加粗隶书，居中对齐，左边以“拉伸”的缩放模式插入一张图片。

5）页面页脚：“制表人：×××（制表人的姓名）”。

6）使用条件格式，用红色加粗标出各科不及格的分数。

7）报表页脚：使用函数计算出总人数，格式为红色加粗。

8）在报表页眉节控件的下方画一条红色 2pt 的直线，在报表页脚节控件的上方画一条红色 2pt 的直线。

2．创建如图 S6-2 所示的报表“工资统计表”。要求如下：

1）数据源：教师信息表和工资表。生成的报表字段包括：姓名、职称、基础工资、特区补贴、岗位津贴、房租水电和实发工资。

2）其中实发工资=基础工资+特区补贴+岗位津贴-房租水电。

A班成绩统计表

A班成绩统计表

性别	学号	姓名	数学	英语	政治	计算机应用	电子技术	总分	平均分
男									
	1161008	宋成城	87	84	85	65	90	411	82.2
	1161007	魏文鼎	67	92	62	91	85	397	79.4
	1161005	陈功	85	96	80	63	65	389	77.8
	1161003	马大大	80	98	83	85	71	417	83.4
	1161002	陈晴	85	89	65	79	**54**	372	74.4
	1161001	陶骏	60	87	80	87	85	399	79.8
汇总 '性别' = 男 (6 项明细记录)									
最大值			87	98	85	91	90		
女									
	1161010	伍宁如	60	**56**	66	73	71	326	65.2
	1161009	李文静	61	80	87	74	71	373	74.6
	1161006	王晓宁	88	94	83	85	71	421	84.2
	1161004	夏小雪	60	96	80	95	85	416	83.2
汇总 '性别' = 女 (4 项明细记录)									
最大值			88	96	87	95	85		

总人数：10人

2017年4月21日　　制表人：陈丰　　共 1 页，第 1 页

图 S6-1　“A 班成绩统计表”（横向）

3）按职称分组，求出各职称的实发工资汇总。

4）报表页眉：“工资统计表”，20、黑体、居中对齐。

5）用蓝色加粗标出各职称合计，红色加粗标出总计工资数。

6）报表页脚：使用函数计算出总人数，并用域合计函数求出副教授的人数（显示：“其中副教授：××人”）。

工资统计表

职称	姓名	基础工资	特区补贴	岗位津贴	房租水电	实发工资
副教授						
	朱志诚	4,172.90	600	1000	583.1	¥5,189.8
	许国华	4,215.60	600	1000	393.6	¥5,422.0
	王方	4,404.30	600	1000	528.1	¥5,476.2
	李华	4,368.90	600	1000	628.6	¥5,340.3
	李媛	4,189.96	600	1000	668.5	¥5,121.5
汇总 '职称' = 副教授 (5 项明细记录)						
合计						¥26,549.7
高级工程师						
	陈茂昌	4,050.00	600	800	586.9	¥4,863.1
汇总 '职称' = 高级工程师 (1 明细记录)						
合计						¥4,863.1
高级实验师						
	刘毅然	4,060.00	600	800	448.2	¥5,011.8
汇总 '职称' = 高级实验师 (1 明细记录)						
合计						¥5,011.8
工程师						
	伍清宇	3,960.00	600	700	0.0	¥5,260.0
汇总 '职称' = 工程师 (1 明细记录)						
合计						¥5,260.0
讲师						
	李晓军	3,931.50	600	700	335.4	¥4,896.1
汇总 '职称' = 讲师 (1 明细记录)						
合计						¥4,896.1
教授						
	王静	4,650.00	600	1200	769.0	¥5,681.0
	黄浩	4,950.00	600	1200	719.9	¥6,030.1
汇总 '职称' = 教授 (2 项明细记录)						
合计						¥11,711.1
实验师						
	刘丽茗	3,620.30	600	600	0.0	¥4,820.3
汇总 '职称' = 实验师 (1 明细记录)						
合计						¥4,820.3
总计						¥63,112.1

总人数：12人　　其中副教授：5人

2017年4月21日　　共 1 页，第 1 页

图 S6-2　工资统计表

3．建立如图 S6-3 所示的带子报表的报表“学生个人成绩表”。要求如下：

1）主报表数据源：“学生”表和“4、计算 A 班总分”查询，子报表数据源：“13、学生选课情况”查询。生成报表包括的字段如图 S6-3 所示。

2）报表页眉：“学生成绩报表”，红色、24、加粗、宋体。

3）主体上的标签“2016 年第一学期成绩表”，楷体、20，其中“必修课程”和“选修课程”，16、加粗、华文中宋、紫色。

4）“选修课程”部分的内容用“子报表”实现。

5）页面设置为“纵向”；每位学生各占一页（提示：使用“插入分页符”控件）。

6）其他部分格式和效果按如图 S6-3 所示样张要求实现。

4．标签的建立。

1）建立如图 S6-4 所示的 3 列标签“学生”。数据源：健康状况。

2）建立如图 S6-5 所示的 2 列标签“教师”。数据源：教师信息表。

5．建立如图 S6-6 所示的图表。数据源：A 班成绩表。

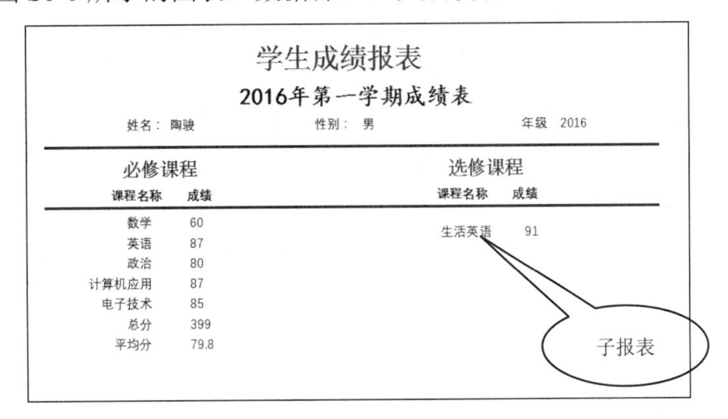

图 S6-3 学生个人成绩表（含子报表）

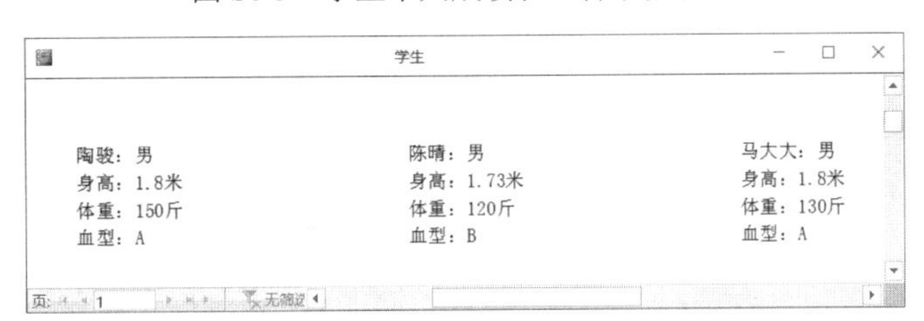

图 S6-4 学生标签

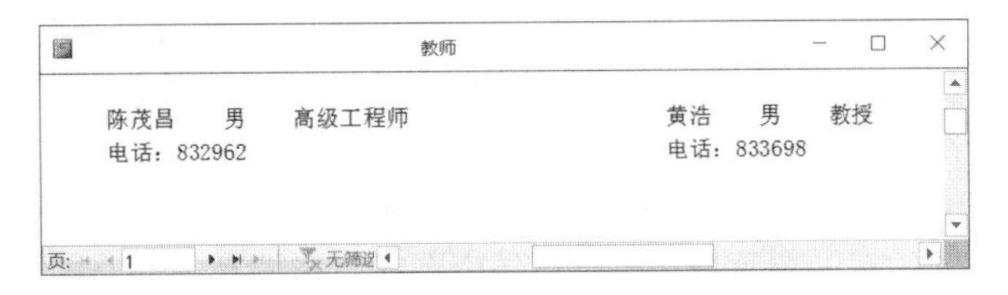

图 S6-5 教师标签

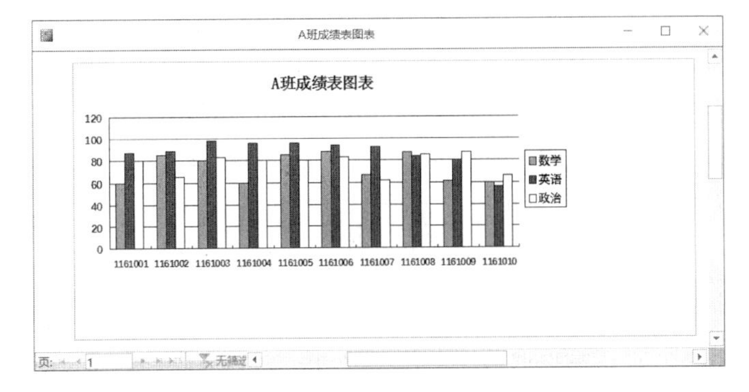

图 S6-6 A 班成绩表图表

第7章 宏

宏是 Access 数据库系统基本对象之一。宏是一种特定的编码，是一系列操作的集合。宏的主要作用是使操作自动化。

前面已经介绍了 Access 数据库提供的基本对象中的四个：表、查询、窗体和报表。它们各自都具有强大的数据处理功能，都能独立完成数据库应用系统中的特定任务，但它们之间无法相互调用。在数据库应用系统中，要提高效率，简化操作，实现数据库强大的管理功能，就必须将数据库中所有对象有机地组合起来，统一协调地进行管理，使大量繁杂重复的操作能够自动执行。利用宏或第 8 章将要介绍的模块就能实现这项重要的任务。而由于宏简单易学、功能强大却又不必掌握程序设计的思想和方法，也不需记住各种语法，只要将所要执行的操作、参数和条件直接输入到宏窗口中即可，所以深受 Access 数据库用户的喜爱。充分利用 Access 系统提供的大量宏操作，用户可以设计出一个功能基本完善的数据库管理应用系统。

7.1 宏、宏组以及带条件的宏

所谓宏，就是一个或多个操作的集合。宏中的每一个操作完成一种特定的功能，如打开窗体、打印报表、验证数据的有效性等。利用宏能够让大量重复性的操作自动完成，用户只需将各种操作依次定义在宏里，运行该宏时，系统就会按照所定义的顺序自动运行。

宏组则由若干个宏所组成。在一个宏组中含有多个宏，宏组中的每个宏都有单独的名称并可独立运行。通常在一个数据库应用系统中，有很多的操作需要自动执行，这就需要设计大量的宏。用户可以将若干功能相关或相近的宏组合在一起，形成宏组。每个宏组作为独立的数据库对象存在于数据库中，方便用户对宏的管理和维护，这将大大提高数据库的管理效率。宏组中宏的调用格式：宏组名.宏名。

宏除了有按照宏操作的顺序自动运行的功能外，同时宏还具有程序设计中常见的分支功能，即在宏中加入条件表达式，只有当条件表达式的值为真时，才能执行相应的操作，这样的宏就称为带条件的宏。

宏、宏组以及带条件的宏的设计视图分别如图 7-1～图 7-3 所示。

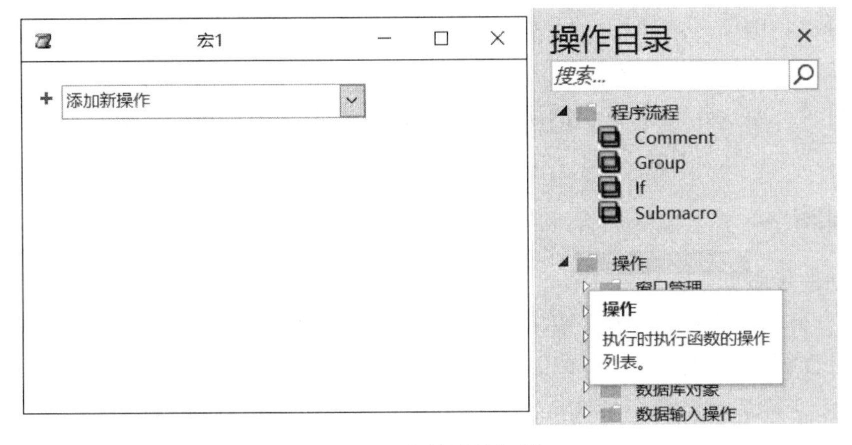

图 7-1 宏的设计视图

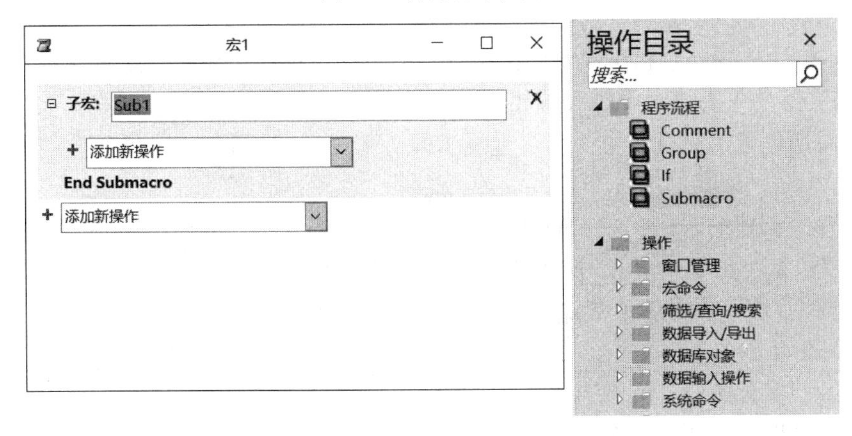

图 7-2 宏组的设计视图

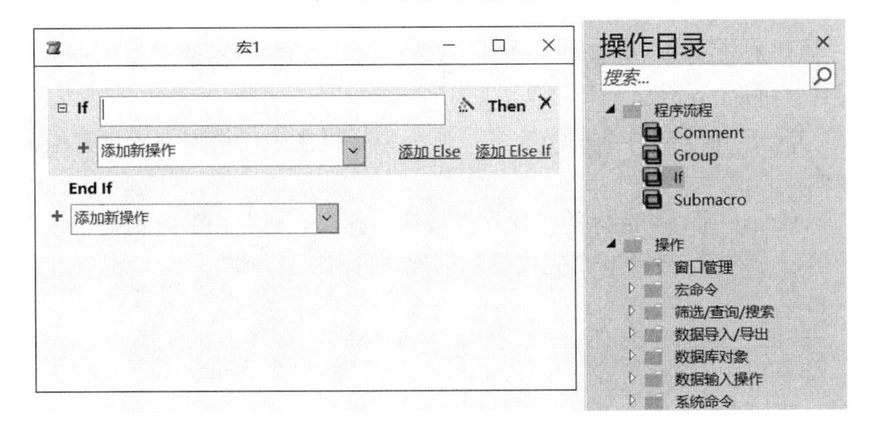

图 7-3 带条件的宏的设计视图

7.2 宏的创建

在 Access 中，宏的创建、修改和调试都是在宏的设计视图中进行的。宏的创建工作包括确定宏名、设置宏条件、选择宏操作、设置宏的操作参数等。宏的设计视图与窗体和报表等的设计视图有很大的差别，宏的设计视图如图 7-1 所示。

宏的设计视图中各项的功能如下。

添加新操作：用来定义宏操作。

操作目录：Access 2016 提供的所有宏操作命令。单击选定某个宏操作后，在操作目录窗格底端会显示该宏操作的功能。

7.2.1 创建宏

宏的创建步骤如下：

1）在打开的数据库窗口中，单击“创建”选项卡的“宏与代码”组中的“宏”按钮，打开宏的设计视图，如图 7-1 所示。

2）单击“添加新操作”列表框右侧的下拉列表按钮，弹出 Access 所提供的所有宏操作命令列表，选择所需的宏操作。也可以双击“操作目录”窗格中所需的宏操作或直接输入所需的宏操作名。

3）选定一个宏操作后，在该宏操作命令下方自动出现一个对应该宏操作命令的参数设置区，根据实际要求为该宏操作设置相应的参数（如打开的窗体名称、视图、数据模式等）。

4）如果所创建的宏有多个操作，重复步骤 2）～3），即可将该宏所包含的所有宏操作设计完成。

5）保存所创建的宏。完成宏的创建。

【实例 7-1】 创建一个名为“信息浏览”的宏，运行该宏时，以“增加”的数据模式打开“学分制管理”数据库中的“教师信息表”窗体。

操作步骤如下：

1）打开“学分制管理”数据库。

2）在打开的数据库窗口中，单击“创建”选项卡的“宏与代码”组中的“宏”按钮，打开宏的设计视图，如图 7-1 所示。

3）单击“添加新操作”列表框右侧的下拉列表按钮，在弹出的宏操作命令列表中选择所需的宏操作“OpenForm”。

4）在“OpenForm”操作命令下方的操作参数设置区中，根据要求设置相应的参数，如图 7-4 所示。

5）单击 Access 窗口功能区的“保存”按钮，弹出“另存为”对话框，输入宏名，单击“确定”按钮，如图 7-5 所示，完成宏的创建。

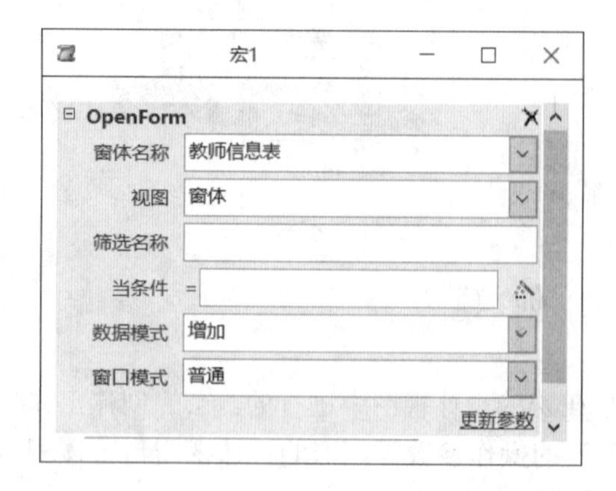

图 7-4 “信息浏览”宏的设计视图

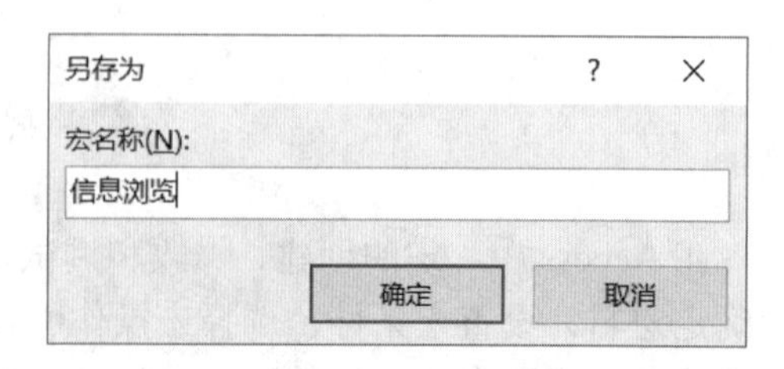

图 7-5 宏的“另存为”对话框

7.2.2 创建宏组

事实上，宏组就是一个具有不同宏名的多个宏的集合。可以把类型相同、功能相关的多个宏放在一个宏组中，以便管理和维护。宏组中的每个宏都是独立的，都有自己的宏名，以便分别调用。创建宏组的方法与创建宏的方法基本相同。一个宏组可以包含多个宏，宏组中每个宏以关键字“子宏”开始，并以“End Submacro”结束。在宏的设计视图中，双击“操作目录”中的“Submacro”命令，系统自动弹出宏组设计界面，如图 7-2 所示。

创建宏组的操作步骤如下：

1）在打开的数据库窗口中，单击“创建”选项卡的“宏与代码”组中的“宏”按钮，打开宏的设计视图，如图 7-1 所示。

2）双击“操作目录”中的“Submacro”命令，系统自动弹出宏组设计界面，如图 7-2 所示。

3）单击“子宏”右侧文本框，输入第一个宏的名称，然后按照创建宏的步骤创建第一个宏。

4）重复步骤 2）～3），可创建宏组所包含的所有的宏。

5）保存所创建的宏组。完成宏组的创建。

注意： *在保存宏组时，指定的名称是宏组的名称。要引用宏组中的某个宏，必须使用格式：宏组名.宏名。*

【实例 7-2】 创建一个名为“宏组”的宏组，该宏组由“查询”、“窗体”和“退出”三个宏所组成，这三个宏的功能分别如下。

查询：

- 打开“学分制管理”数据库中的“按姓名查”查询。
- 使计算机发出“嘟嘟”的响声。

窗体：

- 以“只读”的数据模式打开“学分制管理”数据库中的“A 班成绩表”窗体。
- 弹出消息框，显示“窗体已经打开”。

退出：

- 保存所有的修改后，退出 Access 数据库系统。

操作步骤如下：

1）打开“学分制管理”数据库。

2）单击“创建”选项卡的“宏与代码”组中的“宏”按钮，打开宏的设计视图，如图 7-1 所示。

3）双击“操作目录”中的“Submacro”命令，系统自动弹出宏组设计界面，如图 7-2 所示。

4）在“子宏”右侧文本框中输入第一个宏的名称“查询”，再按照创建宏的步骤，创建第一个宏，如图 7-6 所示。

5）重复步骤 3）～4），创建“窗体”和“退出”宏，如图 7-7 所示。

6）单击 Access 窗口功能区的“保存”按钮，弹出“另存为”对话框，输入宏组名：“宏组”，单击“确定”按钮，保存所创建的宏组。完成宏组的创建。

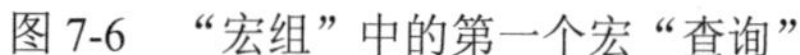
图 7-6 “宏组”中的第一个宏“查询”

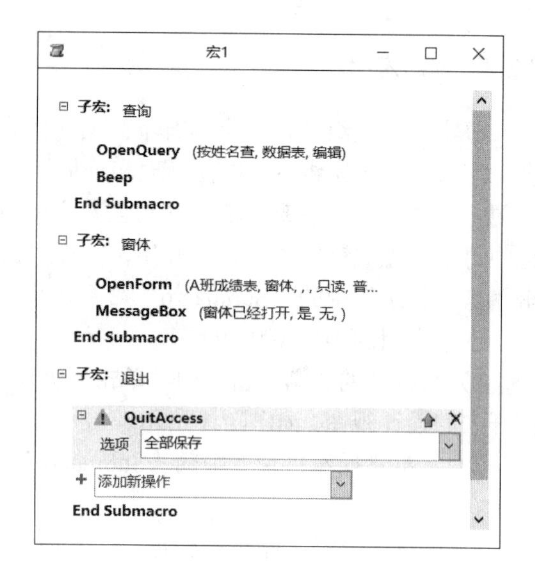

图 7-7 “宏组”的设计视图

7.2.3 创建带条件的宏

通常，宏的执行顺序是从第一个宏操作命令依次往下执行到最后一个宏操作命令。但是，用户有时会要求宏能按照给定的条件自行判断是否执行某些操作，这就需要在宏中设置条件来控制宏的流程。在宏的设计视图中，双击“操作目录”中的“If”命令，系统自动弹出条件宏的设计界面，如图 7-3 所示。

在输入条件表达式时，如果要引用窗体、报表或相关控件，其格式如下。

引用窗体：[Forms]![窗体名]

引用窗体属性：[Forms]![窗体名].属性

引用窗体控件：[Forms]![窗体名]![控件名]

引用窗体控件属性：[Forms]![窗体名]![控件名].属性

引用报表：[Reports]![报表名]

引用报表属性：[Reports]![报表名].属性

引用报表控件：[Reports]![报表名]![控件名]

引用报表控件属性：[Reports]![报表名]![控件名].属性

在宏中使用的条件表达式，其结果必须是逻辑值。例如：

[Forms]![教师信息表]![姓名]= “李元”

Is Null([姓名])

[Forms]![A 班成绩表]![英语]>=80

MessageBox(“保存修改结果？”, 1)=1

带有条件的宏的执行过程：从宏的第一行开始，如果没有条件“If”限制，系统直接执行该行的宏操作。如果有条件“If”限制，系统先计算“If”右侧文本框中的条件表达式的逻辑值，当逻辑值为真时，系统执行“Then”后面所有的宏操作，直到“Else”、下一个条件表达式“Else If”、“End If”、宏名或停止宏“StopMacro”为止；当逻辑值为假时，系统将忽略“Then”后面所有的宏操作，并自动转移到下一个条件表达式“Else If”或“End

If”后面的宏操作。

创建带条件的宏的操作步骤如下：

1）在宏的设计视图中，双击“操作目录”中的“If”命令，系统自动弹出条件宏设计界面，如图7-3所示。

2）单击“If”右侧文本框，输入条件表达式，然后按照创建宏的步骤，创建相应的宏。

3）保存所创建的宏。完成带条件的宏的创建。

【实例7-3】　创建一个名为“带条件的宏”的宏，运行该宏时，能验证用户所输入的密码，只有输入的密码为“stu123”的用户才能打开“控制面板窗体”；否则，弹出消息框，提示用户输入的密码错误，重新输入密码。

操作步骤如下：

1）打开“学分制管理”数据库。

2）单击“创建”选项卡的“宏与代码”组中的“宏”按钮，打开宏的设计视图，如图7-1所示。

3）双击“操作目录”中的“If”命令，系统自动弹出条件宏的设计界面，如图7-3所示。

4）在“If”右侧文本框中输入条件表达式，选择相应的宏操作，并确定相应的操作参数，如图7-8所示。

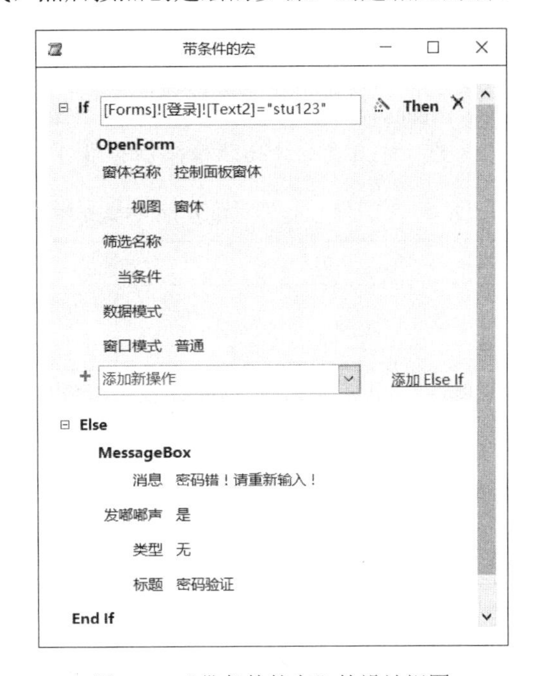

图7-8　“带条件的宏”的设计视图

5）保存所创建的宏。完成带条件的宏的创建。

7.2.4　AutoKeys的使用

宏的运行是通过宏名的调用来实现的。一个宏就是一个或多个命令，执行命令既可以采用菜单方式，也可以直接运行或通过快捷键来实现。如何为宏设置快捷键呢？

在Access中，为宏设置快捷键是通过创建一个名为“AutoKeys”的特殊宏组来实现。在“AutoKeys”宏组中，一个宏名代表一种组合键，按下特定的组合键，Access将自动执行该组合键所对应的宏操作。

为宏设置快捷键的操作步骤如下：

1）在打开的数据库窗口中，单击“创建”选项卡的“宏与代码”组中的“宏”按钮，打开宏的设计视图，如图7-1所示。

2）双击“操作目录”中的“Submacro”命令，系统自动弹出宏组设计界面，如图7-2所示。

3）单击“子宏”右侧文本框，输入“AutoKeys”宏组中第一个宏的名称，这里输入要使用的快捷键，如“^Q”，表示同时按下<Ctrl>和<Q>两个键。

4）在对应的“添加新操作”列表框中，选择按下该快捷键时所执行的宏操作（可以是一个或几个操作），如选择宏操作“QuitAccess”，表示当用户按下<Ctrl>+<Q>组合键时，系统将保存当前所做的修改后自动退出Access。

5）重复步骤 2）～4），可设置其他的快捷键及其对应的宏操作。

6）以“AutoKeys”为名保存所创建的宏组。完成特殊宏组“AutoKeys”的创建。

注意：保存宏组时，一定要以“AutoKeys”作为宏组的名称才能使所设置的快捷键有效。保存宏组后，每次打开含有该“AutoKeys”宏组的数据库时，所设置的快捷键自动生效。如果所设置的快捷键已经被 Access 所定义，如“^X”的功能已被 Access 定义为“剪切”，而“AutoKeys”将其定义为“存盘并关闭窗口”，则当用户按下组合键<Ctrl>+<X>时，系统将执行“保存并关闭窗口” 而不是“剪切”操作，即“AutoKeys”中所定义的操作取代了 Access 中的定义。退出含有该“AutoKeys”宏组的数据库后，将恢复系统原有的快捷键定义。可用来创建快捷键的组合键及其对应的宏名如表 7-1 所示。

表 7-1 用来创建快捷键的组合键及其对应的宏名

宏名	快捷键（组合键）
^任意字母或^数字键，如^A 或^6	<Ctrl>+任意字母或数字键，如^A 对应的快捷键为<Ctrl>+A；^6 对应的快捷键为<Ctrl>+6
{功能键}，如{F1}	任意功能键，如{F1}对应的快捷键为<F1>
^{功能键}，如^{F1}	<Ctrl>+任意功能键，如^{F1}对应的快捷键为<Ctrl>+<F1>
+{功能键}，如+{F1}	<Shift>+任意功能键，如+{F1}对应的快捷键为<Shift>+<F1>
{INSERT}	对应的快捷键为<Ins>
^{INSERT}	对应的快捷键为<Ctrl>+<Ins>
+{INSERT}	对应的快捷键为<Shift>+<Ins>
{DELETE}或{DEL}	对应的快捷键为<Del>
^{DELETE}或^{DEL}	对应的快捷键为<Ctrl>+<Del>
+{DELETE}或+{DEL}	对应的快捷键为<Shift>+<Del>

【实例 7-4】 创建一个名为“AutoKeys”的宏组，该宏组由“^S”、“^T”和“^Q”三个宏所组成，这三个宏的功能分别如下。

^S：打开“学分制管理”数据库中的“A 班学生信息”窗体。

^T：以“只读”的数据模式打开“学分制管理”数据库中的“教师信息表”窗体。

^Q：保存所有的修改后，退出 Access 数据库系统。

操作步骤如下：

1）打开“学分制管理”数据库。

2）单击“创建”选项卡的“宏与代码”组中的“宏”按钮，打开宏的设计视图。

3）双击“操作目录”中的“Submacro”命令，系统自动弹出宏组设计界面。

4）单击“子宏”右侧文本框，输入“AutoKeys”宏组中第一个宏的名称，这里输入要使用的组合键“^S”，表示同时按下<Ctrl>和<S>两个键。

5）在对应的“添加新操作”列表框中，选择按下该快捷键时所执行的宏操作，这里选择宏操作“OpenForm”，在“OpenForm”操作命令下方的操作参数设置区中，根据要求设置相应的参数，表示当用户按下<Ctrl>+<S>组合键时，系统将自动打开指定的窗体，如图 7-9 所示。

6）重复步骤 3）～5），可设置其他的组合键及其对应的宏操作，如图 7-10 所示。

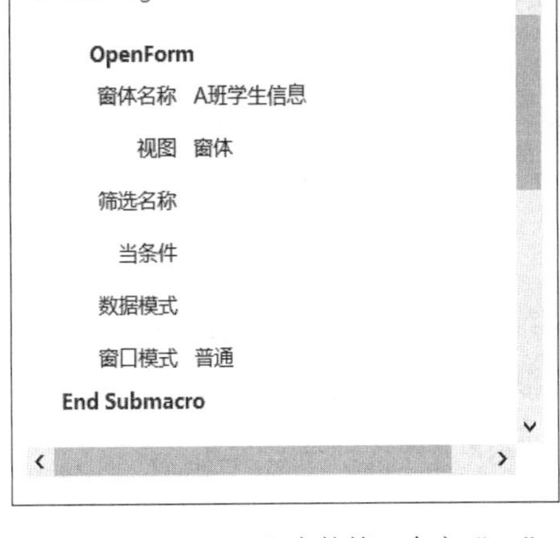

图 7-9 “AutoKeys”中的第一个宏“^S”

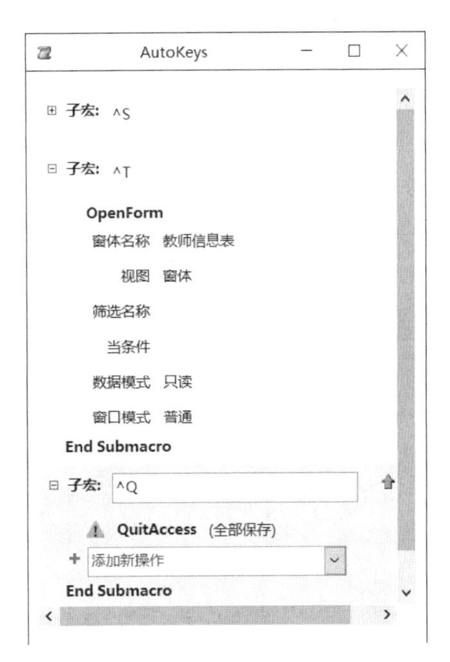

图 7-10 “AutoKeys”的设计视图

7）以“AutoKeys”为名保存所创建的宏组。完成“AutoKeys”的创建。

8）测试。按下<Ctrl>+<S>组合键时，系统自动打开“A 班学生信息”窗体；按下<Ctrl>+<T>组合键时，系统自动以“只读”的数据模式打开“教师信息表”窗体；按下<Ctrl>+<Q>组合键时，系统自动保存所有的修改后，关闭“学分制管理”数据库并退出Access。

7.2.5 AutoExec 的使用

“AutoExec”是一种特殊的宏，它随着数据库应用系统的启动而自动运行。通常，在启动一个数据库应用系统时，总是希望系统启动成功以后能自动打开一个包含有主菜单的控制面板窗口，通过创建一个名为“AutoExec”的宏即可实现。也就是说，每当 Access 打开一个数据库系统，首先自动在数据库系统中寻找名为“AutoExec”的宏，找到后自动运行该宏。用户在打开含有“AutoExec”宏的数据库系统时，如果不想自动运行该宏，可在打开该数据库系统的同时按下<Shift>键。

创建自启动宏的方法与创建宏的方法完全相同，只是保存自启动宏时，一定要以“AutoExec”作为宏的名称才能使其自启动功能生效。这里不再赘述。

7.3 宏 的 运 行

宏创建完成后，还需运行该宏，才能产生宏操作。对于比较复杂的宏，需要先调试，再运行，以保证宏运行的正确性。

7.3.1 调试宏

对于由多个操作组成的复杂的宏，需要反复进行调试，任何一个环节的错误都可能引起整个宏无法正确运行。

Access 提供了“单步”执行宏的功能，通过“单步”执行宏，用户可以看到宏的流程和每一步操作的结果，从而找到宏中的错误，并准确定位，以便排除引起错误的宏操作。

【实例 7-5】 对实例 7-2 所创建的“宏组”进行调试。

操作步骤如下：

1）打开“学分制管理”数据库。

2）打开“宏组”的设计视图。

3）单击工具栏中的“单步”按钮，系统进入单步运行状态。

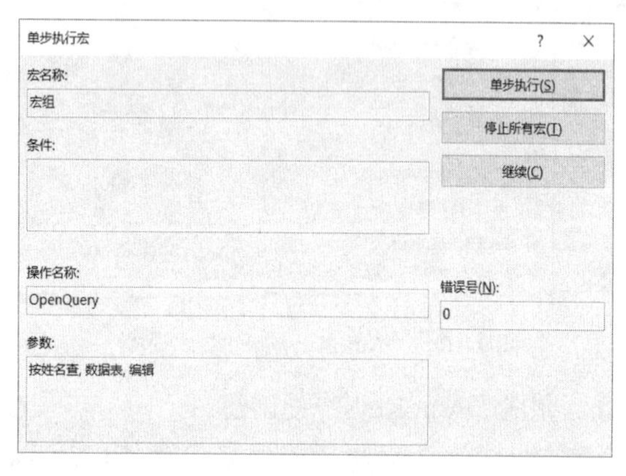

图 7-11 “单步执行宏”对话框

4）单击工具栏中的“运行”按钮，系统以单步的形式开始运行“宏组”，并弹出“单步执行宏”对话框，如图 7-11 所示。在“单步执行宏”对话框中，显示出当前单步运行的宏名、条件、操作名称和参数等信息。如果该步执行正确，可以单击“单步执行”按钮，继续以单步的形式执行宏。如果发现错误，可单击“停止”按钮，停止宏的执行，并返回“宏组”的设计视图，以便修改宏的设计。单击“继续”按钮，则可终止宏的单步运行状态，并继续运行完该宏的所有操作。

说明：*在单步执行宏的过程中，如果宏的某个操作有错，Access 会自动打开错误信息提示框，供用户了解出错的原因，以便改正。通过反复修改和调试，就可设计出功能完善的宏。*

7.3.2 运行宏

运行已创建的宏的方法很多，常见的有如下四种：

1. 直接运行宏

直接运行宏有下列几种方式：

1）在宏的设计视图中运行宏。单击工具栏中的“运行”按钮。

2）在数据库窗口中运行宏。在数据库导航窗格中，选定要运行的宏，右击选择快捷菜单的“运行”，或直接双击要运行的宏。

3）利用 Access 窗口菜单栏“数据库工具”选项卡中的“运行宏”按钮直接运行宏。单击选择 Access 窗口菜单栏上的“数据库工具→宏→运行宏”命令按钮，打开“执行宏”对话框，如图 7-12 所示。单击“宏名称”框右边的下拉列表按钮，从列表中选择要运行的宏，单击“确定”按钮。

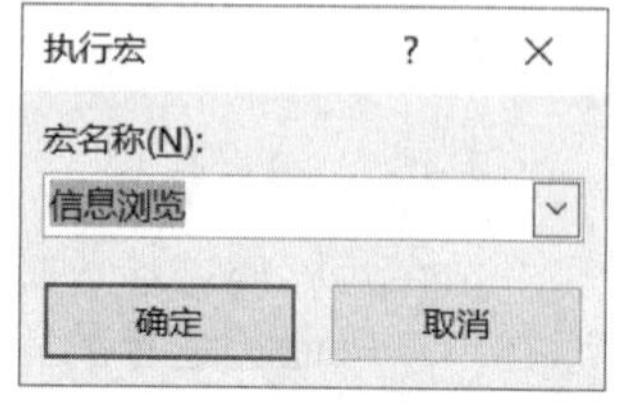

图 7-12 “执行宏”对话框

2. 通过窗体、报表或控件的事件来运行宏

通常，直接运行宏只是在设计和调试宏的阶段进行，目的是为了测试该宏的正确性和功能。大多数情况下，可对窗体、报表或控件等对象的事件属性进行设置，通过触发其事件来运行宏。

通过窗体、报表或控件的事件来运行宏，只需在窗体或报表的设计视图中打开相应对象的“属性”对话框，选择“事件”选项卡，在相应的事件属性（如加载、单击、双击、进入、退出等）上单击，从弹出的下拉列表中选择相应的宏，当该“事件”发生时，系统将自动运行该宏。

【实例 7-6】 在数据库“学分制管理”中创建一个名为“触发事件”的窗体，该窗体只包含两个控件按钮，分别是“A 班学生信息”和“按姓名查教师信息”，单击相应的命令按钮运行相应的宏。

操作步骤如下：

1）打开“学分制管理”数据库。

2）单击选择“创建”选项卡的“窗体”组中的“窗体设计”按钮，系统自动创建名为“窗体 1”的空窗体，并以设计视图方式打开。

3）给新建的窗体添加两个命令按钮控件，分别是“A 班学生信息”和“按姓名查教师信息”，如图 7-13 所示。

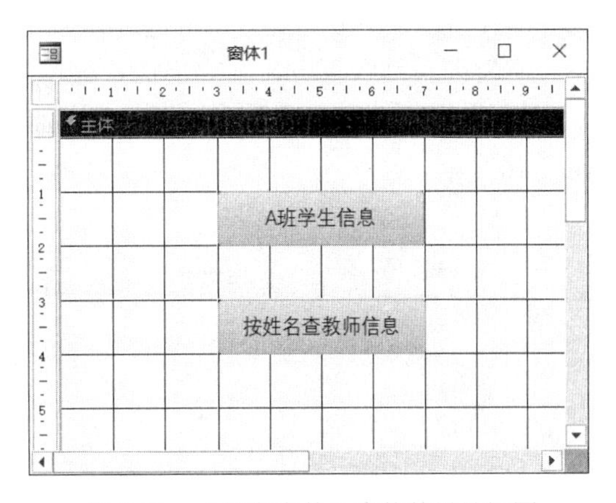

图 7-13 “触发事件”窗体的设计视图

4）分别设置“A 班学生信息”和“按姓名查教师信息”两个命令按钮控件的事件属性，如图 7-14 和图 7-15 所示。

图 7-14 “A 班学生信息”控件的事件属性

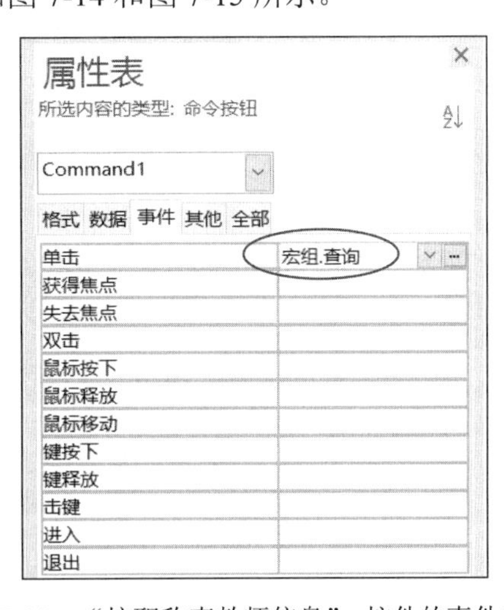

图 7-15 “按职称查教师信息” 控件的事件属性

5）将所创建的窗体以“触发事件”为名保存。打开“触发事件”窗体的窗体视图，单击“A 班学生信息”命令按钮，系统自动运行“打开 A 班窗体”宏，即打开“A 班学生信息”窗体；单击“按姓名查教师信息”命令按钮，系统自动运行宏组“宏组”中的宏“查询”，即打开查询“按姓名查”。

3. 通过菜单或工具栏来运行宏

可以通过将宏添加到菜单或工具栏中，以便在菜单或工具栏中运行宏。把宏添加到菜单栏中的操作比较复杂，将在第 7.4 节中作详细介绍。在这里通过下例来介绍如何把宏添加到 Access 窗口的快速访问工具栏中。

【实例 7-7】 在数据库“学分制管理”窗口的快速访问工具栏中添加一个按钮“信息浏览”，单击该按钮时，系统运行“信息浏览”宏，即自动打开“教师信息表”窗体。

操作步骤如下：

1）打开“学分制管理”数据库。

2）右击 Access 窗口快速访问工具栏，选择快捷菜单上的“其他命令”，弹出“Access 选项”对话框，单击“从下列位置选择命令”列表框右侧下拉列表按钮，选择列表项“宏”，在“宏”列表框的下方显示出当前数据库系统已经创建的所有宏。

3）双击“信息浏览”宏，将该宏添加到右边“自定义快速访问工具栏”列表框中，如图 7-16 所示。

图 7-16 “自定义快速访问工具栏”对话框

4）单击“确定”按钮，完成快速访问工具栏按钮的添加操作。“信息浏览”按钮出现在 Access 窗口快速访问工具栏中，如图 7-17 所示。

图 7-17 添加“信息浏览”按钮后的快速访问工具栏

5）测试。单击快速访问工具栏中的“信息浏览”按钮，系统自动打开“教师信息表”窗体，即运行“信息浏览”宏。

4. 通过宏间接调用另一个宏

通过在宏中使用宏操作“RunMarco”命令，可以实现从一个宏中调用另一个宏的操作。

【实例 7-8】 在数据库“学分制管理”中创建一个名为“调用宏”的宏。运行该宏时，系统打开一个“欢迎浏览汕头大学教师信息！”的消息框，并调用另一个已创建的宏“信息浏览”（即打开“教师信息表”窗体）。

操作步骤如下：

1）打开“学分制管理”数据库。

2）单击“创建”选项卡的“宏与代码”组中的“宏”按钮，打开宏的设计视图。

3）单击“添加新操作”列表框右侧的下拉列表按钮，在弹出的宏操作命令列表中选择所需的宏操作“MessageBox”，在“MessageBox”操作命令下方的操作参数设置区中的“消息”框中，输入“欢迎浏览汕头大学教师信息！”。

4）单击“添加新操作”列表框右侧的下拉列表按钮，在弹出的宏操作命令列表中选择所需的宏操作“RunMacro”，在“RunMacro”操作命令下方的操作参数设置区中的“宏名称”框中，选择“信息浏览”。

5）保存并运行所创建的宏。完成宏“调用宏”的创建。所创建宏的设计视图如图 7-18 所示。

图 7-18 “调用宏”的设计视图

7.4 利用宏创建菜单

一个完整的数据库应用系统应该拥有自己的菜单栏。利用菜单栏中的每一项命令来完成相应的操作。在 Access 中，可以利用宏来创建的菜单主要有数据库窗口功能区菜单和快捷菜单两种。

7.4.1 创建功能区菜单

功能区位于 Access 数据库窗口的顶部，它取代了 Access 2007 之前版本中的菜单栏和工具栏的主要功能。功能区由若干个选项卡组成，每个选项卡上有多个按钮。利用宏创建功能区菜单就是将创建的菜单添加到 Access 数据库窗口功能区的加载项选项卡上。

利用宏创建功能区菜单的操作步骤如下：

1）为加载项菜单命令中的每个下拉菜单创建宏组。

2）创建一个宏，该宏只包含一种宏操作（AddMenu），用来将每个下拉菜单所创建的宏组组合到菜单栏中。

3）把菜单宏挂接到窗体上，以便打开该窗体时自动激活相应的菜单栏命令。

【实例 7-9】 为数据库“学分制管理”中的窗体“控制面板窗体”创建一个菜单栏，

该菜单栏所包含的全部菜单项如表 7-2 所示。

表 7-2 菜单栏所包含的全部菜单项

菜单栏各项菜单名	对应的下拉菜单子项	对应的宏操作
数据输入	教师信息表	OpenForm
	A 班学生信息	OpenForm
	A 班成绩表	OpenForm
信息查询	按职称查询	OpenQuery
	按工资范围查	OpenQuery
报表打印	A 班学生通信录标签	OpenReport
	A 班成绩报表	OpenReport
	工资统计表	OpenReport
窗口	最大化	MaximizeWindow
	最小化	MinimizeWindow
	退出系统	QuitAccess
帮助	系统使用指南	OpenForm

操作步骤如下：

1）为加载项菜单命令中的每个下拉菜单创建宏组。

按照第 7.2.2 节创建宏组介绍的方法分别创建名为“数据输入”、“信息查询”、“报表打印”、“窗口”和“帮助”的五个宏组。在宏组的设计视图中，“子宏”右侧文本框中输入的内容是要在下拉菜单中显示的菜单命令名，并在“添加新操作”列表框中选择对应该菜单命令的宏操作。创建完成后各宏组所对应的设计视图分别如图 7-19～图 7-23 所示。

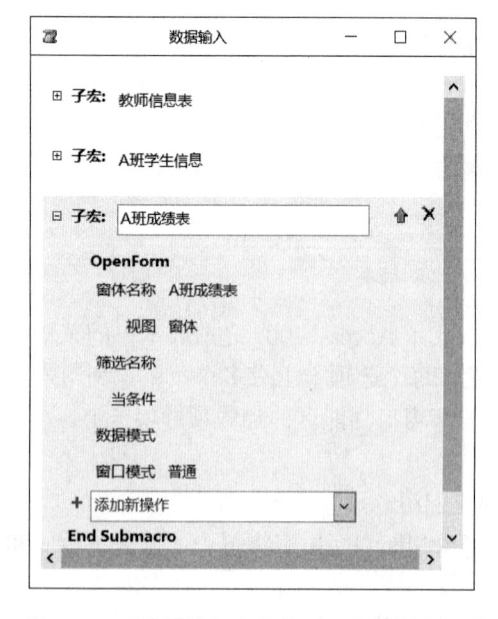

图 7-19 “数据输入”宏组所对应的设计视图

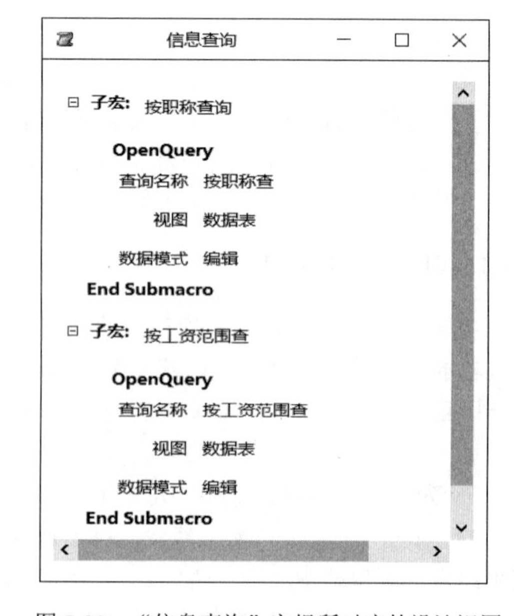

图 7-20 “信息查询”宏组所对应的设计视图

2）创建一个名为“m”的宏，将各个下拉菜单组合到菜单栏中。创建完成后宏的设计视图如图 7-24 所示。

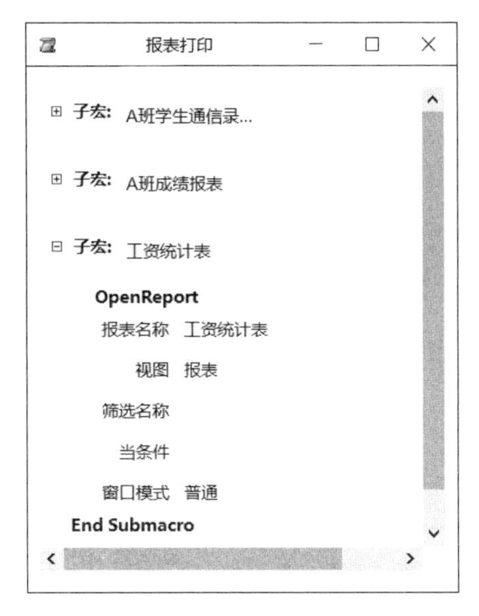

图 7-21 “报表打印”宏组所对应的设计视图

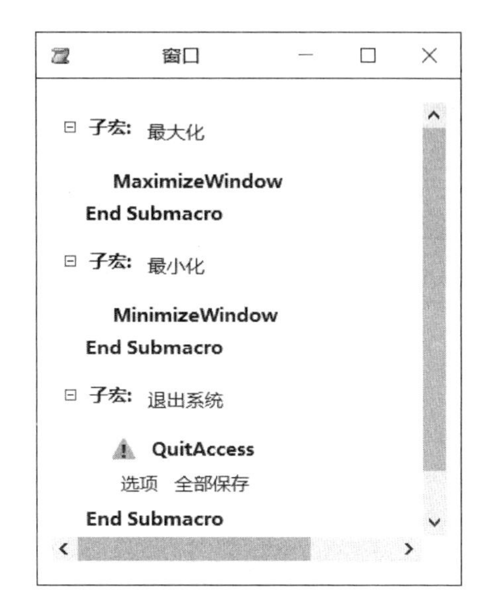

图 7-22 “窗口”宏组所对应的设计视图

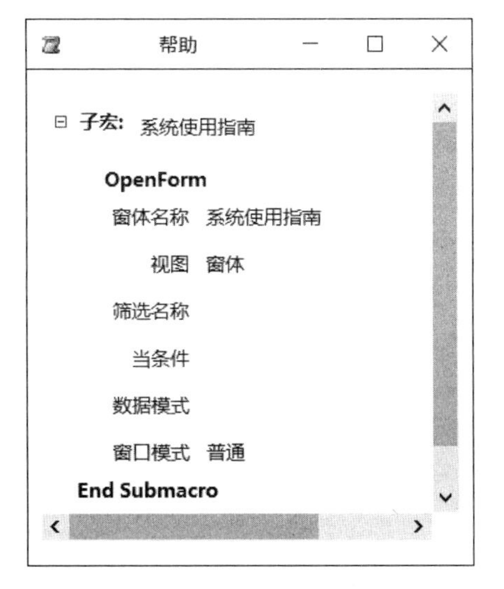

图 7-23 “帮助”宏组所对应的设计视图

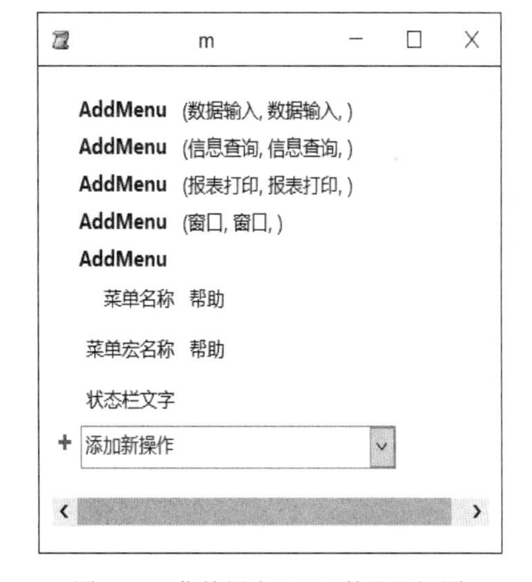

图 7-24 菜单栏宏“m”的设计视图

3）把宏“m”挂接到窗体“控制面板窗体”上，以便打开该窗体时自动激活相应的菜单栏。

打开窗体“控制面板窗体”的设计视图，并打开窗体的属性对话框，单击窗体属性对话框的“其他”选项卡，在“菜单栏”中输入该菜单对应的宏名“m”，如图 7-25 所示，保存并关闭窗体“控制面板窗体”，完成菜单栏的挂接操作。此后，每当打开窗体“控制面板窗体”时，就可看到窗口功能区加载项的菜单栏已经变成自己设计的菜单，如图 7-26 所示。

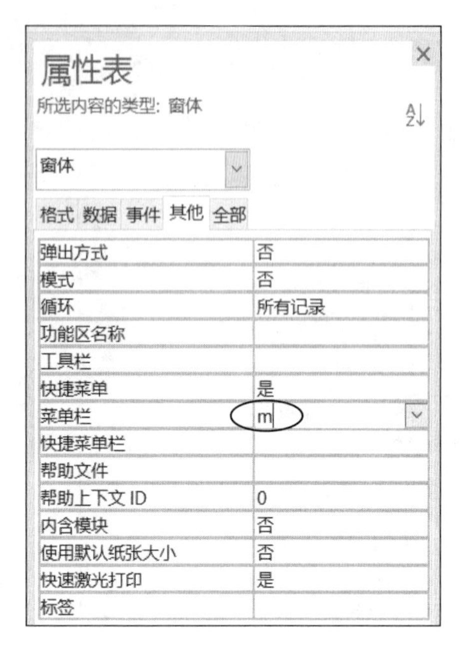

图 7-25 设置“控制面板窗体”菜单栏的属性

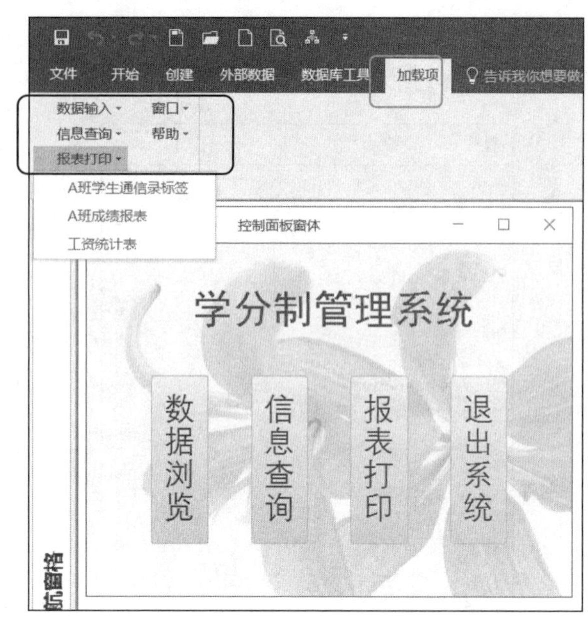

图 7-26 打开“控制面板窗体”后功能区加载项的菜单

7.4.2 设置热键

为方便起见，经常需要为一些常用的菜单命令设置热键，其操作方法很简单，只需在创建功能区菜单栏的第 1）步（即为加载项菜单命令中的每个下拉菜单创建宏组）时，在“子宏”右侧文本框中加上“&热键字符”（如&K）即可。例如，可以为“控制面板窗体”窗口功能区加载项的菜单中的“数据输入”下拉菜单中的“教师信息表”和“A 班学生信息”分别设置热键，如图 7-27 所示。设置热键后的“数据输入”下拉菜单如图 7-28 所示。测试：打开“控制面板窗体”的窗体视图，单击选择“加载项”的“数据输入”菜单，按下键盘字母键“T”，Access 自动打开“教师信息表”窗体；按下键盘字母键“S”，Access 自动打开“A 班学生信息”窗体。

图 7-27 为菜单命令设置热键

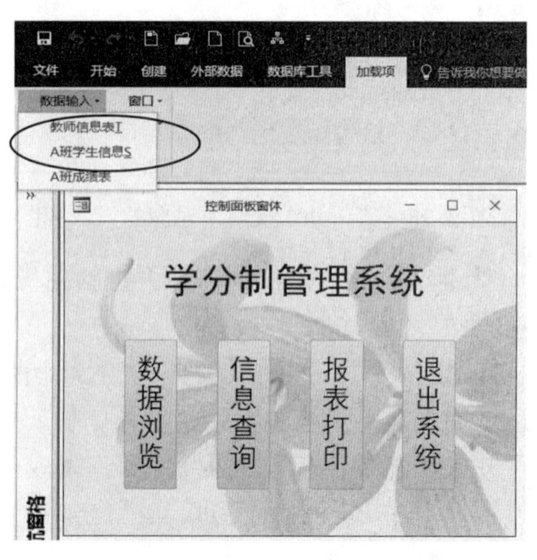

图 7-28 设置热键后的“数据输入”下拉菜单

7.4.3 创建窗口多级下拉菜单

通常，有一定规模的数据库应用系统的窗口菜单栏都具有多级的下拉菜单。在Access中，利用宏就可方便地创建窗口多级下拉菜单。

【实例 7-10】 在实例7-9所创建的窗口菜单栏的基础上，为“报表打印”菜单命令项创建如图7-29所示的二级下拉菜单。

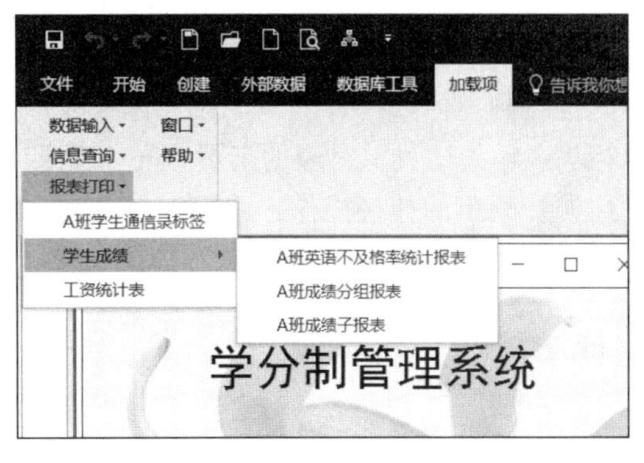

图7-29 为“报表打印”创建的二级下拉菜单

操作步骤如下：

1）为“报表打印”二级下拉菜单创建相应的宏组。

按照第7.2.2节创建宏组介绍的方法创建名为“学生成绩”的宏组。创建完成后的宏组设计视图如图7-30所示。

2）将所创建的二级下拉菜单宏组“学生成绩”组合在上级菜单项（即“A 班成绩报表”）中。

其操作方法是打开实例7-9所创建的宏组“报表打印”的设计视图，设置宏名为“A班成绩报表”的宏操作都是“AddMenu”，并设置其相应的操作参数，设置完成后的“报表打印”宏组的设计视图如图7-31所示。

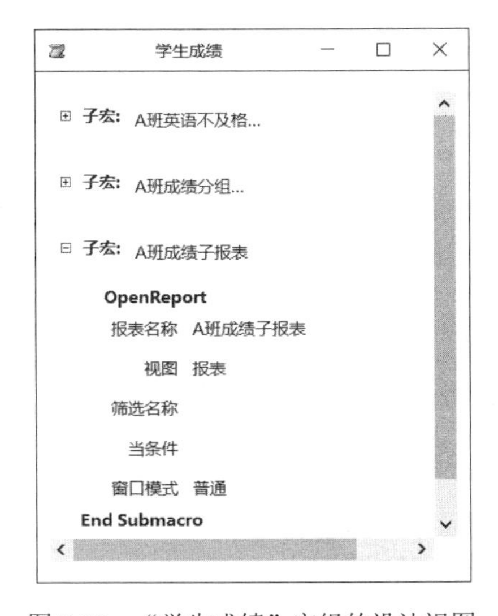

图7-30 “学生成绩”宏组的设计视图

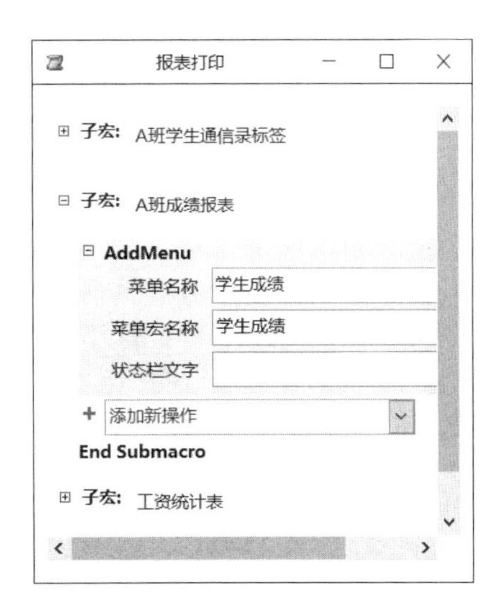

图7-31 将二级下拉菜单组合到上级菜单项“报表打印”中

3）打开“控制面板窗体”可看到如图7-29所示的二级下拉菜单。

在设计大型的数据库应用系统时，利用实例7-10介绍的方法可创建三级、四级以及更多级的窗口菜单。

7.4.4 创建快捷菜单

快捷菜单是显示与特定项目相关的一列命令的菜单，即右击鼠标时出现的菜单。利用快捷菜单可以使用户快速选择相应的命令。在 Access 中，为窗体或控件创建快捷菜单的方法与创建功能区菜单的方法大同小异。也是需要通过三步来实现，区别在于第三步，将菜单宏挂接到窗体或控件上，是在窗体或控件的属性对话框中的“其他”选项卡的“快捷菜单栏”中输入该菜单对应的宏名“m”，如图 7-32 所示，保存并关闭窗体“控制面板窗体”，完成快捷菜单的挂接操作。此后，每当打开窗体“控制面板窗体”时，右击就可弹出自定义的快捷菜单，如图 7-33 所示。

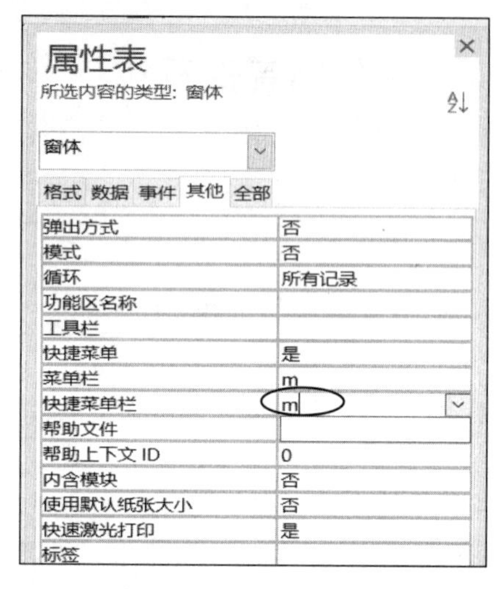

图 7-32 设置“控制面板窗体”快捷菜单栏的属性

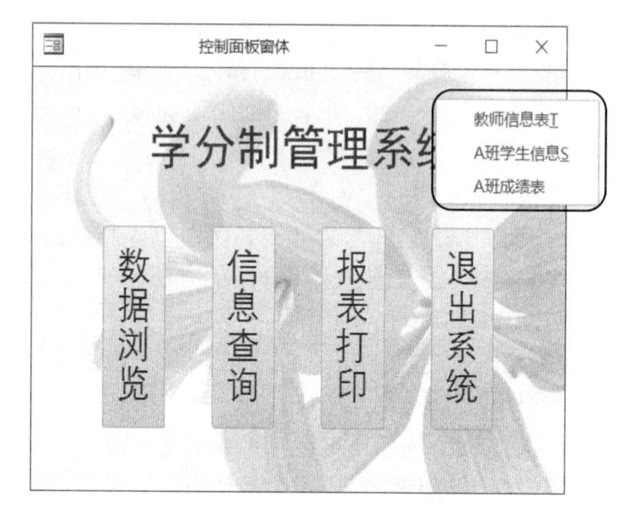

图 7-33 右击“控制面板窗体”弹出的自定义快捷菜单

7.5 将宏转换为 Visual Basic 程序代码

Access 能将宏转换成 Visual Basic（VB）程序代码。

操作步骤如下：

1）在数据库导航窗格中，打开要进行转换的宏的设计视图。

2）单击“设计”选项卡的“工具”组中的“将宏转换为 Visual Basic 代码”命令按钮，打开“转换宏”对话框，如图 7-34 所示。

图 7-34 “转换宏”对话框

3）选择是否加入“错误处理”和“宏注释”，然后单击“转换”按钮，Access 将选定的宏转换成 VB 程序代码。完成宏的转换操作。

单击数据库导航窗格中的“模块”对象，可以看到被转换的宏，如图 7-35 所示。右击选择快捷菜单中的“设计视图”，打开转换成“模块”的设计视图，如图 7-36 所示。有关模块的应用将在第 8 章介绍。

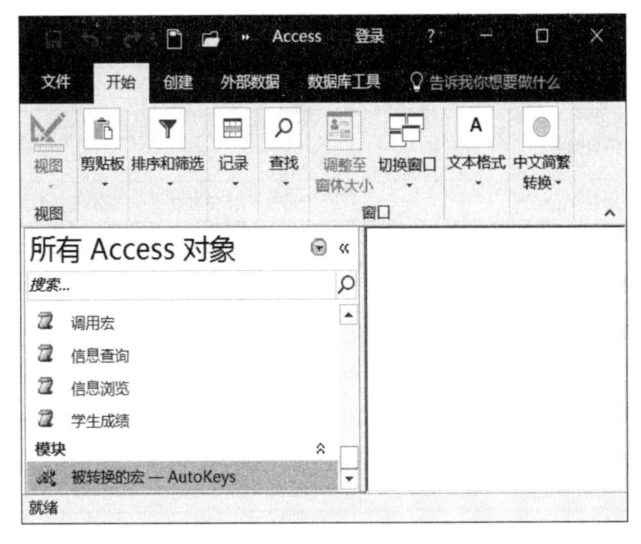

图 7-35　被转换成模块的宏

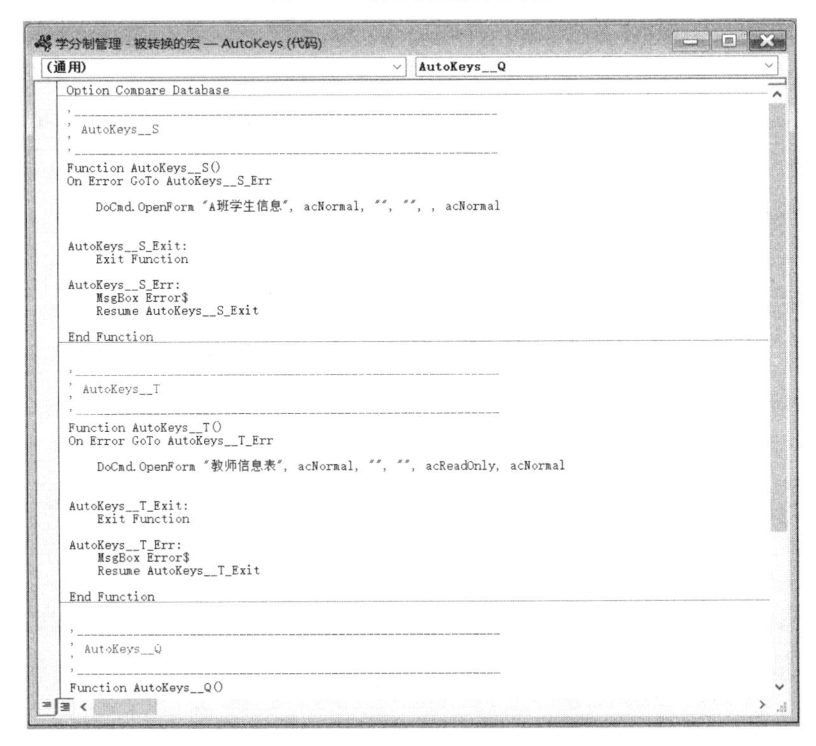

图 7-36　转换成“模块”的设计视图

7.6　常用的宏操作

Access 2016 提供了很多种宏操作。根据各种宏操作功能的不同，可将其分为窗口管理、宏命令、筛选/查询/搜索、数据导入/导出、数据库对象、数据输入操作、系统命令和用户界面命令等八大类。常用的宏操作及其功能如表 7-3 所示。

表 7-3 常用的宏操作及其功能

类型	宏操作	功能
窗口管理类	CloseWindow	关闭指定的 Access 对象窗口，如果未指定对象，则关闭当前活动窗口
	MaximizeWindow	将当前活动窗口最大化以充满整个 Access 窗口
	MinimizeWindow	将当前活动窗口最小化成任务栏中的一个按钮
	RestoreWindow	将最大化或最小化的窗口还原为原来的大小
	MoveAndSizeWindow	移到并调整当前窗口的位置和大小
宏命令类	CancelEvent	取消当前事件
	OnError	宏出现错误时处理行为
	RemoveAllTempVars	删除所有临时变量
	RemoveTempVar	删除一个临时变量
	RunCode	执行指定的 VBA 函数过程
	RunDataMacro	执行指定的数据宏
	RunMacro	执行指定的宏
	RunMenuCommand	执行指定的 Access 菜单命令
	SetLocalVar	定义局部变量
	SetTempVar	定义临时变量
	SingleStep	暂停宏的运行并打开“单步执行宏”对话框
	StopAllMacros	终止所有正在运行的宏
	StopMacro	终止当前正在运行的宏
筛选/查询/搜索类	ApplyFilter	筛选表、窗体或报表中符合条件的记录
	FindNextRecord	按 FindRecord 中的条件寻找下一条记录，通常在宏中选择宏操作 FindRecord，再使用宏操作 FindNextRecord，可以连续寻找符合相同条件的记录
	FindRecord	在数据表或窗体中寻找符合条件的第一条或下一条记录
	OpenQuery	打开指定的查询
	Refresh	刷新视图中的记录
	RefreshRecord	刷新当前记录
	RemoveFilterSort	删除当前筛选
	ReQuery	让指定控件重新从数据源中读取数据
	SearchForRecord	按指定条件在 Access 数据库对象中查找记录
	SetOrderBy	对表、窗体或报表中的记录排序
	ShowAllRecords	关闭所有查询，显示出所有的记录
数据导入/导出类	AddContactFromOutlook	添加来自 Outlook 中的联系人
	EMailDatabaseObject	将指定的 Access 数据库对象包含在电子邮件信息中，对象在其中可以查看或转发
	ExportWithFormatting	将指定的 Access 数据库对象中的数据输出到另外格式(如.xls、.rtf、.txt、.htm 或.snp 等)的文件中
	SaveAsOutlookContact	将当前记录另存为 Outlook 联系人
	WordMailMerge	执行 Word 的“邮件合并”操作

续表

类型	宏操作	功能
数据库对象类	GoToControl	将光标移到指定的对象（字段或控件）上
	GoToPage	将光标翻到窗体中指定页的第一个控件位置上
	GoToRecord	将光标移动到指定记录上
	OpenForm	打开指定的窗体
	OpenReport	打开指定的报表
	OpenTable	打开指定的表
	PrintObject	打印当前对象
	PrintPreview	打开当前对象的“打印预览”视图
	RepainObject	在指定对象上完成屏幕更新或控件的重新计算，如果没有指定对象，则对当前对象完成这些操作
	SelectObject	选择指定的 Access 数据库对象
	SetProperty	设置控件属性
数据输入操作类	DeleteRecord	删除当前记录
	EditListItems	编辑查阅列表中的项
	SaveRecord	保存当前记录
系统命令类	Beep	产生蜂鸣声，使计算机发出嘟嘟声
	CloseDatabase	关闭当前数据库
	DisplayHourglassPointer	当宏执行时，将鼠标指针变成沙漏形状，宏执行完成后恢复到原来的鼠标指针形状
	QuitAccess	运行该宏将退出 Access 系统
用户界面命令类	AddMenu	将自定义菜单或自定义快捷菜单替换窗体或报表的内置菜单、内置快捷菜单，也可以替换所有的 Access 窗口的内置菜单栏。每一个菜单项都需要一个独立的 AddMenu 操作
	BrowseTo	将子窗体的加载对象更改为子窗体控件
	LockNavigationPane	用于锁定或解锁导航窗格
	MessageBox	显示一个消息框
	NavigateTo	定位到指定的“导航窗格”组和类别
	Redo	重复最近的用户操作
	SetDisplayedCategorics	用于指定要在“导航窗格”中显示的类别
	SetMenuItem	设置自定义菜单中菜单项的状态
	UndoRecord	撤消最近的用户操作

习　　题

一、单选题

1．运行该宏将退出 Access 系统的宏操作命令是________。

A. CloseDatabase　　B. MessageBox　　C. Beep　　D. QuitAccess

2. 有关宏操作，以下叙述错误的是________。

A. 宏的条件表达式中不能引用窗体或报表的控件值

B. 所有宏操作都可以转化为相应的模块代码

C. 使用宏可以启动其他应用程序

D. 可以利用宏组来管理相关的一系列宏

3. 能够创建宏的设计器是________。

A. 窗体设计器　　B. 报表设计器　　C. 表设计器　　D. 宏设计器

4. 要限制宏命令的操作范围，可以在创建宏时定义________。

A. 宏操作对象　　B. 宏条件表达式

C. 窗体或报表控件属性　　D. 宏操作目标

5. 在宏的表达式中要引用报表 test 上控件 txtName 的值，可以使用________。

A. [txtName]　　B. [test]![txtName]

C. [Reports]![test]![txtName]　　D. [Report]![txtName]

6. 在 Access 中，所有宏操作都可以转换为相应的模块代码。它可以通过________来完成。

A. "设计→将宏转换为 Visual Basic 代码"　　B. "转换→模块"

C. "添加到组→模块"　　D. "导出→Access"

7. 创建宏不必定义________。

A. 宏的操作对象　　B. 宏的操作目标　　C. 宏名　　D. 窗体控件属性

8. 单击下列________图标可以运行宏。

A.　　B.　　C.　　D.

9. 在 Access 中，设置快捷键是通过创建一个名为________的特殊宏组来实现。在该宏组中，一个宏名代表一种组合键，按下特定的组合键，Access 将自动执行该组合键所对应的宏操作。

A. Autokey　　B. AutoKeys　　C. AutoExec　　D. Autoexe

10. 在 Access 中，可以创建一种特殊的宏，该宏随着数据库应用系统的启动而自动运行。保存自启动宏时，一定要以________作为宏的名称才能使其自启动功能生效。

A. Autokey　　B. AutoKeys　　C. AutoExec　　D. Autoexe

11. 在一个宏的操作序列中，如果既包含带条件的操作，又包含无条件的操作，则带条件的操作是否执行取决于条件式的真假，而没有指定条件的操作则会______。

A. 不执行　　B. 出错　　C. 有条件执行　　D. 无条件执行

12. 下图是宏对象 H 的操作序列设计：

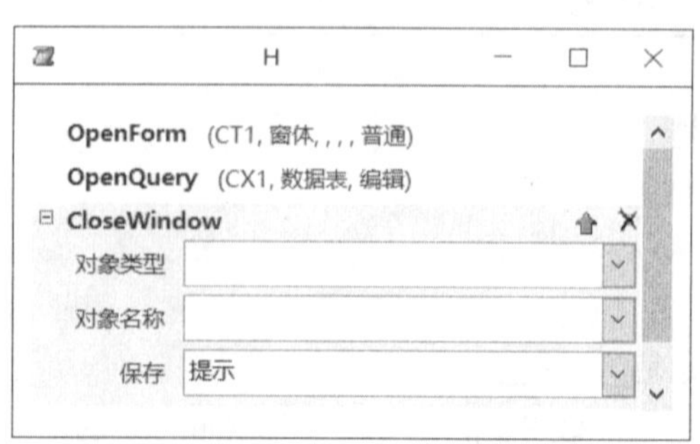

假定在宏 H 的操作中涉及的对象均存在。现将设计好的宏 H 设置为窗体"CT"上某个命令按钮的单击事件属性，则打开窗体"CT"运行后，单击该命令按钮，会启动宏 H 的运行。宏 H 运行后，前两个宏操作会先后打开查询"CT1"和窗体"CX1"。那么，执行第三个操作 CloseWindow 后，将________。

A．只关闭窗体“CT1”

B．只关闭查询“CX1”

C．关闭窗体“CT1”和查询“CX1”

D．关闭窗体“CT”和“CT1”及查询“CX1”

13．用于执行指定的 Access 菜单命令的宏操作是________。

A．RunApp　　B．RunCode

C．RunMenuCommand　　D．RunMacro

14．不能使用宏的 Access 数据库对象是________。

A．窗体　　B．报表　　C．表　　D．宏

15．在宏的参数中，要引用窗体 Ct 上的文本框 T1 的值，应该使用的表达式________。

A．T1　　B．[Forms]![Ct]![T1]　　C．[Ct].[T1]　　D．[Forms].[Ct].[T1]

二、填空题

1．宏是一个或多个________的集合。

2．有多个操作构成的宏，执行时是按________依次执行的。

3．如果要调用宏组中的宏，采用的语法是________。

4．如果要建立一个宏，希望执行该宏后，首先打开一个表，然后打开一个窗体，那么在该宏中应该使用________和________两个操作命令。

5．定义________有利于数据库中宏对象的管理。

6．为窗体或报表上的控件设置属性值的宏操作是________。

7．创建随着数据库应用系统的打开而自动运行的宏，必须命名为________。

8．在宏的表达式中还可能引用到窗体或报表上控件的值。引用窗体控件的值，可以用表达式________；引用报表控件的值，可以用表达式________。

9．宏的运行可以通过窗体或报表上的________来进行。

10．打开一个报表应该使用的宏操作是________。

11．如果加载一个窗体，先被触发的事件是________。

12．某窗体中有一命令按钮，在窗体视图中单击此命令按钮打开一个查询，需要执行的操作是__________。

13．窗体中控件的________________属性决定了按<Tab>键时焦点在各个控件之间的移动顺序。

14．宏操作 QuitAccess 的功能是____________。

15．Access 的窗体或报表事件可以有两种方法来响应：___________和事件过程。

三、简述题

1．什么是宏？

2．宏的主要功能是什么？

3．什么是宏操作？

4．宏操作大致可分为哪几类？

5．简述创建宏的操作步骤。

6．简述创建宏组的操作步骤。

7. 简述创建带条件宏的操作步骤。
8. 怎样调试宏？
9. 如何运行宏？
10. 什么是控件中的“事件”？
11. 如何为窗体中的控件指定宏？
12. 如何将宏转换为 VB 程序代码？

实验　宏 的 应 用

一、实验目的

1. 掌握各种类型“宏”的创建方法。
2. 掌握条件宏、宏组的应用。
3. 能够利用宏控制流程。
4. 能够利用宏制作自定义菜单。

二、实验内容

1. 使用宏制作控制面板。

1）制作一个“主控面板”窗体，参考样式如图 S7-1 所示。

设计要求：

① 去掉窗体的导航按钮、记录选择器、滚动条和分隔线等。

② 为背景设置自选图片装饰面板。

2）制作一个二级控制面板“报表打印”，参考样式如图 S7-2 所示。

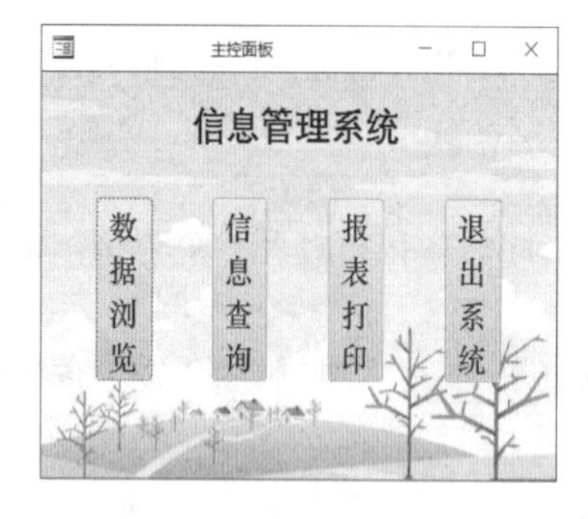

图 S7-1　主控面板

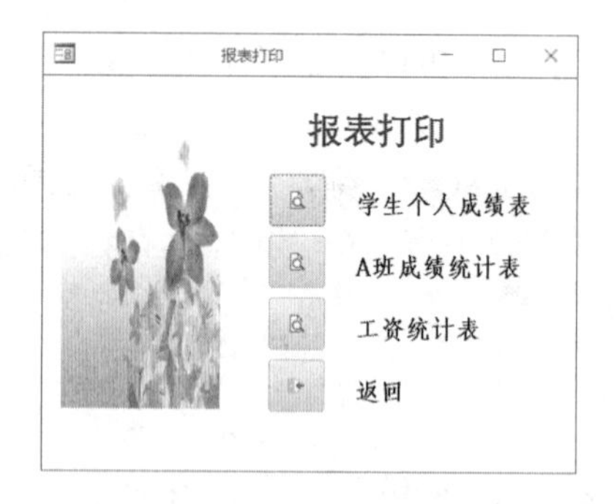

图 S7-2　二级控制面板“报表打印”

设计要求：

①“返回”按钮（功能为关闭“报表打印”窗体，返回“主控面板”窗体）。

② 前面三个按钮使用“预览”图片。

③ 去掉窗体的导航按钮、记录选择器、滚动条和分隔线等。

④ 插入自选图片（在左侧）装饰面板。

3）制作一个二级控制面板“数据浏览”参考样式如图 S7-3 所示。

设计要求：

① 使用一个“选项组”实现功能选择。

② 插入一幅自选图片作为装饰（在上方）。

③ 去掉导航按钮、记录选择器、滚动条和分隔线等。

4）设计一个二级控制面板“信息查询”，参考样式如图 S7-4 所示。

设计要求：

① 去掉导航按钮、记录选择器、滚动条和分隔线等。

② 插入自选图片（在下方）装饰面板。

③ 有返回主控面板的按钮。

④ 前面三个按钮使用“筛选”图片。

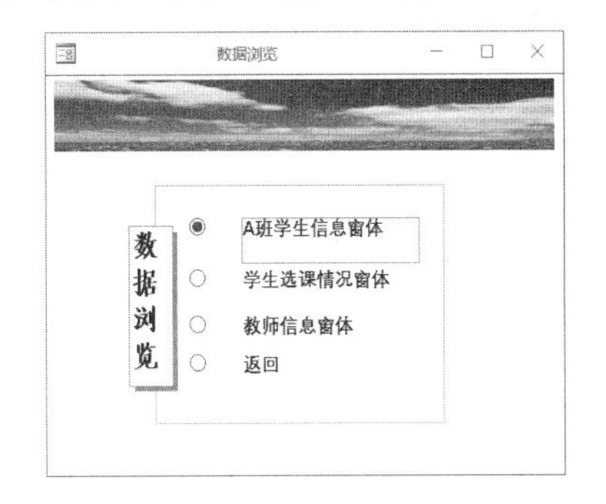

图 S7-3 二级控制面板“数据浏览”

图 S7-4 二级控制面板“信息查询”

5）建立五个宏组“查询”、“浏览”、“打印”、“退出系统”和“主控面板”。宏组的设计要求如下。

① 宏组名“查询”，包括四个子宏。

学号：打开查询“按学号查”。

姓名：打开查询“按姓名查”。

性别：打开查询“按性别查”。

返回：关闭“信息查询”窗体，打开“主控面板”窗体。

挂接到二级控制面板“信息查询”相应按钮上。

② 宏组名“浏览”，包括四个子宏。

学生：以“只读”的数据模式打开窗体“A 班学生信息”。

选课：以“只读”的数据模式打开窗体“学生选课情况”。

教师：以“只读”的数据模式打开窗体“教师信息表”。

返回：关闭“数据浏览”窗体，打开“主控面板”窗体。

挂接到二级控制面板“数据浏览”相应按钮上。

③ 宏组名“打印”，包括四个子宏。

成绩：以“打印预览”视图打开报表“学生个人成绩表（含子报表）”。

汇总：以“打印预览”视图打开报表“A 班成绩统计表”。

工资：以“打印预览”视图打开报表“工资统计表”。

返回：关闭“报表打印”窗体，打开“主控面板”窗体。

挂接到二级控制面板“报表打印”相应按钮上。

④ 宏组名“退出系统”，包括一个子宏。

退出系统：保存并关闭数据库后退出 Access 应用程序。

⑤ 宏组名“主控面板”，包括三个子宏。
浏览：打开二级控制面板窗体“数据浏览”。
查询：打开二级控制面板窗体“信息查询”。
打印：打开二级控制面板窗体“报表打印”。
挂接到一级控制面板“主控面板”相应按钮上。
2. 使用宏制作自定义菜单。
1）制作如表 S7-1 所示的自定义菜单体系。

表 S7-1　自定义菜单体系

序号	菜单名（一级菜单）	二级菜单	宏操作	功能说明
1	浏览	学生	OpenForm	浏览窗体（只读）
		选课	OpenForm	浏览窗体（只读）
		教师	OpenForm	浏览窗体（只读）
		返回	CloseWindow	关闭窗体
			OpenForm	打开窗体
2	查询	姓名	OpenQuery	输入姓名，显示该学生信息
		学号	OpenQuery	输入学号，显示该学生信息
		性别	OpenQuery	输入性别，显示该性别学生
		返回	CloseWindow	关闭窗体
			OpenForm	打开窗体
3	打印	汇总	OpenReport	按班级打印预览学生成绩表
		成绩	OpenReport	按姓名打印预览个人成绩表
		工资	OpenReport	打印预览工资统计表
		返回	CloseWindow	关闭窗体
			OpenForm	打开窗体
4	退出系统	退出系统	QuitAccess	退出 Access 系统

2）将菜单挂接到“主控面板”窗体上，要求效果如图 S7-5 所示。

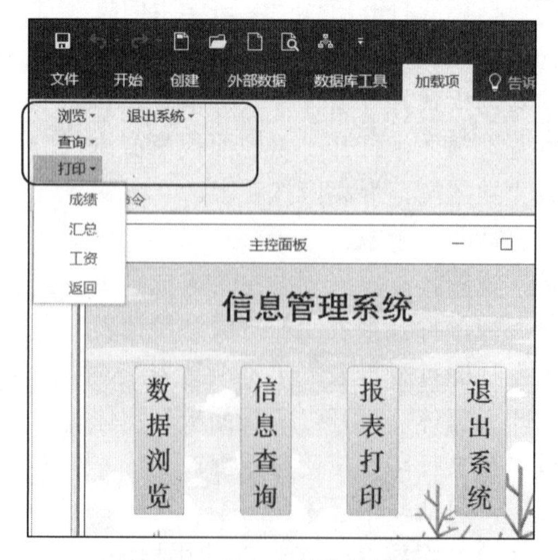

图 S7-5　自定义菜单结果样式

第8章 模块与VBA

模块是Access系统的一个重要对象。通过前面的学习，已经知道将宏与窗体相结合能够实现简单的数据库管理和系统界面的管理，完成一般数据库管理应用系统的开发。但是，如果要开发复杂的数据库管理应用系统，还需利用Access提供的另一个对象——模块。

8.1 基本概念

模块就是存储在一个单元中的VBA（Visual Basic for Application）声明和过程的集合。它通过嵌入在Access中的VB程序设计语言编辑器和编译器实现与Access的完美结合。由于模块是基于VB程序设计语言而创建的，因此，对于学过VB的用户，可以很快掌握模块的创建和使用。

模块由过程组成，每一个过程都由一个函数或一个子程序所组成。

过程（Procedure）：是由VB代码组成的单元。它包含一系列执行操作或计算数值的语句和调用对象方法的语句。过程可分为函数（Function）过程和子（Sub）程序两种。

函数（Function）过程：简称为函数，是一种能够返回具体值的过程（如计算结果）。在Access中，包含了许多内置函数，如ABS、DAY等。除此之外，用户也可以根据需要创建自定义函数。函数有返回值，可以在表达式中使用。函数过程以关键字“Function”开始，并以“End Function”语句结束。

子程序：也称为Sub过程，是执行一项操作或一系列操作的过程，它没有返回值。数据库中每个窗体或报表都有内置的窗体模块或报表模块，这些模块包含事件过程模板，可以向其中添加代码，使得当窗体、报表或其中的控件发生相应的事件时，执行相应的代码。许多向导（如命令按钮向导）在创建对象的同时也创建对象的事件过程。子程序以关键字“Sub”开始，并以“End Sub”语句结束。

8.2 模块的分类

在Access中，模块基本上是由声明、语句和过程组成的，它们作为一个已命名的单元存储在一起，对VB代码进行组织，并完成特定的任务。模块有类模块和标准模块两种类型。

1. 类模块

类模块是可以定义新对象的模块。新建一个类模块，即新建了一个对象。模块中定义的任何过程都变成该对象的属性或方法。类模块既可以独立存在，也可以与窗体和报表同时出现。窗体和报表都属类模块，它们各自与某一窗体或报表相关联。窗体和报表模块通常都含有事件过程，该过程用于响应窗体或报表中的事件。用户可以利用事件过程来控制窗体或报表的行为，以及它们对用户操作的响应（如单击某个命令按钮）。为窗体或报表创建第一个事件过程时，系统将自动创建与之关联的窗体或报表模块。单击窗体或报表设计视图工具栏上的“查看代码”命令按钮 查看代码，可查看窗体或报表的模块代码。“控制面板窗体”窗体的模块代码窗口如图 8-1 所示。

```
学分制管理 - Form_控制面板窗体 (代码)
Command4                Click
Option Compare Database

Private Sub Command4_Click()
On Error GoTo err_Command4_Click
  DoCmd.Quit
exit_Command4_Click:
    Exit Sub
err_Command4_Click:
    MsgBox Err.Description
    Resume exit_Command4_Click
End Sub
```

图 8-1 “控制面板窗体”的模块代码窗口

2. 标准模块

标准模块是指存储在整个数据库中可用的子程序和函数的模块。标准模块包含通用过程和常用过程。通用过程不与任何对象相关联，常用过程可以在数据库中的任意位置执行。标准模块显示在数据库导航窗格的模块列表中。

标准模块与类模块的主要区别在于其作用范围和生命周期。

窗体或报表模块中的过程可以调用已经添加到标准模块中的过程。Access 2000 以前版本的类模块只能在与窗体或报表相关联时出现。而 Access 2000 以及更高版本中的类模块不仅可以脱离窗体或报表独立存在，而且可以在数据库导航窗格的模块列表中显示。

8.3 模块的创建与调用

在学习创建模块之前，先简单介绍 Access 中模块窗口工具栏中各个按钮的功能。模块窗口工具栏如图 8-2 所示。模块窗口工具栏中各个按钮的功能如表 8-1 所示。

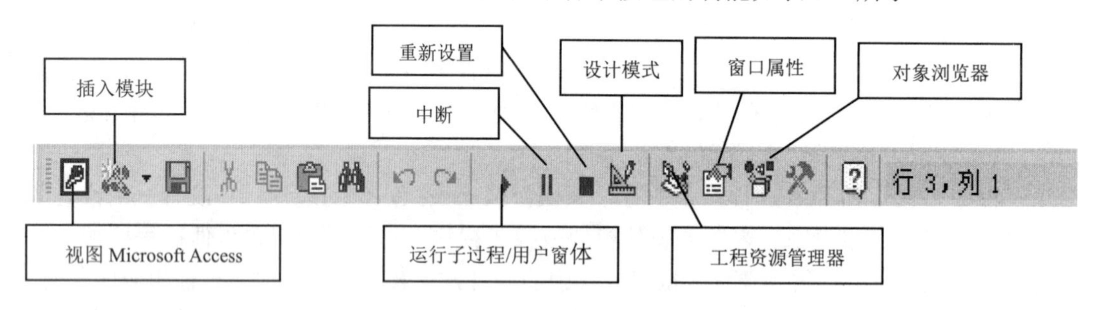

图 8-2 模块窗口工具栏

表 8-1 模块窗口工具栏中各个按钮的功能

按钮名称	单击该按钮所执行的操作
视图 Microsoft Access	返回数据库窗口
插入模块	单击该按钮右侧实心箭头，打开下拉菜单。该下拉菜单有“模块”“类模块”“过程”三个选项，选择其中一项，即可插入一个新模块
运行子过程/用户窗体	可运行子过程或用户窗体
中断	可终止代码的运行
重新设置	可重新开始代码的运行
设计模式	可以打开或关闭设计模式

续表

按钮名称	单击该按钮所执行的操作
工程资源管理器	可显示当前所打开数据库包含内容的等级列表
窗口属性	打开窗口的属性对话框，以便浏览控件的属性
对象浏览器	打开对象浏览器窗口。在该窗口中，列出代码中可用的对象库类型、方法、属性、事件常量以及在工程中定义的模块和过程

8.3.1 模块的创建

创建模块的一般操作步骤如下：

1）打开模块编辑窗口。

2）在模块编辑窗口中编辑模块程序。

可以通过向窗体或报表上的事件添加代码来创建一个事件过程，也可以在类模块或标准模块中创建函数过程或子程序。事件过程是 VB 编程的核心，事件过程不宜太长，以免影响程序的调试。通常利用 VB 的两类通用过程——函数过程和子程序对事件过程加以改进。

（1）函数过程

用户如果要在窗体或报表中重复使用某一表达式，就可通过创建一个函数过程来代替该表达式。使用函数过程，可以保证计算的准确性，避免长表达式人工输入所引起的错误，便于调试。

使用 Function 语句来创建函数过程。Function 语句的结构如下：

```
[Public\Private\Friend][Static] Function Name
    [(Arglist) As Type]
    [Statements]
    [Name =Expression]
    [Exit Function]
    [Statements]
    [Name =Expression]
End Function
```

Function 语句中各部分语法如表 8-2 所示。

表 8-2 Function 语句中各部分语法

部　分	描　述
Public	可选参数，表示任何模块中的过程都可以访问该 Function 过程
Private	可选参数，表示只能在声明该 Function 过程的模块中的其他过程使用
Friend	可选参数，只能用于类模块中，该 Function 过程在整个工程中都是可见的，而对对象、实例的控制者则是不可见的
Static	可选参数，表示在两次调用之间保留该 Function 过程的局部变量，Static 不影响该 Function 过程之外声明的变量
Name	必选参数，函数的名称，遵循标准变量命名的规定
Arglist	可选参数，变量列表，这些变量表示在调用通过逗号隔开的多个变量时传递到该 Function 过程的参数
Type	该 Function 过程返回值的数据类型
Statements	可选参数，在该 Function 过程中可执行的任意语句
Expression	可选参数，函数的返回值

（2）子程序

尽管函数过程能够完成很多任务，但由于函数过程在任何情况下都是先对数据进行处理，最后一定返回一个值，而有时并不需要返回一个值，或者要求返回两个或两个以上的值，这就需要利用子（Sub）程序来完成。使用 Sub 语句来创建子程序。Sub 过程的结构如下：

```
Sub
    [Public\Private\Friend][Static] Sub Name [(Arglist)]
    [Statements]
    [Exit Sub]
    [Statements]
End Sub
```

Sub 语句中各部分语法与 Function 语句基本相同，可参见表 8-2。

在任何模块中，如果没有使用关键字 Public、Private 或 Friend 来特别声明，系统默认该过程为 Public。如果没有使用关键字 Static，则局部变量的值在两次调用之间不被保存。

Sub 过程和 Function 过程都可以递归调用，即它们都能够自己调用自己，以便执行某些特定的任务，但是，递归调用容易引起堆栈溢出。Sub 过程和 Function 过程都是一个独立的过程，它们都能进行声明，执行一系列操作并更改声明的值等。在 Sub 过程和 Function 过程中，有两类变量：显性变量和隐性变量，命名时要注意冲突问题。Sub 过程和 Function 过程的不同主要在于 Sub 过程不可用于表达式中。下面通过两个实例来介绍 Function 过程和 Sub 过程的创建方法。

1. 创建自定义函数(Function)过程

【实例 8-1】 创建一个函数过程“欢迎”，使得该过程被执行时自动弹出一个欢迎信息框，并要求输入用户名，只有输入正确的用户名，才能打开相应的窗体。

操作步骤如下：

1）打开“学分制管理”数据库。

2）单击“创建”选项卡的“宏与代码”组中的“模块”按钮，打开模块编辑窗口，如图 8-3 所示。

3）在模块编辑窗口中，单击菜单“插入→过程”，打开“添加过程”对话框，在“名称”框中输入新建过程的名称“欢迎”，并选择过程“类型”为“函数”，作用“范围”为“公共的”，如图 8-4 所示。

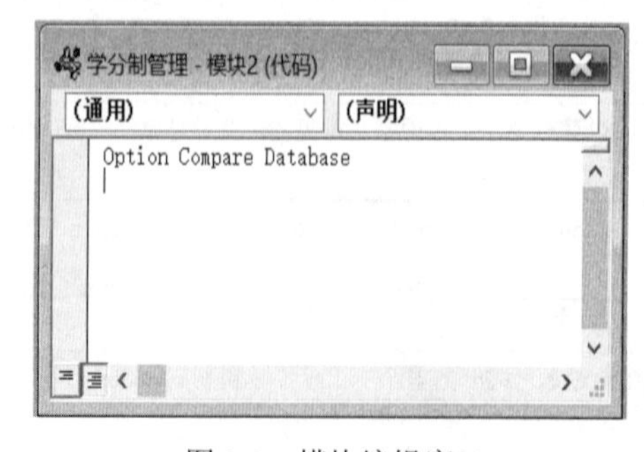

图 8-3 模块编辑窗口

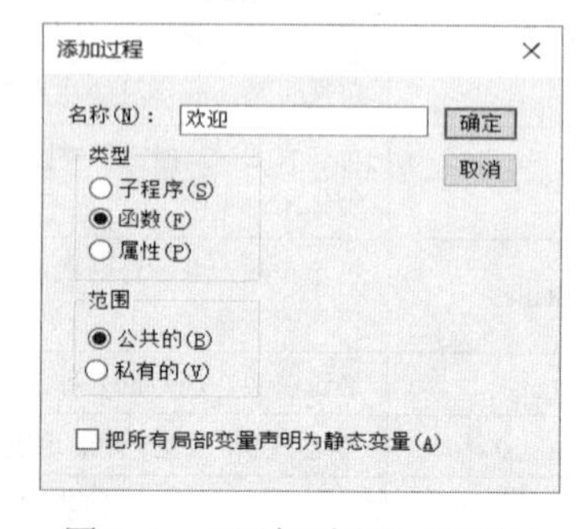

图 8-4 “添加过程”对话框

4）单击“确定”按钮，返回模块编辑窗口，出现一个空的函数过程框架，如图 8-5 所示。

5）在空的函数过程框架中的“Public Function 欢迎()”和“End Function”之间输入如图 8-6 所示的代码。

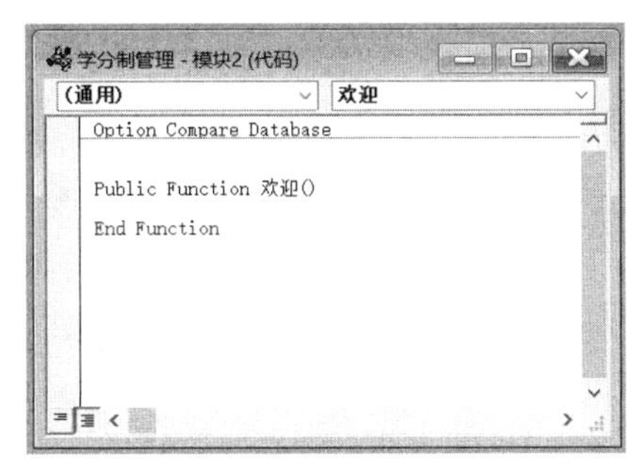

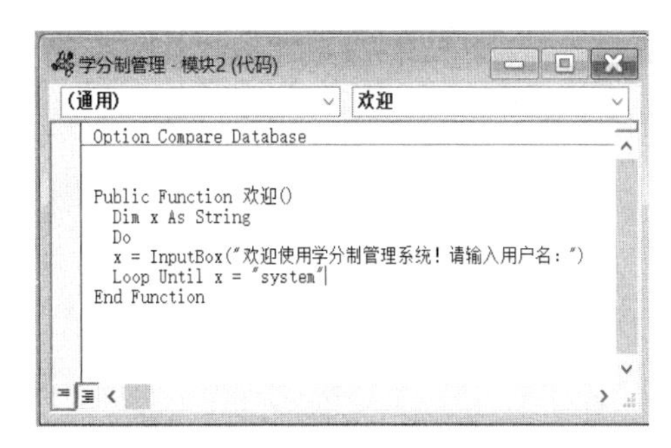

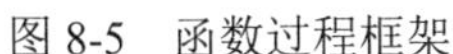

图 8-5　函数过程框架　　　　图 8-6　输入代码后的模块编辑窗口

6）单击菜单“文件→保存”，打开“另存为”对话框，输入模块的名称“Welcome”，如图 8-7 所示，再单击“确定”按钮，保存新建的模块。完成模块的创建。

此时，可以通过单击模块编辑窗口工具栏上的“运行子过程/用户窗体”按钮▶来运行该过程，以便验证所建模块是否合乎要求，新建模块“Welcome”的运行结果如图 8-8 所示。

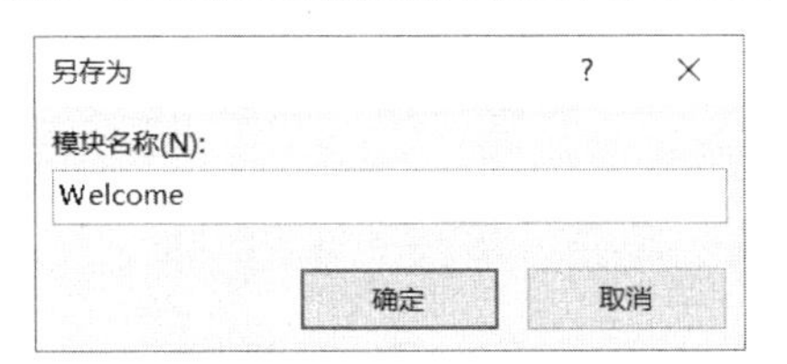

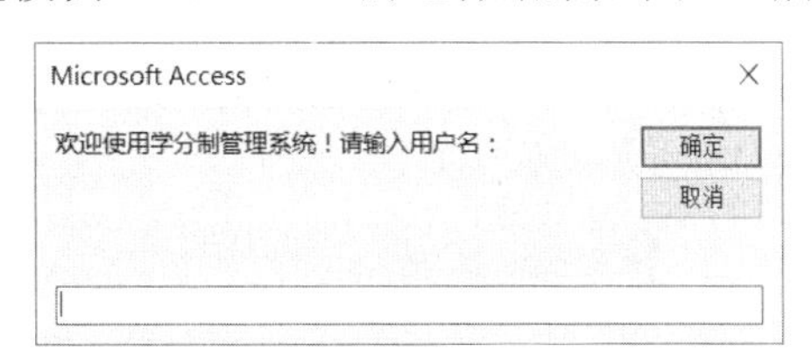

图 8-7　“另存为”对话框　　　　图 8-8　“Welcome”的运行结果

2. 创建 Sub 过程

【实例 8-2】　创建一个 Sub 过程，使得单击“学分制管理”数据库的“启动”窗体中的“使用说明”按钮时，该过程被触发，自动弹出一个系统使用说明信息框。

操作步骤如下：

1）创建并打开“启动”窗体的设计视图，如图 8-9 所示。

2）右击“使用说明”按钮，选择快捷菜单中的“属性”，打开“属性表”对话框，单击“事件”选项卡，如图 8-10 所示。

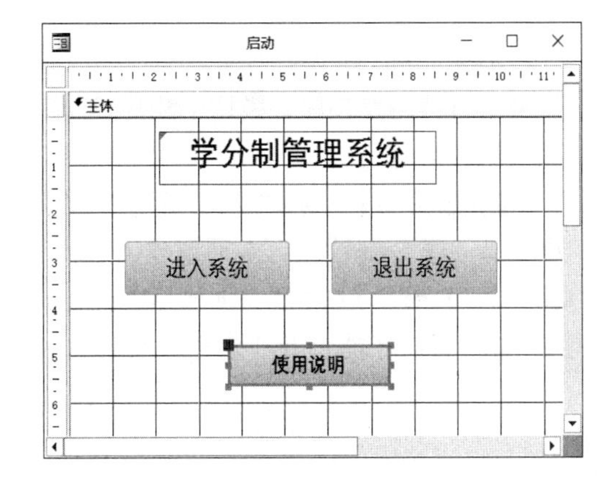

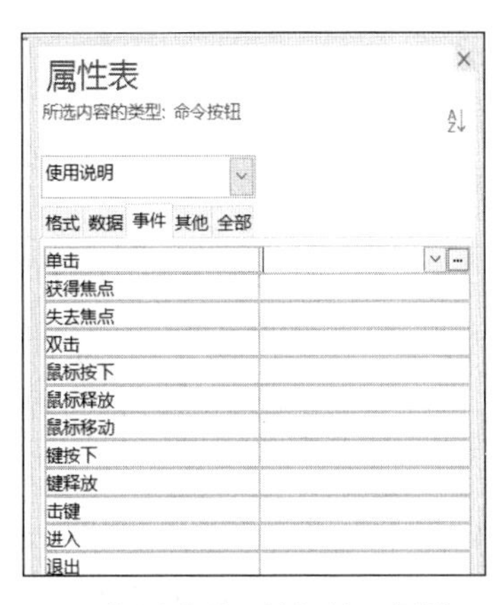

图 8-9　“启动”窗体的设计视图　　　　图 8-10　“使用说明”按钮的“属性”对话框

3）单击“单击”事件框右侧⋯按钮，弹出“选择生成器”对话框，如图 8-11 所示。

4）选择“代码生成器”，单击“确定”按钮，打开模块编辑窗口，并出现一个空的 Sub 过程框架如图 8-12 所示。

图 8-11 “选择生成器”对话框

图 8-12 空的 Sub 过程框架

5）在空的 Sub 过程框架中的“Private Sub 使用说明_Click()”和“End Sub”之间输入如图 8-13 所示的代码。

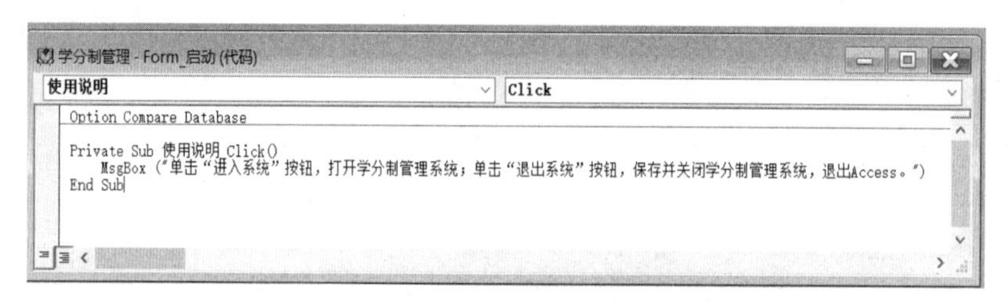

图 8-13 输入代码后的模块编辑窗口

6）完成 Sub 过程的创建。保存“启动”窗体的设计。切换到“启动”窗体的窗体视图，单击“使用说明”按钮时，该过程被触发，自动弹出一个系统使用说明信息框如图 8-14 所示。

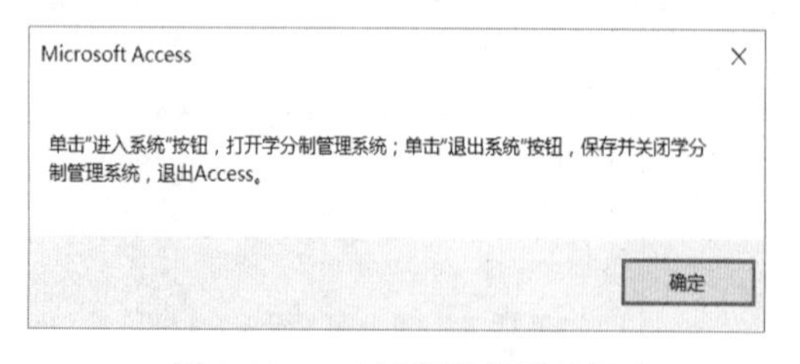

图 8-14 Sub 过程的执行结果

8.3.2 模块的调用

与宏一样，可以把模块与窗体的事件结合起来，当事件发生时，模块中相应的过程自动执行。

【实例 8-3】 将实例 8-1 所创建的模块与数据库“学分制管理”中的窗体“启动”的事件结合起来，使得打开“启动”窗体时，该模块的“欢迎”过程自动执行，即弹出一个欢迎信息框，并要求输入用户名，只有输入正确的用户名，才能打开“启动”窗体。

操作步骤如下：

1）打开“启动”窗体的设计视图。

2）单击设计工具栏中的“属性表”按钮，打开“属性表”对话框，单击“事件”选项卡，如图 8-15 所示。

3）单击“打开”事件框右侧[...]按钮，弹出“选择生成器”对话框，如图 8-16 所示。

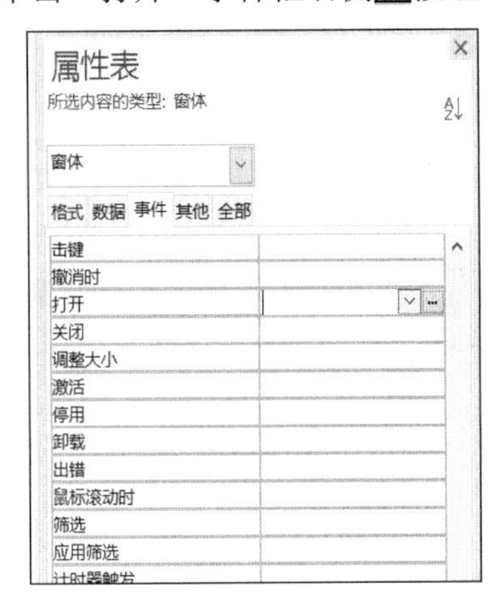

图 8-15 “启动”窗体的“属性表”对话框

图 8-16 “选择生成器”对话框

4）选择“表达式生成器”，再单击“确定”按钮，弹出“表达式生成器”对话框。

5）单击“函数”图标左侧的折叠按钮“+”，打开“函数”选项，再单击“学分制管理”图标，在中间的“表达式类别”窗格中列出数据库“学分制管理”中的所有模块，双击“Welcome”模块，将其粘贴到表达式框中，如图 8-17 所示。

6）单击“确定”按钮，返回“启动”窗体“属性表”对话框，如图 8-18 所示，完成窗体打开事件的设置操作。

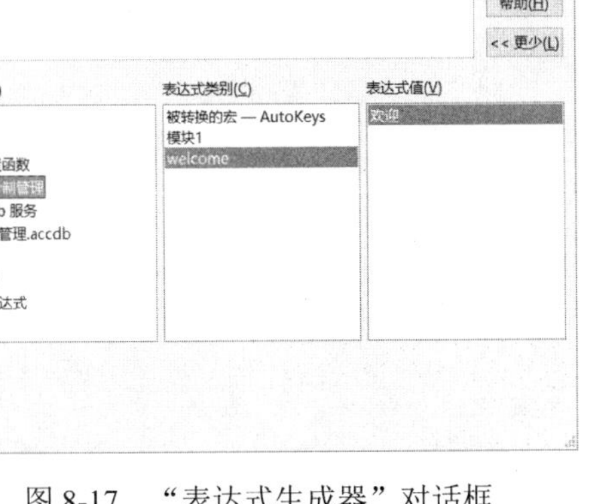

图 8-17 “表达式生成器”对话框

图 8-18 事件设置完成后的“属性”对话框

以后，每当用户打开“启动”窗体时，系统将自动弹出一个如图 8-8 所示的欢迎信息框，并要求输入用户名，只有输入正确的用户名，才能打开“启动”窗体。

说明：在上例的第 3）步中，也可以在窗体的“属性表”对话框中直接输入要执行的过程。这样，就可跳过（省略）步骤 4）~5），而直接进入第 6）步。

8.3.3 过程的调用

过程就是能执行特定功能的语句块（模块）。过程的优点之一就是它的重用性，即只要在程序的某处编写了一个过程（模块），若在程序的别处需要用到该功能模块，则不必重写该过程，直接调用就可以。

1. 子过程的定义与调用

子过程的定义用 Sub 语句。其语法格式如下：

[Public|Private][Static] Sub 子过程名 （[<形参>]）[As 数据类型]
　　[<子过程语句块>]
　　[Exit Sub]
　　[<子过程语句块>]
End Sub

使用 Public 可以使该子过程适用于所有模块中的所有其他过程；使用 Private 可以使该子过程只适用于同一模块中的其他过程。

子过程的调用有如下两种形式：

- Call 子过程名 （[<实参>]）
- 子过程名 [<实参>]

【实例 8-4】 编写一个打开指定查询的子过程 OpQu()。

```
Sub OpQu(QN As String)        '定义子过程 OpQu，参数 QN 是要打开的查询名称
  Docmd.OpenQuery QN          '打开指定查询
End Sub
```

如果要调用该子过程来打开一个名为“按姓名查”的查询，只需在程序的适当位置使用下面的子过程调用语句即可。

Call OpQu("按姓名查") 　或　 OpQu"按姓名查"

2. 函数过程的定义与调用

函数过程的定义用 Function 语句。其语法格式如下：

[Public|Private][Static] Function 函数过程名 （[<形参>]）[As 数据类型]
　　[<函数过程语句块>]
　　[函数过程名=<表达式>]
　　[Exit Function]
　　[<函数过程语句块>]
　　[函数过程名=<表达式>]
End Function

使用 Public，则所有模块的所有其他过程都可以调用该函数过程；使用 Private 声明该函数过程只适用于同一模块中的其他过程。使用 Static 时，若含有该过程的模块是打开的，则所有在该过程中无论是显式还是隐含声明的变量值都将被保留。

调用函数过程的方法和调用 VBA 的内置函数一样（如 Max()、Sum()等），在语句中直接使用函数过程名即可。

函数过程的调用只有一种形式，即

函数过程名（[<实参>]）

【实例8-5】 编写一个计算直角三角边斜边的函数过程Hyp()。

```
Public Function Hyp(X As Integer,Y As Integer) As Integer '函数过程定义
   Hyp = Sqr (X^2+Y^2)                                  '给函数过程Hyp赋值
End Function
```

如果要调用该函数过程来计算两直角边分别为5和6的直角三角形的斜边长度时，只要调用函数过程Hyp(5，6)即可。

8.3.4 参数传递

参数用于传递信息。在调用一个有参数的过程时，首先进行的是“形参和实参的结合”，实现调用过程的实参与被调用过程的形参之间的数据传递。数据传递有按值传递和按址传递两种方式。

过程定义时可以设置一个或多个形参，多个形参之间用逗号隔开。每个形参的完整定义格式如下：

[Optional][ByVal|ByRef][ParamArray] varname[()][As type][=defaultvalue]

其中：

varname　必选项，形参名称。

type　可选项，传递给该过程的参数的数据类型。

Optional　可选项，表示参数不是必需的。如果使用了ParamArray，则任何参数都不能使用Optional。

ByVal　可选项，表示该参数按值传递。

ByRef　可选项，表示该参数按地址传递。缺省时默认ByRef。

ParamArray　可选项，只用于形参的最后一个参数，指明最后这个参数是一个Variant元素的Optional数组。使用ParamArray可以提供任意数目的参数。但ParamArray不能与ByVal、ByRef或Optional一起使用。

defaultvalue　可选项，任意常数。只对Optional合法。如果类型为Object，则显式的缺省值只能是Nothing。

关于形参和实参的说明：

1）实参可以是常量、变量或表达式。

2）实参数目和类型应该与形参相匹配（形参定义含有Optional和ParamArray除外）。

3）传值调用（ByVal）时，数据的传递只要单向性（只把相应位置实参的值“单向”传送给形参）。

4）传址调用（ByRef）时，数据的传递具要双向性（把相应位置实参的地址传送给形参）。

【实例8-6】 在某窗体中添加一个名为Com的命令按钮，并编写如下事件过程：

```
Private Sub Com_Click()         '主调过程
    Dim x As Integer,y As Integer
    x = 12:y = 32              '为变量x赋初值12，y赋初值32
    Call p(x,y)                '调用过程，传递实参x（传址调用），y（传值调用）
    Msgbox x*y
End Sub
```

```
Public Sub p(n As Integer, ByVal m As Integer)
'被调过程，形参 n 被声明为按址传递（缺省时默认 ByRef），而 m 为按值传递（ByVal）
     n = n Mod 10
     m = m Mod 10
End Sub
```

窗体打开后，单击命令按钮 Com，则消息框的输出内容是 64。

8.4 模块的调试

通常，一个模块(尤其对于程序代码比较长的模块)编写完成后，必须对其进行调试，以便发现错误并排除错误。VBA 主要提供了设置断点和 Debug.Print 语句两种调试方法。

在 Access 中，模块错误大致可分为语法错误和逻辑错误两种类型。

1. 语法错误

语法错误主要指用户没按规定的语法格式来编写程序。如关键字拼写错误、空格使用不当、变量未被声明或常量定义错误等，这类错误很容易被发现和排除。由于 Access 的模块编辑窗口是逐行检查的，因此在编写程序过程中如果出现简单的语法错误，立即会被 Access 发现，用户只需按照系统提示将错误的地方改正即可。对于比较复杂的语法错误，可以通过单击模块编辑窗口菜单栏中的“调试→编译”命令，对当前模块进行编译，在编译过程中所有的语法错误都会被检测出来。

2. 逻辑错误

逻辑错误只有在程序运行时才可能被发现，逻辑错误经常是由于用户使用了不恰当的设计方法，导致数据传输混乱，使程序未能按用户所希望的方式运行。要检测和排除逻辑错误比较困难，只有通过反复地设计不同的运行条件来测试程序的运行状况，跟踪程序的执行，观察其中的数据，才能逐步改正逻辑错误。

8.4.1 调试工具栏简介

可以利用模块编辑窗口的调试工具栏中的各个命令按钮来对模块进行调试，调试工具栏如图 8-19 所示。调试工具栏中各个按钮的功能如表 8-3 所示。

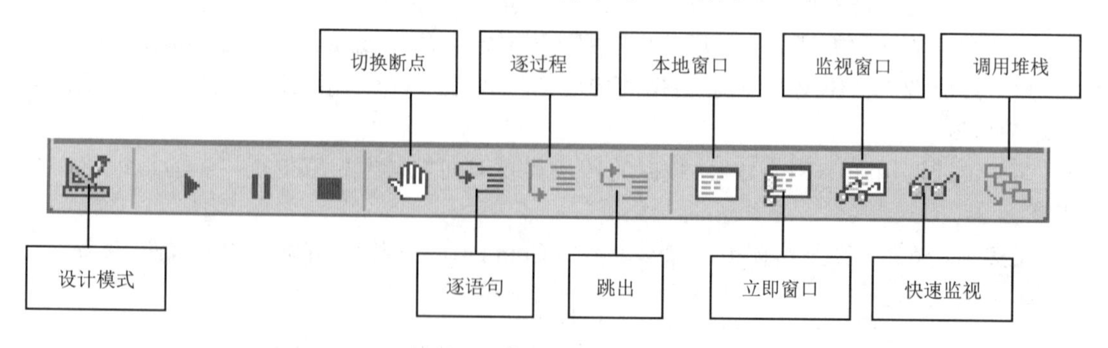

图 8-19 调试工具栏

表 8-3 调试工具栏中各个按钮的功能

按钮名称	单击该按钮所执行的操作
设计模式	打开或关闭设计模式
运行子过程/用户窗体	如果光标处于过程中，则运行当前过程；如果用户窗体处于激活状态，则运行用户窗体；否则，运行宏
中断	停止当前程序的运行，并转换到中断模式
重新设置	清除执行堆栈和模块级变量并重新设置过程
切换断点	在当前行设置或清除断点
逐语句	一次执行一句代码
逐过程	一次执行一个过程或一条语句
跳出	执行当前过程的其他部分，并在调用当前过程的下一行处中断执行
本地窗口	显示局部变量的当前值
立即窗口	当程序处于中断模式时允许执行代码或查询值
监视窗口	显示选定表达式的值
快速监视	当程序处于中断模式时打开一个“快速监视”对话框，列出表达式的当前值
调用堆栈	当程序处于中断模式时打开一个“调用堆栈”对话框，显示所有已被调用但尚未完成运行的过程

8.4.2 断点的设置

可以通过在程序中设置断点来中断程序的运行，以便检查各变量和对象的属性的值。利用断点可以将有问题的代码区进行隔离。

常用的设置断点的方法有如下四种：

1）直接单击要设置断点代码行左边的断点设置区，如图 8-20 所示。

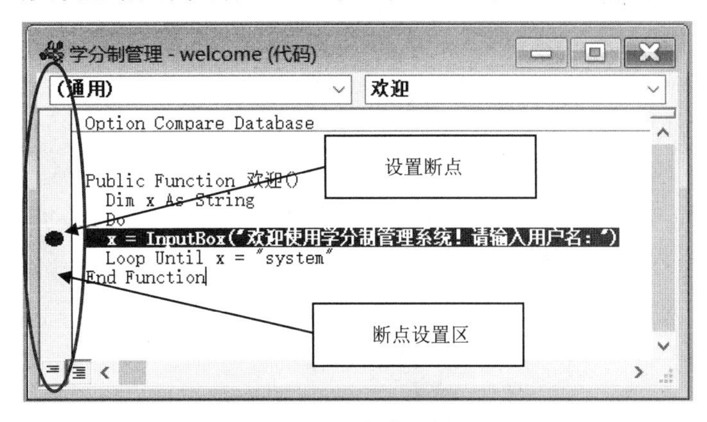

图 8-20 断点设置

2）将光标的插入点定位在要设置断点的代码行处，然后按<F8>键。

3）将光标的插入点定位在要设置断点的代码行处，然后单击调试工具栏中的“切换断点”按钮。

4）将光标的插入点定位在要设置断点的代码行处，然后单击模块编辑窗口菜单栏的“调试→切换断点”命令。

断点设置完成后，当程序运行到断点所在代码行时，暂停运行，用户如果需要检查程序中各变量的值时，可直接将光标的插入点定位到要查看的变量处，此时系统会自动显示该变量的值。

单击模块编辑窗口菜单栏的“调试→清除所有断点”命令，可清除程序中所有断点。

8.4.3 跟踪程序的执行

当程序运行到断点处而停止运行后，用户可以使用逐语句执行、逐过程执行或跳出执行等操作来跟踪观察程序的执行情况，以便找到错误并排除错误。

如果用户想单步执行每一行程序代码，包括被调用过程中的程序代码，可单击调试工具栏中的“逐语句”按钮，系统执行该命令时，运行当前语句，并自动移到下一条语句，同时将程序挂起。如果一行中有多条语句，Access 将逐个执行该行中的每条语句，若单击“断点”按钮，则只执行该行中的第一条语句。

如果用户在跟踪一个程序运行时，不想跟踪到过程中，则应该单击调试工具栏中的“逐过程”按钮。

逐语句执行和逐过程执行的主要区别在于：当执行代码调用其他过程时，逐语句将当前行转移到该过程中，并一行一行地执行；而逐过程则将调用其他过程的语句当作统一的语句，将该过程执行完毕，再进入下一条语句。

用户在跟踪一个过程时，如果单击调试工具栏中的“跳出”按钮，Access 将一步将该过程中未执行的语句全部执行完，并自动返回到调用该过程的过程中。

8.4.4 添加监视点

在程序运行过程中，用户可以利用“监视窗口”来查看表达式或变量的值。操作步骤如下：

1）单击模块编辑窗口菜单栏中的“调试→添加监视”命令，弹出“添加监视”对话框。

2）在“表达式”框中输入要监视的表达式或变量，在“模块”下拉列表框中选择要监视的模块，在“过程”下拉列表框中选择要监视的过程，在“监视类型”中选择监视方式，如图 8-21 所示。

3）监视点设置完成后，当程序执行到满足监视条件的位置时，自动暂停执行，用户可在监视窗口中查看程序的运行情况，如图 8-22 所示。

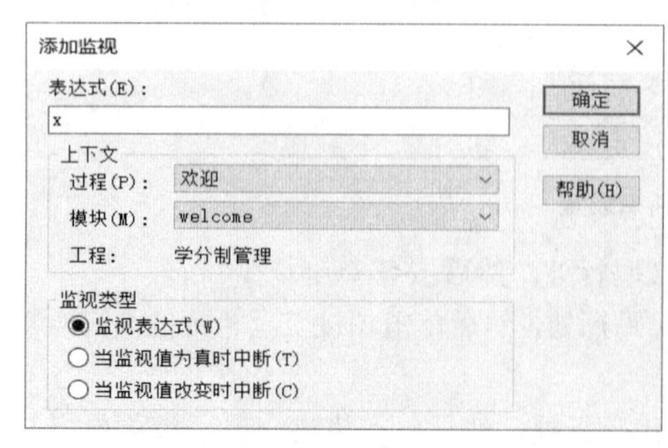

图 8-21 “添加监视”对话框

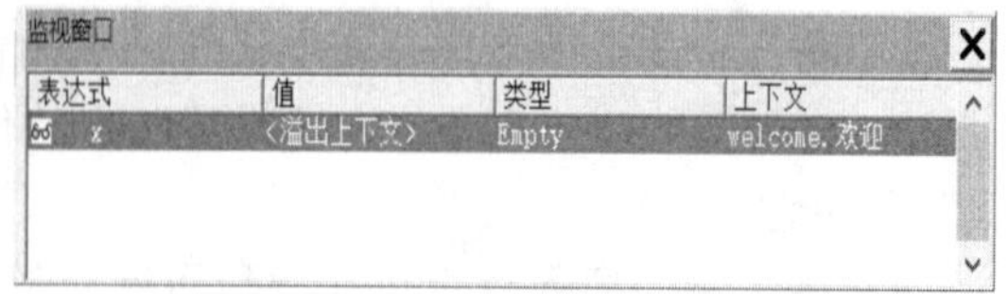

图 8-22 监视窗口

8.4.5　在“本地窗口”查看数据

用户可以利用“本地窗口”来查看和修改表达式或变量的值。单击调试工具栏中的“本地窗口”按钮，弹出“本地窗口”对话框，如图 8-23 所示。在“本地窗口”对话框中，选择要修改其值的数据，直接输入新的值即可更改变量的值。

8.4.6　使用 Debug.Print 命令

使用立即窗口的方法就是在程序代码中加入 Debug.Print 命令，该命令的功能是在屏幕上显示变量的当前值。例如：Debug.Print x，该命令语句将在立即窗口中显示 x 的值。

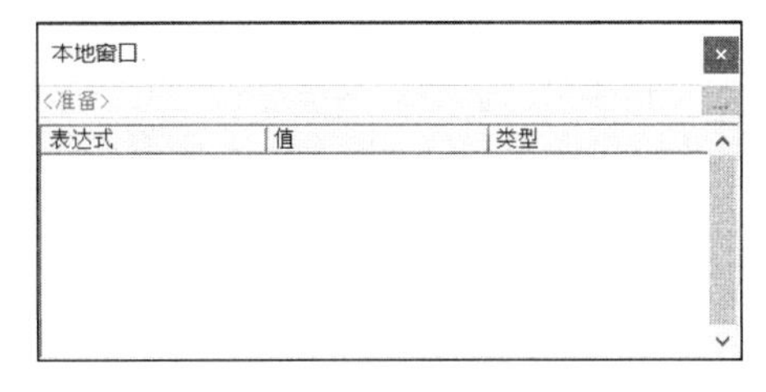

图 8-23　“本地窗口”对话框

使用 Debug.Print 命令对程序没有任何影响，所有对象也维持不变，因此在程序调试中 Debug.Print 命令语句非常有用。

8.4.7　VBA 程序运行出错处理

程序出错总是难免的。在 VBA 中，错误处理过程一般是先设置错误陷阱捕获错误，再进入错误处理，最后退出错误处理。

VBA 提供 On Error GoTo 语句来控制当有错误发生时程序的处理。其语法如下：

On Error GoTo 标号

On Error Resume Next

On Error GoTo 0

各语句的功能分别如下。

On Error GoTo 标号：用来设置错误陷阱，当出现错误时，系统自动转移到标号指定的位置代码执行。

On Error Resume Next：语句可以置错误于不顾，并继续执行程序的其他语句。

On Error GoTo 0：用来关闭错误处理。

8.5　宏与模块的关系

在 Access 中，利用宏可以来完成很多任务，宏的各种功能利用 VB 语句也可以实现，利用 VB 语句还能控制宏的各个参数，从而实现它们在功能上的通用性。宏与模块不仅在功能上是相通的，而且 Access 能将宏转换成 VB 模块。通常，如果一个任务可以通过使用宏来完成，则使用宏即可，因为宏更容易设计和维护。而对于那些无法通过宏来实现或利用模块能更好地完成的任务，必须选择模块。也就是说，使用宏还是模块，主要取决于要完成的任务。

在下列情况下，使用宏能更好地完成任务：

1）对于简单的工作，如窗体的打开或关闭、工具栏的显示或隐藏等。由于宏能方便地将已经创建的数据库对象联系在一起，而且不需记住各种语法，每个宏操作的参数都显示在宏的设计视图中，因此，更容易实现和维护。

2）创建全局赋值键。

3）在首次打开数据库时执行一个或一系列操作。

在下列情况下，应该使用模块而不要使用宏：

1）创建自定义函数。

2）控制传送参数或确认返回值。

3）执行差错处理。

4）一次操作多个记录。

5）创建或处理对象。

6）使数据库易于维护。

7）使程序运行速度更快。

8）执行系统级的操作。

总而言之，在 Access 中，利用宏可以完成大部分的工作，对于不熟悉 VB 程序设计语言的用户来说，充分利用宏也可以完成一个基本功能完善的 Access 数据库管理应用系统的开发。但是，在实际的 Access 应用系统中，通常是宏的应用与 VB 程序设计相结合，宏的各种操作可以代替 VB 程序设计的部分功能，因此，可以把宏看成是由系统定义好的带参数的程序模块。

8.6 VBA 程序设计入门

VBA 是 Microsoft Office 系列软件的内置编程语言，它是一种面向对象程序设计（OOP）语言。VBA 具有与 VB 相同的语言功能。

8.6.1 面向对象程序设计概述

Access 采用面向对象的开发环境，其数据库窗口可以方便地访问和处理表、查询、窗体、报表、宏和模块等对象。面向对象的编程方法是一种用对象分析、设计并编写程序的方法。

1. 类、对象、集合

类是描述对象的特征以及对象外观和行为的模板。例如，设计工具栏中的控件就是 VBA 预定义的类，在窗体中添加的标签、命令按钮等都是控件类的实例，这些实例就是应用程序中引用的对象。对象所具有的属性、方法和事件都是在类中定义的，类就像是一个制作对象的模板。类的主要特征包括封装性、继承性、多态性和抽象性。

对象是面向对象程序设计的基本单元，是将数据和代码封装起来的实体。每个对象都有自己的属性和事件。在 VBA 中，所有对象都是由类来定义的，一个对象就是一个实体，例如，一个窗体、一个人、一辆汽车等。Access 由表、查询、窗体、报表、宏和模块等对象构成，形成不同的类。Access 数据库导航窗格中显示的就是数据库的对象类，其中有些对象（如窗体、报表等）内部，还可以包含其他对象控件（如标签、文本框、命令按钮等）。

集合由某类对象所包含的实例构成。

2. 属性和方法

属性和方法描述了对象的性质和行为。其引用格式如下：

对象.属性　或　对象.行为

例如：DoCmd.OpenTable　"学生"，就是利用 DoCmd 对象的 OpenTable 方法打开“学生”表。

属性是对象的特性，例如窗体的高度、宽度等属性；方法是对象可以执行的动作，例如打开窗体、关闭窗体等方法。

Access 中除数据库的表、查询、窗体、报表、宏和模块等基本对象外，还提供一个重要的对象：DoCmd。它的主要功能是通过调用包含在内部的方法来实现 VBA 编程中对 Access 的操作。

例如，利用 DoCmd 对象的 OpenQuery 方法打开查询“学生选课情况”的语句格式如下：

DoCmd.OpenQuery "学生选课情况"

3. 事件和事件过程

事件是对象发生的事情，如单击命令按钮、打开窗体等。事件过程是响应某个事件所执行的程序代码，事件过程是计算机要执行的一系列操作。

在 Access 中，可以通过下面两种方式来处理事件响应：

1）使用宏对象来设置事件属性。

2）为某个事件编写 VBA 代码过程，完成指定动作，这样的代码过程称为事件过程。

Access 窗体、报表和控件的事件有很多，可以通过帮助文件查询所有事件。表 8-4 列出了一些主要对象事件及其动作说明。

表 8-4　Access 的主要对象事件

对　象	事　件	说　明
窗体	OnLoad	窗体加载时发生事件
	OnUnLoad	窗体卸载时发生事件
	OnOpen	窗体打开时发生事件
	OnClose	窗体关闭时发生事件
	OnClick	窗体单击时发生事件
	OnDblClick	窗体双击时发生事件
	OnMouseDown	窗体鼠标按下时发生事件
	OnKeyPress	窗体上键盘按键时发生事件
	OnKeyDown	窗体上键盘按下键时发生事件
报表	OnOpen	报表打开时发生事件
	OnClose	报表关闭时发生事件
标签控件	OnClick	标签单击时发生事件
	OnDblClick	标签双击时发生事件
	OnMouseDown	标签上鼠标按下时发生事件
文本框控件	BeforeUpdate	文本框内容更新前发生事件
	AfterUpdate	文本框内容更新后发生事件
	OnEnter	文本框获得输入焦点之前发生事件
	OnGetFoucs	文本框获得输入焦点时发生事件

续表

对　象	事　件	说　明
文本框控件	OnLostFoucs	文本框失去输入焦点时发生事件
	OnChange	文本框内容更新时发生事件
	OnKeyPress	文本框内键盘按键时发生事件
	OnMouseDown	文本框内鼠标按下时发生事件
选项组控件	BeforeUpdate	选项组内容更新前发生事件
	AfterUpdate	选项组内容更新后发生事件
	OnEnter	选项组获得输入焦点之前发生事件
	OnClick	选项组单击时发生事件
	OnDblClick	选项组双击时发生事件
单选按钮控件	OnKeyPress	单选按钮上键盘按键时发生事件
	OnGetFoucs	单选按钮获得输入焦点时发生事件
	OnLostFoucs	单选按钮失去输入焦点时发生事件
复选框控件	BeforeUpdate	复选框更新前发生事件
	AfterUpdate	复选框更新后发生事件
	OnClick	复选框单击时发生事件
	OnDblClick	复选框双击时发生事件
	OnEnter	复选框获得输入焦点之前发生事件
	OnGetFoucs	复选框获得输入焦点时发生事件
组合框控件	BeforeUpdate	组合框内容更新前发生事件
	AfterUpdate	组合框内容更新后发生事件
	OnEnter	组合框获得输入焦点之前发生事件
	OnGetFoucs	组合框获得输入焦点时发生事件
	OnLostFoucs	组合框失去输入焦点时发生事件
	OnClick	组合框单击时发生事件
	OnDblClick	组合框双击时发生事件
	OnKeyPress	组合框上键盘按键时发生事件
命令按钮控件	OnClick	命令按钮单击时发生事件
	OnDblClick	命令按钮双击时发生事件
	OnEnter	命令按钮获得输入焦点之前发生事件
	OnGetFoucs	命令按钮获得输入焦点时发生事件
	OnMouseDown	命令按钮上鼠标按下时发生事件
	OnKeyPress	命令按钮上键盘按键时发生事件
	OnKeyDown	命令按钮上键盘按下键时发生事件

【实例 8-7】 在“学分制管理”数据库中，新建一个名为“TEST”的窗体，并在窗体上添加三个命令按钮，分别命名为 C1、C2 和 C3。编写 C1 的单击事件过程，完成的功能为：当单击按钮 C1 时，按钮 C2 可用，按钮 C3 不可见。

操作步骤如下：

1）打开“学分制管理”的数据库。

2）单击“创建”选项卡“窗体”组中的“窗体设计”按钮，新建一个名为“TEST”的窗体。

3）在“TEST”窗体上添加三个命令按钮，分别命名为 C1、C2 和 C3，如图 8-24 所示。

4）右击“C1”命令按钮，选择快捷菜单中的“属性”，打开 C1 命令按钮“属性表”对话框，单击“事件”选项卡，如图 8-25 所示。

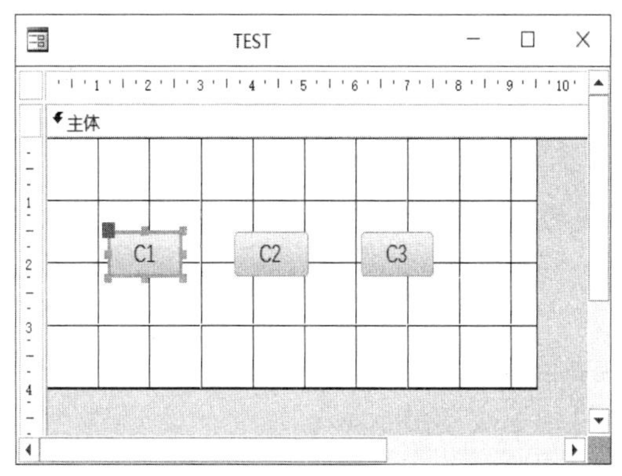

图 8-24　“TEST”窗体的设计视图

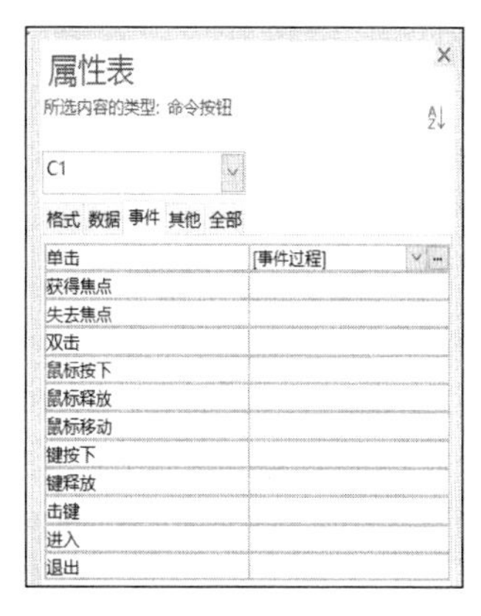

图 8-25　命令按钮 C1 的“事件”属性对话框

5）单击“单击”属性右侧的生成器按钮，进入“TEST”窗体的类模块代码编辑区，Access 自动为 C1 的“单击”（Click）事件创建了事件过程的模板，如图 8-26 所示。

6）在 C1 命令按钮的“单击”即 Click 事件过程模板中添加 VBA 程序代码，如图 8-27 所示。

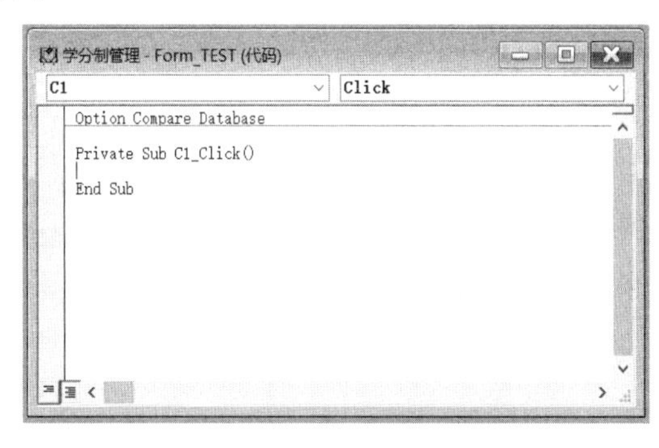

图 8-26　事件过程代码编辑区

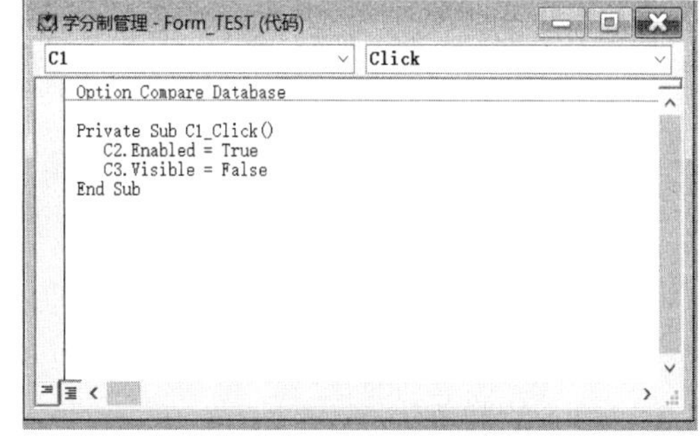

图 8-27　事件过程代码

7）关闭窗体的类模块代码编辑区，回到窗体的设计视图，切换到“TEST”的窗体视图，单击 C1 命令按钮，激活 C1 的“单击”即 Click 事件，系统自动调用设计好的事件过程来响应 Click 事件的发生。响应代码调用后运行结果如图 8-28 所示。

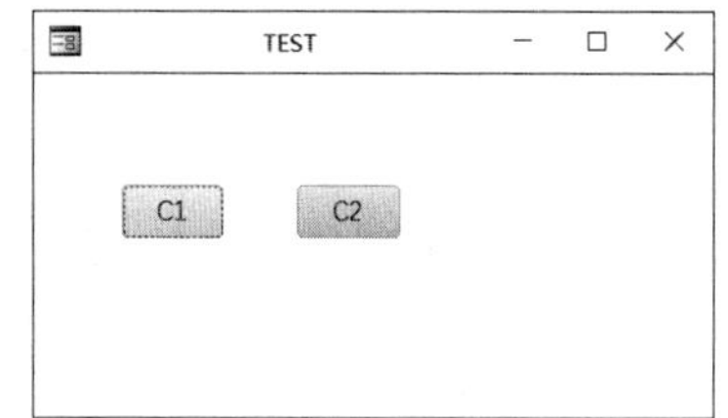

图 8-28　事件过程代码运行结果

8.6.2　VBA 的书写格式

无论使用什么计算机程序设计语言来编写应用程序，都需要按照规定的书写格式进行编写。

1. 注释语句的书写格式

编写代码时需要加上必要的注释，以便日后自己或其他用户可以清楚地了解程序的功能。注释语句可为程序的维护提供很大的帮助。在编写程序时，使用注释语句是一种好的程序设计习惯。

在 VBA 中，注释可以使用 Rem 语句或使用单引号“'”两种方法。比较常用的方法是使用符号“'”。

1）使用 Rem 语句。其格式如下：

```
Rem 注释语句
```

2）使用单引号“'”。其格式如下：

```
'注释语句
```

注意：用 Rem 语句进行注释时，如果要与被注释语句写在同行，必须用冒号（:）隔开。而使用单引号“'”，则不必加冒号（:）。例如：

```
Dim X As String   : Rem 定义变量 X 为字符型
Dim X As String   ' 定义变量 X 为字符型
```

注释可以添加在程序的任何位置，默认以绿色文本显示。

2. 连写（一行多句）与续行（一句多行）

程序语句一般是一句占用一行，如果需要在一行中写多句，则需要用冒号“:”将不同的语句分隔开来。

例如，下列三行语句：

```
Dim X As Integer
X = 3
X = 2
```

可以用冒号（:）把它们写在一行，即

```
Dim X As Integer : X = 3 : X = 2
```

如果程序语句太长，一行写不下，则可以通过用续行符“_”将一句代码写在几行上。

当输入一行语句并按下回车键确定后，如果该行代码以红色文本显示，表示该行语句有错。

8.6.3 VBA 的数据

在 VBA 中，程序包括语句、变量、运算符、函数、数据库对象和事件等基本要素。VBA 的数据包括常量、变量和数组。对于这些数据，VBA 提供了多种数据类型。

1. 数据类型

Access 数据表对象字段所涉及的数据类型（OLE 对象和备注型除外），在 VBA 中都有相应的数据类型。表 8-5 列出了 VBA 的基本数据类型。

关于表 8-5 中所列数据类型的使用，补充说明如下：

1）字节、整型、长整型、单精度、双精度和货币型数据属于数字型数据，可以进行各种数值运算。

表 8-5 VBA 的基本数据类型

VBA 数据类型	Access 字段类型	声明符号	取值范围	默认值
Byte	字节		0～255	0
Integer	整型	%	-32768～32767	0
Long	长整型	&	-2147483648～2147483647	0
Single	单精度	!	-3.403E+38～3.403E+38	0
Double	双精度	#	-1.798E+308～1.798E+308	0
Currency	货币型	@	-922337203685477.5808～922337203685477.5807	0
String	文本型	$	0～65535 个字符	""
Boolean	是/否型		True、False	False
Date	日期/时间型		100 年 1 月 1 日～9999 年 12 月 31 日	0
Object	对象型			Empty
Variant	变体型			Empty

2）布尔型（Boolean）数据用来表示逻辑值，并且只有两个值：True 和 False。布尔型数据转换为其他类型数据时，True 转换为-1，False 转换为 0；其他类型数据转换为布尔型数据时，0 转换为 False，其他值转换为 True。

3）日期型（Date）数据必须用一对“#”号括起来，例如：#2016-4-28#。

4）变体型（Variant）数据是一种特殊的数据类型，可以存放系统定义的任何一种数据类型，具体类型由最近放入的值确定。变体类型还可以包含 Empty、Error、Nothing 和 Null 等特殊值。使用时，可以用 VarType 和 TypeName 两个函数来检查 Variant 中的数据。

2. 常量

常量是指在程序运行过程中，其值始终不变的量。对于经常使用的不变的数值或字符串可以定义为常量。Access 支持三种类型的常量：符号常量、固有常量和系统定义常量。

（1） 符号常量

符号常量可用 Const 语句声明，其语法格式如下：

Const 常量名 [As 类型]=表达式

例如：Const CVers="Access 2016"

上例声明 CVers 是一个字符串常量，其值为"Access 2016"。

声明符号常量时需给出常量值，该常量的值将不能修改或为其重新赋值，也不允许创建与固有常量同名的常量。

如果要建立一个全局范围的常量，需在 Const 前面加上 Global 或 Public。

例如：Global Const K = 1024，则声明了符号常量 K 的作用域涵盖了全局范围。

（2） 固有常量

固有常量也叫内部常量，它是 Access 自定义的常量。除了用 Const 语句声明常量之外，Access 还自动声明了许多固有常量，并提供对 VBA 常量和 ADO（ActiveX Data Objects）常量的访问。固有常量包括操作常量、事件过程常量、关键字常量、安全常量和 VBA 常量等。所有的固有常量都可以在宏或 VBA 中使用。

固有常量有两个字母前缀，说明了定义该常量的对象库。以“ac”开头的固有常量表明其来自于 Access 库，例如 acFormEdit、acFunction、acReport 等。以“ad” 开头的固有常量表明其来自于 ADO 库，例如 adCmdTable、adDelete、adOpenForwardOnly 等。以“vb”开头的固有常量表明其来自于 VB（Visual Basic）库，例如 vbDataObject、vbInformation、vbReadOnly 等。

可以通过单击 Access 模块窗口工具栏中的“对象浏览器”按钮来查看所有可用对象库中的固有常量列表，如图 8-29 所示。也可以通过在“对象浏览器”窗口中选择常量或在“立即窗口”中输入“？固有常量名”来显示固有常量的值。

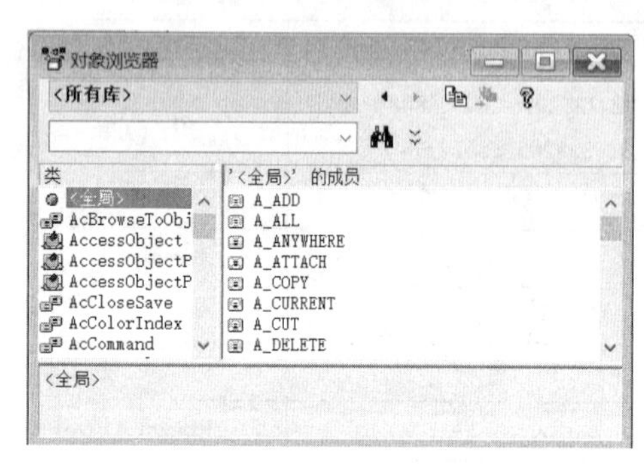

图 8-29 “对象浏览器”窗口

（3）系统定义常量

系统定义常量只有三个：True、False 和 Null。在 Access 的所有应用程序中都可以使用系统常量。例如，C3.Visible = False，表示当命令按钮控件“C3”的“Visible”属性等于“False”时，满足条件。

3. 变量

变量是指程序运行时值会发生变化的数据。程序通过变量名对变量进行存取操作。每个变量都有变量名，在其作用域内可唯一识别。

为变量命名，必须遵循下列规定：

1）变量名必须以英文字母开头。

2）变量名的长度不能超过 255 个字符。

3）在同一作用域内不能有两个相同的变量名。

4）变量名不能与 VBA 的过程、函数、语句和方法同名。

5）变量名不能包含空格或除了下划线（_）以外的任何其他的标点符号。

6）变量名不区分英文字母的大小写（即 AGE 与 age 代表的是同一个变量）。

变量使用前必须先声明，VBA 对变量的声明有两种方法：隐式声明和显式声明。

（1）隐式声明

隐式声明是不对变量进行数据类型的声明，借助将一个值指定给变量名的方式来建立变量，此时，该变量的数据类型默认为变体型（Variant）。这种声明方法容易造成程序混乱，通常不使用隐式声明。

例如：Age=30

该语句定义了一个变体型变量 Age，其值是 30。

（2）显式声明

显式声明就是先声明变量再使用，这样可以提高程序的可维护性。

在 VBA 中，对变量进行声明可以使用类型说明符号、Dim 语句等方法，比较常用的方法是使用 Dim 语句来声明变量。

1）使用类型说明符号声明变量。类型说明符号使用时作为变量名的一部分，放在变量名的最后。例如，IntA%声明了一个整型变量，CurB@声明了一个货币型变量，StrC$声明了一个字符型变量。

例如：IntA%=66，该语句定义了一个整型变量 IntA，其值为 66。

2）使用 Dim 语句声明变量。

Dim 语句的格式如下：

Dim 变量名 [As 类型]

如果省略了[As 类型]子句，则所定义的变量的数据类型默认为变体型（Variant）。

例如：Dim StrA As String，该语句声明了一个名为 StrA 的字符型变量。

4. 用户自定义的数据类型

所谓用户自定义的数据类型，就是用户可以建立包含一个或多个 VBA 标准数据类型以及用户自定义的数据类型的数据类型。

用户自定义的数据类型语句的格式如下：

```
Type [数据类型名]
    <域名> As <数据类型>
    ……
End Type
```

【实例 8-8】 声明一个课程信息数据类型。

```
Type Course
  No As String*6                '课程编号，6 位定长字符串
  Name As String                '课程名称，变长字符串
  Credit As Integer             '学分，整型
End Type
```

上例定义了一个名称为 Course 的数据类型，Course 由 No、Name 和 Credit 三个分量组成。

用户自定义的数据类型使用时，首先要在模块区中声明用户数据类型，然后再用 Dim、Public 或 Static 语句来声明该用户数据类型变量。用户自定义数据类型的取值，可以声明变量名和分量名，两者之间用句点（.）分隔。

【实例 8-9】 对上例已定义的课程信息数据类型（Course）的使用。

```
Dim C As Course
C.No = "203866"
C.Name = "算法语言"
C.No = 2
```

从上例可以看出，用户自定义数据类型最适合用来定义一个变量，以便保存包含不同数据类型字段的数据表的记录。

5. 常量和变量的作用域以及生命周期

在 VBA 中，常量和变量定义的位置和方式不同，则它们存在的时间和作用的范围也不一样，这就是常量和变量的作用域以及生命周期。

在声明常量或变量的作用域时，可以根据需要，把常量或变量的作用域声明为局部范围（Locate）、模块范围（Private）或全局范围（Public）三个层次。

Locate：仅在声明常量或变量的过程中有效，在子过程和函数内部所声明的常量或变量，其作用范围都是局部的。

Private：对所声明的模块中的所有子过程和函数都有效。常量或变量必须在模块的通

用声明部分使用 Private 语句进行声明。

Public：对所有模块的所有子过程和函数都有效。常量或变量必须在模块的通用声明部分使用 Public 语句进行声明。例如下列语句：

```
Public Dim X As String          '声明字符串变量 X 为全局变量
Const Y = 8                     '声明常量 Y 只能被常量所在的模块使用
```

常量或变量的生命周期是指常量或变量从第一次出现直到消失的代码执行时间。

局部范围（Locate）的常量或变量的生命周期是子过程和函数被开始调用到运行结束的时间（静态变量除外）。静态变量的声明使用 Static 语句，静态变量的生命周期是整个模块的执行时间。静态变量可以用来计算事件发生的次数或函数与子过程被调用的次数。

全局范围（Public）的常量或变量的生命周期是从声明到整个 Access 应用程序结束的时间。

6. 数组

数组是由一组具有相同数据类型的变量（称为数组元素）构成的集合。根据声明时数组元素的个数是否确定，可将数组分为静态数组和动态数组；还可以根据数组元素的维数，将数组分为一维数组、二维数组、三维数组等。

数组的第一个元素的下标称为下界，最后一个元素的下标称为上界，其余元素连续地分布在上下界之间。通常用 Dim 语句来声明数组。

一维数组声明格式如下：

Dim 数组名 （[下界 to] 上界 ）[As 数据类型]

在上面语句中，[下界 to]为可选项，缺省情况下，下界默认为 0。例如下列语句：

```
Dim A (5) As Integer
'定义了一个有 6 个整型数的一维数组，数组元素为 A(0)至 A (5)
Dim A(-2 to 4) As Integer
'定义了一个有 7 个整型数的一维数组，数组元素为 A(-2)至 A (4)
```

多维数组声明格式如下：

Dim 数组名 （[下界 to] 上界，[下界 to] 上界…）[As 数据类型]

例如下列语句：

```
Dim A(3,4) As Integer           '定义了一个二维数组，数组元素有 4×5=20 个
Dim A(3,2 to 6,7) As Integer    '定义了一个三维数组，数组元素有 4×5×8=160 个
```

在 VBA 中，可以定义动态数组。动态数组的定义方法是：先用 Dim 语句声明空的动态数组，然后用 ReDim 语句来声明数组元素的个数。例如下列语句：

```
Dim A( ) As Integer    '定义了一个动态数组
…
ReDim A(5,5)           '为动态数组 A( )配置一个二维数组，数组元素有 6×6=36 个
…
```

动态数组最适合用于在程序运行前，无法确定数组中元素的个数的数组。在程序运行过程中，如果不再需要动态数组包含的元素时，可以用 ReDim 语句，将其设置为 0 个元素，就能释放该动态数组所占用的内存。

7. 运算符

在 VBA 中有很多运算符。根据运算的不同，可以将它们分成算术运算符、连接运算符、

关系运算符和逻辑运算符四类。

（1）算术运算符

算术运算符用于进行算术运算。表8-6列出了VBA提供的八个算术运算符。

表8-6　算术运算符

运算符	功能	优先级
^	指数运算	↑
-	取负运算	
*、/	乘法运算、除法运算	
\	整数除法（整除）运算	
Mod	取模运算	
+、-	加法运算、减法运算	

在上表中，指数（^）、取负（-）、乘法（*）、除法（/）、加法（+）和减法（-）等运算符的功能与数学中的运算符相同。下面介绍整除和取模这两个运算符的使用。

整数除法运算符（\）的作用是执行整除运算。如果操作数带小数，系统会四舍五入变成整数后再运算；如果计算结果也带小数，系统则自动舍去小数部分（不进行四舍五入），只保留整数部分。例如：

```
Val = 6 \ 3            '运算结果是 2
Val = 8 \ 3            '运算结果是 2
Val = 6.6 \ 3          '运算结果是 2
Val = 6.6 \ 3.3        '运算结果是 2
```

取模运算符（Mod）用来进行求余数运算。如果操作数带小数，系统会四舍五入变成整数后再运算；如果被除数是负数，结果也是负数，如果被除数是正数，则结果也是正数。例如：

```
Val = 12 Mod 5.6       '运算结果是 0
Val = 12 Mod 5         '运算结果是 2
Val = -12 Mod-5        '运算结果是-2
Val = 12 Mod-5         '运算结果是 2
```

注意：当表达式中包含多个运算符时，必须按照运算符的优先级的顺序进行计算。如果表达式中含有小括号，则先计算小括号内表达式的值。

（2）连接运算符

连接运算符用来把多个字符串连接起来。VBA 提供“&”和“+”两个连接运算符。通常使用“&”作为连接运算符。而“+”仅限于当两个表达式均为字符串数据时，才能将两个字符串连接成一个新的字符串。由于“+”的局限性以及容易与算术运算符的加号（+）混淆，所以不提倡使用。

（3）关系运算符

关系运算符被用来比较两个值或表达式的值之间的大小关系。比较运算的结果是一个逻辑值：True（真）和False（假）。表8-7列出了VBA提供的六个关系运算符。

表 8-7　关系运算符

运算符	关系
=	相等
<>	不等
>	大于
>=	大于等于
<	小于
<=	小于等于

关系运算符的优先级：>、>=、<和<=的优先级别相同，=和<>的优先级别相同。前四种关系运算符（>、>=、<、<=）的优先级别高于后两种关系运算符（=和<>）。例如：

Val =（65 > 56）　　'运算结果是 False

Val =（"abc" <> "bc"）　　'运算结果是 True

Val =（"女" > "男"）　　'运算结果是 True

注意：在 VBA 中，逻辑值在表达式里进行算术运算时，True 值被当作-1，False 值被当作 0。

（4）逻辑运算符

逻辑运算符用于逻辑运算。VBA 提供了 Not（非）、And（与）、Or（或）、Xor（异或）、Eqv（等价）和 Imp（蕴含）六个逻辑运算符。其中，比较常用的主要有 Not（非）、And（与）和 Or（或）三个。

逻辑运算符的优先级：Not>And>Or>Xor>Eqv>Imp，即 Not 最高，Imp 最低。

表 8-8 列出了 Not、And 和 Or 三个主要的逻辑运算符的运算法则。

表 8-8　逻辑运算法则

A	B	Not A	A And B	A Or B
1	1	0	1	1
1	0	0	0	1
0	1	1	0	1
0	0	1	0	0

8. 表达式

所谓表达式，就是将常量和变量用运算符连接起来所构成的式子。当一个表达式有多个运算符时，运算进行的先后顺序由运算符的优先级决定。优先级别高的运算先进行，优先级别相同的运算按照从左向右的顺序进行。

关于运算符优先级的补充说明如下：

1）小括号优先级最高。

2）四类运算符的优先级：算术运算符>连接运算符>关系运算符>逻辑运算符。

9. 标准函数

VBA 提供了近百个内置的标准函数，主要分为数学函数、字符串函数、日期/时间函数和类型转换函数四类。

（1）数学函数

数学函数用来完成数学计算功能。表 8-9 列出了常用的数学函数及功能。

表 8-9　数学函数

函数名	功能	示例
Abs	返回数值表达式的绝对值	Abs(-10)=10
Int	返回数值表达式的整数部分	Int(6.2)=6
Exp	计算 e 的 N 次方	Exp(2)=7.38905609893065
Log	计算 e 为底的数值表达式的值的对数	Log(8)=2.07944154167984

续表

函数名	功能	示例
Sqr	计算数值表达式的平方根	Sqr(36)=6
Sin	计算数值表达式的正弦值	Sin(60*3.14/180)=0.865759839492344
Cos	计算数值表达式的余弦值	Cos(60*3.14/180)=0.500459689008206
Tan	计算数值表达式的正切值	Tan(60*3.14/180)=1.72992922008979
Rnd	返回一个0～9的随机数	Rnd(6)=0.533424

对于产生随机数函数Rnd(数值表达式)，数值表达式参数决定产生随机数的方式，如果数值表达式参数被省略，则默认数值表达式参数值大于0。例如：

```
Int(100*Rnd)          ' 产生[0，99]的随机整数
Int(101*Rnd)          ' 产生[0，100]的随机整数
Int(100*Rnd+1)        ' 产生[1，100]的随机整数
Int(101+200*Rnd)      ' 产生[100，299]的随机整数
```

（2） 字符串函数

字符串函数用来完成字符串处理功能。表8-10列出了常用的字符串函数及功能。

表8-10 字符串函数及功能

函数名	功能	示例
InStr	检索子串Str2在字符串Str1中最早出现的位置	InStr("ABCabefabc","ab")=1
Len	返回字符串所含字符的个数	Len("汕头大学工学院")=7
Left	截取字符串左边的N个字符	Left("汕头大学工学院",4)= "汕头大学"
Right	截取字符串右边的N个字符	Right("汕头大学工学院",3)= "工学院"
Mid	从字符串左边第N1个字符起截取N2个字符	Mid("汕头大学工学院",3,2)= "大学"
Space	生成空格字符	Space(2)　　' 生成2个空格字符
Ucase	将字符串中所有的小写字母转换成大写字母	Ucase("abcDEFgh")= "ABCDEFGH"
Lcase	将字符串中所有的大写字母转换成小写字母	Lcase("abcDEFgh")="abcdefgh"
Trim	删除字符串的开始和尾部空格	Trim("　AA　bb　")= "AA　bb"
LTrim	删除字符串的开始空格	LTrim("　AA　bb　")= "AA　bb　"
RTrim	删除字符串的尾部空格	RTrim("　AA　bb　")= "　AA　bb"

对于定长字符串，Len函数返回的是定义时的长度，而不是字符串的实际值长度。例如：

```
Dim S1 As String*8
Dim S2 As String
S1="abcd"
S2="abcdef"
Len(S1)               ' 返回8
Len(S2)               ' 返回6
```

（3）日期/时间函数

日期/时间函数通常被用来处理日期/时间数据。表8-11列出了常用的日期/时间函数。

表 8-11　日期/时间函数

函数名	功能	示例
Date	返回系统当前日期	Date()=2017-5-3
Time	返回系统当前时间	Time()=13:42:02
Now	返回系统当前日期和时间	Now()=2017-5-3 13:44:04
Year	返回日期表达式的年份	Year(#2017-5-3#)=2017
Month	返回日期表达式的月份	Month(#2017-5-3#)=5
Day	返回日期表达式的日	Day(#2017-5-3#)=3
WeekDay	返回 1～7，表示星期几	WeekDay(#2017-5-3#)=4　'表示星期三
Hour	返回时间表达式的小时	Hour(#13:44:04#)=13
Minute	返回时间表达式的分钟	Minute(#13:44:04#)=44
Second	返回时间表达式的秒	Second(#13:44:04#)=4
DateValue	返回字符串表达式的日期值	DateValue("May 3,2017")=2017-5-3

说明：WeekDay 函数的格式为：WeekDay(<表达式>,[W])。其中，W 是可选项，用来指定一周的第一天是星期几。如果省略 W，默认星期日为 1，星期一为 2……例如：

WeekDay(#2017-5-3#)　　'返回 4，#2017-5-3#是星期三
WeekDay(#2017-5-3#,2)　　'返回 3，2 指定了一星期的第一天是星期一
WeekDay(#2017-5-3#,4)　　'返回 1，4 指定了一星期的第一天是星期三

（4）类型转换函数

利用类型转换函数可以将数据类型转换成指定的类型。表 8-12 列出了常用的类型转换函数。

表 8-12　类型转换函数

函数名	功能	示例
Asc	返回字符串首字符的 ASCII 值	Asc("GOOD")=71
Chr	返回与指定 ASCII 值对应的字符	Chr(80)=P
Str	将数值表达式的值转换为字符串	Str(80)= 80、Str(-80)=-80
Val	将数字字符串转换为数值型数字	Val("80")=80、Val("80　6")=806、Val("80ei6")=80

关于 Str 函数和 Val 函数，补充说明如下：

1）对于 Str 函数，当把数值表达式的值转换为字符串时，系统自动在字符串的前面保留一个空格的位置来表示正负。当表达式的值为正时，返回的字符串前面有一个空格；当表达式的值为负时，返回的字符串前面有一个“-”号。示例参见表 8-12。

2）对于 Val 函数，数字字符串转换时，系统自动把字符串中的空格、制表符以及换行符删掉，当遇到系统不能识别为数字（0～9）的第一个非数字字符时，停止读入。示例参见表 8-12。

8.6.4 VBA 的基本控制结构

与其他程序设计语言一样，VBA 支持结构化的程序设计方法。结构化程序设计由迪克

斯特拉（E.W.dijkstra）于1969年提出，是以模块化设计为中心，将待开发的软件系统划分为若干个相互独立的模块，使完成每一个模块的工作变得单纯而明确，为设计大型的软件打下了良好的基础。结构化设计方法设计出来的程序结构清晰，易读性强，也便于维护。

结构化设计方法有顺序结构、分支（选择）结构和循环结构三种基本的程序控制结构。图8-30是三种基本控制结构的程序流程图。

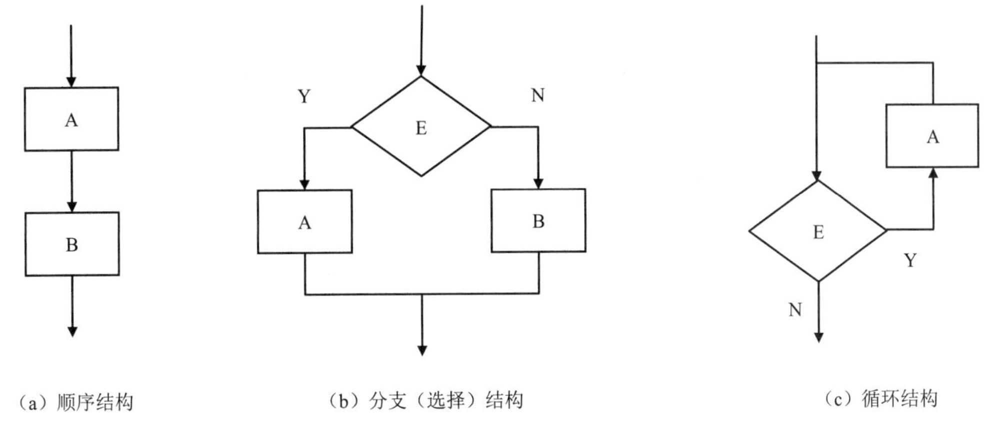

（a）顺序结构　（b）分支（选择）结构　（c）循环结构

图8-30　三种基本控制结构的程序流程图

1. 顺序结构

顺序结构比较简单，程序的执行顺序是按照语句的书写顺序逐句执行的。

2. 分支（选择）结构

分支结构是根据条件语句中条件表达式的计算结果来选择程序执行的语句。VBA比较常用的分支控制语句有If语句和Select Case语句两种。

（1） If语句

If语句有单分支条件语句、双分支条件语句和多分支条件语句三种结构的控制语句。

1）单分支条件语句。单分支条件语句是最简单的If语句，其格式如下：

```
If <条件表达式> Then
    <语句块>
End if
```

运行过程：当条件表达式的值为真（True）时，执行Then后面的语句块；若条件表达式的值为假（False），则执行End if后面的语句。

2）双分支条件语句。双分支条件语句带有Else语句，其格式如下：

```
If <条件表达式> Then
    <语句块 1>
     Else
    <语句块 2>
End if
```

运行过程：当条件表达式的值为真（True）时，执行Then后面的语句块1，再执行End if后面的语句（不执行语句块2）；若条件表达式的值为假（False），则执行Else后面的语句块 2，再执行 End if 后面的语句（不执行语句块 1）。

3）多分支条件语句。多分支条件语句用来处理带有多个条件的情况，其格式如下：

```
If <条件表达式 1> Then
    <语句块 1>
  ElseIf <条件表达式 2> Then
        <语句块 2>
        ……
  [Else
        <语句块 n+1>]
End if
```

其中，Else 语句是可选的。

运行过程：VBA 计算各条件表达式，找到一个为真（True）时，执行该条件表达式后面的语句块，再执行 End if 后面的语句（不执行其他语句块）；若所有条件表达式的值都为假（False），则执行 Else 后面的语句块，再执行 End if 后面的语句（不执行其他语句块）；若所有条件表达式的值都为假（False），又没有 Else 语句，则直接执行 End if 后面的语句（所有的语句块都不执行）。

在上面三种条件语句中，用得比较多的是前两种。当条件选项有两个以上时，使用第三种（多分支条件语句）控制结构会使程序变得很复杂，甚至引起结构混乱，通常会用后面介绍的 Select Case 语句来实现有多个条件选项的情况。

【实例 8-10】 将学生的百分制成绩转换为等级制成绩。

```
Dim Chj As Integer
Dim Dj As String
If Chj>=90 Then
    Dj="优秀"
ElseIf Chj>=80 Then
    Dj="良好"
ElseIf Chj>=70 Then
    Dj="中等"
ElseIf Chj>=60 Then
    Dj="及格"
    ElseIf Chj<60 Then
    Dj="不及格"
End if
```

注意：Else 与 If 之间不能有空格（即 ElseIf）；而 End 与 if 之间一定要有一个（且只能一个）空格（即 End If）。

（2）Select Case 语句

当有多种条件选择时，使用 If 语句会使程序变得复杂，不易维护。而使用 Select Case 语句可以使程序结构清晰，容易阅读，方便维护。其格式如下：

```
Select Case <条件表达式>
[Case <表达式 1>
    <语句块 1>]
[Case <表达式 2>
    <语句块 2>]
```

```
    ……
  [Case Else
    <语句块 n+1>]
  End Select
```

运行过程：系统先计算条件表达式的值，再依次按顺序与每个 Case 表达式进行比较，找到第一个与条件表达式的值相匹配的 Case 条件，执行与其对应的语句块（若有多个 Case 表达式匹配，只执行第一个）；如果没有相匹配的 Case 条件，且有 Case Else 语句，则执行 Case Else 后的语句块 n+1；最后，系统继续执行 End Select 后面的语句。

Case 表达式的形式可以是下列三种格式之一：

1）单个值或一列值，用逗号隔开。

2）用关键字 To 指定值的范围，字符串的比较从它们的第一个字符的 ASCII 码值开始比较。

关键字 Is 用来指定条件，其后紧跟关系运算符（如<>、<=、>等）和变量或值。

【实例 8-11】 用 Select Case 语句来实现实例 8-7 的功能。

```
Dim Chj As Integer
Dim Dj As String
Select Case Chj
    Case Is >=90
        Dj="优秀"
    Case Is >=80
        Dj="良好"
    Case Is >=70
        Dj="中等"
    Case Is >=60
        Dj="及格"
    Case Is <60
        Dj="不及格"
End Select
```

上例中 Case 表达式用关键字 Is 来指定值的范围，也可以改为用关键字 To。如下例：

```
Dim Chj As Integer
Dj As String
Select Case Chj
    Case 90 To 100
        Dj="优秀"
    Case 80 To 90
        Dj="良好"
    Case 70 To 80
        Dj="中等"
    Case 60 To 70
        Dj="及格"
    Case 0 To 60
        Dj="不及格"
End Select
```

（3）选择函数

在 VBA 中，除了可以使用条件语句来实现分支结构外，VBA 还提供 IIf、Switch 和 Choose 三个选择函数。

1）IIf 函数。

格式：IIf(条件表达式，表达式 1，表达式 2)

功能：当条件表达式的值为真（True），函数返回表达式 1 的值；否则，函数返回表达式 2 的值。例如：

Dj=IIf(Chj>=60, "及格","不及格")

2）Switch 函数。

格式：Switch(条件表达式 1，表达式 1[，条件表达式 2，表达式 2]…[，条件表达式 n，表达式 n]])

功能：系统自动对条件表达式从左向右进行计算和比较，并返回与其对应的条件表达式的值为真（True）的第一个表达式的值。例如：

Dj=Switch(Chj<60, "不及格", Chj<70,"及格", Chj<80,"中等", Chj<90,"良好", Chj<=100,"优秀")

3）Choose 函数。

格式：Choose (索引项，选项 1[，选项 2，…[，选项 n]])

功能：根据索引项的值返回选项列表中的某个值，即索引项的值为 1，函数返回选项 1 的值；索引项的值为 2，函数返回选项 2 的值；以此类推，索引项的值为 n，函数返回选项 n 的值。例如：

Dim x As Integer，Dj As String
x=1 To 5
Dj=Choose(x,"不及格", "及格","中等","良好","优秀")

注意：当索引项的值小于 1 或大于 n（选项数）时，函数返回值为 Null（无效值）。

3. 循环结构

在 VBA 中，可以通过使用循环语句来控制程序重复执行一组语句。VBA 提供了 For…Next、Do While…Loop 和 Do Until…Loop 三种常用的循环语句。

（1） For…Next

该语句用来完成重复执行指定次数的一组语句。格式如下：

```
For <循环变量>=<初值> To <终值> [Step <步长>]
    <循环体>
Next [<循环变量>]
```

其执行过程如下：

1）循环变量取初值。

2）执行循环体。

3）执行 Next 语句，将循环变量的值增加一个步长值后，再与终值比较，如未超出范围，再执行循环体。

4）再次执行 Next 语句，将循环变量的值再增加一个步长值后，又一次与终值比较，如仍未超出范围，再次执行循环体。

5）如此循环，直到循环变量的值超过终值，则跳出循环，直接运行 Next 后面的语句。

说明：

① Next 后面的循环变量可以省略。

② Step <步长>是可选项，缺省时步长值默认为+1。

③ 当步长为正数时，初值必须小于终值；当步长为负数时，初值必须大于终值。

④ 必要时，可以在循环体中使用 Exit For 语句来中断循环，并跳出循环体。

【实例 8-12】 下面程序用来输出 30 个在开区间（22，66）上的随机整数 Zs。

```
For I = 1 To 30
        Zs = Int(Rnd * 43 + 23)
        MsgBox Zs
Next I
```

提示：Rnd 函数用来产生[0，1）之间的随机数，Int 函数用来返回数值表达式的整数部分（不四舍五入，如 Int（6.9）=6），开区间（22，66）的数值范围是大于 22，小于 66。因此，要产生开区间（22，66）上的随机整数，可用表达式 Int(Rnd * 43 + 23)。

（2） Do While…Loop（或 Do…Loop While）

该语句按照给定的条件表达式进行判断，当条件为真（True）时，执行循环体，直到条件表达式的值为假（False），才退出循环。

该语句有两种格式，分别介绍如下。

格式一：

```
Do While <条件表达式>
    <循环体>
Loop
```

其执行过程如下：

1）判断条件表达式的值是否为真。

2）如果条件表达式的值为真，执行循环体的语句，再对条件表达式语句进行判断。

3）如果条件表达式的值为假，不执行循环体的语句（退出循环），直接执行 Loop 语句后面的语句。

格式二：

```
Do
    <循环体>
Loop While <条件表达式>
```

其执行过程如下：

1）先执行一次循环体的语句，再判断条件表达式的值是否为真。

2）如果条件表达式的值为真，执行循环体的语句，再对条件表达式语句进行判断。

3）如果条件表达式的值为假，不执行循环体的语句（退出循环），直接执行 Loop 语句后面的语句。

【实例 8-13】 下面程序运行后，消息框的输出结果是 1024。

```
Dim a As Integer
Dim b As Integer
Dim c As Integer
a=10:b=1:c=1
Do While c<=a
   b=b*2
   c=c+1
Loop
Msgbox b
```

（3）Do Until…Loop（或 Do…Loop Until）

该语句按照给定的条件表达式进行判断，当条件为假（False）时，执行循环体，直到条件表达式的值为真（True），才退出循环。

该语句也有两种格式，分别介绍如下。

格式一：

```
Do Until <条件表达式>
    <循环体>
Loop
```

其执行过程如下：

1）判断条件表达式的值是否为假。

2）如果条件表达式的值为假，执行循环体的语句，再对条件表达式语句进行判断。

3）如果条件表达式的值为真，不执行循环体的语句（退出循环），直接执行 Loop 语句后面的语句。

格式二：

```
Do
    <循环体>
Loop Until <条件表达式>
```

其执行过程如下：

1）先执行一次循环体的语句，再判断条件表达式的值是否为假。

2）如果条件表达式的值为假，执行循环体的语句，再对条件表达式语句进行判断。

3）如果条件表达式的值为真，不执行循环体的语句（退出循环），直接执行 Loop 语句后面的语句。

【实例 8-14】 下面程序运行后，实现将 26 个大写字母（A～Z）赋值给数组 StrZ()。

```
Dim StrZ(i) As String
i = 1
Do Until i>26
    StrZ(i)=Chr(i+64)
    i = i+1
Loop
```

Do While 与 Do Until 的联系与区别：

1）使用 Do While…Loop（或 Do…Loop While）以及 Do Until…Loop（或 Do…Loop Until）循环语句，都可以通过在循环体中插入 Exit Do 语句来跳出循环体，结束循环。

2）Do While 语句在条件为真时执行循环体的语句，而 Do Until 语句则是在条件为假时执行循环体的语句。

8.6.5 常用 VBA 命令

在 VBA 编程中，可以使用输入框来输入值，使用消息框来输出信息。本节主要介绍打开、关闭、输入框、消息框、数据验证和计时事件等在 VBA 编程中常用的操作命令。

1. 打开操作

（1）打开窗体

其命令格式如下：

DoCmd.OpenForm formname[,view][,filtername][,wherecondition][,datamode][,windowmode]

其中各参数的使用说明如下：

Formname　　必选项，要打开的窗体名称。

View　　可选项，视图模式。可以是 acDesign、acFormDS、acNormal 和 acPreview 四个固有常量之一，缺省时默认 acNormal。

Filtername　　可选项，过滤查询名。

Wherecondition　　可选项，Where 条件。

Datamode　　可选项，数据模式。可以是 acFormAdd、acFormEdit、acFormPropertySettings 和 acFormReadOnly 四个固有常量之一，缺省时默认 acFormPropertySettings。

Windowmode　　可选项，窗口模式。可以是 acDialog、acHidden、acIcon 和 acWindowNormal 四个固有常量之一，缺省时默认 acWindowNormal。

例如，以只读的数据模式打开“教师信息”窗体，代码如下：

```
DoCmd.OpenForm "教师信息", acFormReadOnly
```

（2）打开报表

其命令格式如下：

DoCmd.OpenReport reportname[,view][,filtername][,wherecondition]

其中各参数的使用说明如下：

Reportname　　必选项，要打开的报表名称。

View　　可选项，打开模式。可以是 acViewDesign、acViewNormal、acViewPreview 和 acViewLayout 四个固有常量之一，缺省时默认 acViewNormal。

Filtername　　可选项，过滤查询名。

Wherecondition　　可选项，Where 条件。

例如，以打印预览模式打开“工资统计表”报表，代码如下：

```
DoCmd.OpenReport "工资统计表", acViewPreview
```

2. 关闭操作

关闭操作命令格式如下：

DoCmd.Close [objecttype,objectname][,save]

其中各参数的使用说明如下：

Objecttype　　可选项，要关闭的对象类型。可以是 acDefault、acDiagram、acForm、acQuery、acReport、acTable、acStoredProcedure、acServerView、acFunction、acDatabaseProperties、acTableDataMacro、acMacro 和 acModule 十三个固有常量之一，缺省时默认 acDefault。

Objectname　　可选项，要关闭的对象名称。

Save　　可选项，保存设置。可以是 acSaveNo、acSaveYes、和 acSavePrompt 三个固有常量之一，缺省时默认 acSavePrompt。

例如，关闭“工资统计表”报表，代码如下：

```
DoCmd.Close acReport,"工资统计表"
```

注意：DoCmd.Close 可以用来关闭 Access 的各种对象。缺省所有参数时，命令格式为：DoCmd.Close 的功能是关闭当前打开的窗体。

3. 输入与输出操作

VBA 提供了 InputBox 和 MsgBox 两个函数过程，以便与用户进行输入与输出等交互操作。

（1）InputBox

InputBox 函数过程也称为输入框，用来接受用户键盘输入的数据。其运行过程是在一个对话框中显示提示信息，等待用户输入数据并按下按钮后，返回输入的字符串数据。其命令格式如下：

InputBox(prompt[,title][,default][,xpos][,ypos][,helpfile,context])

其中各参数的使用说明如下：

prompt	必选项，在对话框中显示的提示字符串，最多可以有 1024 个字符。
title	可选项，显示在对话框标题栏的字符串。缺省该参数，则对话框标题栏显示的是应用程序名。
default	可选项，文本框中显示的字符串。缺省该参数，则文本框为空。
xpos	可选项，左边距（对话框的左边与屏幕左边的水平距离）。缺省该参数，对话框水平居中。
ypos	可选项，上边距（对话框的上边与屏幕上边的垂直距离）。缺省该参数，对话框下边与屏幕下边的垂直距离大约 1/3。
helpfile	可选项，帮助文件，用来为对话框提供上下文相关帮助。若选择该参数，则必须提供 context。
context	可选项，帮助主题号。由帮助文件的提供者指定给某个帮助主题的帮助上下文编号。若选择该参数，则必须提供 helpfile。

【实例 8-15】 创建一个窗体，并在窗体上添加有一个名为 Com1 的命令按钮。编写 Com1 的单击事件过程，完成的功能为：当单击按钮 Com1 时，打开输入框，要求用户输入专业名。

命令按钮 Com1 的单击事件过程代码如下：

```
Private Sub Com1_Click()
    Dim zym As String
    zym = InputBox("请输入您的专业：", "InputBox的应用例子", "计算机")
End Sub
```

单击按钮 Com1 后，打开的输入框如图 8-31 所示。

图 8-31 利用 InputBox 产生的输入框

（2）MsgBox

MsgBox 函数过程也称为消息框，用来向用户发布提示信息，并要求用户做出必要的响应。其运行过程是在一个对话框中显示消息，对话框中含有命令按钮，等待用户单击按钮后，返回一个整形值，告诉系统用户的选择结果。其命令格式如下：

MsgBox(prompt[,buttons][,title][,helpfile,context])

其中各参数的使用说明如下：

prompt　　必选项，在对话框中作为消息显示的字符串，最多可以有 1024 个字符。

buttons　　可选项，用来指定显示按钮的数目、形式以及使用的图标样式。Buttons 的各设置值参见表 8-13 和表 8-14。buttons 的缺省值默认为 0。

title　　可选项，显示在对话框标题栏的字符串。缺省该参数，则对话框标题栏显示的是应用程序名。

helpfile　　可选项，帮助文件。用来为对话框提供上下文相关帮助。若选择该参数，则必须提供 context。

context　　可选项，帮助主题号。由帮助文件的提供者指定给某个帮助主题的帮助上下文编号。若选择该参数，则必须提供 helpfile。

表 8-13　显示按钮的类型与数目

内置常量名	值	功能
VbOKOnly	0	显示 OK 按钮
VbOKCancel	1	显示 OK、Cancel 按钮
VbAbortRetryIgnore	2	显示 Abort、Retry、Ignore 按钮
VbYesNoCancel	3	显示 Yes、No、Cancel 按钮
VbYesNo	4	显示 Yes、No 按钮
VbRetryCancel	5	显示 Retry、Cancel 按钮

表 8-14　显示图标的样式

内置常量名	值	功能	图标
VbCritical	16	显示关键信息图标	
VbQuestion	32	显示疑问图标	
VbExclamation	48	显示警告图标	
VbInformation	64	显示通知图标	

Buttons 的组合取值可以是单项常量（或值）之和。如消息框显示“Retry”和“Cancel”两个按钮及“警告”图标，其 Buttons 参数取值为：5+48 或 53。

MsgBox 函数过程被调用后的返回值见表 8-15。

表 8-15　各按钮对应的返回值

内置常量名	值	按钮
VbOK	1	OK 按钮
VbCancel	2	Cancel 按钮
VbAbort	3	Abort 按钮
VbRetry	4	Retry 按钮

续表

内置常量名	值	按钮
VbIgnore	5	Ignore 按钮
VbYes	6	Yes 按钮
VbNo	7	No 按钮

【实例 8-16】 创建一个窗体，并在窗体上添加有一个名为 Com2 的命令按钮。编写 Com2 的单击事件过程，完成的功能为：当单击按钮 Com2 时，打开如图 8-32 所示消息框。

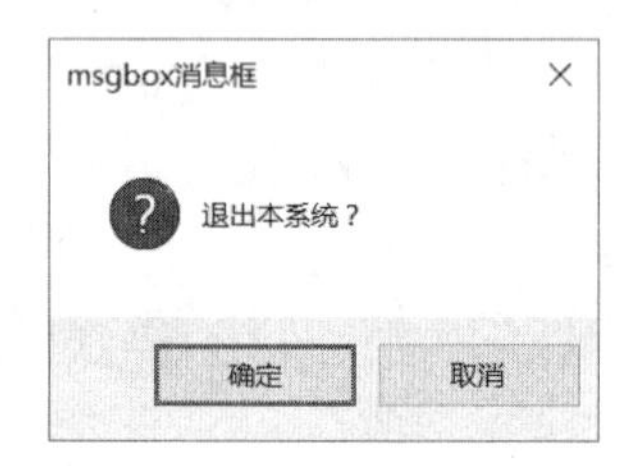

图 8-32　利用 MsgBox 产生的消息框

命令按钮 Com2 的单击事件过程代码如下：

```
Private Sub Com2_Click()
    Dim xxk
    xxk = MsgBox("退出本系统？", vbOKCancel +
vbQuestion, "msgbox 消息框")
End Sub
```

说明：本例中用变量 xxk 来存放 MsgBox 函数的返回值，单击“确定”按钮时，xxk=1；单击“取消”按钮时，xxk=2。

4. 数据验证操作

通常，在利用窗体对数据源的数据进行修改时，控件中的数据被改变之前或记录数据被更新之前会发生 BeforeUpdate 事件。通过创建窗体或控件的 BeforeUpdate 事件过程，可以对输入到窗体控件中的数据进行数据类型、数据范围等的验证。

【实例 8-17】 对窗体“学生成绩”上的文本框控件“English”中输入的成绩数据进行验证。要求：该文本框中只接受 0～100 的数值型数据，如果输入的数据超出范围，弹出消息框，提示数据不合法。

文本框控件的 BeforeUpdate 事件过程代码如下：

```
Private Sub english_BeforeUpdate(Cancel As Integer)
    If Me!english = "" Or IsNull(Me!english) Then
        MsgBox "成绩不能为空！", vbCritical, "英语成绩"
        Cancel = True
    ElseIf IsNumeric(Me!english) = False Then
        MsgBox "成绩必须是数值！", vbCritical, "英语成绩"
        Cancel = True
    ElseIf Me!english > 100 Or Me!english < 0 Then
        MsgBox "成绩必须是 0～100 的数值型数据！", vbCritical, "英语成绩"
        Cancel = True
    Else
        MsgBox "成绩输入正确！", vbimformation, "英语成绩"
    End If
End Sub
```

提示：控件的 BeforeUpdate 事件过程是有参过程。通过设置其参数 Cancel，可以控制 BeforeUpdate 事件过程是否发生。将 Cancel 参数设置为 True（-1），即可取消 BeforeUpdate 事件。

在 VBA 中，进行控件输入数据验证除了可以采用上例的 VBA 编程验证法外，系统还提供了多个用于数据验证的函数。表 8-16 列出了常用的数据验证函数。

表 8-16　常用的 VBA 数据验证函数

函数名	功能
IsNumeric	验证表达式的运算结果是否为数值。若返回 True，是数值
IsDate	验证表达式是否可以转换为日期。若返回 True，可转换
IsNull	验证表达式是否为无效数据。若返回 True，是无效数据
IsEmpty	验证变量是否已初始化。若返回 True，未初始化
IsArray	验证变量是否是一个数组。若返回 True，是数组
IsError	验证表达式是否为一个错误值。若返回 True，有错误
IsObject	验证标识符是否表示对象变量。若返回 True，是对象

5. 计时事件

计时事件（Timer）用于间隔一定时间触发事件。在 VBA 中，没有 Timer 控件。VBA 通过设置窗体的 TimerInterval（计时器间隔）属性并添加 Timer（计时器触发）事件来完成定时功能。其处理过程是：Timer 事件每隔 TimerInterval 时间间隔（单位：毫秒）就会被自动执行一次。这样重复不断，就实现了定时处理功能。

TimerInterval 时间间隔：单位为毫秒（ms）；如果设置为 0，表示计时事件无效（终止 Timer 事件继续发生）。

【实例 8-18】“计时窗体”窗体如图 8-33 所示。在窗体中有一个命令按钮“开/关时钟”。要求：单击该按钮可以显示或隐藏时钟。其中，命令按钮名为“ComKG”，显示系统时间的文本框名为“txtC”，计时器间隔设置为 500。

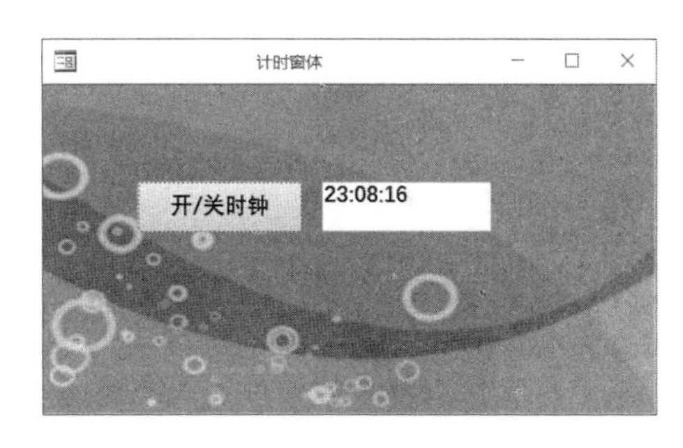

图 8-33　计时窗体

“计时窗体”窗体的加载事件、Timer 事件以及命令按钮的单击事件的代码如下：

```
Dim flag As Integer
Private Sub Form_Load()
    flag = 1
End Sub
Private Sub Form_Timer()
    txtC = Time
End Sub
Private Sub ComKG_Click()
    If flag = 1 Then
        txtC.Visible = False
        flag = 0
    Else
        txtC.Visible = True
        flag = 1
    End If
End Sub
```

8.7 VBA 的数据库编程基础

所谓数据库编程，简单地说，就是计算机高级语言与数据库平台结合进行软件开发的过程。数据库编程具有很强的针对性，是面向对象的。本节主要介绍有关 VBA 数据库编程的一些基础知识。

8.7.1 VBA 访问的数据库类型

VBA 访问的数据库有以下三种类型。

1）ACE（或 JET）数据库：即 Access 数据库。Access 2007 之前的版本，VBA 采用 Microsoft 连接性引擎技术（Joint Engine Technology，即 JET 引擎）；Access 2007 及之后的版本，采用集成和改进的 Microsoft Access 数据库引擎（Access Engine，即 ACE 引擎）。

2）ISAM 数据库：即所有的索引顺序访问方法（ISAM）数据库，如 DBase、FoxPro 等。

3）ODBC 数据库：即所有遵循开放数据库连接（ODBC）标准的客户机/服务器（C/S）数据库，如 Oracle、SQL Server 等。

8.7.2 数据库引擎及版本

所谓数据库引擎，实际上是一组动态链接库（DLL），当程序运行时被连接到 VBA 程序而实现对数据库的数据访问功能。VBA 是通过数据库引擎工具 Microsoft ACE（或 JET）来支持对数据库的访问。数据库引擎是应用程序与物理数据库之间的桥梁，它以一种通用接口的方式，使各种类型物理数据库对用户而言都具有统一的形式和相同的数据访问与处理方法。

ACE 引擎提供的主要数据库管理服务如下。

1）数据存储：将数据存储在文件系统中。

2）数据定义：创建、编辑或删除用于存储表、字段等数据的结构。

3）数据操作：添加、删除、编辑或排序数据。

4）数据检索：使用 SQL 从系统检索数据。

5）数据加密：未经授权的用户无法使用加密的数据。

6）数据共享：在多用户网络环境中共享数据。

7）数据发布：在 Web 环境中工作。

8）数据完整性：防止数据损坏的关系规则。

9）数据导入、导出和链接：处理不同数据源的数据。

在 Access 2007 之前的版本，VBA 采用 JET 引擎。而操作系统 Windows 2000 及之后版本，JET 已成为 Windows 的组成部分，并通过微软数据访问组件（Microsoft Data Access Components，MDAC）分发和更新。Access 2007 及之后的版本，采用集成和改进的 Microsoft Access 数据库引擎（Access Engine，即 ACE 引擎），通过拍摄原始 JET 基本代码的代码快照来对该引擎进行开发。

Access 2007 的 ACE 仅提供 32 位版本，而 Access 2010 及以后版本的 ACE 则同时提供 32 位和 64 位两种版本。目前，有关 ACE 提供程序版本选择和应用程序的匹配关系有如下三种配置：

1）仅 64 位的解决方案，即 64 位的 Access、64 位的 Windows。

2）仅 32 位的解决方案，即 32 位的 Access、32 位的 Windows。如果有 32 位的应用程序，需要通过 Access 2016 继续运行，而不进行更改，则必须安装 32 位版本的 Access 2016。32 位版本的 Access 2016 的工作方式与 32 位版本的 Access 2007 完全一样，不必对 VBA 代码、COM 加载项或 ActiveX 控件进行更改。

3）WOW64 解决方案，即 32 位的 Access、64 位的 Windows。WOW64 技术允许在 64 位的 Windows 平台上运行 32 位的应用程序。可以将 32 位的 Access 2016 安装在 64 位的 Windows 上。

注意： ACE 引擎与低版本的 JET 引擎向下兼容，可以从低版本的 Access 读写（.mdb）文件。ACE 数据库引擎不支持在同一进程中混合使用两种类型的代码。64 位的应用程序不能针对 32 位的动态链接库（DLL）进行链接；同样，32 位的应用程序也不能针对 64 位的动态链接库（DLL）进行链接。

8.7.3　数据库访问接口

数据库访问接口是应用程序与数据库之间的桥梁，应用程序可以通过数据库访问接口访问不同的数据库管理系统，完成对数据库的操作。

VBA 主要提供的三种数据库访问接口如下。

1）ODBC API：是 Open Database Connectivity API（开放数据库互连应用编程接口）的简称。由于直接使用 ODBC API 需要大量的 VBA 函数原型声明和一些繁琐、低级的编程，因此，在实际编程中很少直接进行 ODBC API 的访问。

2）DAO：是 Data Access Objects（数据库访问对象）的简称。DAO 提供一个访问数据库的对象模型。利用其中定义的一系列数据访问对象，如数据库创建、表以及查询的定义等，使用 VBA 代码可以灵活地控制数据访问的各种操作。

3）ADO：是 ActiveX Data Objects（ActiveX 数据对象）的简称。ADO 是基于组件的数据库编程接口，它是一个与编程语言无关的 COM 组件系统。利用它可以方便地连接所有遵循 ODBC 标准的数据库，对来自多种数据提供者的数据进行读写操作。

1. 数据库访问对象——DAO

DAO 使用户能通过编程操作本地或远程数据库中的数据和对象。DAO 依赖于工作区对象模型来进行不同类型的数据访问。

在 Access 模块设计时，要使用 DAO 的各个访问对象，首先要确认系统安装有 ACE 引擎并增加一个库的引用。Access 2016 的 DAO 引用库是 Microsoft DAO 3.6，其设置方法为：打开模块窗口，进入 VBA 编程环境（VBE），单击菜单项“工具→引用”，在打开的“引用・学分制管理”对话框中，选择“Microsoft Office 16.0 Access database engine Object Library”，单击“确定”按钮即可，如图 8-34 所示。

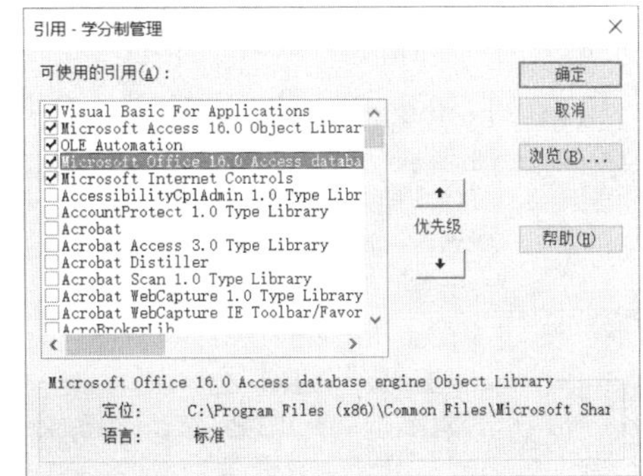

图 8-34　DAO 对象库引用对话框

1）DAO 的对象模型。DAO 包含了很多对象和集合，通过 JET 数据库引擎来连接 Access 数据库和其他的ODBC数据库。如图8-35所示为DAO的对象模型层次图。

DBEngine → Error(s)
DBEngine → Workspace(s) → Database (s) → RecordSet (s) → Field (s)
Database (s) → QueryDef(s)

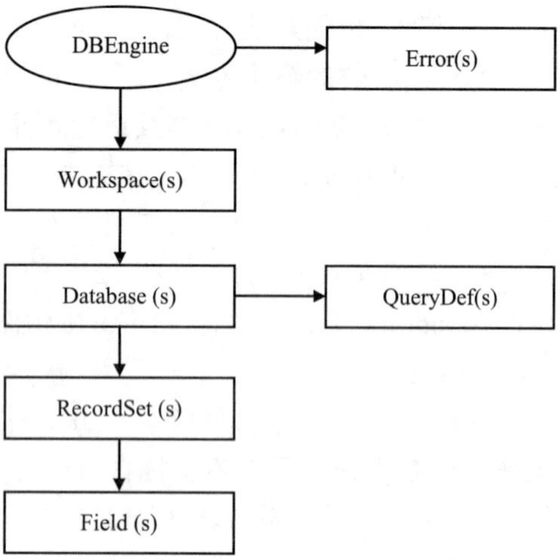

图 8-35　DAO 的对象模型层次图

2）利用 DAO 访问数据库。通过 DAO 编程实现数据库访问时，首先要创建对象变量，然后通过对象方法和属性来进行操作。下面通过一个程序段给出常用的数据库操作的一般语句和步骤：

```
'声明三个对象变量
Dim WS As Workspace
Dim DB As Database
Dim RS As RecordSet
'通过 Set 语句设置各对象变量的值
Set WS = DBEngine.Workspaces(0)                    '打开默认工作区
Set DB = WS.OpenDatabase(<数据库文件名>)              '打开数据库文件
Set RS = DB.OpenRecordSet(<表名、查询名或 SQL 语句>)   '打开数据记录集
Do While Not RS.EOF                    '利用循环结构遍历整个记录集
   ……                                  '字段数据的各种操作语句
   RS.MoveNext                         '记录指针移到下一条记录
Loop
RS.close                               '关闭记录集
DB.close                               '关闭数据库
Set RS = Nothing                       '回收记录集对象变量的内存占有
Set DB = Nothing                       '回收数据库对象变量的内存占有
……
```

在 Access 中，VBA 提供了一种打开 DAO 数据库的快捷方式：Set dbName=CurrentDB()。该语句用来绕过对象模型的头两层集合，直接打开当前数据库。

注意：除了 Access，Office 的其他组件（如 Word、Excel 等）的 VBA 以及 VB 6.0 则不支持 CurrentDB()的用法。

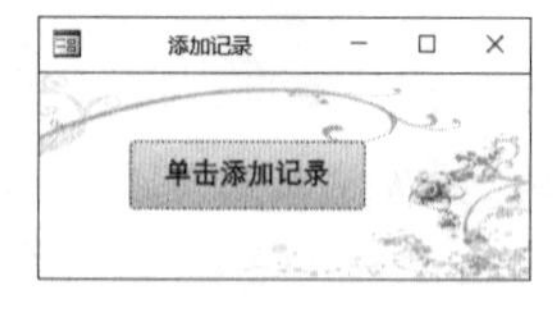

图 8-36　“添加记录”窗体

【实例 8-19】　利用 DAO 实现向表添加记录的功能。设计如图 8-36 所示的“添加记录”窗体。要求：单击“添加记录”窗体上的“单击添加记录”命令按钮（该按钮名称为 addRC），可向“学分制管理”数据库中的“AA”表添加一条记录。

命令按钮 addRC 的单击事件过程代码如下：

```
Private Sub addRC_Click()
   '声明三个对象变量
   Dim WS As Workspace
   Dim DB As Database
   Dim RS As DAO.Recordset
   '打开一个工作区
   Set WS = DBEngine.Workspaces(0)
   '打开一个数据库
   Set DB = WS.OpenDatabase("F:\学分制管理.accdb")
   '打开一个表对象"AA"
```

```
    Set RS = DB.OpenRecordset("AA")
    '创建一条空记录
    RS.AddNew
    '为新记录赋值
    RS.Fields("学号") = "1161020"
    RS.Fields("姓名") = "朵美丽"
    RS.Fields("性别") = "女"
    RS.Fields("专业") = "外语"
    RS.Fields("年级") = "01"
    '刷新表，将记录添加到表对象"AA"中
    RS.Update
    RS.Close
    DB.Close
End Sub
```

2. ActiveX 数据对象——ADO

ADO是基于组件的数据库编程接口，它是一个与编程语言无关的COM组件系统。ADO具有易于使用、速度快、内存支出低、占用磁盘空间少等优点。

在Access模块设计时，要使用ADO的各个访问对象，同样也应先选择一个对ADO库的引用。Access 2016的ADO引用库是Microsoft ADO 2.1，其设置方法为：打开模块窗口，进入VBA编程环境（VBE），选择“工具→引用”菜单项，打开“引用”对话框，选择“Microsoft ActiveX Data Objects 2.1 Library”，单击“确定”按钮即可，如图8-37所示。

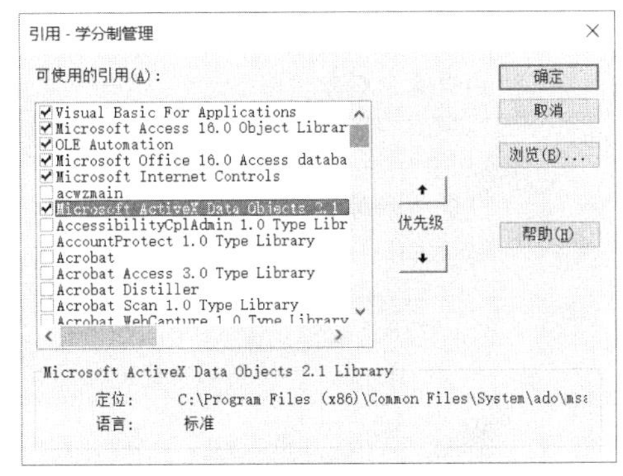

图8-37 ADO对象库引用对话框

Error(s)

Connection

Command

RecordSet

Field(s)

图8-38 ADO的对象模型

（1）ADO的对象模型

ADO具有非常简单的对象模型，如图8-38所示。ADO提供一系列数据对象可供使用。大多数对象都可以直接创建（Field和Error除外），使用时，只需在程序中创建对象变量，并通过对象变量来调用访问对象方法、设置访问对象属性，就可以实现对数据库的各项访问操作。

（2）利用ADO访问数据库

通过ADO编程实现数据库访问时，首先要创建对象变量，然后通过对象方法和属性来进行操作。当打开一个新的Access 2016数据库时，Access可能会自动增加对“Microsoft Office 16.0 Access database engine Object Library”库和“Microsoft ActiveX Data Objects 2.1 Library”库的引用，即同时支持DAO和ADO的数据库操作，由于两者之间存在一些同名对象，如RecordSet、Field等，使用起来可能产生歧义和错误，因此ADO库引用必须加“ADODB.”前缀，用于明确标识与DAO（RecordSet）同名的ADO对象。例如：Dim RS As new ADODB.RecordSet

语句，显式定义一个 ADO 库的 RecordSet 对象变量 RS。

下面通过两个程序段给出常用的数据库操作的一般语句和步骤。

程序段一：在 Connection 对象上打开 RecordSet。

```
'创建两个对象引用
Dim CN As ADODB.Connection              '创建一个连接对象
Dim RS As ADODB.RecordSet               '创建一个记录集对象
'打开两个对象
CN.Open <连接串等参数>                  '打开一个连接
RS.Open <查询串等参数>                  '打开一个记录集
Do While Not RS.EOF                     '利用循环结构遍历整个记录集
   ……                                   '字段数据的各种操作语句
   RS.MoveNext                          '记录指针移到下一条记录
Loop
RS.close                                '关闭记录集
DB.close                                '关闭数据库
Set RS = Nothing                        '回收记录集对象变量的内存占有
Set DB = Nothing                        '回收数据库对象变量的内存占有
……
```

程序段二：在 Command 对象上打开 RecordSet。

```
'创建两个对象引用
Dim CM As new ADODB.Command             '创建一个命令对象
Dim RS As new ADODB.RecordSet           '创建一个记录集对象
'设置命令对象的活动连接、类型及查询等属性
With CM
    .ActiveConnection = <连接串>
    .CommandType = <命令类型参数>
    .CommandText = <查询命令串>
End With
RS.Open CM,<其他参数>                   '设定 RS 的 ActiveConnection 属性
Do While Not RS.EOF                     '利用循环结构遍历整个记录集
   ……                                   '字段数据的各种操作语句
   RS.MoveNext                          '记录指针移到下一条记录
Loop
RS.close                                '关闭记录集
Set RS = Nothing                        '回收记录集对象变量的内存占有
……
```

在 Access 中，VBA 提供了一种打开 ADO 数据库的快捷方式：CurrentProject.Connection。该语句用来指向一个默认的 ADODB.Connection 对象。

【实例 8-20】 利用 ADO 来实现实例 8-19 的功能。

命令按钮 addRC 的单击事件过程代码如下：

```
Private Sub addRC_Click()
    '声明对象变量
    Dim SQ As String
    Dim CnStr As String
    Dim Cn As ADODB.Connection
    Dim RS As ADODB.Recordset
    '打开连接
    Set Cn = CurrentProject.Connection      '操作本地数据库
    Set RS = New ADODB.Recordset
```

```
    SQ = "select * from AA"
    '打开一个记录集
    RS.Open SQ, Cn, adOpenDynamic, adLockOptimistic
    '创建一条空记录
    RS.AddNew
    '为新记录赋值
    RS.Fields("学号") = "1161020"
    RS.Fields("姓名") = "朵美丽"
    RS.Fields("性别") = "女"
    RS.Fields("专业") = "外语"
    RS.Fields("年级") = "01"
    '刷新表，将记录添加到表对象"AA"中
    RS.Update
    RS.Close
    Set RS = Nothing
    Set Conn = Nothing
End Sub
```

8.7.4　常用的数据库编程函数

在 Access 数据库编程中，VBA 提供了以下很多函数，以便进行数据库访问和处理时使用。下面介绍两个常用的数据库编程函数：Nz 函数和 Dlookup 函数。

1. Nz 函数

格式：Nz（表达式或字段属性值[,规定值]）
功能：利用 Nz 函数可以将 Null 值转换为 0、空字符串或其他指定值。
参数说明：

- 当“规定值”缺省时，如果“表达式或字段属性值”为数值型且其值为 Null，Nz 函数返回 0；如果“表达式或字段属性值”为字符型且其值为 Null，Nz 函数返回空字符串("　")。
- 当“规定值”存在时，如果“表达式或字段属性值”为 Null，Nz 函数返回“规定值”。

【实例 8-21】　在“学分制管理”数据库中有学生表“stu”，其结构如表 8-17 所示。请设计如图 8-39 所示的“学生信息录入”窗体，利用 SQL 命令编程实现学生表“stu”记录的录入功能。要求：学号“No”字段值不能为空。

表 8-17　“stu”表结构

字段名	字段标题	数据类型	字段大小
No	学号	短文本	10
Name	姓名	短文本	12
Sex	性别	短文本	1
Only	独生子女	是/否	

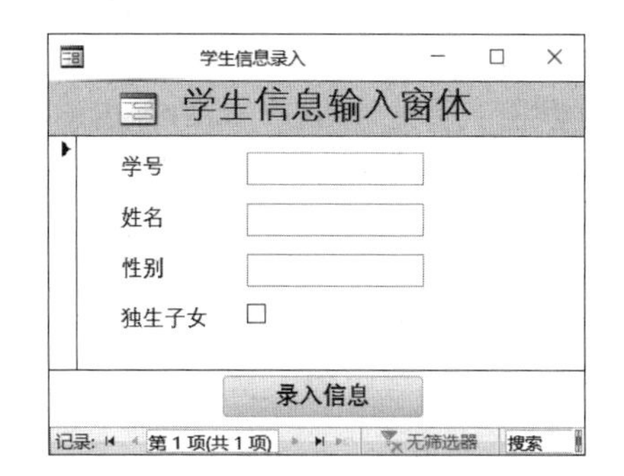

图 8-39　“学生信息录入”窗体

命令按钮Blogdata的单击事件过程代码如下：

```
Private Sub Btnlogdata_Click()
    '声明一个变量
    Dim strSQL As String
    '构造追加查询
```

```
    strSQL = "Insert into stu values('"
    '获得"'" & Nz(Me!tno) & "'"效果
    strSQL = strSQL & Nz(Me!tno) & "','"
    '获得"'" & Nz(Me!tname) & "'"效果
    strSQL = strSQL & Nz(Me!tname) & "','"
    '获得"'" & Nz(Me!tsex) & "'"效果
    strSQL = strSQL & Nz(Me!sex) & "','"
    '获得Nz(Me!conly)效果
    strSQL = strSQL & Nz(Me!conly,0) & ")"
    '学号为空的处理
    If IsNull(Me!tno) or Me!tno = "" Then
       MsgBox "学号不能为空",vbCritical,"Error"
    '输入焦点回到学号输入文本框
    Me!tno.SetFocus
    Else
      '执行查询
      DoCmd.RunSQL strSQL
      MsgBox "成功添加记录",vbimformatin,"录入成功"
    End If
End Sub
```

2. Dlookup 函数

格式：Dlookup（表达式，记录集[,条件式]）

功能：利用 Dlookup 函数可以从指定的记录集里检索特定字段的值。

参数说明：

- “表达式”用来标识需要返回其值的检索字段。
- “记录集”是数据源（可以是表或查询）的名称。
- “条件式”是可选项，用来限制函数的检索范围。如果缺省，则函数的检索范围在整个记录集范围内进行。
- 如果有多个字段满足“条件式”，Dlookup 函数只返回第一个匹配字段所对应的检索字段值。

【实例 8-22】 在“学分制管理”数据库中，按下列要求创建“用户登录”窗体。

1）“用户登录”的窗体视图如图 8-40 所示。

2）对该窗体的“确定”按钮添加事件过程，使得当用户在相应文本框中输入“用户名”和“密码”后，单击“确定”按钮时，系统在“学分制管理”数据库中查找名为“User”的数据表，如果“User”表中有指定的用户名而且密码正确，则打开“控制面板窗体”；如果用户名或密码输入错误，则弹出提示信息框。“User”表的数据表视图如图 8-41 所示。

图 8-40 “用户登录”窗体

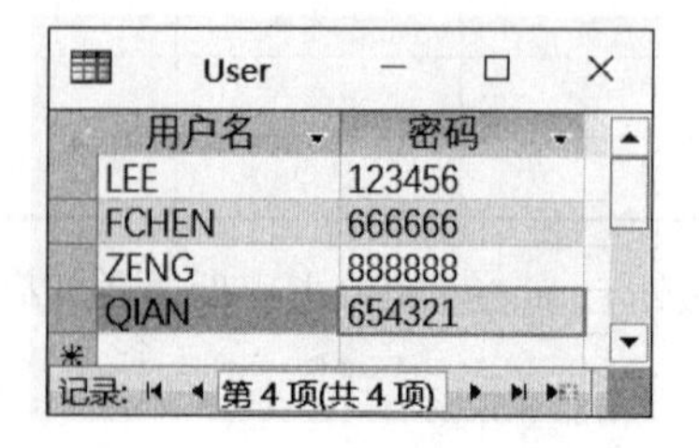

用户名	密码
LEE	123456
FCHEN	666666
ZENG	888888
QIAN	654321

图 8-41 “User”的数据表视图

命令按钮“确定”的单击事件过程代码如下：

```
Private Sub 确定_Click()
    '判断用户名是否已经输入
    If IsNull(Me.用户名) Then
        MsgBox "请输入用户名！"
    '判断密码是否已经输入
    ElseIf IsNull(Me.密码) Then
        MsgBox "请输入密码！"
    '判断输入的用户名和密码是否与User表中的匹配
    ElseIf Me.密码 <> DLookup("密码", "User", _
    "用户名='" & [用户名] & "'") Then
        '用户名和密码不匹配时的操作
        MsgBox "用户名或密码错误！请重新输入！"
        Me.用户名 = Null
        Me.密码 = Null
        Me.用户名.SetFocus   '设置焦点到用户名
    Else
        '用户名和密码输入正确时的操作
        DoCmd.Close
        DoCmd.OpenForm "控制面板窗体"
    End If
End Sub
```

习　　题

一、选择题

1. 以下关于运算优先级比较，叙述正确的是________。
   A. 算术运算符>逻辑运算符>关系运算符
   B. 逻辑运算符>关系运算符>算术运算符
   C. 算术运算符>关系运算符>逻辑运算符
   D. 以上均不正确
2. 定义了二维数组A(3 to 6,6)，则该数组的元素个数为________。
   A. 30　　B. 29　　C. 38　　D. 28
3. VBA中定义符号常量可以用关键字________。
   A. Const　　B. Dim　　C. Public　　D. Static
4. 下列不属VBA提供的数据验证函数是________。
   A. IsText　　B. IsDate　　C. IsNumeric　　D. IsNull
5. VBA“定时”操作中，需要设置窗体的“计时器间隔(TimerInterval)”属性值。其计量单位是________。
   A. 微秒　　B. 毫秒　　C. 秒　　D. 分钟
6. 已定义好有参函数f(x)，其中形参x是整型数。调用该函数，传递实参为8，将返回的函数值赋给变量a。以下正确的是________。
   A. a=f(8)　　B. a=Call f(8)　　C. a=f(x)　　D. a=Call f(x)
7. 已知程序段：

```
    n=0
for i=1 to 3
    for j= -4 to -1
        n=n+1
    next j
next i
```

程序运行完毕后，n 的值是________。

A. 0　　B. 3　　C. 4　　D. 12

8．下列不属于 VBA 的条件函数是________。

A. Switch　　B. Choose　　C. If　　D. IIf

9．VBA 的逻辑值进行算数运算时，True 值被当作________。

A. 0　　B. -1　　C. 1　　D. 任意值

10．VBA 中不能进行错误处理的语句结构是________。

A. On Error Goto 标号　　B. On Error Then 标号

C. On Error Resume Next　　D. On Error Goto 0

11．在有参函数设计时，要想实现某个参数的“双向”传递，就应当说明该形参为“传址”调用形式。其设置选项是________。

A. ByVal　　B. ByRef

C. Optional　　D. ParamArray

12．能够实现从指定记录集里检索特定字段值的函数是________。

A. Dcount　　B. DSum　　C. DLookup　　D. Rnd

13．下图窗体的名称为 Test，窗体中有一个标签和一个命令按钮，名称分别为 Lab1 和 Com1。以下语句能实现单击命令按钮后标签上显示的文字颜色变为红色的是________。

A. lab1.ForeColor = 255　　B. Com1.ForeColor = 255

C. lab1.ForeColor = "255"　　D. Com1.ForeColor = "255"

14．假定有以下循环结构：

Do　Until　条件

　　循环体

Loop

则正确的叙述是________。

A. 如果“条件”值为 0，则一次循环体也不执行

B. 如果“条件”值为 0，则至少执行一次循环体

C. 如果“条件”值不为 0，则至少执行一次循环体

D. 不论“条件”是否为“真”，至少要执行一次循环体

15．DAO 模型层次中处在最顶层的对象是________。

A. DBEngine　　B. Workspace　　C. Database　　D. RecordSet

16. ADO 对象模型中可以打开 RecordSet 对象的是________。

A. 只能是 Connection 对象

B. 只能是 Command 对象

C. 可以是 Connection 对象和 Command 对象

D. 不存在

17. VBA 程序的多条语句可以写在一行中，其分隔符必须使用符号________。

A. ：　B. ；　C. ，　D. .

18. Access 的控件对象可以设置某个属性来控制对象是否可用（不可用时显示为灰色状态）。需要设置的属性是________。

A. Default　B. Visible　C. Cancel　D. Enabled

19. 在 VBA 中，下列关于过程的描述中正确的是________。

A. 过程的定义和调用都可以嵌套

B. 过程的定义和调用都不可以嵌套

C. 过程的定义可以嵌套，但过程的调用不可以嵌套

D. 过程的定义不可以嵌套，但过程的调用可以嵌套

20. 在 VBA 编程环境调试工具中，显示当前过程中的所有变量及对象的取值的调试窗口是________。

A. 立即窗口　B. 监视窗口　C. 本地窗口　D. 快速监视窗口

21. 在 VBA 编程环境调试工具中，在中断模式下安排一些调试语句并显示其值变化的调试窗口是________。

A. 快速监视窗口　B. 监视窗口

C. 立即窗口　D. 本地窗口

22. 在 VBA 编程环境调试工具中，选择监视表达式并显示其值变化的调试窗口是________。

A. 快速监视窗口　B. 监视窗口

C. 立即窗口　D. 本地窗口

23. 下列逻辑表达式中，能正确表示条件“x 和 y 都是奇数”的是________。

A. x Mod 2 =1 Or y Mod 2 = 1　B. x Mod 2 =1 And y Mod 2 = 1

C. x Mod 2 =0 Or y Mod 2 = 0　D. x Mod 2 =0 And y Mod 2 = 0

24. 在 VBA 中，如果变量定义在模块的过程内部，当过程代码执行时才可见，则该变量的作用域为________。

A. 局部范围　B. 模块范围　C. 全局范围　D. 程序范围

25. 某窗体的打开事件过程如下：

```
Private Sub Form_Open(Cancel As Integer)
    x = 1
    For i = 1 To 3
        Select Case i
            Case 1, 3
                x = x + 1
            Case 2, 4
                x = x + 2
        End Select
```

```
    Next i
    MsgBox x
End Sub
```

则打开该窗体时，消息框的输出结果是________。

A. 5　　B. 6　　C. 7　　D. 8

二、填空题

1．VBA 的三种流程控制结构是顺序结构、________和________。

2．在使用 Dim 语句定义数组时，在缺省情况下数组下标的下限为________。

3．VBA 的全称是________。

4．模块包含了一个声明区域和一个或多个子过程（以_____开头）或函数过程（以开头）。

5．说明变量最常用的方法，是使用________结构。

6．VBA 中变量作用域分为三个层次，这三个层次是________、________和________。

7．在模块的说明区域中，用__________关键字说明的变量是模块范围的变量；而用关键字__________或___________说明的变量是属于全局范围的变量。

8．要在程序或函数的实例间保留局部变量的值，可以用________关键字代替 Dim。

9．用户定义的数据类型可以用________关键字间说明。

10．Access 的 VBA 编程操作本地数据库时，提供一种 DAO 数据库打开的快捷方式是________，而相应也提供一种 ADO 的默认连接对象是________。

11．Nz 函数主要用于处理________值时的情况。

12．VBA 提供了多个用于数据验证的函数。其中___________函数用于判定输入数据是否为数值。

13．VBA 的有参过程定义，形参用________说明，表明该形参为传值调用；形参用 ByRef 说明，表明该形参为________。

14．VBA 的错误处理主要使用________语句结构。

15．VBA 语言中，函数 InputBox 的功能是__________；_________函数的功能是显示消息信息。

16．VBA 的“定时”操作功能是通过窗体的________事件过程完成。

17. VBA 中打开报表的命令语句是________。

18．VBA 的逻辑值在表达式当中进行算数运算时，True 值被当作________、False 值被当作________来处理。

19．Access 的窗体或报表事件可以有两种方法来响应：宏和________。

20．VBA 编程中，要得到闭区间[20，80]上的随机整数可以用表达式________。

21．VBA 中主要提供了三种数据库访问接口：ODBC API、________和________。

22. 某窗体上有三个命令按钮，分别命名为 Command1、Command2 和 Command3。编写 Command1 的单击事件过程，完成的功能为：当单击按钮 Command1 时，按钮 Command2 可用，按钮 Command3 不可见。

23. 某窗体中有一命令按钮，单击此按钮，将打开一个查询，查询名为“CXT”，如果采用 VBA 代码完成，应使用的语句是________。

24. 有一个VBA计算程序的功能如下，该程序用户界面由四个文本框和三个按钮组成。四个文本框的名称分别为 Text1、Text2、Text3 和 Text4。三个按钮分别为删除（名为Command1）、计算（名为Command2）和退出（名为Command3）。窗体打开运行后，单击删除按钮，则删除所有文本框中显示的内容；单击计算按钮，则计算在Text1、Text2和Text3三个文本框中输入的三科成绩的平均成绩并将结果存放在 Text4 文本框中；单击退出按钮则退出 Access。请将下列程序填空补充完整。

```
Private Sub Command1_Click( )
   Me!Text1 = ""
   Me!Text2 = ""
   Me!Text3 = ""
   Me!Text4 = ""
End Sub
Private Sub Command2_Click( )
   If Me!Text1 = "" Or Me!Text2 = "" Or Me!Text3 = "" Then
      MsgBox "成绩输入不全"
   Else
      Me!Text4 = ( ________ + Val(Me!Text2)+ Val(Me!Text3))/3
   ________
End Sub
Private Sub Command3_Click( )
   Docmd.________
End Sub
```

25. VBA 表达式 3*3\3/3 的输出结果是__________。

三、简述题

1. 什么是模块？
2. 简述模块的类型及其作用。
3. 什么是过程、函数和子程序？
4. 过程、函数和子程序有什么联系和区别？
5. 如何创建模块？
6. 模块错误大致可分为几种类型？
7. 如何排除模块中的错误？
8. 简述宏与模块的关系。

实验　模块的应用

一、实验目的

1. 掌握模块的创建方法。
2. 掌握模块的应用。

二、实验内容

1. 创建一个名为“年龄”的窗体。具体要求如下：

1）该窗体只包含一张背景图片和一个命令按钮，并且去掉该窗体导航按钮、滚动条、分隔线和记录选定器等。“年龄”窗体的窗体视图如图 S8-1 所示。

2）对该窗体中的命令按钮“请输入您的年龄：”添加事件过程，当用户单击该命令按钮时，弹出一个“输入年龄”消息框，如图 S8-2 所示，系统能根据用户输入的不同的年龄值显示不同的“生活状态”消息框。在“输入年龄”消息框中，如果用户输入的年龄小于 25 岁，打开的消息框显示“好好学习！”；如果用户输入的年龄在 25～65 岁，打开消息框显示“撸起袖子加油干！”，如图 S8-3 所示；如果用户输入的年龄大于 65 岁，则打开消息框显示“安享晚年！”（提示：主体语句如图 S8-4 所示）。

图 S8-1 “年龄”的窗体视图

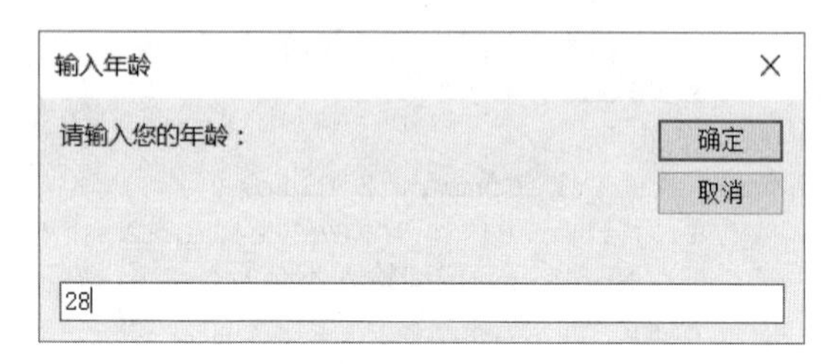

图 S8-2 “输入年龄”消息框

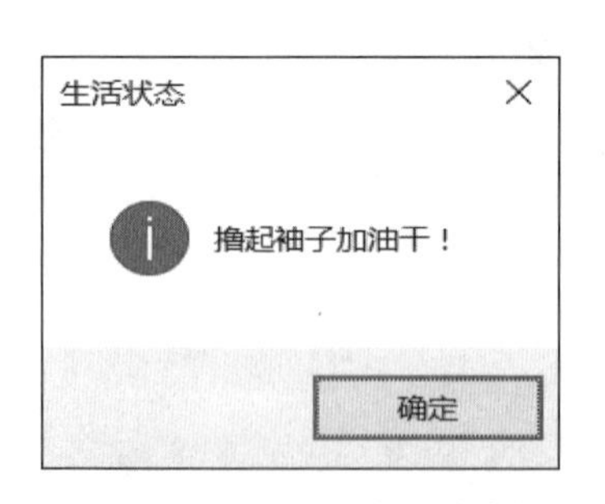

图 S8-3 “生活状态”消息框

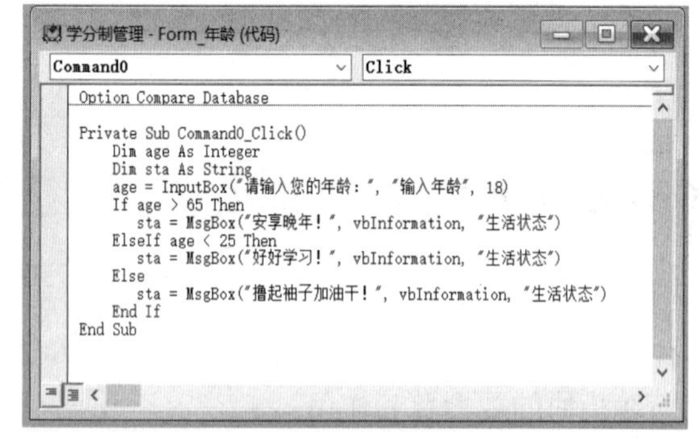

图 S8-4 主体语句

2. 创建一个名为“客户登录”窗体。具体要求如下：

1）该窗体只包含一张背景图片、两个命令按钮和两个文本框，并且去掉该窗体导航按钮、滚动条、分隔线和记录选定器等。窗体视图如图 S8-5 所示。

2）对该窗体中的命令按钮“登录”添加事件过程，当用户单击该命令按钮时，系统查找名为“Client”的数据表，如果“Client”表中有指定的客户名且密码正确，则打开“主控面板”窗体；如果客户名或密码输入错误，则给出相应的提示信息。“Client”表中的字段数据类型都是短文本，字段大小均为 20，其数据表视图如图 S8-6 所示。

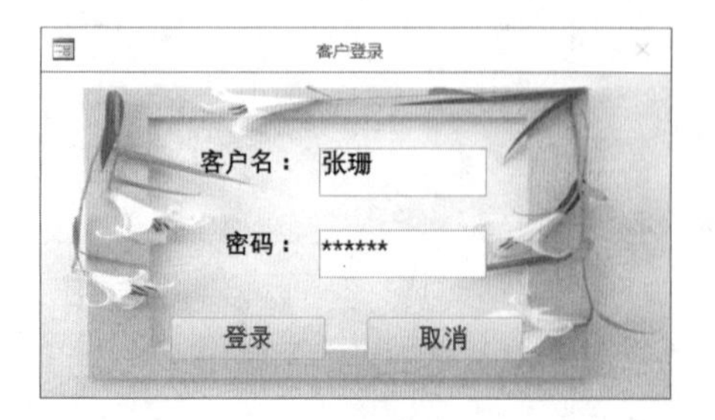

图 S8-5 “客户登录”窗体视图

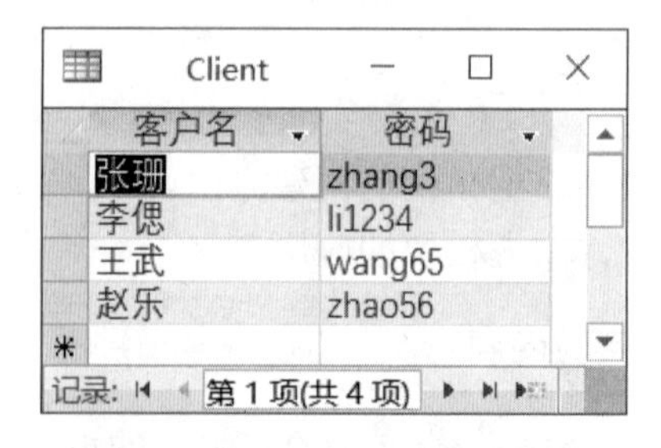

客户名	密码
张珊	zhang3
李偲	li1234
王武	wang65
赵乐	zhao56

记录：第 1 项(共 4 项)

图 S8-6 “Client”数据表视图

第9章 数据库应用系统开发实例

到目前为止，已经详细介绍了 Access 提供的各个基本对象的创建方法和应用。数据库应用系统开发是使用数据库管理系统软件的最终目的。本章通过一个综合应用实例“教务管理系统”，介绍数据库应用系统开发的一般过程，以及如何设计一个 Access 数据库应用系统。

9.1 应用系统开发的一般方法

一个应用系统的开发与实现的过程，实际上包含非常复杂的事务处理，本章无法将一个应用系统的全部内容一一介绍，限于篇幅，仅以“教务管理系统”中的一部分为例来演示系统开发的过程。

应用系统开发要按照软件工程的方法来进行，首先要确定软件生存周期模型。软件生存周期大致要经过系统分析、系统设计、系统实施、系统测试和系统维护五个不同的阶段。

1. 系统分析（用户需求分析）

用户需求就是软件设计者首先要调查用户的要求，要完成的应用系统的性能、功能、费用及完成时间等，具体还要弄清数据流、数据之间的逻辑结构以及处理的最后结果的形式等。根据这些资料，经过分析，写出完整的报告、任务书和规格说明。

2. 系统设计

在完整的报告和规格说明的基础上，建立应用系统的系统结构，它包括两个方面：

1）模块的结构及功能设计。

2）数据结构设计。

系统的功能模块设计又包括总体设计、模块设计和详细设计，并产生各种设计文档说明书。

3. 系统实施

随着结构化程序设计方法的出现，为大兵团的协助作战、分工合作、许多人共同完成程序编写提供了可能。而软件工程的一个重要方法就是每一过程都要详细的设计文档，因此，本阶段只需要根据功能模块说明书的要求进行程序模块的编码即可。

Access 大部分的用户界面，都可以通过可视化工具来制作，只有一些特殊的处理需要程序模块来完成。

4. 系统测试

系统测试的任务是检查系统的功能是否符合设计要求，满足规格说明书的各项技术指标，它包括两个方面的内容：一是功能的要求，二是性能的要求，如功能的正确性，灵活方便性；如性能的可靠性、抗干扰性、容错性等。

测试的方法通常是首先完成单体测试，然后是模块测试，最后是总体测试。在这一阶段，要尽可能地发现并排除可能产生的各种错误。

测试的方法很多，工作量也很大，发现问题有时还要返回前面的阶段去解决。

5. 系统维护

一个计算机软件不可能是十全十美的，在运行过程中，还会出现新的问题。有些是系统设计考虑不周造成的问题，有些则是用户需求调查阶段没有提出的，在运行过程中觉得需要增加的功能。因此，一个成熟的计算机软件，需要不断地排错、修正、补充和完善。

9.2 用户需求分析

开发数据库应用系统，用户需求分析决定系统开发的成败，用户需求分析做得越好，系统开发的过程就越顺利。

在用户需求分析阶段，要在信息收集的基础上确定系统开发的可行性报告。即要求系统设计者通过对将要开发的数据库应用系统相关信息的收集，确定总的需求目标、开发的总体思路以及开发所需的时间等。其中，明确应用系统的总需求目标是最关键的内容。作为系统开发者，必须明确是为谁开发应用系统，又由谁来使用，使用者不同，数据库应用系统目标的角度也不同。

本章所介绍的“教务管理系统”，主要的用户是学生和教师。用户可以通过计算机对学生信息资料进行录入、浏览、更新、查询和打印等操作。该系统的工作流程是：当用户运行“教务管理系统”时，系统首先打开“欢迎窗体”，当用户单击“进入系统”命令按钮后，系统自动打开“用户登录”窗体，用户输入正确的用户名和密码并单击“登录”命令按钮后，系统自动打开“主控面板”窗体；如果用户输入的用户名或密码是错误的，系统将弹出“输入用户名或密码错误”对话框。在“主控面板”窗体中，用户可通过选择“主控面板”窗体上的命令按钮来实现“教务管理系统”的各项功能。

9.3 系 统 设 计

在系统分析阶段确立的总体目标基础上，根据系统开发任务书，就可以进入系统设计阶段了，即进行数据库应用系统开发的逻辑模型设计。系统设计有许多方法，这里不作一一介绍。本章实例所采用的是结构化程序设计的方法，自顶向下，逐步求精，具体内容包括：

1）系统的总体设计，包括主控模块以及功能模块的详细设计。

2）数据库结构设计，包括表的定义以及表之间关系的定义。

3）界面设计，包括控制面板设计以及窗体等交互界面的设计。

9.3.1　系统总体设计

系统总体设计是根据用户需求进行全面考虑、总体规划而形成设计方案。设计时，必须充分考虑用户的各种要求，以及使用计算机实现的可行性，然后形成几个大的、主要的功能模块。

1. 主功能模块设计

“教务管理系统”的总体设计方案如图 9-1 所示。

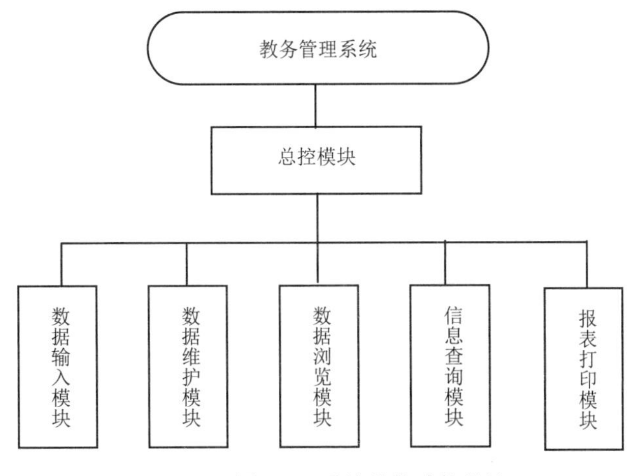

图 9-1　系统总体功能设计

2. 各功能模块的设计

总体设计方案确定以后，再确定每个功能模块下还应包括哪些子模块，它们之间有哪些数据连接和互访。

根据实际的需要，确定在主模块下系统能够提供的更加详细的功能模块，如图 9-2 所示。

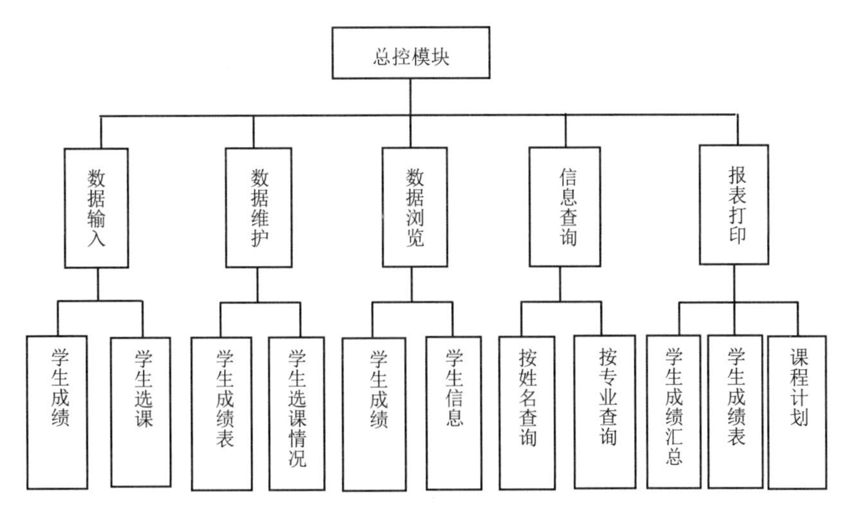

图 9-2　系统功能模块

图 9-2 仅仅是一个示意图，在实际的系统中功能模块更多，限于篇幅，这里无法一一列出。

9.3.2 数据库结构设计

对于任何应用软件，都需要有自己的数据库，它是事务处理的基础。Access 最适合用来作为中、小规模数据量的应用软件的底层数据库。

数据库是数据库系统的数据源。在进行数据库应用系统开发时，一定要规划设计好数据库中所有数据表结构以及数据表之间的关联关系，再设计由表生成的查询等。

数据库应用系统的设计，除了进行系统的功能模块设计外，还必须进行数据库结构设计。数据库结构的规划设计是系统设计中非常重要的部分，直接影响着整个系统的性能。

1. 表结构设计

对于本例“教务管理系统”中的表，根据需求分析，共设计了七个表，它们分别是“A 班学生信息”“A 班成绩表”“健康状况”“课程”“学生选课”“学生”“User”，见表 9-1～表 9-7。

表 9-1 A 班学生信息

字段名	学号	姓名	性别	专业	年级	出生日期	籍贯	毕业中学	照片
数据类型	短文本	短文本	短文本	短文本	短文本	日期/时间	短文本	短文本	附件
字段大小	10	10	1	30	10		20	20	

表 9-2 A 班成绩表

字段名	学号	数学	英语	政治	计算机应用	电子技术
数据类型	短文本	数字	数字	数字	数字	数字
字段大小	10	单精度型	单精度型	单精度型	单精度型	单精度型

表 9-3 健康状况

字段名	学号	姓名	性别	身高	体重	血型	血压	兴趣爱好	独生子女
数据类型	短文本	短文本	短文本	数字	数字	短文本	短文本	短文本	是/否
字段大小	10	10	1	单精度型	单精度型	6	10	50	

表 9-4 课程

字段名	课程 ID	课程名	类型 ID	学分
数据类型	短文本	短文本	短文本	数字
字段大小	8	30	2	整型

表 9-5 学生选课

字段名	学号	课程 ID	成绩
数据类型	短文本	短文本	数字
字段大小	10	10	单精度型

表 9-6 学生

字段名	学号	姓名	性别	专业	年级	出生日期	籍贯	毕业中学
数据类型	短文本	短文本	短文本	短文本	短文本	日期/时间	短文本	短文本
字段大小	10	10	1	30	10		20	20

说明：密码由数据维护时提供输入和修改。

2. 关系定义

在前面所定义的表中，主要存在如下关系：

1）“A 班学生信息”、“A 班成绩表”、“健康状况”之间“一对一”的关系，如图 9-3 所示。

2）“学生”与“课程”之间“多对多”的关系：它是通过各自与中间表“学生选课”之间“一对多”的关系来表现“多对多”的关系，即一个学生可以选修多门课程，一门课程可以被多个学生选修，如图 9-4 所示。

表 9-7 User（用户登录表）

字段名	用户名	密码
数据类型	短文本	短文本
字段大小	10	20

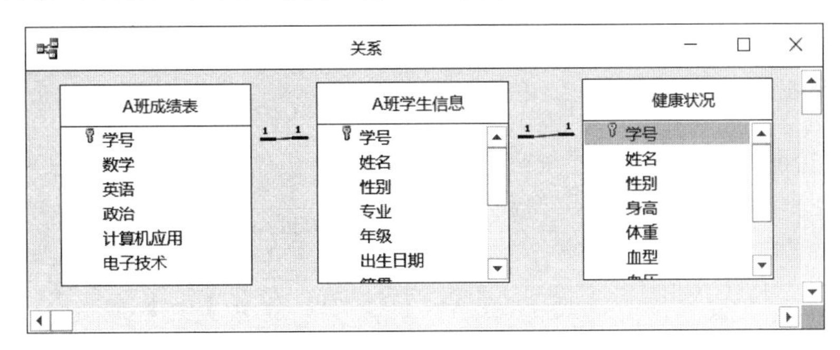

图 9-3 “A 班学生信息”、“A 班成绩表”、“健康状况”之间一对一的关系

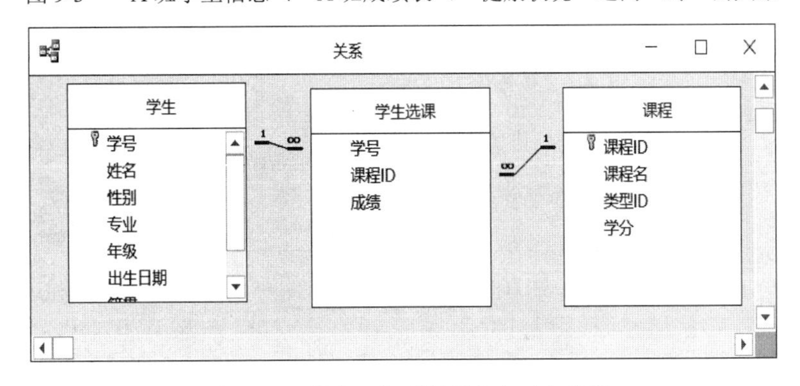

图 9-4 “学生”与“课程”多对多关系

9.3.3 界面设计

界面设计是指人与计算机的接口，通常也称“用户界面”，它包括提供用户操作的“控制面板”设计，各种窗体等交互界面的设计。

软件设计要“以人为本”，尽可能地为用户提供友好的界面，使用户操作方便、简捷，为用户随时提供可能的帮助。此外，界面设计要美观、大方、友好，不易使人烦闷、疲劳。

1. 主控面板设计

根据系统总体功能模块设计，设计如图9-5所示主控面板。

图9-5 主控面板

2. 二级控制面板设计

当单击主控面板中的任一功能按钮时，就会出现下级的控制面板。如图9-6和图9-7所示是“报表打印”和“使用说明”控制面板的样式。

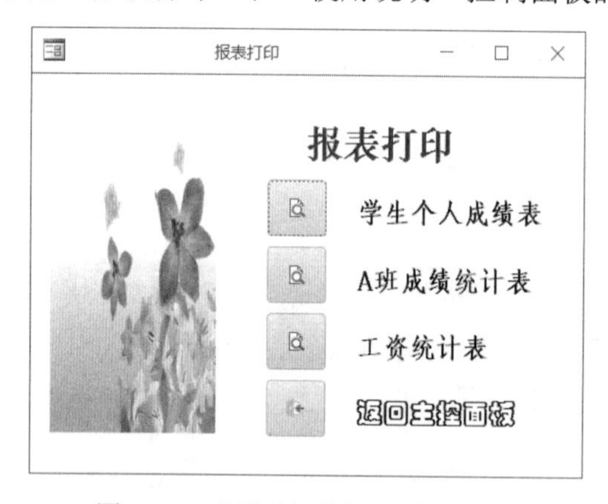

图9-6 二级控制面板“报表打印”

图9-7 二级控制面板“使用说明”

9.4 系统实施

在数据库应用系统开发的实施阶段，主要任务是按系统功能模块的设计方案，具体实施系统的逐级控制功能和建立各独立模块，从而形成一个完整的系统。在该阶段，一般采用“自顶向下”的设计思路来开发系统，通过系统控制面板逐级控制下一层的模块，确保每一个模块能完成一个独立的任务。具体设计数据库应用系统时，要确保每一个模块易维护、易修改、方便升级，并使模块间的接口数量尽量少。

9.4.1 系统功能模块设计

“教务管理系统”只有一个 Access 数据库文件“教务管理系统.accdb”。该数据库文件由7个基表、6个查询、22个窗体、3个报表、2个宏和8个宏组所组成。原始数据存放在基表中，用户对学生信息进行录入、浏览、维护、查询和打印等操作都是通过窗体界面来进行的。

Access 是一个面向对象的，采用事件驱动机制的数据库系统，因此它的功能模块的实现，大部分都能在可视化工具环境下完成，只有个别特殊的模块需要使用 VBA 实现。

系统各部分功能如下。

1）数据输入：利用“数据输入”功能，用户可以输入学生的选课信息和成绩等。

2）数据维护：利用“数据维护”功能，用户可以在相关的窗体界面中对基表的记录进行更新，包括记录的增加、修改或删除等操作。

3）数据浏览：利用“数据浏览”功能，用户可以在相关的窗体界面中查看学生的基本信息和成绩等。由于是浏览，要保证信息不被修改或误操作导致破坏，必须将窗体设置成为“只读”的。

4）信息查询：利用“信息查询”功能，用户可以在相关的窗体界面中查询基表的数据，包括按姓名查、按专业查和按年级查等操作。

5）报表打印：利用“报表打印”功能，用户可以根据需要选择预览或打印学生的信息或成绩等。

6）使用说明：利用“使用说明”功能，用户可以获得有关“教务管理系统”的使用说明。

7）退出系统：关闭“教务管理系统”数据库的同时，退出 Access。

9.4.2 数据库设计

1）创建一个名为“教务管理系统.accdb”的空数据库。

2）单击“文件→选项→当前数据库”，选择“文档窗口选项”的“重叠窗口”，如图 9-8 所示。

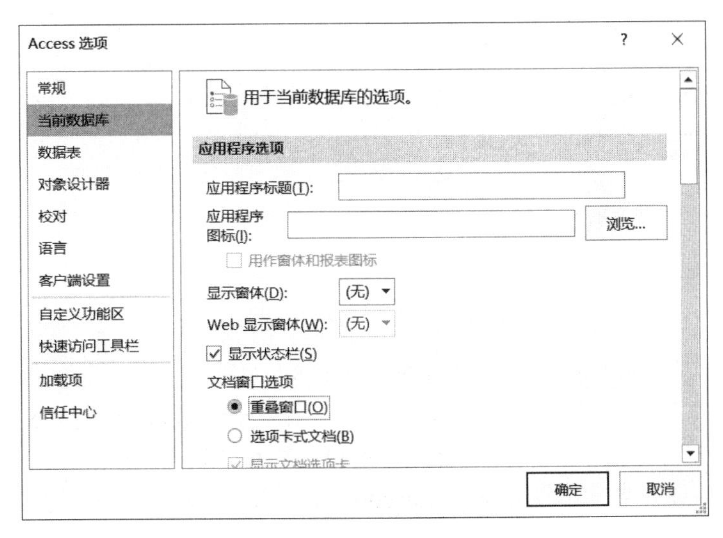

图 9-8 设置 Access 选项的“重叠窗口”

3）将“学分制管理.accdb”数据库中的“A 班学生信息”、“A 班成绩表”、“健康状况”、“学生”、“学生选课”、“课程”和“User”七个基表导入到“教务管理系统.accdb”中。这七个表的结构和记录的详细创建方法可参见第 3 章。由于将一个 Access 数据库中的表导入到另一个 Access 数据库中，相应表之间的关联关系也一起被导入，因此，所导入的表之间的关系如图 9-9 所示。

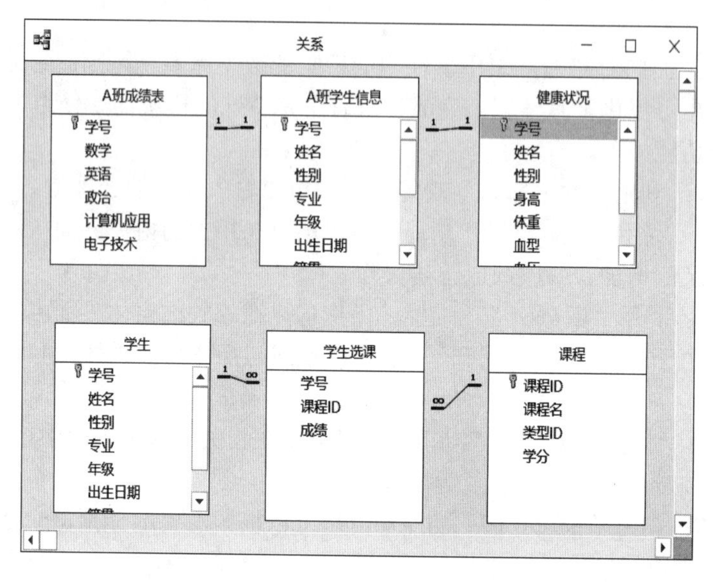

图 9-9 导入的表之间的关系

4）创建三个参数查询，分别是“按姓名查”、“按专业查”和“按年级查”。创建参数查询的操作步骤详见第 4 章。创建完成后的设计视图分别如图 9-10～图 9-12 所示。

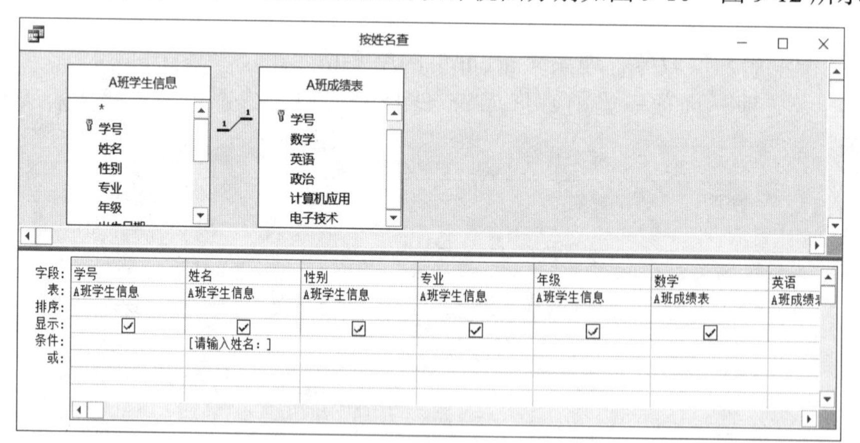

图 9-10 查询“按姓名查”的设计视图

5）将“学分制管理.accdb”数据库中的“A 班学生信息”和“A 班成绩表”两个窗体导入到“教务管理系统.accdb”中。这两个窗体的详细创建方法可参见第 5 章。

6）将“学分制管理.accdb”数据库中的“A 班成绩统计表”、“学生个人成绩表”和“课程计划”三个报表导入到“教务管理系统.accdb”中。这三个报表的详细创建方法可参见第 6 章。

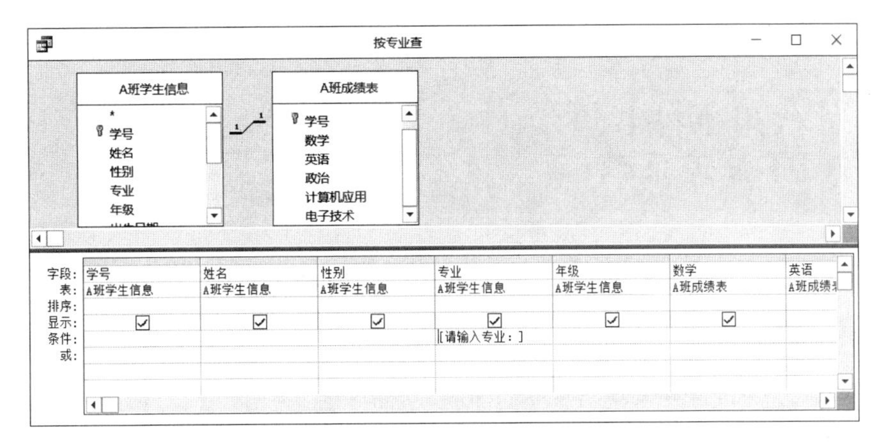

图 9-11　查询“按专业查”的设计视图

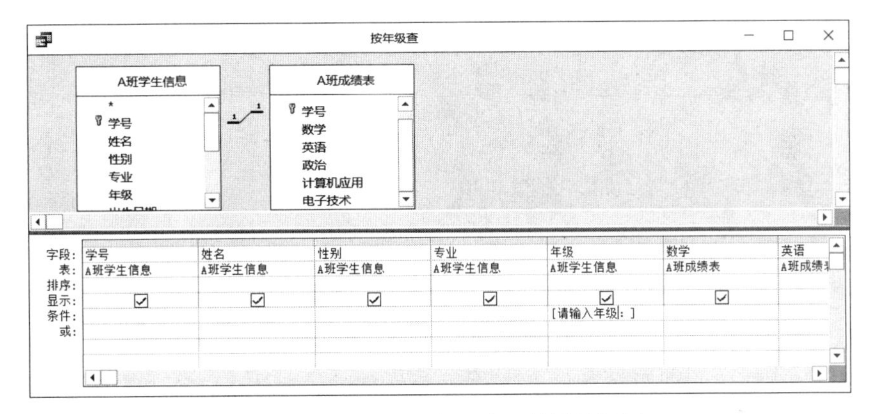

图 9-12　查询“按年级查”的设计视图

9.4.3　系统界面设计

窗体是用户和应用程序之间的主要界面。数据库应用系统中的工作界面，都是通过不同功能的窗体来实现的。用户对数据库的所有操作都是通过窗体来完成的。

本章的“教务管理系统.accdb”共有 18 个窗体。除了从“学分制管理.accdb”数据库中导入的“A 班学生信息”和“A 班成绩表”两个窗体外，还为本系统创建了“欢迎窗体”“用户登录”“主控面板”“数据输入”“数据维护”“数据浏览”“信息查询”“报表打印”“使用说明”“按姓名查”“按专业查”“按年级查”“学生成绩数据输入”“学生选课数据输入”“学生成绩数据维护”“学生选课数据维护”共 16 个窗体。创建窗体的具体操作步骤参见第 5 章。这里只简单介绍部分窗体的功能以及设计方法。

1. “欢迎窗体”的设计

“欢迎窗体”的窗体视图如图 9-13 所示。在该窗体中，当用户单击“进入系统”命令按钮后，系统自动打开“用户登录”窗体，如图 9-14 所示，用户输入正确的用户名和密码并单击“登录”命令按钮后，系统自动打开“主控面板”窗体，如图 9-15 所示。如果用户输入的用户名或密码是错误的，系统将弹出“输入用户名或密码错误”对话框，如图 9-16 所示。

图 9-13 “欢迎窗体”的窗体视图

图 9-14 “用户登录”的窗体视图

图 9-15 “主控面板”的窗体视图

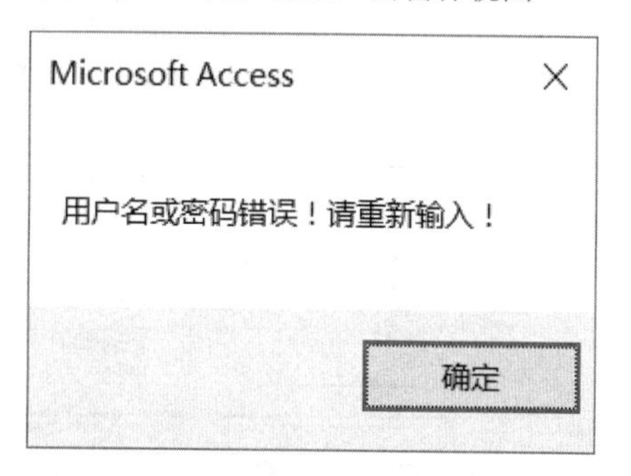

图 9-16 “用户名或密码输入错误”对话框

由于“欢迎窗体”、“用户登录”和“主控面板”等窗体主要是为用户登录系统并为用户提供了通过命令按钮实现系统功能的工作界面。在这些窗体中，不必有“记录选定器”、“导航按钮”和窗体“分隔线”等，因此，在相应的窗体“属性表”中，其“格式”选项卡中的各项除了所用背景图片不同外，其他选项基本上都是采用系统给定的默认值，但其中的“记录选定器”、“导航按钮”和“分隔线”三项必须自定义为“否”，如图 9-17 所示。这样才能显示图 9-13～图 9-15 的效果。

在“欢迎窗体”中，两个命令按钮控件“进入系统”和“退出系统”的触发事件是通过调用宏组“欢迎窗体”来实现的。宏组“欢迎窗体”的设计视图如图 9-18 所示。“进入系统”和“退出系统”命令按钮控件的事件属性分别如图 9-19 和图 9-20 所示。

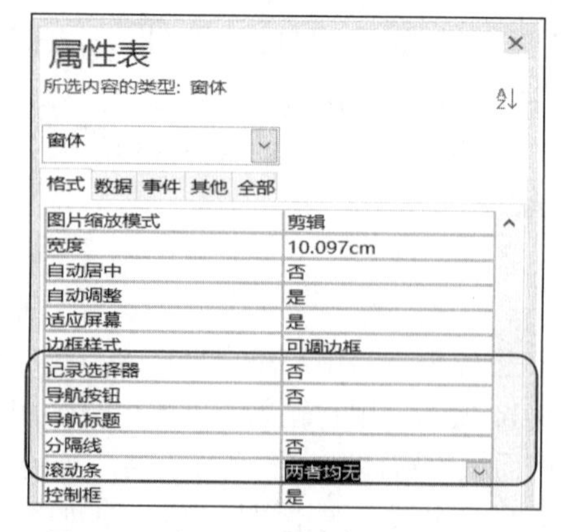

图 9-17 窗体属性的设置

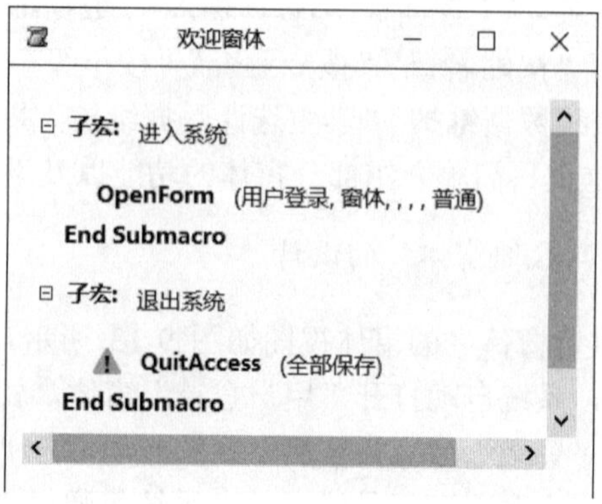

欢迎窗体

```
⊟ 子宏: 进入系统
    OpenForm (用户登录, 窗体, , , , 普通)
  End Submacro
⊟ 子宏: 退出系统
    QuitAccess (全部保存)
  End Submacro
```

图 9-18 宏组“欢迎窗体”的设计视图

属性表
所选内容的类型: 命令按钮
进入系统
格式 数据 事件 其他 全部
单击
欢迎窗体.进入系统
获得焦点
失去焦点
双击
鼠标按下

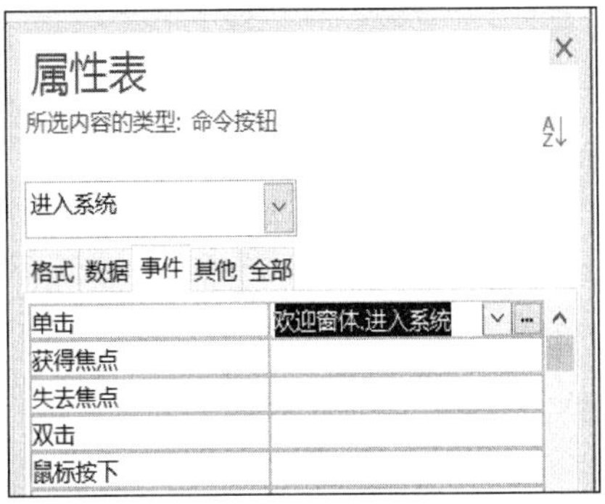

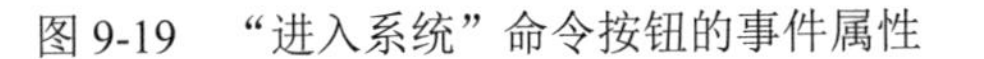

图 9-19 “进入系统”命令按钮的事件属性

属性表
所选内容的类型: 命令按钮
退出系统
格式 数据 事件 其他 全部
单击
欢迎窗体.退出系统
获得焦点
失去焦点
双击
鼠标按下

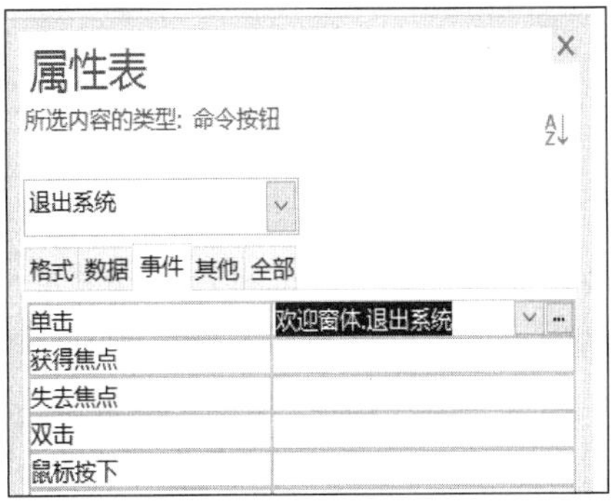

图 9-20 “退出系统”命令按钮的事件属性

2. “用户登录”窗体的设计

在“用户登录”窗体中，对该窗体的“登录”按钮添加事件过程，如图 9-21 所示。使得当用户在相应文本框中输入“用户名”和“密码”后，单击“登录”按钮来触发事件，系统在“教务管理系统”数据库中查找名为“User”的数据表，如果“User”表中有指定的用户名而且密码正确，则打开“主控面板”；如果用户名或密码输入错误，则弹出消息框提示错误。用户输入的密码必须以一串星号“*”显示，才不至于泄露密码。这可通过设置文本框控件的“输入掩码”属性来实现，如图 9-22 所示。

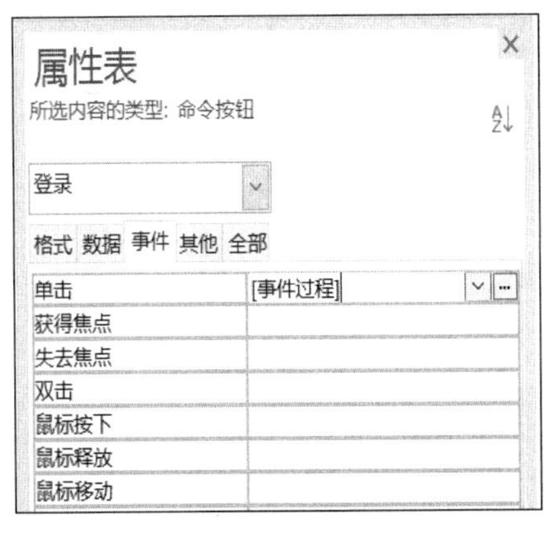

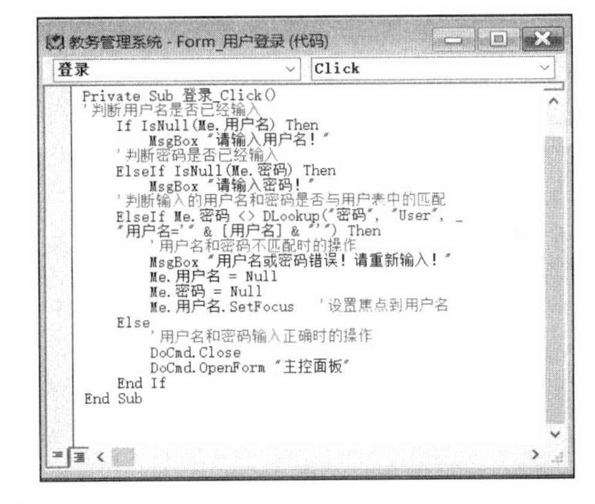

属性表
所选内容的类型: 命令按钮
登录
格式 数据 事件 其他 全部
单击
[事件过程]
获得焦点
失去焦点
双击
鼠标按下
鼠标释放
鼠标移动
教务管理系统 - Form_用户登录 (代码)
登录
Click
Private Sub 登录_Click()
'判断用户名是否已经输入
If IsNull(Me.用户名) Then
MsgBox "请输入用户名！"
'判断密码是否已经输入
ElseIf IsNull(Me.密码) Then
MsgBox "请输入密码！"
'判断输入的用户名和密码是否与用户表中的匹配
ElseIf Me.密码 <> DLookup("密码", "User", _
"用户名='" & [用户名] & "'") Then
'用户名和密码不匹配时的操作
MsgBox "用户名或密码错误！请重新输入！"
Me.用户名 = Null
Me.密码 = Null
Me.用户名.SetFocus '设置焦点到用户名
Else
'用户名和密码输入正确时的操作
DoCmd.Close
DoCmd.OpenForm "主控面板"
End If
End Sub

图 9-21 “登录”按钮的单击事件属性以及事件过程代码

属性表
所选内容的类型: 文本框(T)
密码
格式 数据 事件 其他 全部
控件来源
文本格式
纯文本
输入掩码
密码
默认值
验证规则
验证文本

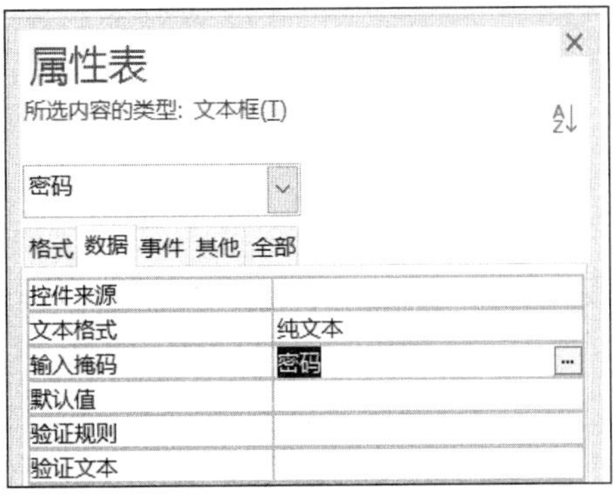

图 9-22 设置文本框控件的“输入掩码”属性

3. “主控面板”窗体的设计

窗体是应用程序和用户之间的接口，其作用不仅提供输入数据、编辑数据、显示结果的界面，更主要的是可以将已经建立的数据库对象集成在一起，为用户提供一个可以进行数据库应用系统功能选择的操作控制界面。

本节将介绍两种不同的方法来创建“控制面板”。

第一种方法：使用命令按钮来创建“主控面板”窗体。

“主控面板”窗体显示了系统的功能。在“主控面板”窗体中，用户可以通过单击相应的命令按钮来打开相应的窗体，以实现相应的系统功能。“主控面板”窗口中的七个命令按钮控件的触发事件通过创建宏组“主控面板”来实现。宏组“主控面板”的设计视图如图 9-23 所示。其中的“数据浏览”命令按钮控件的事件属性如图 9-24 所示。而“主控面板”窗体中其他的命令按钮控件的事件属性与“数据浏览”命令按钮控件设置方法类似，限于篇幅，这里不作详细介绍。

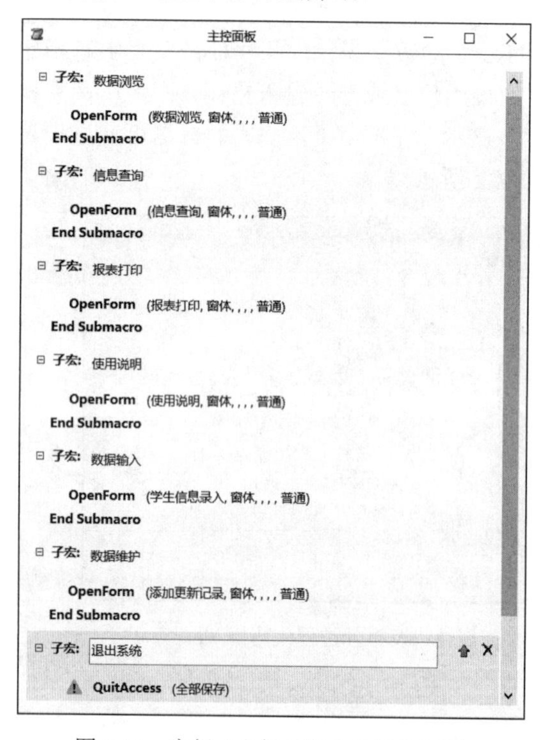

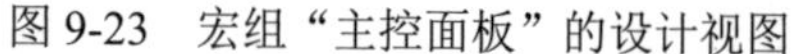

图 9-23　宏组“主控面板”的设计视图

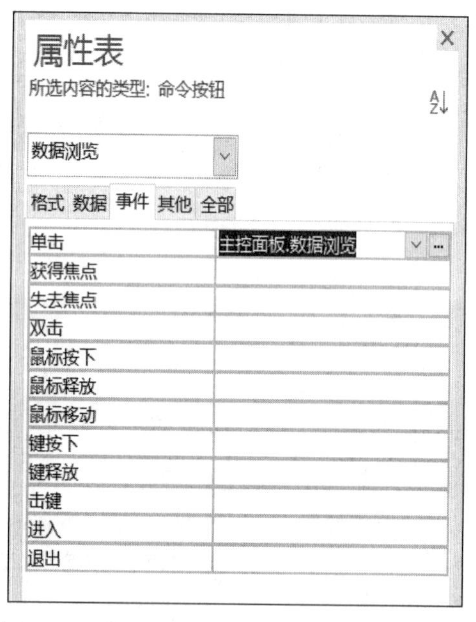

图 9-24　“数据浏览”命令按钮控件的事件属性

4. 子面板的设计

本系统有六个子面板，分别是“数据浏览”、“信息查询”、“报表打印”、“使用说明”、“数据输入”和“数据维护”。其创建方法与“主控面板”的创建方法类似，这里不作详细介绍。其中，“信息查询”子面板的窗体视图如图 9-25 所示。当用户单击“按姓名查”按钮时，系统自动打开“按学生姓名查询”窗体，如图 9-26 所示，输入要查询的学生姓名“陈功”，并单击“开始查询”按钮，系统自动打开显示“陈功”成绩单的窗体，如图 9-27 所示。“数据浏览”、“报表打印”和“使用说明”子面板的窗体视图分别如图 9-28、图 9-6 和

图 9-7 所示。

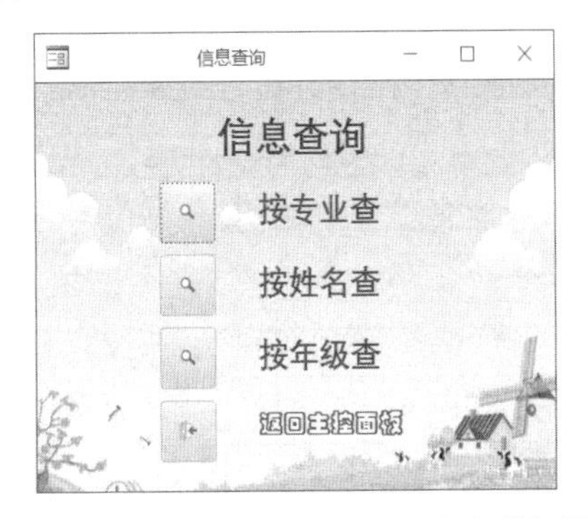

图 9-25　“信息查询”子面板的窗体视图

图 9-26　“按学生姓名查询”窗体

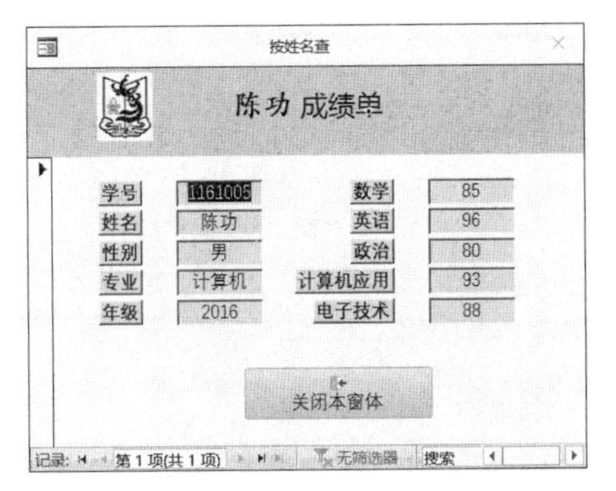

图 9-27　显示“陈功”各科成绩的窗体

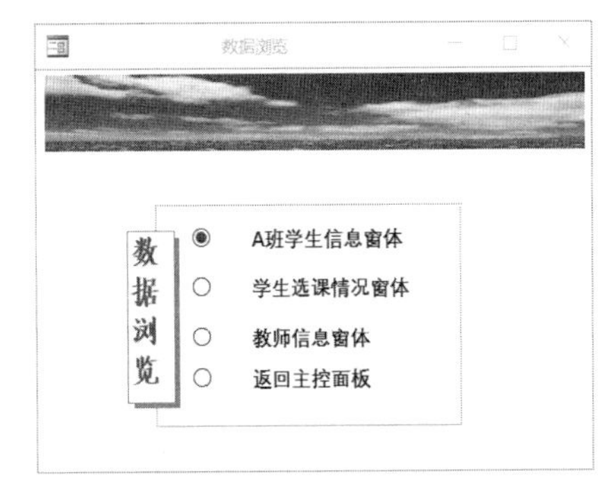

图 9-28　“数据浏览”子面板的窗体视图

第二种方法：使用导航窗体工具来创建“控制面板”窗体。

Access 2016 提供的切换面板管理器和导航窗体支持将各项功能集成起来，以便创建出具有统一风格的应用系统控制界面。使用导航窗体创建应用系统控制界面更简单、更直观。

操作步骤如下：

1）单击“创建”选项卡的“窗体”组中的“导航”按钮，选择弹出的下拉列表中“水平标签和垂直标签，左侧”，出现导航窗体的布局视图，如图 9-29 所示。

2）在水平标签上添加一级功能。单击“新增”按钮，输入“数据浏览”；使用同样方法创建“信息查询”“报表打印”“使用说明”“数据输入”“数据维护”按钮，如图 9-30 所示。

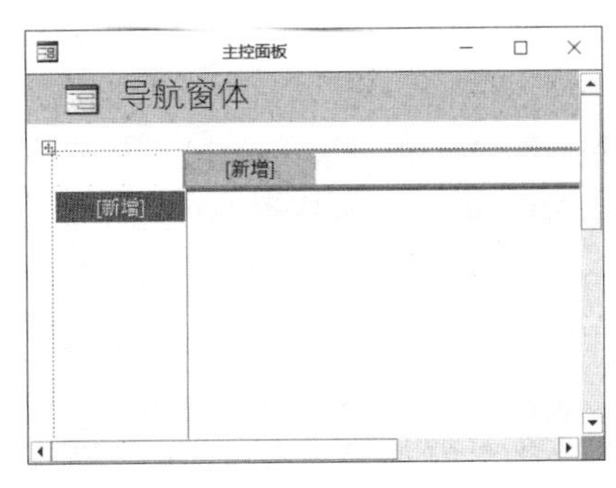

图 9-29　“导航窗体”的布局视图

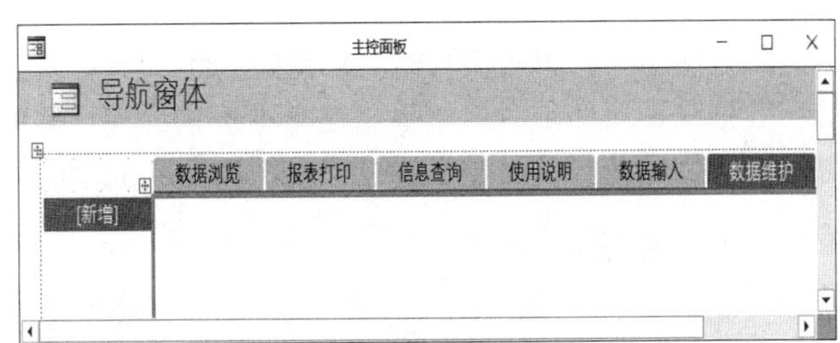

图 9-30　创建一级功能按钮

3）在垂直标签上添加二级功能。单击“数据浏览”按钮，单击左侧“新增”按钮，输入“A 班学生信息”；使用同样方法创建“A 班成绩”“学生选课情况”按钮，如图 9-31 所示。

4）重复第 3）步，为“信息查询”“报表打印”“使用说明”“数据输入”“数据维护”等按钮在垂直标签上添加二级功能。

5）切换到主控面板的窗体视图，单击“A 班学生信息”导航按钮，打开“A 班学生信息”窗体，如图 9-32 所示。

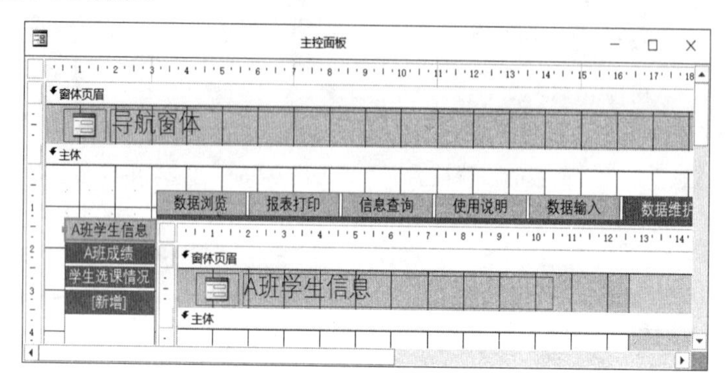

图 9-31　创建二级功能按钮

图 9-32　导航窗体运行效果

5. 数据窗体的设计

数据库应用系统数据窗体主要包括数据输入、维护、浏览和查询等类型的窗体。数据窗体的创建方法可参见第 5 章，这里不作详细介绍。其中，数据输入窗体是原始数据输入的界面，具有添加和保存数据的功能。窗体“学生成绩数据输入”的窗体视图如图 9-33 所示；数据维护窗体是对原始数据进行维护的界面，具有添加、修改、删除和保存等功能。窗体“学生成绩数据维护”的设计视图如图 9-34 所示。

6. 创建宏组

创建六个宏组“信息查询”“数据浏览”“报表打印”“数据输入”“数据维护”和“主控面板”。宏组的创建以及命令按钮的事件属性设置方法可参见第 7 章，这里不作详细介绍。

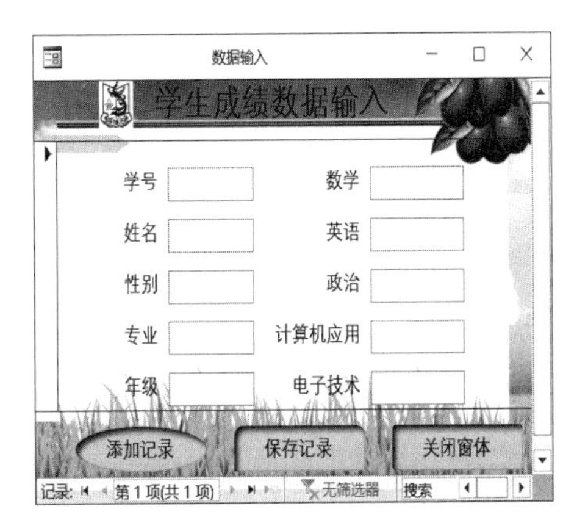

图 9-33 “学生成绩数据输入”的窗体视图

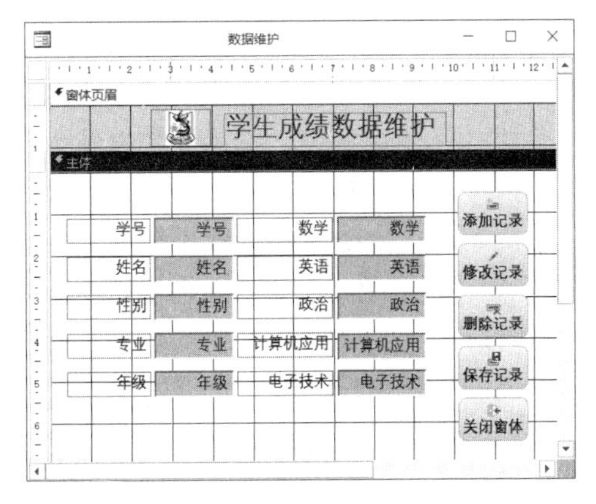

图 9-34 “学生成绩数据维护”的设计视图

宏组的设计要求如下：

1）宏组名“主控面板”，包括七个子宏。

数据浏览：打开二级控制面板窗体“数据浏览”。

信息查询：打开二级控制面板窗体“信息查询”。

报表打印：打开二级控制面板窗体“报表打印”。

使用说明：打开二级控制面板窗体“使用说明”。

数据输入：打开二级控制面板窗体“数据输入”。

数据维护：打开二级控制面板窗体“数据维护”。

退出系统：保存并关闭“教务管理系统”数据库，退出 Access。

作为一级控制面板“主控面板”上七个命令按钮的单击事件，挂接到相应按钮上。

2）宏组名“信息查询”，包括四个子宏。

学号：打开窗体“按专业查”。

姓名：打开窗体“按姓名查”。

性别：打开窗体“按年级查”。

返回：关闭“信息查询”窗体，打开“主控面板”窗体。

挂接到二级控制面板“信息查询”相应按钮上。

3）宏组名“数据浏览”，包括四个子宏。

学生：以“只读”的数据模式打开窗体“A 班学生信息”。

选课：以“只读”的数据模式打开窗体“学生选课情况”。

教师：以“只读”的数据模式打开窗体“教师信息表”。

返回：关闭“数据浏览”窗体，打开“主控面板”窗体。

挂接到二级控制面板“数据浏览”相应按钮上。

4）宏组名“报表打印”，包括四个子宏。

成绩：以“打印预览”视图打开报表“学生个人成绩表（含子报表）”。

汇总：以“打印预览”视图打开报表“A 班成绩统计表”。

工资：以“打印预览”视图打开报表“工资统计表”。

返回：关闭“报表打印”窗体，打开“主控面板”窗体。

挂接到二级控制面板“报表打印”相应按钮上。

5）宏组名“数据输入”，包括三个子宏。

成绩：打开窗体“学生成绩数据输入”。

选课：打开窗体“学生选课数据输入”。

返回：关闭“数据输入”窗体，打开“主控面板”窗体。

挂接到二级控制面板“数据输入”相应按钮上。

6）宏组名“数据维护”，包括三个子宏。

成绩：打开窗体“学生成绩数据维护”。

选课：打开窗体“学生选课数据维护”。

返回：关闭“数据维护”窗体，打开“主控面板”窗体。

挂接到二级控制面板“数据维护”相应按钮上。

9.5 系统安全与集成

安全性问题是数据库管理信息系统中最重要的问题。在数据库应用系统开发过程中，安全性总是测试的重要项目，也是评价一个项目质量的标准之一。

安全性是一个广义的范畴。通常，系统安全性包括如下三个方面。

1）数据保存的可靠性：主要指用户对数据操作能正确、及时地反应到存储器中，有一定的数据备份机制和数据修复机制。

2）数据操作的合理性：指系统对数据的完整性和有效性能进行自动的检查和维护。

3）数据使用的合法性：指用户对数据的使用有一定的权限限制，系统能自动拒绝执行非法操作，并能拒绝非授权用户进入系统等。

在完成系统总体设计和功能模块创建以后，还需将这些功能集成为一个完整的系统。“教务管理系统”的集成工作如下。

1）创建用户登录窗体：用户登录窗体可限制只有拥有账号的人员才可以使用数据库系统；

2）系统设置：包括设置系统图标、标题、启动窗体、禁用系统菜单和导航窗格；关闭时自动压缩修复数据库，编译生成可执行文件 ACCDE 文件等操作。使数据库应用系统运行正常，避免 Access 菜单对应用系统的干扰，防止应用系统由于误操作导致意外损坏。

限于篇幅，有关数据库系统管理和安全性问题详见第 2 章和第 10 章。本节针对“教务管理系统”简单介绍 Access 选项的设置以及将系统编译生成 ACCDE 文件的操作方法。

9.5.1 数据库密码的设置

实现数据库系统安全最简单的方法就是为数据库设置用户打开密码。限于篇幅，为数据库系统设置密码的操作步骤详见第 10 章。

9.5.2 用户登录窗体的设计

用户登录窗体可以根据用户是否登录成功进行相应的操作。在“教务管理系统”中，打开用户登录窗体时隐藏 Access 程序背景，关闭用户登录窗体时恢复 Access 程序背景的显示；用户登录成功时打开主控面板窗体并关闭用户登录窗体；用户登录失败时关闭用户登录窗体并关闭“教务管理系统”。

在第 9.4.3 节系统界面设计中已经创建了该窗体，并且对该窗体的“登录”按钮添加事件过程，使得当用户在相应文本框中输入“用户名”和“密码”后，单击“登录”按钮来触发事件，系统在“教务管理系统”数据库中查找名为“User”的数据表，如果“User”表中有指定的用户名而且密码正确，则打开“主控面板”；如果用户名或密码输入错误，则弹出消息框提示错误。

如图 9-35 所示是在前面已创建的“用户登录”窗体基础上，为该窗体添加窗体关闭(关闭数据库系统)、加载(隐藏 Access 程序背景)和卸载(显示 Access 程序背景)事件过程。

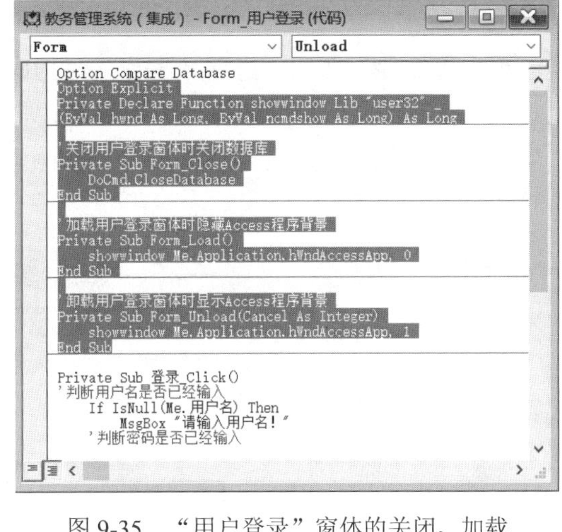

图 9-35 “用户登录”窗体的关闭、加载和卸载事件代码

9.5.3 系统设置

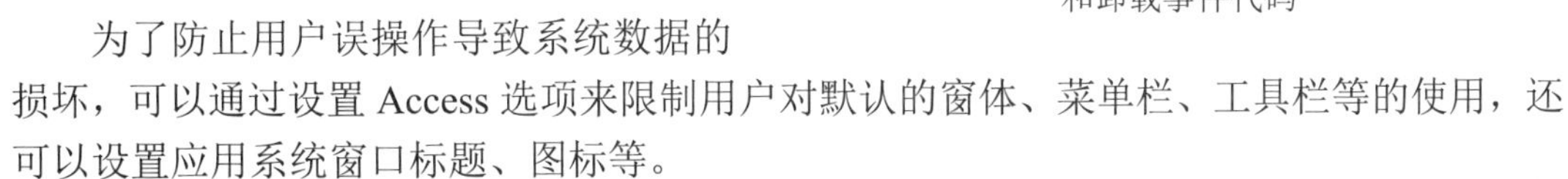

为了防止用户误操作导致系统数据的损坏，可以通过设置 Access 选项来限制用户对默认的窗体、菜单栏、工具栏等的使用，还可以设置应用系统窗口标题、图标等。

1. 设置启动窗体和系统图标

单击“文件→选项→当前数据库”，打开 Access 选项对话框，在“应用程序标题”文本框中输入“教务管理系统”，在“应用程序图标”文本框中选择图标所在的绝对路径，在“显示窗体”下拉列表框中选择“欢迎窗体”，如图 9-36 所示。

单击“确定”按钮，完成启动窗体和系统图标的设置操作。以后，每当用户打开“教务管理系统”时，系统自动打开“欢迎窗体”，并且应用系统窗口标题栏的应用程序名为“教务管理系统”，应用程序图标为，如图 9-37 所示。

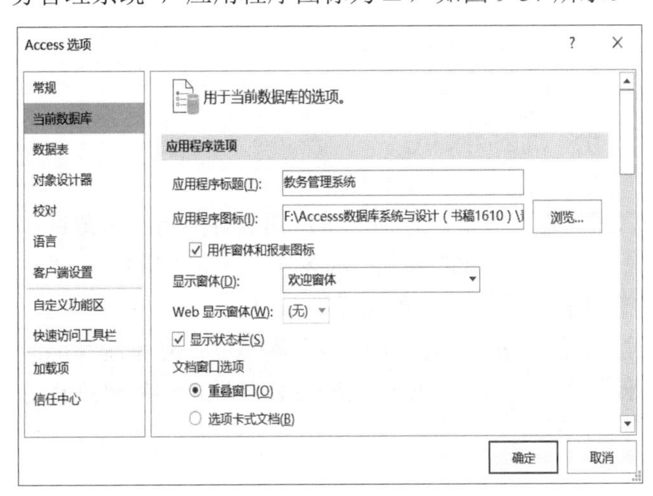

图 9-36 设置启动窗体和系统图标

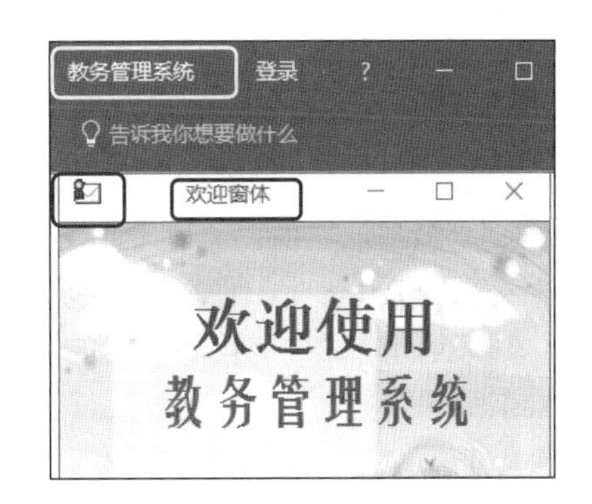

图 9-37 “教务管理系统”窗口的标题

2. 设置关闭时压缩数据库、取消导航窗格和菜单的使用

单击“文件→选项→当前数据库”，打开 Access 选项对话框，单击选择“关闭时压缩”复选框，以防数据库频繁的操作引起膨胀；取消“显示导航窗格”、“允许全部菜单”和“允许默认菜单”复选框的选择，如图 9-38 所示。

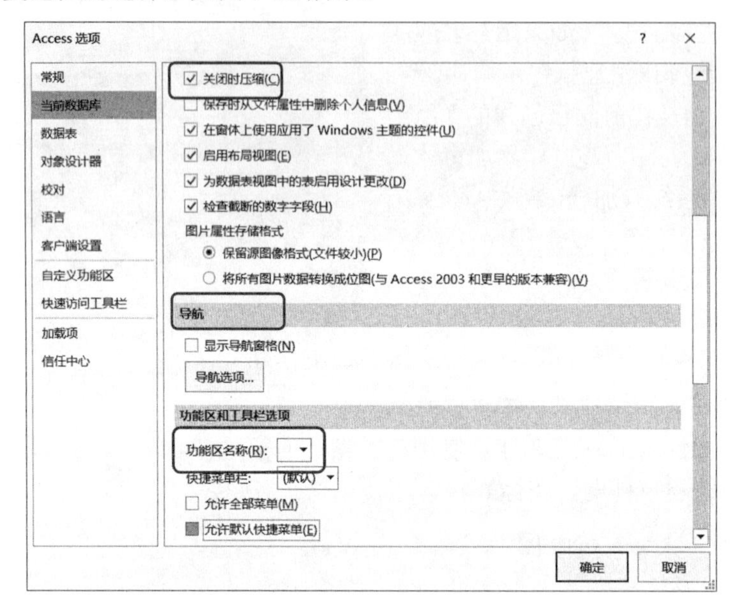

图 9-38　设置关闭时压缩、取消导航窗格和菜单的使用

9.5.4　将应用系统编译生成 ACCDE 文件

将数据库系统编译生成 ACCDE 文件的过程，就是对数据库系统进行编译、自动删除所有可编辑的源代码并压缩目标数据库系统的过程。由于 ACCDE 文件不允许用户对系统进行更改操作，因而提高了系统的安全性。将 Access 数据库保存为 ACCDE 文件的注意事项和详细操作步骤请参见第 10 章。

9.6　系统测试

系统测试包括模块的分体测试和总体的连接测试。任何一个应用软件只有经过测试，才能投入使用。系统软件的测试，要求特别严格，有许多专门的方法，比如“黑盒法”“白盒法”“穷举法”等，它是一门专门的软件技术，这里不可能详细介绍。

对于应用软件，它的测试包括两个方面：一是设计功能实现的测试；二是系统性能测试。模块的测试采用自底向上的方法来进行的，即先完成底层的分体测试，然后再进行总体测试。

9.6.1　模块的分体测试

模块的分体测试必须在模块实现阶段完成，它包括两个方面的内容。

1. 模块的“功能”测试

模块功能实现的测试即检验是否符合设计要求，也就是“正确性”测试。比如“成绩输入”模块，设计时要求的各项指标在此要受到检验。

（1）密码验证

输入正确的密码，能正常通过；输入不正确的，要出现错误警告或提示。

（2）当输入某一科目的成绩时，其他科目必须是不可修改和删除的

检验当输入某一科目编号后，是否只有该科目是可以接受输入信息，而其他科目是不可编辑的。

2. 模块的“性能”测试

“性能”测试包括软件的“排错性”和“抗干扰”能力，用户除了正常的操作，有时会有一些误操作，有些错误可能是无意中发生的，设计时应尽可能考虑到可能发生的各种情况。

比如，在输入成绩时，本应输入“80”，但由于输入“8”时，手指在键盘停留超时，就会出现多个“8”，于是就成了“880”，这时应有错误警告或提示窗口出现，实际上，只要在数据定义时加上“有效性规则”就可以实现。

又如，在学生进行选课报名的输入时，由于输入不是专门的办事人员，因此可能出现输入重复，即同一个人，选修同一门课，输入多次。程序在设计时，已考虑到这种可能，因此，有一段专门的检验程序，当出现重复选课时，就会弹出错误警告信息框。在测试时，可以故意输入重复的选课，看能否出现相应的错误警告信息框。当然，这个例子既可以说是功能的“正确性测试”，也可以说是模块的“性能测试”。

9.6.2 模块的整体联调

当完成了控制面板设计后，就可以进行系统的整体联调了，如果系统功能比较简单，可以使用宏来进行模块之间的联调。但是如果使用VB或SQL语言进行较高级的程序设计，情况就比较复杂，它包括模块之间数据的传递，实现的正确性和性能的可靠性可以通过设置多组测试数据进行检验。

9.7 系统维护

当完成了系统的整体联调后，就可以进入系统“试运行”阶段。

“试运行”阶段就是在实际应用环境中检验系统是否按设计要求完成，有了问题进行解决、再解决，直到符合要求。通过了“试运行”就可以作后继处理，包括文件的备份，打包等。

系统“维护”是伴随系统生命期的使用阶段进行的，它包括系统数据的经常性的备份、数据的更新，新数据的进入，旧数据存入历史文件等维护性质的操作。

应用程序的开发是一个复杂、艰巨的过程，根据用户需求的不同，系统实现的难易程度也不相同，但有一点是共同的：即使在系统设计时考虑得如何尽善尽美，也必然会存在不够完善的地方。从用户的角度来看，需求也会不断地变化，不断提出新的要求。因此，

才有软件产品的版本“升级”之说。软件产品的“升级”虽然是属于程序开发人员的事，不属于使用该软件的用户，但程序开发者只有通过用户才能知道产品的性能，才能知道哪些地方需要改进，两者之间存在着密切的关系。

习　　题

一、单选题

1. 下列选项中，不属于软件生命周期开发阶段任务的是________。
   A. 软件测试　　B. 概要设计　　C.软件维护　　D. 详细设计
2. 程序设计方法要求在程序设计过程中________。
   A. 先编写程序，经调试使程序运行结果正确后再画出程序的流程图
   B. 先编写程序，经调试使程序运行结果正确后再在程序中的适当位置处加注释
   C. 先画出流程图，再根据流程图编写程序，最后经调试使程序运行结果正确后再在程序中的适当位置处加注释
   D. 以上三种说法都不对
3. 下列叙述中，正确的是________。
   A. 程序执行的效率与数据的存储结构密切相关
   B. 程序执行的效率只取决于程序的控制结构
   C. 程序执行的效率只取决于所处理的数据量
   D. 以上三种说法都不对
4. 在以下叙述中，正确的是________。
   A. Access 只能使用系统菜单创建数据库应用系统
   B. Access 具有面向对象的程序设计能力
   C. Access 只具备了模块化程序设计能力
   D. Access 不具备程序设计能力
5. 下列选项中，不属于结构化程序设计方法的是________。
   A. 自顶向下　　B. 逐步求精　　C. 可复用　　D. 模块化
6. 下列有关宏操作叙述中，错误的是________。
   A. 使用宏可以启动其他应用程序
   B. 可以利用宏组来管理相关的一系列宏
   C. 所有宏操作都可以转换为相应的模块代码
   D. 宏的条件表达式中不能引用窗体或报表的控件值
7. 在宏的调试中，可配合使用设计器上的工具按钮__________。
   A.　　B. 　　C. 　　D.
8. 窗口事件是指操作窗口时所引发的事件，下列不属于窗口事件的是___________。
   A. 打开　　B. 关闭　　C. 加载　　D. 取消
9. 在设置自动启动窗体时，不用定义窗体的_____________。
   A. 名称　　B. 标题　　C. 大小　　D. 图标
10. 能够实现从记录集里检索特定字段值的函数是_____________。

A. Dlookup　　B. Dcount　　C. Choose　　D. Switch

二、填空题

1. 软件生命周期包括八个阶段。为了使各时期的任务更明确，又可分为三个时期：软件定义期、软件开发期和软件维护期。编码和测试属于________期。

2. 程序经调试改错后还应进行再________。

3. 数据库技术的根本目标就是要解决数据的________问题。

4. 软件工程的主要思想是强调在软件开发过程中需要应用________原则。

5. Access 数据库管理系统依赖于________操作系统。

6. 软件测试可分为白盒测试和黑盒测试。基本路径测试属于________测试。

7. 符合结构化程序设计原则的三种基本控制结构分别是循环结构、选择结构和________。

8. 在一个查询集中，要将指定的记录设置为当前记录，应该使用的宏操作命令是________。

9. 下面程序的功能是返回当前窗体的记录集。请在空白处填入适当的语句，使得程序能够输出记录集（窗体记录源）的记录数。

```
Sub GetRecNum()
    Dim rs As Object
    Set rs = __________
    MsgBox rs.RecordCount
End Sub
```

10. 在数据库中的“教工信息表”有“姓名”、“职称”等字段，需要分别统计教授、副教授和其他人员的人数。请在空白处填入适当的语句，使程序能够完成指定的功能。

```
Private Sub 统计_Click()
   Dim db As DAO.Database
   Dim rs As DAO.Recordset
   Dim zc As DAO.Field
   Dim Count1 As Integer, Count2 As Integer, Count3 As Integer
   Set db = CurrentDb()
   Set rs = db.OpenRecordset("教工信息表")
   Set zc = rs.Field("职称")
   Count1 = 0: Count2 = 0: Count3 = 0
   Do While Not ____________
       Select Case zc
         Case Is ="教授"
            Count1 = Count1 + 1
         Case Is = "副教授"
            Count2 = Count2 + 1
         Case Else
           Count3 = Count3 + 1
       End Select
       _______________
   Loop
   rs.Close
   Set rs = Nothing
   Set db = Nothing
   MsgBox "教授: " & Count1 & ", 副教授: "& Count2 & ", 其他: " & Count3
End Sub
```

三、简述题

1. 简述软件开发的一般方法。
2. 数据库设计具体包括那些部分的设计？
3. 简述结构化程序设计方法。
4. 简述 Access 数据库应用系统中主控面板窗体的功能。
5. 简述 Access 数据库应用系统中创建用户登录窗体的意义。
6. 简述 Access 数据库应用系统设计完成后，设置 Access 选项的意义。
7. 为什么 Access 数据库应用系统设计完成后，通常要将应用系统数据库文件（.ACCDB）保存为编译文件（.ACCDE）？
8. 为什么将应用系统数据库文件（.ACCDB）保存为编译文件（.ACCDE）之前，一定要先为应用系统数据库文件（.ACCDB）建立一个副本（备份）？

实验　数据库应用系统的设计

一、实验目的

1．了解软件开发的步骤。
2．掌握 Access 数据库系统开发的方法。
3．掌握 Access 数据库应用系统设计的一般步骤。
4．能够熟练地将 Access 数据库中的各个对象有机地结合起来，构成一个功能基本完整的数据库应用系统。

二、实验内容

1. 设计一个“学籍管理系统”。具体要求如下。

在前面实验中已经创建的“MYDB.accdb”基础上进行如下操作：

1）为“MYDB.accdb”建立副本，并将该副本重命名为：“学籍管理系统.accdb”。

2）在“学籍管理系统.accdb”中新建两个窗体：“系统主页”和“账号登录”。“系统主页”窗体包含两个命令按钮：“进入”和“退出”；“账号登录”窗体包含一个文本框控件“密码”以及两个命令按钮“登录”和“取消”。参考样式如图 S9-1 和图 S9-2 所示。

3）在“账号登录”窗体中，用户通过文本框控件来输入密码，并通过单击“登录”按钮来触发事件。用户输入的密码要求以一串星号“*”显示。

图 S9-1　“系统主页”窗体

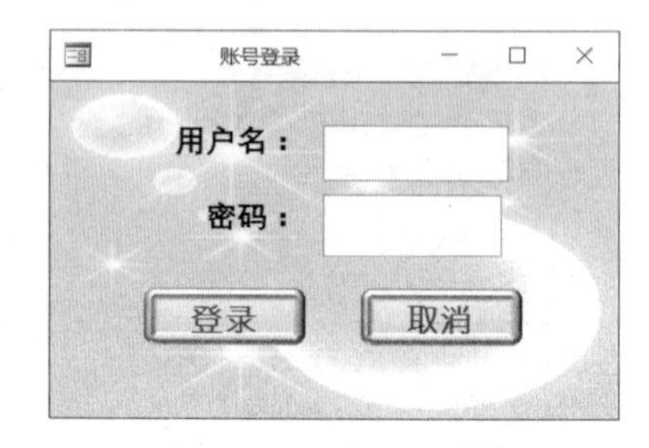

图 S9-2　“账号登录”窗体

4）该“学籍管理系统”的工作流程是：当用户运行“学籍管理系统”时，系统首先打开“系统主页”窗体，用户单击“进入”命令按钮后，系统自动打开“账号登录”窗体，如果用户输入正确的系统密码并单击“登录”命令按钮，系统将自动打开“主控面板”窗体，否则系统将弹出“用户名或密码错误！请输入正确的用户名和密码！”消息框。在“主控面板”窗体中，用户可通过单击“主控面板”窗体上的命令按钮来实现“学籍管理系统”的各项功能。

5）“主控面板”窗体及其命令按钮的事件属性触发宏和宏组在“实验七”已经设计完成，可直接引用。

6）设置 Access 相关选项，以便用户在打开“学籍管理系统”时，自动打开“系统主页”窗体。

7）为“学籍管理系统.accdb”数据库设置用户打开密码。

8）为“学籍管理系统.accdb”数据库建立副本。

9）将“学籍管理系统.accdb”数据库编译生成 ACCDE 文件“学籍管理系统.accde”。

2．根据你身边最熟悉的事务处理，自己设计一个 Access 数据库应用系统。实现如下功能：

1）具有完善的数据库功能设计和数据库结构设计。

2）具有清晰的表与表之间的关系。

3）具有数据浏览功能，要求只能查看，不能修改。

4）具有数据查询功能，最好能有良好的输入和输出界面。

5）具有用户的操作面板和自定义的菜单，至少应有其中一种。

6）具有应用程序自己的图标。

7）具有数据库密码。

8）程序编译生成 ACCDE 文件。

第10章 数据库的安全

在现代计算机技术中，信息的保密已经成为了人们广泛关注的问题，尤其是一些重要的数据库、文件等。而在 Access 中提供了设置数据库密码、设置用户权限、数据加密等保护手段。一个 Access 数据库建立完成后，其默认状态是对所有用户开放所有操作权限，如数据库的查询、修改和删除等。这样就很容易由于不合理、不合法和不规范的操作引起数据泄密和破坏，必须采用一些措施来保护数据库的安全。

Access 提供了多种措施来保护数据库的安全。按由高到低的安全级别分，可分为编码/解码、在数据库窗口中显示/隐藏数据库对象、使用启动选项、使用密码、使用用户级安全机制等。本章主要介绍关于密码的设置方法。

10.1 Access 密码概述

在 Access 中可以使用数据库密码、安全账户密码以及 VBA 密码三种类型的密码。所选的密码保护类型将决定用户对数据库及其中所含对象的访问级别。

10.1.1 数据库密码

如果使用了数据库密码，则所有用户都必须先输入密码才可以打开数据库。若要帮助防止非法用户打开数据库，则添加数据库密码是一种很方便的方法；但是，一旦打开了数据库，则不再有其他任何安全机制，除非同时定义了用户级安全机制。在 Access 数据库中使用用户级安全机制时，数据库管理员和对象的所有者可以为各个用户或几组用户授予对表、查询、窗体、报表和宏的特定权限。

10.1.2 安全账户密码

定义了工作组的用户级安全机制后，可以使用安全账户密码。安全账户密码可以帮助防止未经授权的用户使用他人的用户名登录。

默认情况下，Access 分配一个空密码给默认的“管理员”用户账户。作为数据库安全系统的一部分，向以下账户添加密码是十分重要的：

1）“管理员”用户账户。

2）添加到管理员组的任何用户账户。

3）拥有数据库及其表、查询、窗体、报表和宏的用户账户。

此外，可能需要将密码添加到为用户创建的账户中，或指导用户添加自己的密码。用户可以创建或更改自己的用户账户密码；但是，如果用户忘记了密码，则只有管理员账户才能清除密码。

10.1.3　VBA 密码

使用 VBA 密码可以保护标准模块和类模块中的 VBA 代码。该密码是在首次尝试打开任何 VBA 代码时为防止未经授权的用户编辑、剪切、粘贴、复制、导出和删除代码而输入的。

10.2　设置与撤消数据库密码

当在 Access 中存储了大量的重要数据时，为了更好地管理数据库，防止一些非法操作造成的破坏，就要限制一些人的访问，限制修改数据库中的内容。访问者必须输入相应的密码才能对数据库进行操作，而且输入不同密码的人所能进行的操作也有级别之分。除了这些，数据库的安全还包括对数据库中的数据进行加密和解密工作，这样才不会被别人轻易攻破，起到了安全保密的作用。通常这些工作都是由数据库管理员（DBA）做的。

10.2.1　设置数据库密码

设置数据库密码的操作步骤如下：

1）以"独占方式"打开数据库。在 Access 2016 中，以"独占方式"打开数据库的方法是：首先，启动 Access 2016 应用程序，单击"打开其他文件"菜单命令，在出现的"打开"窗口中，单击"浏览"按钮，在弹出的"打开"对话框中，选择要加密码的数据库文件，然后单击右下角"打开"按钮右侧的下拉列表按钮，从下拉列表中选择"以独占方式打开"项，如图 10-1 所示。

2）单击菜单"文件→信息→用密码加密"，如图 10-2 所示。

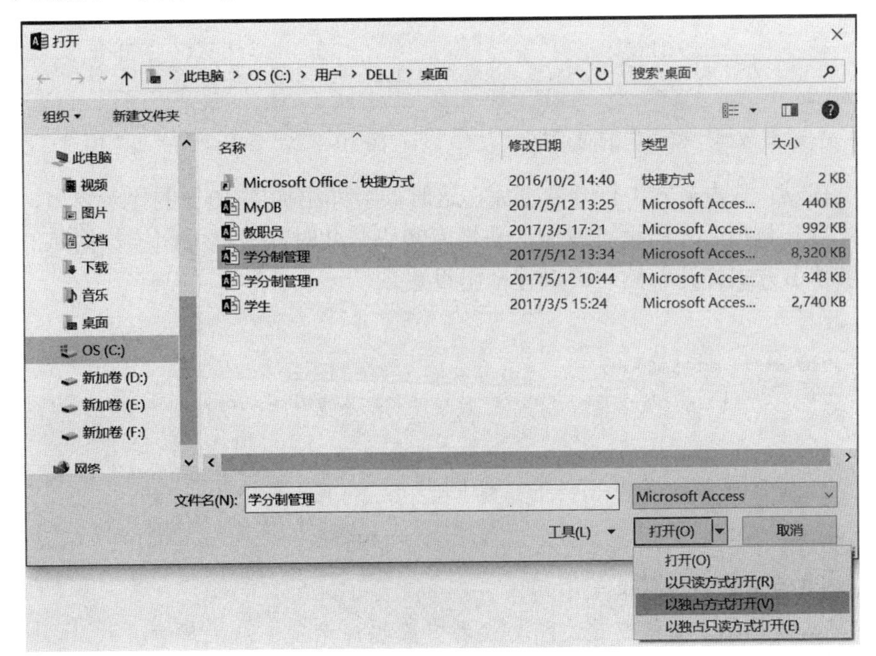

图 10-1　以"独占方式"打开数据库

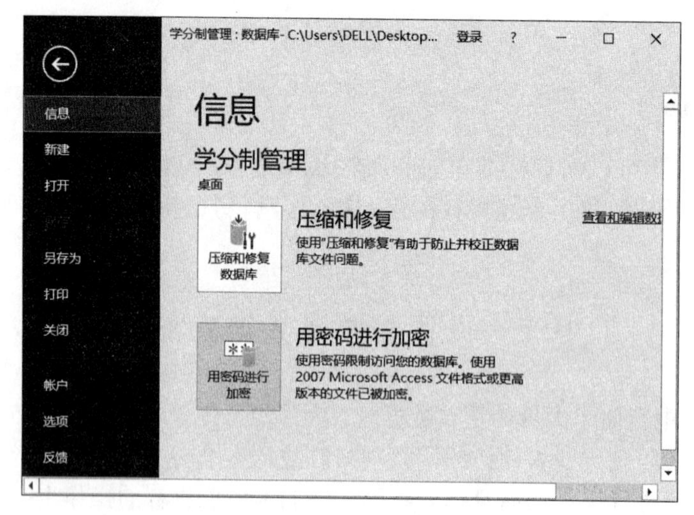

图 10-2　数据库文件“信息”加密窗口

3）弹出“设置数据库密码”对话框，在该对话框的“密码”文本框中输入数据库密码，在“验证”文本框中将密码重复输入一遍，单击“确定”按钮，如图 10-3 所示。数据库密码设置完毕。

数据库密码设置成功以后，每次打开该数据库时，屏幕会弹出一个对话框，要求输入数据库的密码，如图 10-4 所示，只有输入正确的密码才能打开该数据库，否则就不能打开该数据库。

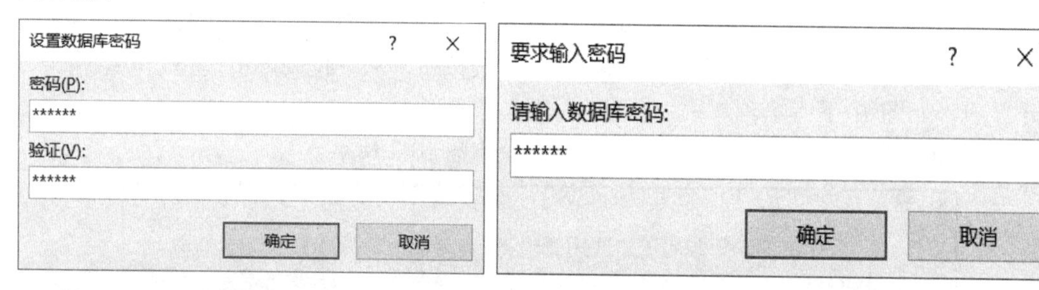

图 10-3　“设置数据库密码”的对话框　　　　图 10-4　“要求输入密码”的对话框

如果没有以“独占方式”打开数据库，这时候会弹出如图 10-5 的提示窗口，它提示要用独占方式打开数据库才能设置或撤消数据库密码。此时，应该关闭该数据库，重新打开它，并要以独占方式打开，然后再进行密码设置。

图 10-5　提示要以独占方式打开数据库

注意：

① 密码中的英文字母区分大小写。

② 密码必须记牢，如果忘记，将无法打开数据库系统，后果严重。

10.2.2　撤消数据库密码

撤消数据库密码操作步骤如下：

1）在 Access 系统窗口中，以独占方式打开数据库（打开方法见上节）。

2）在弹出的“要求输入密码”的对话框中，用户输入了正确的密码后，就可以以独占方式打开该数据库。

3）在 Access 系统窗口中，单击“文件→信息→解密数据库”菜单命令，如图 10-6 所示。

4）在弹出的“撤消数据库密码”的窗口中输入正确密码，单击“确定”按钮即可，如图 10-7 所示。

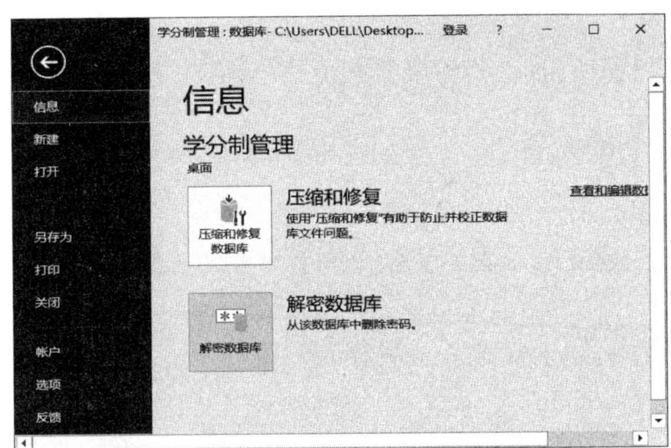

图 10-6　数据库文件“信息”解密窗口

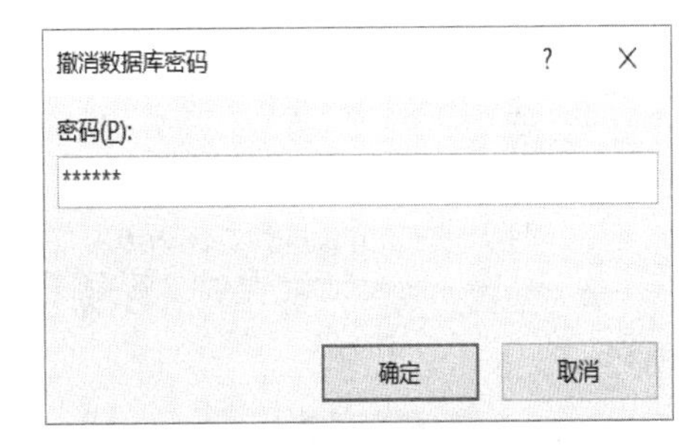

图 10-7　撤消数据库密码时输入密码

由以上操作过程可知：要撤消数据库密码，也必须输入密码，也就是必须是知道密码的人才可以撤消数据库密码。

10.3　用户和组的账号和权限

对于数据库中各种对象的操作，在没有设置权限时是开放的，也就是无论什么人都可以操作，这样很方便，但是却不安全。在 Access 2003 及以下版本的数据库中，由于其应用的加密使用的算法比较简单，因此除了设置“数据库密码”之外，还可以设置用户和组的账号和权限来增强其安全性。每个数据库应用系统都有一个系统“管理员”（Administer），他的权限最高，可以操纵任何数据库对象。当系统不只一个用户使用时，可以设置不同级别的用户权限，将用户分成组，在同一个组中权限相同。

Access 2016 中的加密工具合并了以前版本的两个工具：数据库密码和编码，并在此基础上进行了改进。在使用数据库密码对数据库进行加密后，不仅其他工具无法读取其中的所有数据，用户也必须输入密码才能使用该数据库。与 Access 的早期版本相比，Access 2016 中应用的加密使用的算法更高级。

Access 2016 不提供用户级安全机制，但是如果在 Access 2016 中打开来自 Access 早期版本的数据库（Access 2003 及以下版本，文件类型为.mdb），并且该数据库应用了用户级安全机制，则这些设置仍将有效。如果将具有用户级安全机制的数据库从 Access 的早期版本转换为新的文件格式，Access 2016 将自动去掉它的所有安全设置，并应用.accdb 或.accde 文件的安全保护规则。

10.4 生成 ACCDE 文件

将数据库“.accdb”文件生成 ACCDE 文件的过程，就是对数据库应用系统进行编译、自动删除所有可编辑的源代码并压缩目标数据库系统的过程。

将 Access 数据库保存为 ACCDE 文件时，必须满足以下条件：

1）必须有访问 Visual Basic 代码的密码。

2）如果数据库已被复制，必须先删除同步复制。

3）如果数据库引用了其他 Access 数据库或加载项，则必须将引用链中所有的 Access 数据库或加载项都保存为 ACCDE 文件。

【实例 10-1】 将数据库文件“学分制管理.accdb”编译打包生成 ACCDE 文件“学分制管理系统.accde”。

操作步骤如下：

1）关闭数据库文件“学分制管理.accdb”。

2）为数据库文件“学分制管理.accdb”建立一个副本“学分制管理副本.accdb”。

3）打开“学分制管理.accdb”数据库。

4）单击“文件→另存为→数据库另存为→生成 ACCDE→另存为” 菜单命令，如图 10-8 所示。

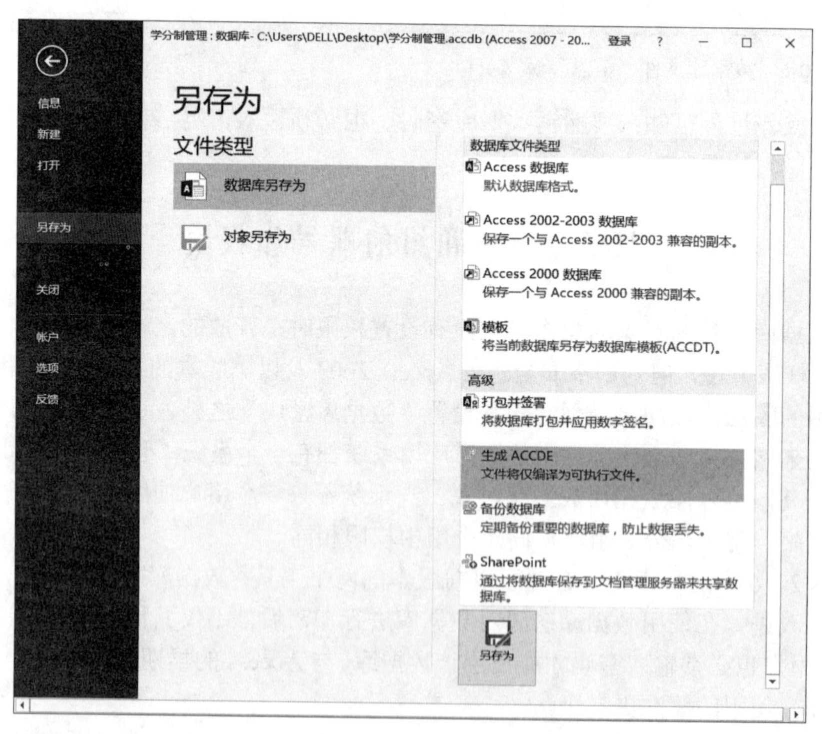

图 10-8 选择“生成 ACCDE”命令菜单项

5）在弹出的“另存为”对话框中，选择保存位置为“桌面”，并在“文件名”文本框中输入“学分制管理系统”，如图 10-9 所示。

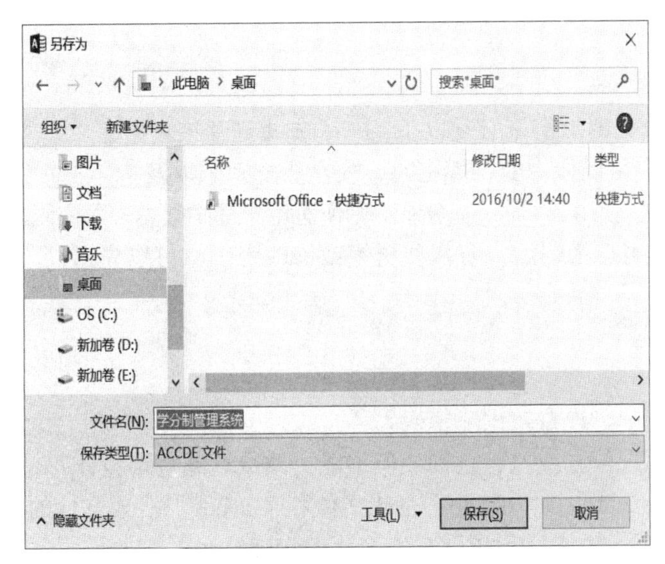

图 10-9　“另存为”对话框

6）单击“保存”按钮，完成“学分制管理系统.accde”文件的生成操作。

由于 ACCDE 文件可防止用户进行以下操作，因而生成 ACCDE 文件可提高系统的安全性：

1）在设计视图中查看、修改或创建窗体、报表或模块对象。

2）导入或导出窗体、报表或模块对象。

3）使用“选项”对话框更改数据库的 VBA 项目名称。

4）使用 Access 或 VBA 对象模式的属性或方法修改程序代码。

注意：

① 将数据库文件“.accdb”生成 ACCDE 文件“.accde”之前一定要为数据库文件“.accdb”建立一个副本，以便日后对数据库系统进行维护和更新，因为对窗体、报表或模块对象的修改只能在数据库文件“.accdb”中进行。

② 一定要关闭准备生成 ACCDE 文件的数据库文件。如果在多用户环境中，应确保所有用户都已经关闭准备生成 ACCDE 文件的数据库文件。

习　　题

一、单选题

1. 为 Access 数据库设置密码，应该以________打开数据库。

   A. 独占方式　　　　B. 只读方式

   C. 独占只读方式　　D. 编辑方式

2. 为了保证数据库的安全，最好给数据库设置________。

   A. 用户与组的账号　　B. 数据库密码

   C. 用户与组的权限　　D. 数据库别名

二、填空题

1. 对 Access 数据库加密，必须以________方式打开该数据库。

2. 在 Access 中可以使用数据库密码、安全账户密码以及________三种类型的密码。

3. 在 Access 中，使用了_______密码，则所有用户都必须先输入密码才可以打开数据库。

4. 设置数据库用户密码后，若需要更换或修改密码，可以先_______原密码，再对密码进行重新设置。

三、简述题

1．怎样防止复制、设置数据库密码？

2．怎样允许他人查看或执行查询，但不能更改数据或查询设计？

3．简述 Access 2016 中“.accdb”格式文件和“.accde”格式文件的区别。

4．简述在 Access 2016 中设置数据库密码的步骤。

5．传送一个 Access 生成的数据库，但数据库太大了，无法发送给其他人，又没有其他的压缩软件，该怎么办？

6．能否尽量地修复一个损坏了的 Access 数据库？

实验　利用宏或 VBA 设计一个身份验证程序

一、实验目的

1．了解数据库安全基础。

2．掌握 Access 数据库密码的设置方法。

3．掌握将 Access 数据库文件编译生成 ACCDE 文件的方法。

二、实验内容

利用宏或 VBA 为学籍管理系统设计一个身份验证程序。要求如下：

1）建立一个管理员数据表，其中包含了权限等级不同的管理员信息。

2）在身份验证窗体中同时包含用户名选择列表框控件和密码输入文本框，不同等级的管理员进入学籍管理系统后，具有不同的数据使用权限（如级别低的管理员对数据拥有只读权限，而级别高的管理员对数据拥有编辑、添加等权限）。

3）在身份验证窗体中管理员有权修改密码。

4）将“学籍管理系统.accdb”编译生成 ACCDE 文件。

参 考 文 献

教育部考试中心，2016. 全国计算机等级考试二级 Access 数据库程序设计考试大纲（2016 年版）[EB/OL]. http://ncre.neea.edu.cn/.

教育部考试中心，2016．全国计算机等级考试二级教程——Access 数据库程序设计[M]．北京：高等教育出版社.

李梓，胡绪英，2009．Access 数据库与应用[M]．北京：科学出版社.

萨师煊，王珊，2000．数据库系统概论[M]．3 版．北京：高等教育出版社.